泵叶轮正反问题

Pump Impeller Direct and Inverse Problems

李文广　张玉良　著

江苏大学出版社
JIANGSU UNIVERSITY PRESS

镇　江

图书在版编目(CIP)数据

泵叶轮正反问题 / 李文广,张玉良著. —镇江：
江苏大学出版社,2020.3
 ISBN 978-7-5684-0415-0

Ⅰ.①泵… Ⅱ.①李… ②张… Ⅲ.①叶片泵 Ⅳ.
①TH31

中国版本图书馆 CIP 数据核字(2020)第 036559 号

内容提要

本书详细地总结了作者和其他学者在叶片泵,主要包括低比转速离心泵、诱导轮和轴流泵水力性能分析和设计方面的研究成果. 全书共有 11 章,4 个附录. 主要内容包括离心泵叶轮回转流面流函数方程、特低比转速离心泵水力性能研究概述和组合叶轮内流分析、离心泵叶轮反问题二维奇点法设计、组合叶轮叶片数计算方法、诱导轮扬程曲线预测、轴流泵叶片设计理论概述、轴流泵叶片径向平衡方程和激盘理论反问题设计、轴流泵叶轮直径和空化余量优化方法、优化设计后的轴流泵叶轮的 CFD 验证和轴流泵扬程曲线滞后现象及控制方法. 附录中包括圆弧翼平面直列叶栅水洞试验资料和 3 个计算程序. 本书可供高校流体机械专业高年级大学生、硕士生和博士生阅读,也可供研究所水泵研究开发人员及各类水泵制造厂泵设计、研发人员参考.

泵叶轮正反问题
Beng Yelun Zhengfan Wenti

著　者 /	李文广　张玉良
责任编辑 /	孙文婷
出版发行 /	江苏大学出版社
地　　址 /	江苏省镇江市梦溪园巷 30 号(邮编:212003)
电　　话 /	0511-84446464(传真)
网　　址 /	http://press.ujs.edu.cn
排　　版 /	镇江市江东印刷有限责任公司
印　　刷 /	句容市排印厂
开　　本 /	787 mm×1 092 mm　1/16
印　　张 /	23.75
字　　数 /	565 千字
版　　次 /	2020 年 3 月第 1 版　2020 年 3 月第 1 次印刷
书　　号 /	ISBN 978-7-5684-0415-0
定　　价 /	85.00 元

如有印装质量问题请与本社营销部联系(电话:0511-84440882)

序　言

叶片泵主要是指利用旋转的叶轮使液体机械能增加的一类流体机械,比转速由低到高,主要包括离心泵、混流泵和轴流泵等.低比转速离心泵和高比转速轴流泵位于叶片泵比转速范围的两端.实践表明:这两类泵水力性能复杂,水力设计难度大.因此,学术界和产业界对这两类泵有较高的关注度,并投入相当多的研究和开发力量,取得了许多成果.作者在过去的十几年中对这两类泵叶轮的水力性能分析和设计方面进行了研究,本书是作者在这些方面研究成果的总结.同时,本书总结了其他学者在这些方面取得的最新和富有成效的研究成果.在文献引用方面,除了突出"新"以外,还注重溯本求源、喜新探旧,弄清楚研究的来龙去脉,做到了引用文献时在时间上的纵和横的统一.在写作方面,最大限度地保持了知识叙述的连贯性和完整性.在内容取材、深度与广度及论述视角等方面,力求避免与现有泵教科书、专著相重叠或具有相似性.

本书共有11章和4个附录.第1章到第4章分别介绍了离心泵叶轮回转流面流函数方程、二维奇点法流动和性能分析、反问题叶片设计、组合叶轮最优叶片数的理论和试验工作.第5章是诱导轮无空化性能预测.第6章到第10章主要介绍了轴流泵设计理论和作者提出的利用简单的径向平衡方程和激盘理论设计轴流叶轮的方法,特别讨论了作者提出的叶轮直径和空化余量优化方法.第11章则介绍了采用CFD(计算流体力学)方法确认优化的轴流叶轮的有效性,讨论了扬程曲线滞后的发生机理和控制机理.附录1给出了圆弧翼平面直列叶栅的水洞试验资料供泵设计者参考.除了CFD程序之外,本书的研究成果都是出自作者自己编写的程序,见附录2～4.

目前,泵叶轮水力设计理论并没有超出20世纪50年代初吴仲华教授提出的无黏性准三维流动理论.尽管20世纪80年代后期有些学者声称提出了叶轮三维设计理论,但稍加分析,就可发现它们只是轴对称流动理论,并不是三维的.虽然CFD已经用于泵叶轮水力设计,但是仅限于黏性流动的计算和水力性能的预测,并不存在由CFD直接进行叶片造型的理论与方法,有关这方面的讨论见第6章.无黏性流动理论处理叶轮正反问题的核心是利用流体相对速度与叶片表面或骨面相切的叶片造型条件.对于黏性流体,流体相对速度在叶片表面满足无滑移条件,即相对速度值等于0,因此无法采用相对速度相切条件直接进行叶片造型,而必须用纯解析几何的方法进行造型.本书的内容仍属无黏性准三维流动理论的范畴.

本书的一部分研究内容曾得到过省自然科学基金和省科技攻关项目的支持,另一部分研究内容受到国家自然科学基金(No.51876103)的资助,还有些内容与某泵企业意向性合作项目有关,在此一并表示诚挚的谢意.

本书写作历时一年多,作者翻阅了大量英文、日文、中文和少量德文资料,个别重要文献因作者在现有图书馆中没有查到或阅读过原文,故没有引用,在此表示歉意.作者对书中的重要内容做过一些推敲,但由于作者学识有限、专业修养并不完美,所以有些错误和疏漏在所难免,敬请读者批评指正.

李文广　张玉良

2019 年 9 月 9 日

目录

第1章 离心泵叶轮回转流面流函数方程
1.1 准三维流动理论 /001
 1.1.1 S_1 流面的特点 /002
 1.1.2 S_2 流面的特点 /003
 1.1.3 三维流动求解过程 /003
 1.1.4 求解过程的简化 /004
1.2 回转流面流函数方程 /004
 1.2.1 流函数方程 /010
 1.2.2 特解、通解及求解方法 /012
 1.2.3 讨论 /016
参考文献 /016

第2章 特低比转速离心泵叶轮性能分析
2.1 特低比转速离心泵 /025
 2.1.1 分流叶片 /027
 2.1.2 组合叶轮 /032
 2.1.3 径向直叶片开式或半开式叶轮 /033
 2.1.4 径向-旋涡流道叶轮 /040
 2.1.5 带孔叶轮 /043
 2.1.6 缝翼或串列叶栅叶轮 /046
2.2 叶轮盖板和叶片出口形状对性能的影响 /053
2.3 特低比转速叶轮设计与性能分析 /055
 2.3.1 二维奇点法计算原理 /056
 2.3.2 束缚涡分布形式 /058
 2.3.3 束缚涡分布形式的影响 /060
2.4 多分流叶片的影响及合理形式 /062
参考文献 /065

第3章 离心泵叶轮叶片反问题设计
3.1 反问题奇点法 /074
3.2 计算公式与方法 /075
3.3 正、反问题算法验证 /079
 3.3.1 正问题验证 /079
 3.3.2 反问题验证 /081
3.4 叶片反问题设计应用 /082
 3.4.1 原叶轮叶片存在的问题和改型设计 /082
 3.4.2 CFD验证 /084
参考文献 /087

第4章 组合离心叶轮最优叶片数
4.1 离心泵叶轮最优叶片数 /090
4.2 组合叶轮叶片数设计理论 /092
    4.2.1 组合叶轮设计原理 /092
    4.2.2 叶片数确定原则 /092
    4.2.3 低比转速离心泵与叶轮设计 /094
4.3 叶片数设计理论验证 /097

参考文献 /101

第5章 诱导轮性能分析
5.1 诱导轮的作用与结构 /104
5.2 流动模型和计算方法 /105
    5.2.1 流面与轴向速度 /105
    5.2.2 诱导速度与理论扬程 /107
    5.2.3 水力损失 /109
5.3 诱导轮扬程预测 /110
    5.3.1 诱导轮已知数据 /110
    5.3.2 诱导轮扬程比较 /111
    5.3.3 排挤系数的影响 /116
    5.3.4 理论扬程沿叶片长度的变化 /117
    5.3.5 压力和速度分布 /118

参考文献 /119

第6章 轴流泵叶片设计理论
6.1 轴流泵概述 /122
6.2 轴流泵叶片设计理论与方法 /130
    6.2.1 二维流动理论与叶片设计方法 /130
    6.2.2 准三维流动理论与叶片设计方法 /159
    6.2.3 三维流动理论与叶片设计方法 /160
    6.2.4 Euler流动方程反问题设计方法 /162
    6.2.5 三维有势流动理论 /162
6.3 轴流泵叶片设计优化方法 /162
    6.3.1 叶片形状控制参数化 /163
    6.3.2 黏性流动理论与叶片设计方法 /163
    6.3.3 多参数优化算法 /163

参考文献 /165

第7章 轴流泵叶轮变环量简易反问题
7.1 轴流泵叶轮变环量 /179

7.2 变环量简易反问题 /183
  7.2.1 轴流泵叶轮水力损失模型 /183
  7.2.2 简化的径向平衡方程 /190
  7.2.3 叶片角度计算方法 /192
  7.2.4 径向平衡方程的求解方法 /194
7.3 计算实例及讨论 /194
  7.3.1 已知数据 /194
  7.3.2 计算结果与讨论 /195
参考文献 /196

第8章 轴流泵叶轮直径的优化

8.1 卧式双吸轴流泵 /203
8.2 现有轴流泵叶轮直径和必需空化余量计算方法 /205
  8.2.1 叶轮直径计算方法 /205
  8.2.2 NPSHr 计算方法 /207
8.3 叶轮直径优化方法 /208
  8.3.1 NPSHr 计算 /208
  8.3.2 最高相对速度比的计算 /210
  8.3.3 叶轮直径的优化过程 /211
参考文献 /215

第9章 变环量对叶片设计的影响

9.1 幂函数变环量分布 /217
  9.1.1 积分形式的流动基本方程组 /217
  9.1.2 叶轮出口变环量分布函数 /219
  9.1.3 叶片角度近似计算 /220
  9.1.4 叶轮水力损失计算 /220
  9.1.5 必需空化余量估算 /221
  9.1.6 计算方法与结果 /222
9.2 抛物线变环量分布 /224
  9.2.1 4种抛物线分布函数 /225
  9.2.2 叶轮出口速度 /226
  9.2.3 扩散系数和水力效率 /227
  9.2.4 理论扬程和必需空化余量 /227
  9.2.5 叶片安放角的变化 /228
  9.2.6 叶片安放角的调整 /228
参考文献 /229

第 10 章　轴流泵叶轮设计优化

10.1　轴流叶轮激盘流动理论 /231
　　10.1.1　轴流叶轮激盘流动理论的概念 /231
　　10.1.2　轴流叶轮激盘理论解的特性 /237
10.2　叶片表面速度计算方法 /238
10.3　变环量和叶片骨线模型 /244
　　10.3.1　变环量模型 /244
　　10.3.2　叶片骨线与厚度 /245
10.4　优化方法与结果 /247
参考文献 /251

第 11 章　轴流泵叶轮性能分析

11.1　计算模型与方法 /254
11.2　水力性能与流动特征 /256
　　11.2.1　性能曲线与滞后现象 /256
　　11.2.2　叶轮进出口流动 /260
　　11.2.3　轴面与轮缘间隙流动 /262
　　11.2.4　相对速度分布与叶片表面压力系数分布 /263
11.3　空化性能 /266
　　11.3.1　空化模型选取 /266
　　11.3.2　空化余量和空穴形状 /266
11.4　滞后的控制与泵运行范围 /268
参考文献 /274

附录 1　圆弧翼平面直列叶栅水洞试验资料 /278

附录 2　二维奇点法正、反问题 MATLAB 程序 /289

附录 3　二维奇点法诱导轮扬程计算 MATLAB 程序 /316

附录 4　轴流泵叶轮设计 BASIC 程序 /332

第1章 离心泵叶轮回转流面流函数方程

1.1 准三维流动理论

一般地说,透平机械叶轮内部是三维、非定常、可压缩的黏性流动.当忽略非定常、可压缩性和流体黏性时,流动仍旧是三维的.对于几何形状复杂的叶轮,得到其内部三维流动的解析解是困难的.因此,需要对叶轮内部流动进行降维简化.

叶轮的轴面流动和喇叭面或圆锥面或圆柱面上的流动分析方法是20世纪50年代以前的降维简化方法.目前,这部分内容是本科生叶片泵教科书中叶轮内部流动分析和叶片设计的主要方法.对于低比转速离心泵叶轮,轴面内的流动可简化为一维流动,喇叭面上的流动可简化为二维有势流动.对于高比转速离心泵、混流泵、斜流泵或轴流泵叶轮,轴面流动和圆锥面或圆柱面上的流动均可简化为二维有势流动.于是,可采用比较简单的数学方法对这种一维和二维流动进行分析和计算,方便了叶片设计.一般先求解轴面流动,然后求解喇叭面或圆锥面或圆柱面上的流动,不考虑后者对前者的影响,两者之间也不存在相互迭代直至收敛的过程.这种简单的降维方法是叶轮内部三维流动粗略近似,是后来准三维流动理论的雏形.

20世纪50年代初期,在美国航空咨询委员会(NACA),即美国航空航天局或太空署(NASA)刘易斯飞行推进实验室从事研究工作的吴仲华(Chung-Hua Wu)发展前人在叶轮流动降维方面的研究成果,提出了更为一般性的方法,即两类相对流动流面法,简称相对流面法,连续发表了研究报告 NACA TN-1759,2302,2407,2492,2455 和 2604,推导了两类流面上可压缩气体的流动方程(气体热力学方程和无黏性流体运动方程,即 Euler 方程的结合),给出了数值求解方法和叶片设计方法,确立了普遍性的准三维流动理论.准三维流动理论的主要特征是两类相对流面的解要相互迭代,直至收敛为止,这时得到的两类相对流面流动解更逼近真实的叶轮三维流动的解.

吴准三维流动理论包括两类相对流动流面.第一类相对流面与叶片上游或叶片弦长中间位置的垂直于叶轮旋转轴的平面的交线是一个圆弧(见图 1-1a).第二类相对流面与叶片上游或叶片弦长中间位置的垂直于旋转轴的平面的交线是径向线(见图 1-1b).这两类相对流面依次记为 S_1,S_2 流面,或 B-B(Blade-to-Blade),H-S(Hub-to-Shroud)流面[1].

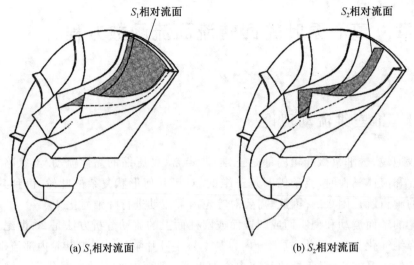

(a) S_1相对流面　　　　　　　　(b) S_2相对流面

图 1-1　两类相对流动流面[1]

1.1.1　S_1流面的特点

图 1-2 是由位于叶片上游的以 oa 为半径的圆弧 $\overset{\frown}{ab}$ 上的流体微团形成的. 通常,认为 S_1 流面是二维回转面. 在多数情况下,S_1 流面与回转面偏差不大,满足由位于叶片上游或叶片中间圆弧上的流体微团形成 S_1 流面的条件. 如果入口绝对流动的旋转较强,或者是沿流动方向叶片很长的离心、混流式叶轮,或者叶片不是按自由涡设计的轴流叶轮,S_1 流面的扭曲就可能很大,从而产生很大的半径对圆周角的偏导数.

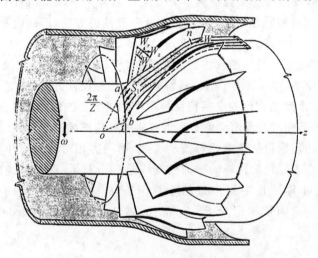

图 1-2　混流叶轮的 S_1 相对流面的形成[2]

如果在计算过程中或根据试验结果已经发现了 S_1 流面的扭曲,那么将 S_1 流面认为是由位于叶片上游,由沿扭曲相反方向与圆弧倾斜的曲线上的流体微团形成的. 在流道中部 $z=$ 常数平面与 S_1 流面的交线接近圆弧,这样在上游和下游方向 S_1 流面的扭曲大致是相等的. 如果 S_1 流面的扭曲不是很大,那么有必要将整个流道分为几段,考虑每一段的 S_1 流面. 这时不应选取位于叶片上游的轮毂、轮盖上的流体微团形成的 S_1 流面,以便避免流体微团可能离开轮毂、轮盖但却附着在叶片表面而引起的求解困难. 在这种情况下,S_1 流面最好离轮毂、轮盖面有一段较短的距离. 否则认为 S_1 流面是轮毂、轮盖面,得到近似流动解. 轮毂、轮盖面是回转面,计算比一般扭曲 S_1 流面简单.

1.1.2 S_2 流面的特点

图 1-3 表示轴流叶轮中的多个 S_2 相对流面. 这类流面簇中最重要的一个流面是两个叶片中间,将流道质量流量近似平分两半的流面,即 S_{2m} 流面. 对直纹叶片或者假设流面的扭曲不大,则可认为 S_{2m} 流面是位于叶片上游的直线 ab 上的流体微团形成的(见图 1-4).

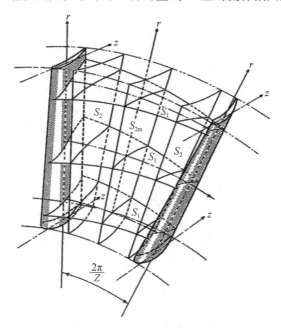

图 1-3 轴流叶轮中 S_1,S_2 流面簇[2]

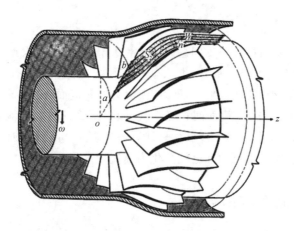

图 1-4 混流叶轮的 S_2 相对流面的形成[2]

1.1.3 三维流动求解过程

一般情况下,在求解叶轮三维流动过程中,要对两类流面依次求解和迭代逼近,这是因为一类流面的位置是由另一类流面的速度场决定的. 目前的数值计算方法和计算机内存容量能够快速求解这两类流面,准三维流动理论求解叶轮三维流动问题的过程如图 1-5 所示,其中 w_{S_1} 和 w_{S_2} 分别为 S_1 流面和 S_2 流面某一交点处,通过求解 S_1 流面和 S_2 流面流动得到的流体相对速度. 在该过程中,完全实现了 S_1,S_2 流面共同收敛,简单、方便、近似地得到了叶轮内部无黏性流动的三维流动数值解,为叶轮流体力学性能分析和叶片设计提供了方法和依据.

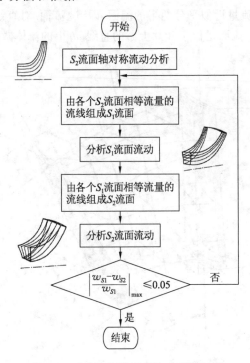

图 1-5　叶轮内部准三维流动求解过程

1.1.4　求解过程的简化

在实际情况下,特别是对于反问题,即叶片设计,如果仅要求近似解或者由给定的设计量已经得到了合适的叶片形状,那么就不需要上述迭代过程. 这时,为了简化计算过程,对 S_1,S_2 流面形状要加以限制,即 S_1 流面为回转流面,S_2 流面仅取一个 S_{2m} 流面. 如果多个回转 S_1 流面与 S_{2m} 流面间相互迭代计算,那么这时候的流动理论就称为准三维流动理论. 如果计算了 S_{2m} 流动以后,只计算一次多个 S_1 流面的流动解,而不进行迭代计算,那么这时候准三维流动理论就简化为通流理论[3].

1.2　回转流面流函数方程

S_1 流面对离心泵叶轮内部准三维流动分析(即正问题)和叶片设计(即反问题)都是十分重要的. 通过分析 S_1 流面的流动,可以得到叶片之间的流动参数变化和叶片表面相对流速与压力分布. 这对于叶轮水力性能分析和内部流动掌握都有十分重要的意义. 因此,离心泵叶轮 S_1 流面流动研究引起许多研究者的注意. 通常,认为离心泵叶轮 S_1

流面为回转流面,不但有一定的准确度,而且带来了计算的简化.

对于低比转速离心泵,S_1流面实际为水力机械行业中众所周知的叶轮中的环列叶栅.目前求解S_1流面的数值方法有:① 保角变换法;② 奇点分布法;③ 有限差分法;④ 有限元法;⑤ 边界元法;⑥ 流线曲率法或准正交线(面)法.

保角变换法是利用复变函数分析中的保角变换把复杂形状求解域映射为规则求解域,求解以拉普拉斯方程为控制方程的静电场和有势流动等问题的解析方法.20世纪20年代开始,德国力学学者,如Köunig[4],Sörensen[5],Schulz[6],Busemann[7],Spannhake和Barth[8],以及日本的内丸和鬼頭[9]等将保角变换法用于求解离心泵叶轮等角对数螺线叶片环列叶栅的有势流动.求解中,要把物理平面的环列叶栅映射为计算平面内的单位圆,其中叶片工作面和背面各占据圆的半个圆周.流动分解为排挤流(displacement flow)、循环流(circulation flow)和叶片引起的旋转流(rotating flow),见图1-6.排挤流由位于叶轮中心的线源引起,其强度对应于单位宽度的叶轮理论流量.循环流由叶轮入口流体预旋环量引起,其强度对应于单位宽度的流体预旋环量,如果来流没有预旋,就没有循环流.旋转流是旋转叶轮在静止流体中引起的,导致叶轮出口流动滑移.计算平面的复势函数一般用复变函数的级数函数表示.

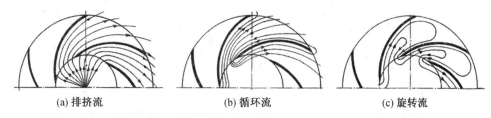

(a) 排挤流   (b) 循环流   (c) 旋转流

图1-6 叶轮内部流动分解[9]

20世纪50年代,进行过类似研究工作的学者有美国的Acosta[10]、日本的藤本[11]、藤本和廣瀨[12,13]、神元和松岡[14]、松岡[15].神元于1953年还给出了采用保角变换法设计环列叶栅的反问题方法[16].考虑到将有叶栅稠度大的离心泵叶轮叶栅变换到单位圆时,单位圆附近的复势函数变化梯度大,计算结果不够理想的事实,文献[17,18]提出把平面直列叶栅编号为奇数和偶数的叶片分别映射为一个单位圆和另一个半径大于1的圆,这时绕平面直列叶栅的流动就映射成两个圆之间的圆环内的流动.利用该方法,文献[19]计算了离心泵二维叶轮叶片表面流体相对速度和压力系数分布,并与测量结果进行了对比,两者吻合良好.叶轮叶片的宽度为20 mm,叶片为角度$\beta_b=25°$的等角对数螺线,叶轮进、出口半径分别为$r_1=90$ mm,$r_2=180$ mm,叶片数为8,叶片厚度$t=6.5$ mm,泵转速为700 r/min.叶片表面流体相对速度由下式计算[19]

$$\begin{cases} \dfrac{w}{u_2}=2\pi F_1\left(\dfrac{a+t}{a}\right)\phi_{\mathrm{th}}+2\pi F_2\left(\dfrac{a}{a+t}\right) \\ \psi=\dfrac{p-p_1}{\rho g}\bigg/\dfrac{u_2^2}{2g}=(r/r_2)^2+(r_2/r_1)^2\phi_{\mathrm{th}}-(w/u_2)^2 \end{cases} \quad (1\text{-}1)$$

式中:w为叶片表面流体相对速度;u_2为叶轮圆周速度;a为沿叶片法向的流道宽度,见图1-7a;F_1和F_2分别为排挤流和旋转流引起的速度系数,由文献[17,18]的保角变换法计算,见图1-7b;ϕ_{th}为叶轮理论流量系数,$\phi_{\mathrm{th}}=Q_{\mathrm{th}}/(2\pi r_2 b u_2)$,其中$Q_{\mathrm{th}}$为叶轮理论流量;$p$为流体压力;$p_1$为叶轮入口流体压力;$\psi$为压力系数.式(1-1)忽略了流体预旋,但考虑了叶片厚度对排挤流和旋转流的影响.计算的最优和小流量工况下的相对速度见图 1-7c,最优和小流量工况下计算和测量的压力系数对比分别见图 1-7d 和图 1-7e.另外,值得指出的是,文献[19]认为 Schulz[6] 和 Acosta[10] 提出或所用的保角变换公式存在错误.

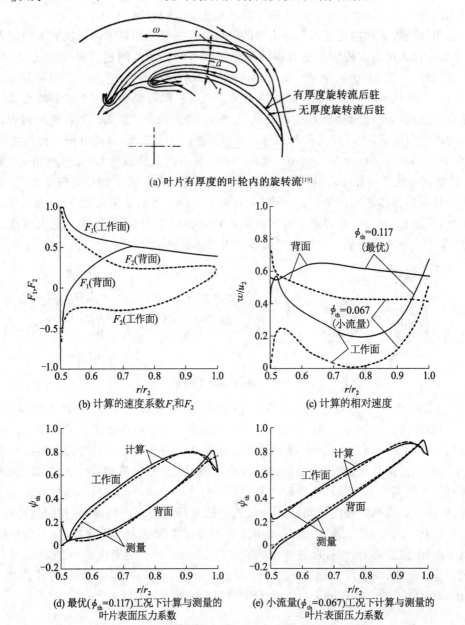

图 1-7 相关文献的研究结果

1994 年,荷兰的 Visser 等人利用高斯超几何函数和欧拉第一类积分改进了 Busemann 所用的保角变换法的级函数型复势函数计算收敛性,得到了泵和透平工况下直叶片和等角对数螺线叶片的表面速度分布和滑移系数[20]. Busemann 当时并没有计算叶片表面,因此 Visser 等人的研究有重要应用价值.最近,南非的 Hassenpflug 详细总结了既有的求解叶轮环列叶栅有势流动的保角变换法,并将卷积代数(convolution algebra)应用其中,提高了计算精度[21].该研究成果代表了目前本研究方向的最高水平.另外,保角变换法还被用于计算离心泵叶轮叶片吸力面头部出现封闭空化空泡[22]或吸力面尾部出现分离区的二维有势流动[23].保角变换法的研究需要研究者具有较高的高等数学素养,需要长时间思考和求证.

奇点法是利用布置于叶片骨线(薄翼)或叶片表面(厚翼)上的一系列点涡或者叶片上的一系列点涡加上源、汇(厚翼)来求解环列叶栅内部有势流动的数值计算方法.德国的 Birnbaum 于 1923 年提出了求解绕孤立薄翼型有势流动的奇点法[24],1954 年 Isay 提出了计算薄翼和厚翼叶片环列叶栅的奇点法,并尝试了动叶和静叶同时存在的双排环列叶栅的情况[25].1958 年 Kruger 提出了环列叶栅薄翼的奇点法,其中要把环列叶栅的叶片保角变换到平面直列叶栅的叶片,然后把叶片映射成单位圆.流体在叶片上的法向速度分量表示为无量纲翼型弦线的 3 次方函数,在叶片上取 4 个控制点来决定涡分布函数[26].日本的村田[27]对该方法进行了改进,提出了计算环列叶栅的薄翼方法.基于 Isay 的方法,松冈[28]提出了计算离心泵叶轮薄叶片环列叶栅的奇点法,并考虑了带中间分流短叶片的情况.文献[29]的工作与此类似.

1965 年 Schilhansl 提出采用 Prasil 变换将回转 S_1 流面映射成环列叶栅,在叶片骨线上分别布置点涡和源、汇,其线密度(单位长度的强度)分别表示为三角级数(首项为余切函数,其余为正弦函数),分别用若干布置在叶片骨线上的控制点上满足流体速度与骨线相切和既定叶型封闭轮廓两个条件来确定涡和源、汇各自的线密度,然后求出环列叶栅内部流动,最后将流动映射回到回转流面[30],这是一种厚翼理论.1971 年妹尾和中瀬提出了回转 S_1 流面的薄翼奇点法,基本过程与 Schilhansl 的方法基本相同,只是考虑了流面厚度的变化、流体的可压缩性和叶轮进口预旋[31].但是妹尾和中瀬的奇点法中,当点涡放在叶片轮廓线上,考虑叶片对平均流体速度的排挤,同时将控制点布置在叶片轮廓线上以后,就变成了厚翼理论,如文献[32-35].

1973 年村田和小川[36,37]利用 Isay[38]于 1953 年提出的薄、厚翼平面直列叶栅奇点法,将离心泵叶轮的回转流面映射成直列叶栅,然后采用在叶片轮廓线上布置离散点涡,利用流体叶片法向速度为零的条件求解点涡强度,最后求解流场并映射回到回转流面.

印度学者提出将离心泵叶轮薄叶片环列叶栅[39,40]或将回转流面[41]的叶栅映射到计算平面内的直列叶栅,然后用奇点法求解直列叶栅的绝对流动,最后把流场映射回物理流面的叶栅.提出的奇点法的涡分布形式有所差别,如文献[39,41]的涡分布为五次多项式,文献[40]为离散涡.

1982 年 McFarland 提出求解厚翼平面直列叶栅的奇点法[42].在叶片轮廓线上同时布置点涡和源、汇,其中离散的单元中,涡强度随局部单元长度坐标按二次多项式变化,源、汇强度按线性变化.依据叶片表面法向速度为零和切向速度跳跃量等于点涡强度条件求解涡和源、汇强度,最后得到叶栅流场.文献[43]将该方法应用于离心叶轮回转流面叶栅流动计算.文献[44]提出了一种计算离心泵叶轮内部二维流动的面元法,实际为奇点法.文献[45]把离心泵叶轮回转流面映射为平面直列叶栅,然后在叶片表面布置奇点,提出了厚翼奇点法,并将计算的压力与测量值进行了对比.奇点法已经扩展到三维情况,称为面源法(panel method),文献[46]采用该方法计算了离心叶轮内部三维有势流动.

奇点法可以计算离心泵叶片和尾部出现分离涡[47,48]、叶片表面出现分离[49-52]及空化条件下的叶轮内部流动[53,54]. 当奇点分别布置于离心泵旋转叶片和静止蜗壳或导叶时,奇点法可计算叶轮与蜗壳或导叶的相互作用. 目前奇点法已用于计算定流量下叶轮与蜗壳[55-57]、叶轮与导叶[58-60]及水轮机蜗壳与固定导叶[61]的流动相互干涉. 另外,在叶轮转速和流量变化的场合,奇点法已用于计算叶轮的非定常扭矩[62-66]、空化诱导的流动振荡[67],以及过渡过程中离心蜗壳泵[68,69]、离心导叶泵的水力性能和内部流体力的计算[70-75]. 在这些研究中,固体表面出现了流体分离离散涡,必须追踪离散涡的轨迹及对流场的影响. 这时奇点法已经和原来只有束缚涡的奇点法有所不同,目前多称之为涡方法(vortex method)或涡云法(vortex cloud method).

此外,一些学者还采用奇点法以反问题方式设计回转流面叶栅. 例如,1938 年 Betz 和 Flügge-Lotz 提出根据给定的叶片环量的径向分布来设计离心泵叶轮叶片的奇点法[76],并在离心叶轮的设计中得到应用[77]. 随后,又陆续提出一些理论上更为严密,计算过程更为复杂的离心叶轮叶片设计奇点法[78-82]. 混流泵叶轮叶片的奇点法见文献[83,84].

有限差分法是利用差分近似偏微分方程的微分,从而近似求出偏微分方程的数值解,源于 20 世纪 20 年代. 文献[85]采用有限差分法计算了带分流叶片的离心叶轮回转流面叶栅的内部流动,给出了叶片头部和尾部附近的详细流态. 1966 年,文献[86]采用有限差分法计算了离心泵叶轮二维有势流动并与奇点法结果进行了对比. 文献[87]采用有限差分法计算了轴流式压气机叶轮二维有势流动. 在这 3 个文献中,未知数为流函数,有限差分在半径-圆周角正交坐标系内进行,在叶片表面出现锯齿形网格,需要设计复杂的插值算法,编程较复杂,计算精度受到限制. 文献[88]提出了轴流或混流式叶轮回转流面叶栅的可压缩有势流动的有限差分法,有限差分在轴线-圆周角正交坐标系内进行. 采用 H 型拓扑网格,在叶栅的上游和下游网格是正交的,但在叶栅流道内网格非正交,需要特殊处理. 因此,文献[89]提出了以轴面流线长-圆周角正交坐标系为基础的有限差分法,以适用任何型式的叶轮,编写的程序可以计算回转流面普通单列叶栅、双串列叶栅、带缝双列叶栅和带分流叶片单列叶栅的流动,见图 1-8.

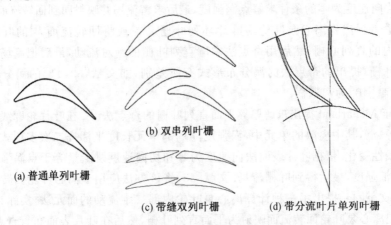

图 1-8 文献[89]计算机程序能求解的叶轮回转流面叶栅类型

类似地,在叶片表面出现锯齿形网格. 于是,文献[90]以轴面流线长和流函数为自变量,圆周角为未知量对回转 S_1 流面的运动方程做了进一步推导,得到了圆周角的二次非线性常微分方程. 在已知叶片形状和上游来流条件下, 利用有限差分法求解该方程, 得到了回转流面叶栅内部流线(包括滞止流线)、速度和压力分布. 文献[91]对该方程的求解过程进行了改进, 即整个叶片是封闭流线——C型拓扑计算域, 而不是像文献[90]中吸力面属于一个叶片, 压力面则属于相邻的另一个叶片——H型拓扑计算域, 并在已知叶片表面压力差分布的条件下进行了反问题叶片设计.

有限元法是利用变分原理的泛函极值或采用加权余数法中的迦辽金法(Galerkin)或最小二乘法对偏微分方程进行积分, 从而得到该积分方程解的数值方法, 源于20世纪40年代. 求解时需要将计算域划分为小尺度单元, 然后对单元积分, 最后对相邻单元进行累加. 因此, 必须给出由单元节点未知数数值计算单元内任意点未知数数值的插值函数, 即形函数. 累加后的方程是关于单元节点未知数的线性代数方程, 求解该方程便得到了未知数数值.

文献[92]最早提出了轴流式压气机前导叶、叶轮和后导叶亚音速可压缩的S_2流面通流(轴对称流)有限元计算方法, 将叶轮进口和出口的流动计算结果与试验值进行了对比分析, 两者吻合良好. 文献[93]给出了混流压气机叶轮回转S_1流面亚音速可压缩流有限元计算方法. 随后, 文献[94]将其推广至三维情况, 得到吴准三维流动理论的有限元解. 首先利用通流模型计算轴面流场; 然后确定多个S_1流面, 计算S_1流面流场; 其次根据该流场划分多个S_2流面, 计算S_2流面流场; 最后再生成多个S_1流面, 计算S_1流面流场; 由此反复直至收敛. 由于该方法计算了多个S_2流面, 所以S_1流面为翘曲流面, 更符合实际流动情况. 文献[95]也提出了通用的准三维流动理论S_1, S_2流面有限元方法, 首先假设S_2流面为S_{2m}, 然后进行S_1流面计算, 对解进行周向平均得到新的S_{2m}, 由此反复直至收敛. 由于该方法仅计算一个S_{2m}流面, 所以S_1流面始终为回转流面.

文献[96-98]采用有限元法计算了二维离心泵叶轮叶片表面绝对流速分布. 文献[99]采用有限元法计算了可逆式混流式水轮机、泵工况叶轮3个S_1流面上叶片表面相对流速分布. 文献[100]提出了透平机械叶轮可压缩有势流动的有限元法. 文献[101]也采用有限元法计算了离心泵叶轮3个回转S_1流面上叶片表面相对流速分布. 文献[102]采用有限元法计算了离心泵叶轮三维有势流动, 并将试验测得的叶片表面压力和试验值进行了对比. 值得指出的是, 文献[96-102]并没有采用吴准三维流动理论, 而是直接采用了有势流动模型.

文献[103]提出了计算离心泵内部二维有势流动的有限元方法, 叶轮每转10°角就与蜗壳耦合一次, 计算叶轮和蜗壳内部流动, 计算的流体相对速度与LDV测量结果进行了对比. 文献[104]采用有限元法计算试验用离心泵二维非定常有势流动, 利用滑移网格考虑了叶轮与蜗壳的流动耦合, 计算了叶片释放的尾涡对流场的影响, 将预测的叶轮出口压力和速度与试验值做了对比. 文献[105]提出了计算混流泵内部三维非定常有势流动的有限元法, 考虑了叶片释放的尾涡, 用滑移网格完成了叶轮和蜗壳的动-静流动耦合. 受计算机内存限制, 采用超单元法(super-element method)将计算域分成若干块, 然后依次计算.

有限元法也可以用于叶片反问题设计. 文献[106]提出一种叶片表面流体排出法(transpiration method), 以便采用有限元法依据给定的叶型表面流体速度对S_1流面叶型局部进行反问题设计. 后来, 文献[107]利用该思想提出可压缩流S_1流面有限元叶片反问题设计方法.文献[108]将有限元法作为离心泵叶轮三维有势流动求解器,与叶片骨面一阶偏微分方程求解算法共同完成叶片设计.

边界元法是基于偏微分方程的基本解来建立相应的边界积分方程,再结合边界的单元剖分而得到的离散算式,即线性代数方程,进而求出未知数数值解的计算方法,源于 20 世纪 60 年代.文献[109]采用边界元法计算了离心泵叶轮轴面二维有势流动,而文献[110]则计算了离心泵叶轮环列叶栅有势流动,得到了厚、薄两种叶片表面流体速度和压力分布.文献[111,112]计算了叶轮流道内的三维有势流动.文献[113]采用边界元法计算了离心泵蜗壳内部二维有势流动.

流线曲率法或准正交线(面)法是求解叶轮轴面内的准正交线或流道内的准正交面上的一阶非线性速度梯度常微分方程数值解的计算方法,可直接得到流线或流面位置,该方法源于 20 世纪 60 年代.该方法编程简单,收敛速度快,但叶片表面速度计算略显不准确,叶片尾部无法满足 Kutta-Joukowski 条件.具体计算方法和过程见文献[114-122],不再赘述.文献[123]提出采用流线曲率法计算离心泵叶轮 S_2 流面轴面速度用于 S_1 流面的叶片设计,但是叶片设计方法和公式中并没有直接用到该速度.

在离心泵叶轮水力设计中,需要快速而准确地知道叶片表面相对流速和压力分布.因此,需要适用范围广、计算时间短、结果比较准确的计算方法.文献[31]提出适用于薄、厚翼的奇点法可能是快速求解回转 S_1 流面叶栅流动的比较合适的方法.本章根据离心泵叶轮 S_1 流面的流体运动方程推导奇点法所需的流函数方程,讨论该方程的特性.文献[31]针对可压缩流体的无旋绝对流动推导过该方程.本章将其用于不可压理想流体,并补充了部分推导细节,不再利用 $\rho b=$ 常数的假设,其中 ρ 为流体密度,b 为 S_1 流面厚度,推导过程中 b 是变化的,推导过程见文献[124],本章重新做了一些细化处理和订正.

1.2.1 流函数方程

选取图 1-9 所示的 S_1 流面坐标系 (m,θ),假设流体是理想流体,流动是定常的,S_1 流面是回转面.

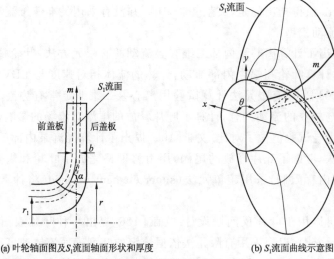

(a) 叶轮轴面图及 S_1 流面轴面形状和厚度   (b) S_1 流面曲线示意图

图 1-9　坐标系与流面

1. m-θ 流函数方程

回转 S_1 流面上的流体运动方程为[31]

$$\frac{1}{r}\frac{\partial w_m}{\partial \theta} - \frac{\partial w_u}{\partial m} - \left(\frac{w_u}{r} + 2\omega\right)\sin\alpha - \frac{1}{w_m}\left(\frac{1}{r}\frac{\partial I}{\partial \theta}\right) = 0 \qquad (1\text{-}2)$$

式中：α 为轴面流线 m 与轴线 z 的夹角，$dr/dm = \sin\alpha$；ω 为叶轮旋转角速度；w_m 为轴面速度；w_u 为相对速度的圆周分量；I 为相对坐标系的能量常数，即转子焓，$I = p/\rho + w^2/2 - \omega^2 r^2/2$，其中 p 为流体静压力。

连续方程为

$$\frac{1}{r}\left[\frac{\partial (bw_m r)}{\partial m} + \frac{\partial (bw_u)}{\partial \theta}\right] = 0 \qquad (1\text{-}3)$$

由式(1-3)定义流函数：

$$\begin{cases} \dfrac{\partial \psi}{\partial m} = bw_u \\ \dfrac{\partial \psi}{r\partial \theta} = -bw_m \end{cases} \qquad (1\text{-}4)$$

将式(1-4)代入式(1-2)，并考虑流面厚度仅是 m 的函数，得

$$\frac{1}{r}\left[\frac{r\partial\left(\frac{1}{b}\frac{\partial \psi}{\partial m}\right)}{\partial m} + \frac{\partial\left(\frac{\partial \psi}{\partial \theta}\right)}{rb\partial \theta}\right] + \frac{1}{rb}\sin\alpha\frac{\partial \psi}{\partial m} = -2\omega\sin\alpha + \frac{b}{\frac{\partial \psi}{\partial \theta}}\frac{\partial I}{\partial \theta} \qquad (1\text{-}5)$$

展开后，得

$$\frac{1}{r^2}\frac{\partial^2 \psi}{\partial \theta^2} + \frac{\partial^2 \psi}{\partial m^2} + \left(\frac{1}{r}\sin\alpha - \frac{\partial \ln b}{\partial m}\right)\frac{\partial \psi}{\partial m} = -2b\omega\sin\alpha + \frac{b^2}{\frac{\partial \psi}{\partial \theta}}\frac{\partial I}{\partial \theta} \qquad (1\text{-}6)$$

若流动绝对运动无旋，则 $\partial I/\partial \theta = 0$。

2. R-Θ 平面内流函数方程

为了便于采用奇点法求解非线性流函数方程(1-6)，须将 m-θ 坐标变换成极坐标 R-Θ，然后将流动分为特解和通解两部分。特解由一般数值积分求解，通解由奇点法求解。因此，对流函数方程(1-6)进行 Prasil 变换[30,31]：

$$\begin{cases} R = R_1 e^{\int_0^m \frac{1}{r}dm} \\ \Theta = E\theta \end{cases} \qquad (1\text{-}7)$$

式中：R_1 为计算域叶轮吸入口半径，可令 $R_1 = r_1$；E 为圆周角伸缩常数，一般 $E = 1$。根据上式，得到下面的微分关系：

$$\begin{cases} \dfrac{d\Theta}{d\theta} = \dfrac{\Theta}{\theta} = E \\ \dfrac{1}{r}\dfrac{dm}{d\theta} = \dfrac{1}{R}\dfrac{dR}{d\Theta} \end{cases} \qquad (1\text{-}8)$$

其中第二式表示计算域和物理域的相对液流角相等，即保角关系式。于是，有下面所列的变换前、后一阶偏导关系为

$$\frac{\partial \psi}{\partial \theta} = \frac{\partial \psi}{\partial \Theta}\frac{d\Theta}{d\theta} = \frac{\partial \psi}{\partial \Theta}E \qquad (1\text{-}9a)$$

$$\frac{\partial I}{\partial \theta} = \frac{\partial I}{\partial \Theta}\frac{d\Theta}{d\theta} = \frac{\partial I}{\partial \Theta}E \tag{1-9b}$$

$$\frac{\partial \psi}{\partial m} = \frac{\partial \psi}{\partial R}\frac{dR}{dm} = \frac{\partial \psi}{\partial R}\frac{RE}{r} \tag{1-9c}$$

$$\frac{\partial \ln b}{\partial m}\frac{\partial \psi}{\partial m} = \frac{R^2 E^2}{r^2}\frac{\partial \ln b}{\partial R}\frac{\partial \psi}{\partial R} \tag{1-9d}$$

二阶偏导关系为

$$\frac{\partial^2 \psi}{\partial \theta^2} = \frac{\partial}{\partial \theta}\left(\frac{\partial \psi}{\partial \Theta}E\right) = \frac{\partial}{\partial \Theta}\left(\frac{\partial \psi}{\partial \Theta}E\right)\frac{d\Theta}{d\theta} = E^2\frac{\partial^2 \psi}{\partial \Theta^2} \tag{1-10a}$$

$$\begin{aligned}\frac{\partial^2 \psi}{\partial m^2} &= \frac{\partial}{\partial m}\left(\frac{\partial \psi}{\partial R}\frac{RE}{r}\right)\\ &= \frac{\partial}{\partial R}\left(\frac{\partial \psi}{\partial R}\frac{RE}{r}\right)\frac{dR}{dm}\\ &= \frac{RE}{r}\frac{\partial}{\partial R}\left(\frac{\partial \psi}{\partial R}\frac{RE}{r}\right)\\ &= \frac{RE}{r}\left(\frac{RE}{r}\frac{\partial^2 \psi}{\partial R^2} + \frac{E}{r}\frac{\partial \psi}{\partial R} - \frac{RE}{r^2}\frac{\partial \psi}{\partial R}\frac{\partial r}{\partial R}\right)\\ &= \frac{RE}{r}\left(\frac{RE}{r}\frac{\partial^2 \psi}{\partial R^2} + \frac{E}{r}\frac{\partial \psi}{\partial R} - \frac{RE}{r^2}\frac{\partial \psi}{\partial R}\frac{\partial r}{\partial m}\frac{dm}{dr}\right)\\ &= \frac{R^2 E^2}{r^2}\frac{\partial^2 \psi}{\partial R^2} + \frac{RE^2}{r^2}\frac{\partial \psi}{\partial R} - \frac{RE}{r^2}\sin\alpha\frac{\partial \psi}{\partial R}\end{aligned} \tag{1-10b}$$

将以上各式代入方程(1-6),整理得到变换平面内的流函数方程:

$$\frac{\partial^2 \psi}{\partial R^2} + \frac{1}{R^2}\frac{\partial^2 \psi}{\partial \Theta^2} + \frac{1}{R}\frac{\partial \psi}{\partial R} = -2\omega b\sin\alpha\left(\frac{r}{RE}\right)^2 + \frac{\partial \ln b}{\partial R}\frac{\partial \psi}{\partial R} + \left(\frac{r}{RE}\right)^2 b^2\frac{\partial \psi}{\partial \Theta}\frac{\partial I}{\partial \Theta} \tag{1-11}$$

定义 R-Θ 平面内流函数:

$$\begin{cases}\dfrac{\partial \psi}{\partial R} = bW_\Theta \\ \dfrac{\partial \psi}{R\partial \Theta} = -bW_R\end{cases} \tag{1-12}$$

将式(1-12)代入式(1-11)的右端,得

$$\frac{\partial^2 \psi}{\partial R^2} + \frac{1}{R^2}\frac{\partial^2 \psi}{\partial \Theta^2} + \frac{1}{R}\frac{\partial \psi}{\partial R} = -2\omega b\sin\alpha\left(\frac{r}{RE}\right)^2 + W_\Theta\frac{\partial b}{\partial R} - \left(\frac{r}{RE}\right)^2\frac{b}{RW_R}\frac{\partial I}{\partial \Theta} \tag{1-13}$$

由式(1-4)、式(1-8)和式(1-12)可知,回转面和变换平面的流速尺度变换关系为

$$\frac{w_u}{W_\Theta} = \frac{w_m}{W_R} = \frac{RE}{r} \tag{1-14}$$

1.2.2 特解、通解及求解方法

在方程(1-13)的右端,第二、三项中 W_Θ,W_R 和 $\partial I/\partial \Theta$ 都是 R 和 Θ 的函数.为了便于采用分离变量法求解,对3种流动参数事先沿圆周方向 Θ 取算术平均,分别得到平均值 $\overline{W}_\Theta$,$\overline{W}_R$ 和 $\overline{\partial I/\partial \Theta}$,这时方程的右边仅是 R 的函数,于是可采用分离变量法从方程(1-13)中分离出特解和通解.

因为方程(1-13)是非线性的,所以须迭代求解.在每一次迭代中,流函数都可分解

为特解和通解两部分,即 $\psi = \psi_0 - \psi^*$,于是从方程(1-13)可得到通解和特解满足的两个偏微分方程:

$$\frac{\partial^2 \psi_0}{\partial R^2} + \frac{1}{R^2}\frac{\partial^2 \psi_0}{\partial \Theta^2} + \frac{1}{R}\frac{\partial \psi_0}{\partial R} = 0 \tag{1-15}$$

和

$$\frac{\partial^2 \psi^*}{\partial R^2} + \frac{1}{R^2}\frac{\partial^2 \psi^*}{\partial \Theta^2} + \frac{1}{R}\frac{\partial \psi^*}{\partial R} = 2\omega b \sin\alpha \left(\frac{r}{RE}\right)^2 - \overline{W}_\Theta \frac{\partial b}{\partial R} + \left(\frac{r}{RE}\right)^2 \frac{b}{R\,\overline{W}_R}\frac{\overline{\partial I}}{\partial \Theta} \tag{1-16}$$

由于对 3 种流动参数沿圆周方向事先做了算术平均,所以方程(1-15)和方程(1-16)的叠加近似于方程(1-13),近似程度须由数值计算确定.

利用式(1-12),得到特解和通解与流速分量的关系:

$$\begin{cases} \dfrac{\partial \psi_0}{\partial R} = bV_\Theta, \dfrac{\partial \psi_0}{R\partial \Theta} = -bV_R \\ \dfrac{\partial \psi^*}{\partial R} = bU_\Theta^*, \dfrac{\partial \psi^*}{R\partial \Theta} = bU_R^* \end{cases} \tag{1-17}$$

于是有

$$\begin{cases} W_\Theta = V_\Theta - U_\Theta^* \\ W_R = V_R + U_R^* \end{cases} \tag{1-18}$$

1. 特解和诱导流速

令 $\psi^* = X(R) + Y(\Theta)$,则代入方程(1-16),得

$$\frac{\partial^2 Y}{R^2 \partial \theta^2} = 0 \tag{1-19a}$$

$$\frac{\partial^2 X}{\partial R^2} + \frac{1}{R}\frac{\partial X}{\partial R} = f(R) \tag{1-19b}$$

其中 $f(R) = 2\omega b \sin\alpha \left(\dfrac{r}{RE}\right)^2 - \overline{W}_\Theta \dfrac{\partial b}{\partial R} + \left(\dfrac{r}{RE}\right)^2 \dfrac{b}{R\,\overline{W}_R}\dfrac{\overline{\partial I}}{\partial \Theta}$.

方程(1-19a)的通解为

$$Y = c_1 \Theta + c_2 \tag{1-19c}$$

式中:c_1, c_2 为待定常数.

在计算区域进口,有

$$\left(\frac{\partial Y}{R\partial \Theta}\right)_1 = b_1 U_{R1}^* \tag{1-19d}$$

式中:$U_{R1}^* = Q_{th}/(2\pi E R_1 b_1)$,其中 b_1 为计算区域进口处的流面厚度,Q_{th} 为叶轮的理论流量,于是常数 c_1 的表达式为

$$c_1 = R_1 b_1 U_{R1}^* = \frac{Q_{th}}{2\pi E} \tag{1-19e}$$

因此

$$Y = \frac{Q_{th}}{2\pi E}\Theta + c_2 \tag{1-19f}$$

方程(1-19b)的通解为

$$X = c_3 \ln R + \int_{R_1}^{R} \frac{1}{2\pi R}\int_{R_1}^{R} 2\pi R f(R)\,\mathrm{d}R\,\mathrm{d}R + c_4 \tag{1-20a}$$

式中:c_3, c_4 为待定常数.

取式(1-20a)关于 R 的偏导数,并利用式(1-18),有

$$\left(\frac{\partial X}{\partial R}\right)_1 = \frac{c_3}{R_1} = b_1 U_{\Theta 1}^* = b_1(-W_{\Theta 1} + V_{\Theta 1}) \tag{1-20b}$$

因为叶栅进口叶片比较远,叶片上束缚点涡的诱导速度可以忽略不计,即 $V_{\Theta 1}=0$,所以式(1-20b)表示的边界条件变为

$$\left(\frac{\partial X}{\partial R}\right)_1 = \frac{c_3}{R_1} = b_1 U_{\Theta 1}^* = -b_1 W_{\Theta 1} \tag{1-20c}$$

因为流体的速度环量可表示为

$$\Gamma = 2\pi r(\omega r + w_u) = 2\pi(\omega r^2 + REW_\Theta) \tag{1-20d}$$

所以计算区域进口处的流体速度环量应为

$$\Gamma_1 = 2\pi(\omega r^2 + REW_\Theta)_1 \tag{1-20e}$$

于是

$$W_{\Theta 1} = \frac{\Gamma_1 - 2\pi\omega r_1^2}{2\pi R_1 E} \tag{1-20f}$$

进一步,有

$$c_3 = -\frac{b_1(\Gamma_1 - 2\pi\omega r_1^2)}{2\pi E} \tag{1-20g}$$

因此

$$X = -\frac{b_1(\Gamma_1 - 2\pi\omega r_1^2)}{2\pi E}\ln R + \int_{R_1}^{R}\frac{1}{2\pi R}\int_{R_1}^{R}2\pi Rf(R)\mathrm{d}R\mathrm{d}R + c_4 \tag{1-20h}$$

合并特解式(1-19f)、式(1-20h),得到方程(1-16)的特解:

$$\psi^* = -\frac{b_1(\Gamma_1 - 2\pi\omega r_1^2)}{2\pi E}\ln R + \int_{R_1}^{R}\frac{1}{2\pi R}\int_{R_1}^{R}2\pi Rf(R)\mathrm{d}R\mathrm{d}R + \frac{Q_{\mathrm{th}}}{2\pi E}\Theta + c_2 + c_4 \tag{1-21}$$

其中的常数 c_2 和 c_4 不影响速度的计算.

考虑到叶片的排挤作用,特解引起的径向流速为

$$U_R^* = \frac{Q_{\mathrm{th}}}{(2\pi RE - Zt_u)b} \tag{1-22a}$$

式中: Z 为叶片数; t_u 为叶片圆周厚度.特解对应的周向流速为

$$U_\Theta^* = -\frac{b_1}{2\pi REb}(\Gamma_1 - 2\pi\omega r_1^2) + \frac{1}{2\pi Rb}\int_{R_1}^{R}2\pi Rf(R)\mathrm{d}R \tag{1-22b}$$

因为 $\Gamma_1 = 2\pi r_1 v_{u1}$,所以

$$U_\Theta^* = \frac{r_1 b_1}{REb}(\omega r_1 - v_{u1}) + \frac{1}{2\pi Rb}\int_{R_1}^{R}2\pi Rf(R)\mathrm{d}R \tag{1-22c}$$

式中: v_{u1} 为计算区域进口处的流体绝对流速的圆周分量.

2. 通解和诱导流速

假定叶片表面连续分布着宽度为 b 的涡层,其线密度为 $\lambda(l)$,其中 l 为叶片表面的长度.利用变换函数

$$\zeta = \left(\frac{R}{R_j}\right)^Z \mathrm{e}^{\mathrm{i}Z(\Theta-\Theta_j)} \tag{1-23}$$

可以把 R-Θ 平面中位于叶片表面上 Z 个强度为 $\lambda_j \mathrm{d}l$ 的点涡变换到 ζ 平面中 $\zeta=+1$ 处

的一个点涡(见图 1-10),其中 $i=\sqrt{-1}$ 为虚数单位.

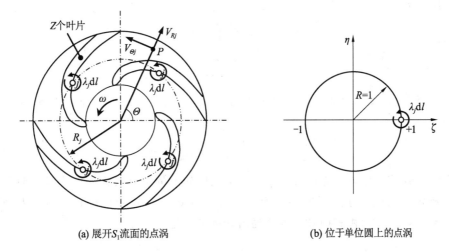

(a) 展开 S_1 流面的点涡　　(b) 位于单位圆上的点涡

图 1-10　叶片表面点涡的变换

在 ζ 平面上,该点涡诱导的复势函数为

$$X(\zeta)=-\mathrm{i}\frac{b\lambda_j\mathrm{d}l}{2\pi}\ln(\zeta-1) \tag{1-24}$$

因为复势函数由势函数 ϕ_0 和流函数 ψ_0 组成,即 $X(\zeta)=\phi_0+\mathrm{i}\psi_0$,于是 $R-\Theta$ 平面中 Z 个强度为 $\lambda_j\mathrm{d}l$ 的点涡诱导的流函数为

$$\psi_{0j}=\mathrm{Im}[X(\zeta)]=-\frac{b\lambda_j\mathrm{d}l}{2\pi}\ln|\zeta-1| \tag{1-25}$$

进一步整理得

$$\psi_{0j}=-\frac{b\lambda_j\mathrm{d}l}{4\pi}\ln\left\{\left(\frac{R}{R_j}\right)^{2Z}-2\left(\frac{R}{R_j}\right)^Z\cos[Z(\Theta-\Theta_j)]+1\right\} \tag{1-26}$$

径向诱导流速为

$$V_{Rj}=-\frac{1}{b}\frac{\partial\psi_{0j}}{R\partial\Theta}=-\frac{Z}{2\pi R}F_{Rj}\lambda_j\mathrm{d}l \tag{1-27a}$$

式中:F_{Rj} 为环列叶栅径向几何影响系数,

$$F_{Rj}=\frac{\sin[Z(\Theta-\Theta_j)]}{\left(\frac{R_j}{R}\right)^Z+\left(\frac{R_j}{R}\right)^{-Z}-2\cos[Z(\Theta-\Theta_j)]} \tag{1-27b}$$

周向诱导流速为

$$V_{\Theta j}=\frac{1}{b}\frac{\partial\psi_{0j}}{\partial R}=+\frac{Z}{4\pi R}(1-F_{\Theta j})\lambda_j\mathrm{d}l \tag{1-28a}$$

式中:$F_{\Theta j}$ 为环列叶栅周向几何影响系数,

$$F_{\Theta j}=\frac{\left(\frac{R_j}{R}\right)^Z-\left(\frac{R_j}{R}\right)^{-Z}}{\left(\frac{R_j}{R}\right)^Z+\left(\frac{R_j}{R}\right)^{-Z}-2\cos[Z(\Theta-\Theta_j)]} \tag{1-28b}$$

应当指出:式(1-27a)和式(1-28a)中右端项前面的"−"和"+"适用于顺时旋向点涡强度为正值的规定.

为了求 λ_j,须将流场中点涡诱导速度被计算的点 P,即控制点或参考点放在叶片表面上,于是有

$$\begin{cases} V_{\Theta P} = +\dfrac{Z}{4\pi R} \oint (1-F_{\Theta j})\lambda_j \mathrm{d}l \\ V_{RP} = -\dfrac{Z}{2\pi R} \oint F_{Rj}\lambda_j \mathrm{d}l \end{cases} \quad (1-29)$$

在叶片表面上,流体相对流速与叶片表面相切,即相对流速沿叶片表面法向分量等于 0,于是有

$$\frac{W_{\Theta P}}{W_{RP}} = \frac{V_{\Theta P} - U_{\Theta P}^*}{V_{RP} + U_{RP}^*} = \tan(\beta_b - 90°) \quad (1-30)$$

式中:β_b 为 S_1 流面上叶片轮廓线的切线方向与叶轮圆周速度反方向的夹角. 利用该式,可得到确定 λ_j 的积分方程. 在叶片尾部 λ_j 要满足 Kutta-Joukowski 条件. 若点 P 放在流场中,待 λ_j 求出后,可由式(1-29)计算通解诱导的流速.

1.2.3 讨 论

为了求解回转 S_1 流面流动,首先利用变换函数将变厚度回转面的曲面叶栅变换到变厚度的平面环列叶栅;其次求解平面环列叶栅的流动. 数值计算可分 5 步进行:① 求出 λ;② 求出 V_R,V_Θ;③ 求出 U_Θ^*,U_R^*;④ 求出 W_Θ,W_R;⑤ 将 R-Θ 平面的计算结果变换到 S_1 流面上. 第①~④步要反复迭代直至收敛.

另外,为了采用分离变量法而简化计算,对 W_R,W_Θ 和 $\partial I/\partial\Theta$ 这 3 种流动参数事先沿圆周方向 Θ 取算术平均,这样可采用分离变量法从方程(1-13)中分离出特解和通解. 这是一种近似处理,其近似程度须由数值计算确定.

从特解诱导的流速表达式看,特解主要受流体的预旋、叶轮理论流量、叶轮旋转和流面厚度的影响. 从通解诱导的流速表达式看,通解主要受叶片形状的影响,与其他因素无关. 对不可压流体,流面厚度只对特解有影响,对通解无影响,非线性主要表现在特解中.

参考文献

[1] Katsnis T. Quasi-Three-Dimensional Calculation of Velocities in Turbomachine Blade Rows. NASA TM X-67959,1972.

[2] Wu C H. A General Theory of Three-Dimensional Flow in Subsonic and Supersonic Turbomachines of Axial-, Radial-, and Mixed-Flow Types. NACA TN-2604,1952.

[3] 王尚锦. 离心压缩机三元流动理论及应用. 西安:西安交通大学出版社,1991.

[4] Köunig E. Potentialströmung durch Gitter. Zeitschrift fur Angewandte Mathematik und Mechanik,1922,2(6):422-429.

[5] Sörensen E. Potentialströmungen durch Rotierende Kreiselräder. Zeitschrift

fur Angewandte Mathematik und Mechanik, 1927, 7(2): 89 - 106.

[6] Schulz W. Das Förderhöhenverhältnis radialer Kreiselpumpen mit logarifhrnisch-spiraligen Schaufeln. Zeitschrift fur Angewandte Mathematik und Mechanik, 1928, 8(1): 10 - 17.

[7] Busemann A. Das Förderhöhenverhältnis radialer Kreiselpumpen mit logarithmisch-spiraligen Schaufeln. Zeitschrift fur Angewandte Mathematik und Mechanik, 1928, 8(5): 372 - 384.

[8] Spannuke W, Barth W. Potentialströmung durch ruhende oder bewegte Schaufelgitter mit Schaufeln von beliebiger Form. Zeitschrift fur Angewandte Mathematik und Mechanik, 1929, 9(6): 466 - 480.

[9] 内丸最一郎, 鬼頭史城. 渦巻喞筒の羽根車内に於る水のポテンシァル流動に就て. 日本機械学会誌, 1932, 35(181): 439 - 449.

[10] Acosta A J. An Experimental and Theoretical Investigation of Two-Dimensional Centrifugal Pump Impellers. Hydrodynamics Laboratory Report No. 21 - 9, California Institute of Technology, California, June 30, 1952, USA.

[11] 藤本武助. 渦巻ポンプ羽根車の理論について. 日本機械学會論文集, 1947, 13(44): 161 - 165.

[12] 藤本武助, 廣瀬幸治. 渦巻ポンプの理論について. 日本機械学會論文集, 1947, 13(44): 174 - 180.

[13] 藤本武助, 廣瀬幸治. 任意型羽根のうず巻ポンプ計算法. 日本機械学會論文集, 1949, 15(50): 39 - 44.

[14] 神元五郎, 松岡祥浩. うず巻形流体機械の羽根車内の流れについて: 第4報, 任意羽根の理論. 日本機械学會論文集, 1959, 25(153): 389 - 396.

[15] 松岡祥浩. うず巻形流体機械の羽根車内の流れについて: 第6報, 三次元羽根車について. 日本機械学會論文集, 1961, 27(177): 658 - 665.

[16] 神元五郎. 翼面圧力分布を与えて円形翼型を求める計算法. 日本機械学會論文集, 1953, 19(77): 7 - 11.

[17] 白倉昌明. 任意翼型直線翼列の一理論(第1報): 特に, 節弦比の小さい場合および翼型のそりおよび厚みの大きい場合に関して. 日本機械学會論文集, 1952, 18(69): 16 - 22.

[18] 白倉昌明. タービン翼列まわりのボテンシャル流. 日本機械学會論文集, 1955, 21(108): 577 - 582.

[19] 白倉昌明. 二次元遠心羽根車の性能について. ターボ機械, 1973, 1(1): 24 - 32.

[20] Visser F C, Brouwers J J H, Badie R. Theoretical Analysis of Inertially Irrotational and Solenoidal Flow in Two-Dimensional Radial-Flow Pump and Turbine Impellers with Equiangular Blades. Journal of Fluid Mechanics, 1994, 269: 107 - 141.

[21] Hassenpflug W C. The Incompressible Two-Dimensional Potential Flow Through Blades of a Rotating Radial Impeller. Mathematical and Computer

Modelling, 2010, 52:1299-1389.

[22] 辻本良信, Acosta J A, Brennen C E. 等角写像法による前縁キャビテーションを伴う遠心羽根車の特性解析. 日本機械学会論文集 B 編, 1986, 52(480):2954-2962.

[23] 辻本良信, Acosta J A, 今井良二. 遠心羽根車内におけるはく離流れの自由流線理論による解析. 日本機械学会論文集 B 編, 1988, 54(499):583-588.

[24] Birnbaum W. Die tragende Wirbelfläche als Hilfsmittel zur Behandlung des ebenen Problems der Tragflügeltheorie. Zeitschrift fur Angewandte Mathematik und Mechanik, 1923, 3(4):290-297.

[25] Isay W H. Beitrag zur Potentialströmung durch radiale Schaufelgitter. Ingenieur-Archiv, 1954, 22(2):203-210.

[26] Kruger H. Ein Verfahren zur Druckverteilungsrechnung an geraden und radialen Schaufelgittern. Ingenieur-Archiv, 1958, 26(4):242-267.

[27] 村田暹. うず巻ポンプ羽根車の流れに関する研究：第 2 報 薄翼翼列理論の羽根車への応用. 日本機械学會論文集, 1961, 27(177):674-680.

[28] 松岡祥浩. うず巻形流体機械の羽根車内の流れについて：第 7 報 二次元羽根車の一計算法. 日本機械学會論文集, 1963, 29(198):270-279.

[29] Reddy Y R, Kar S. Study of Flow Phenomena in the Impeller Passage by Using a Singularity Method. ASME Journal of Basic Engineering, 1972, 94(3):513-520.

[30] Schilhansl M J. Three-Dimensional Theory of Incompressible and Inviscid Flow Through Mixed Flow Turbomachines. ASME Journal of Engineering for Power, 1965, 87(4):361-372.

[31] 妹尾泰利, 中瀬敬之. ターボ機械の羽根車内の流れ：第 1 報 翼間理論. 日本機械学會論文集, 1971, 37(302):1927-1934.

[32] 江尻英治, 白倉昌明, 田古里哲夫, 他. 求心送風機の性能に関する研究-2-理論解析. 日本機械学会論文集 B 編, 1984, 50(460):2953-2959.

[33] 古川明徳, 陳次昌, 関屋多賀吉, 他. 三次元境界層の流れモデルと組合せた羽根面上特異点解法による遠心ポンプ二次元羽根車内の流れ解析. 日本機械学會論文集 B 編, 1987, 53(494):3038-3043.

[34] 古川明徳, 陳次昌, 高松康生. 羽根面上特異点解法による羽根出口削除時の遠心ポンプ羽根車性能推算に関する考察. 日本機械学會論文集 B 編, 1989, 55(514):1595-1599.

[35] Vo Minh Quang, 福富純一郎, 中瀬敬之, 他. 魚類移送用斜流ポンプ羽根車内の流れに関する研究. 日本機械学会論文集 B 編, 1999, 65(630):612-620.

[36] 村田暹, 小川武範. 任意の翼形翼を用いた遠心羽根車内の流れの研究：第 1 報 羽根車幅が一定の場合. 日本機械学會論文集, 1973, 39(326):3029-3038.

[37] 村田暹，小川武範. 任意の翼形翼を用いた遠心羽根車内の流れの研究：第2報 羽根車幅が変化する場合. 日本機械学會論文集，1973，39(326)：3039-3047.

[38] Isay W H. Beitrag zur Potentialströmung durch axiale Schaufelgitter. Zeitschrift fur Angewandte Mathematik und Mechanik，1953，33(12)：397-409.

[39] Ayyubi S K，Rao Y V N. Theoretical Analysis of Flow Through Two-Dimensional Centrifugal Pump Impeller by Method of Singularities. ASME Journal of Basic Engineering，1971，93(1)：35-41.

[40] Kumar T C M，Rao Y V N. Theoretical Investigation of Pressure Distributions Along the Surfaces of a Thin Blade of Arbitrary Geometry of a Two-Dimensional Centrifugal Pump Impeller. ASME Journal of Fluids Engineering，1977，99(3)：531-542.

[41] Kumar T C M，Rao Y V N. Quasi-Two-Dimensional Analysis of Flow through a Centrifugal Pump Impeller. ASME Journal of Fluids Engineering，1977，99(4)：687-692.

[42] McFarland E R. Solution of Plane Cascade Flow Using Improved Surface Singularity Methods. ASME Journal of Engineering for Gas Turbines and Power，1982，104(3)：668-674.

[43] McFarland E R. A Rapid Blade-to-Blade Solution to Use in Turbomachinery Design. ASME Journal of Engineering for Gas Turbines and Power，1984，106(2)：376-382.

[44] 胡寿根，蒋旭平，韩百顺. 离心式水泵内部流场的面元法数值计算. 流体工程，1988(10)：20-23.

[45] Bakir F，Belamri T，Rey R. Theoretical and Experimental Study of the Blade to Blade Flow through a Centrifugal Pump. International Journal of Turbo and Jet Engines，1998，15(4)：275-291.

[46] 三宅裕，板東潔，倍田芳男，他. 遠心羽根車内ポテンシャル流れのパネル法による完全三次元解析. 日本機械学会論文集B編，1986，52(484)：3933-4000.

[47] 木谷勝，日下晶雄. 遠心羽根車内のはく離流れの数値解析. 日本機械学会論文集B編，1989，55(510)：290-297.

[48] 高宏，亀本喬司. 境界層の離散渦モデルによる遠心羽根車内のはく離非定常流れの数値解析：第1報，理論解析. 日本機械学会論文集B編，1993，59(561)：1632-1639.

[49] 高宏，亀本喬司. 境界層の離散渦モデルによる遠心羽根車内のはく離非定常流の数値解析：第2報，羽根車を通る非定常流とその性能. 日本機械学会論文集B編，1993，59(565)：2834-2841.

[50] 正司秀信，日浅隆. 離散渦法による前縁はく離遠心羽根車の非定常全揚

程. 日本機械学会論文集 B 編, 1998, 64(626): 3299-3305.

[51] 今井良二, 辻本良信, Acosta A J. 遠心羽根車内におけるはく離流れの特異点法による解析と, これを用いた羽根出口端削除による性能変化の考察. 日本機械学会論文集 B 編, 1989, 55(512): 1129-1136.

[52] Lewis R I. Study of Blade to Blade Flows and Circumferential Stall Propagation in Radial Diffusers and Radial Fans by Vortex Cloud Analysis. Journal of Computational and Applied Mechanics, 2004, 5(2): 323-335.

[53] 西山秀哉. 前縁キャビテーションを伴う遠心羽根車の内部および出口流れ解析: 羽根数および羽根角の影響. 日本機械学会論文集 B 編, 1988, 54(503): 1703-1709.

[54] 西山秀哉, 長谷川敦, 高橋義雄. 気泡を含む水流における遠心羽根車内の流れ解析: 特異点法による反復解法. 日本機械学会論文集 B 編, 1989, 55(519): 3427-3433.

[55] 水谷充, 神元五郎, 水谷寛. 特異点法による渦巻ポンプの流れの研究. ターボ機械, 1982, 10(8): 459-466.

[56] 今市憲作, 辻本良信, 吉田義樹. 渦形室と遠心羽根車の干渉の二次元解析. 日本機械学会論文集 B 編, 1982, 48(435): 2217-2226.

[57] Morfiadakis E E, Voutsinas S G, Papantonis D E. Unsteady Flow Calculation in a Radial Flow Centrifugal Pump with Spiral Casing. International Journal for Numerical Methods in Fluids, 1991, 12: 895-908.

[58] 祝宝山, 亀本喬司, 松本裕昭. 渦法による遠心羽根車と渦室の二次元的な非定常干渉の数値シミュレーション. 日本機械学会論文集 B 編, 1999, 65(630): 621-627.

[59] 大場義晃, 正司秀信. 前縁はく離を考慮したディフューザポンプ内流れの解析. ターボ機械, 2000, 28(10): 616-623.

[60] 中川貴博, 古川明徳, 塚本寛, 他. 翼面上特異点法によるディフューザポンプ羽根車下流の圧力脈動解析. ターボ機械, 2001, 29(8): 464-471.

[61] 西山哲男, 篠原雅仁. 渦巻室と案内羽根との相互干渉: 特異点法による二次元解析. 日本機械学会論文集 B 編, 1987, 53(491): 1970-1977.

[62] 辻本良信, 今市憲作, 吉田義樹, 他. 遠心羽根車の非定常トルクの解析. 日本機械学会論文集 B 編, 1981, 47(418): 957-965.

[63] 正司秀信, 大橋秀雄. ふれまわって回転する遠心羽根車に働く流体力. 日本機械学会論文集 B 編, 1981, 47(419): 1187-1196.

[64] 辻本良信, 今市憲作, 友広輝彦, 他. 準三次元遠心羽根車の非定常トルクの解析. 日本機械学会論文集 B 編, 1984, 50(450): 371-380.

[65] 正司秀信, 大橋秀雄. ふれまわりながら回転する遠心羽根車に働く流体力の理論的研究. 日本機械学会論文集 B 編, 1984, 50(458): 2518-2522.

[66] 鵜田晃, 辻本良信. ふれまわり運動するオープンタイプ遠心羽根車に働く流体力の理論解析. 日本機械学会論文集 B 編, 2000, 66(651): 2920-2926.

[67] 西山秀哉. 前縁キャビテーションを伴う遠心羽根車の伝達マトリクス：特にキャビテーションコンプライアンスとマスフローゲインファクタ. 日本機械学会論文集 B 編, 1984, 50(455):1658-1666.

[68] 塚本寛, 大橋秀雄. 遠心ポンプ始動時の過渡性能：第 2 報 理論解析. 日本機械学会論文集 B 編, 1979, 45(396):1124-1135.

[69] 金子真, 大橋秀雄. 流量急変時における遠心ポンプの圧力波形について. 日本機械学会論文集 B 編, 1982, 48(426):229-237.

[70] 塚本寛, 松永成徳, 泰聰, 他. 遠心ポンプ始動停止時の過渡性能：円形翼列理論による解析と準定常変化の仮定の限界. 日本機械学会論文集 B 編, 1986, 52(475):1291-1299.

[71] 秦偉, 塚本寛. ディフューザポンプ羽根車下流における変動圧力の理論解析：羽根車とガイドベーン/ボリュートケーシングの干渉による非定常流の解析. 日本機械学会論文集 B 編, 1995, 61(587):2563-2570.

[72] 王宏, 塚本寛. 渦法によるディフューザポンプ動静翼干渉流れの数値計算. 日本機械学会論文集 B 編, 2001, 67(654):321-329.

[73] 王宏, 塚本寛. 渦法によるディフューザポンプ部分流量域非定常流れの数値計算. 日本機械学会論文集 B 編, 2002, 68(666):447-454.

[74] 張明, 王宏, 塚本寛. ディフューザポンプ羽根車に働く始動時過渡流体力. 日本機械学会論文集 B 編, 2002, 68(675):2997-3005.

[75] 張明, 王宏, 塚本寛. 動静翼同数のディフューザポンプ羽根車に作用する変動流体力. 日本機械学会論文集 B 編, 2002, 68(671):2020-2027.

[76] Betz A, Flügge-Lotz I. Berechnung der Schaufeln von Kreiselrädern. Ingenieur-Archiv, 1938, 9(6):486-501.

[77] Johnsen I A, Ritter W K, Anderson R J. Performance of Radial-Inlet Impeller Designed on the Basis of Two-Dimensional-Flow Theory for an Infinite Number of Blades. NACA TN-1214, 1947.

[78] Fuzy O. Blading Design for Narrow Radial Flow Impeller or Guide Wheel by Using Singularity Carrier Auxiliary Curves. Periodica Polytechnica-Mechanical Engineering, 1966, 11(1):1-13.

[79] 柏原康成. 軸流, 斜流, 遠心形流体機械の羽根のインバース法による理論. 日本機械学會論文集, 1972, 38(310):1394-1406.

[80] 村田暹, 三宅裕, 板東潔, 他. 遠心羽根車の逆問題の準三次元解法. 日本機械学會論文集, 1982, 48(429):844-851.

[81] 豊倉富太郎, 金元敏明, 八円衛明. 遠心ターボ機械の戻り流路用円形翼列に関する研究：第 1 報, 逆問題解法と供試翼列の選定. 日本機械学会論文集 B 編, 1986, 52(473):50-58.

[82] Potashev A V, Potasheva E V, Rubinovskii A V. Designing of New Impellers for Centrifugal Pumps by the Inverse Boundary-Value Problem Method. Chemical and Petroleum Engineering, 2002, 38(7/8):464-468.

[83] Fuzy O. Design of Mixed Flow Impeller. Periodica Polytechnica-Mechanical Engineering, 1962, 6(4):299-317.

[84] 钱涵欣,林汝长,张海平. 混流泵叶轮奇点法水力设计. 工程热物理学报,1993, 14(3):277-280.

[85] Kramer J J. Analysis of Incompressible, Nonviscous Blade-to-Blade Flow in Rotating Blade Rows. Transactions of ASME, 1958, 80(2):263-275.

[86] 大宮司久明. 任意翼形の円形軸翼列の流れの簡易計算法. 日本機械学會論文集,1966,32(233):76-82.

[87] Kavanagh P, Serovy G K. Through-Flow Solution for Axial-Flow Turbomachine Blade Rows. NASA CR-363, 1966.

[88] Smith D J L, Frost D H. Calculation of the Flow past Turbomachine Blades. Proceedings of IMechE, 1960—1970, 184 Pt 3G (II):72-85.

[89] Katsanis T, McNally W D. Programs for Computation of Velocities and Streamlines on a Blade-to-Blade Surface of a Turbomachine. ASME Paper 69-GT-48, 1969.

[90] Abdallah S, Smith C F, McBride M W. Unified Equation of Motion(UEM) Approach as Applied to S1 Turbomachinery Problems. ASME Journal of Fluids Engineering, 1988, 110(3):251-256.

[91] Ma X. Numerical Solutions for Direct and Indirect (Design) Turbomachinery Problems. Cincinnati:University of Cincinnati, 2006.

[92] Hirsch Ch, Warzee G. A Finite Element Method for the Axisymmetric Flow Computation in a Turbomachine. International Journal for Numerical Methods in Engineering, 1976, 10:93-113.

[93] Adler A, Krimerman Y. Calculation of the Blade-to-Blade Compressible Flow Field in Turbo Impellers Using the Finite-Element Method. Journal Mechanical Engineering Science, 1977, 19(3):108-112.

[94] Krimerman Y, Adler A. The Complete Three-Dimensional Calculation of the Compressible Flow Field in Turbo Impellers. Journal Mechanical Engineering Science, 1978, 20(3):149-158.

[95] Hirsch Ch, Warzee G. An Integrated Quasi-3D Finite Element Calculation Program for Turbomachinery Flows. ASME Journal of Engineering for Gas Turbines and Power, 1979, 101(1):141-148.

[96] 支培法,陈新方,杨惠美. 有限单元法在水泵流体动力学问题中的应用. 水泵技术,1980(3):2-7.

[97] El Hajem M, Spettel F, Henry C, et al. Numerical and Experimental Investigation of Flow Characteristics of Centrifugal Impeller. Transactions on Modelling and Simulation, 1995, 10:347-354.

[98] 刘丽芳,李斯特. 离心泵叶轮内流体流动的有限元分析. 武汉化工学院学报, 1998(3):71-74.

[99] 支培法. 混流式转轮水力计算的有限单元法. 水泵技术, 1980(3): 9-16.

[100] 陈康民, 张道方, 周浩, 等. 离心泵旋转叶轮内部流场变分有限元解及粘性修正. 上海机械学院学报, 1993, 15(2): 1-9.

[101] Gune D, Menguturk M. A Finite-Element Computer Code to Calculate Full-3D Compressible Potential Flow in Turbomachinery. ASME Paper 84-GT-238, 1984.

[102] Maiti B, Seshadri V, Malhotra R C. Analysis of Flow through Centrifugal Pump Impellers by Finite Element Method. Applied Scientific Research, 1989, 46: 105-126.

[103] Miner S M, Flack R D, Allaire P E. Two Dimensional Flow Analysis of a Laboratory Centrifugal Pump. ASME Paper 90-GT-50, 1990.

[104] Badie R, Jonker J B, Van Den Braembussche R A. Finite Element Calculations and Experimental Verification of the Unsteady Potential Flow in a Centrifugal Volute Pump. International Journal for Numerical Methods in Fluids, 1994, 19: 1083-1102.

[105] Kruyt N P, Van Esch B P M, Jonker J B. A Superelement-Based Method for Computing Unsteady Three-Dimensional Potential Flows in Hydraulic Turbomachines. Communications in Numerical Methods in Engineering, 1999, 15: 381-397.

[106] Cedar R D, Stow P. A Compatible Mixed Design and Analysis Finite Element Method for the Design of Turbomachinery Blades. International Journal for Numerical Methods in Fluids, 1985, 5: 331-345.

[107] Nicoud D, Le Bloa C, Jacquotte O P. A Finite Element Inverse Method for the Design of Turbomachinery Blades. ASME Paper 91-GT-80, 1991.

[108] Kruyt N P, Westra R W. On the Inverse Problem of Blade Design for Centrifugal Pumps and Fans. Inverse Problems, 2014, 30: 1-22.

[109] 胡庆康, 殷少有. 离心泵叶轮内流场的边界元法. 农业机械学报, 1990(2): 38-43.

[110] Jude L, Homentcovschi D. Numerical Analysis of the Inviscid Incompressible Flow in Two-Dimensional Radial-Flow Pump Impellers. Engineering Analysis with Boundary Elements, 1998, 22: 271-279.

[111] 曹立新. 离心泵叶轮全三维势流的间接边界元法研究. 农业机械学报, 1999(4): 23-25.

[112] 阎超, 吴玉林, 梅祖彦. 水力机械转轮中全三维势流计算的间接边界元法. 水泵技术, 1988(4): 1-6.

[113] 李文广. 离心泵螺旋形压水室隔舌对泵性能影响的研究. 流体工程, 1993(1): 25-29.

[114] Katsanis T. Use of Arbitrary Quasi-Orthogonal for Calculating Flow Distribution on a Blade-to-Blade Surface in a Turbomachine. NASA TN

D-2809, 1965.

[115] Wilkinson D H. Calculation of Blade-to-Blade Flow in a Turbomachine by Streamline Curvature. ARC R&M 3704, 1970.

[116] 卢伟真,吴达人. 离心泵叶轮内相对流速分布及叶片出口角与离心泵性能的关系. 农业机械学报,1987(2):25-32.

[117] 陈胜利,吴达人. 离心泵叶轮内流场的计算. 水泵技术,1988(2):1-7.

[118] 黒川淳一,佐久間真一,山田岳. 逆流を考慮した遠心羽根車の性能予測法と損失表示式. ターボ機械,1988,16(10):9-17.

[119] 朱世灿. 离心式水泵叶轮三元流场计算. 流体工程,1989(6):29-31.

[120] 袁卫星,张克危,贾宗谟. 离心泵射流-尾流模型的三元流动计算. 水泵技术,1990(1):12-18.

[121] 刘殿魁. 离心泵内具有射流-尾流模型的三元流动计算. 工程热物理学报,1986,7(1):8-13.

[122] 薛敦松,黄思. 离心泵三元叶轮的优化改型设计. 水泵技术,1990(4):5-9.

[123] Tan L, Cao S, Wang Y, et al. Direct and Inverse Iterative Design Method for Centrifugal Pump Impeller. Proceedings of IMechE, Part A: Journal of Power and Energy, 2012, 226(6):764-775.

[124] 张伟,李文广. 离心泵叶轮回转S_1流面流函数方程的理论研究. 甘肃工业大学学报,1999,15(2):46-51.

第 2 章　特低比转速离心泵叶轮性能分析

2.1　特低比转速离心泵

比转速介于 20~80 的离心泵为低比转速泵,比转速低于 20 的离心泵为特低或超低比转速离心泵[1].本章将特低比转速离心泵叶轮称为特低比转速叶轮.低比转速离心泵在航空航天、核电和石油化工等行业有广泛的应用.

特低比转速叶轮的几何特征是叶轮直径 D_2 很大,叶片宽度 b_2 很窄,一般小于 5 mm,$b_2/D_2 \leqslant 0.03$.因此,特低比转速泵在水力性能方面有 2 个明显劣势:① 叶轮圆盘损失大,泵效率很低;② 在小流量工况下叶轮内部出现旋涡,扬程-流量曲线容易出现驼峰.另外,叶轮流道狭窄,无法采用铸造方法成型,需要采用其他机械加工方法进行叶片成型.

研究表明,各种类型泵的最高效率与泵比转速有关.图 2-1 表示目前各种类型泵的最高效率与比转速的关系曲线[2].图 2-2 表示各类泵的效率随泵比直径 D_s 和比转速 N_s 的关系曲线.图中的比转速 N_s 为美国所用的英制单位比转速,其定义为

$$N_s = \frac{n\sqrt{Q}}{H^{3/4}} \tag{2-1}$$

式中:n 为泵转速,r/min;Q 为泵的流量(对双吸叶轮,Q 减半),gallon/min;H 为泵的单级扬程,ft.N_s 与我国所用的比转速 n_s($n_s = 3.65n\sqrt{Q}/H^{3/4}$,$Q$ 的单位为 m^3/s,H 的单位为 m)的关系为:$n_s = N_s/14.16$.另外,泵的效率与叶轮直径有关.

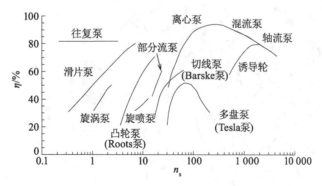

图 2-1　各种类型泵的最高效率与比转速的关系曲线[2]

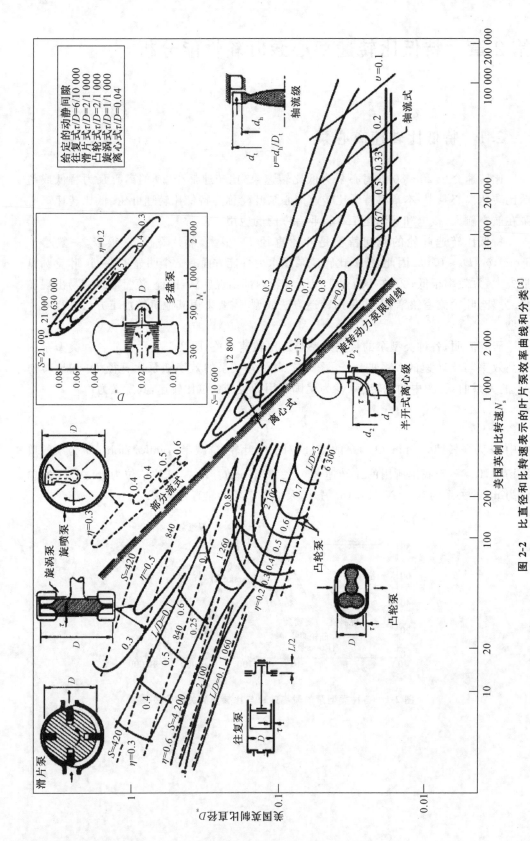

图 2-2　比直径和比转速表示的叶片泵效率曲线和分类[2]

图 2-2 是欧美流体机械行业中常用的确定泵效率的参考. 目前, 比直径 D_s 并没有出现在我国泵行业中. 比直径 D_s 可由下面熟知的泵相似律推出:

$$\begin{cases} \dfrac{Q}{nD^3} = \text{const} \\ \dfrac{H}{n^2 D^2} = \text{const} \end{cases} \tag{2-2}$$

式中: D 为叶轮特征直径, 在美国英制单位下, D 的单位为 ft, Q 的单位为 gallon/min, const 代表常数.

从式(2-2)两个表达式中消去转速 n, 得到一个新的相似律:

$$\frac{D^4 H}{Q^2} = \text{const} \tag{2-3}$$

对该式两边同时开 4 次方, 就得到了比直径 D_s 的表达式:

$$D_s = \frac{D H^{1/4}}{\sqrt{Q}} \tag{2-4}$$

对我国所用的公制单位, 有

$$d_s = \frac{D H^{1/4}}{\sqrt{Q}} \tag{2-5}$$

其中, D 的单位为 m, Q 的单位为 m³/s, H 的单位为 m. 此时两者的换算关系式为: $d_s = 28.51 D_s$.

图 2-2 中还画出了汽蚀比转速 S 曲线. 在美国所用英制单位下, 汽蚀比转速定义为

$$S = \frac{n \sqrt{Q}}{\text{NPSHr}^{3/4}} \tag{2-6}$$

其中, n 的单位为 r/min, Q 的单位为 gallon/min, 泵必需空化余量 NPSHr 的单位为 ft. 它与我国常用的汽蚀比转速 C ($C = 5.62 n \sqrt{Q} / \text{NPSHr}^{3/4}$) 之间的关系为: $C = S/12.43$.

根据图 2-2, 对于低比转速离心泵, 在转速、流量和扬程固定的条件下, 如果要提高泵效率, 就必须减小比直径, 即叶轮直径, 以降低叶轮圆盘摩擦损失. 也就是说, 在叶轮直径比较小的情况下, 要通过改变叶轮水力结构或叶片型式来提高叶轮对液体做功的能力和效率. 目前, 采用 6 种方法来提高低比转速离心泵水力性能: ① 分流叶片; ② 组合叶轮; ③ 径向直叶片开式或半开式叶轮; ④ 径向-旋涡流道叶轮; ⑤ 带孔叶轮; ⑥ 缝翼或串列叶栅叶轮.

2.1.1 分流叶片

分流叶片(splitter)是指位于低比转速离心泵叶轮出口附近, 布置于两长叶片之间, 形状与之相仿的若干短叶片. 其主要作用是减小叶轮入口处叶片对液体的排挤, 消除叶轮出口附近的液体旋涡, 从而提高叶轮的扬程和水力效率, 达到提高低比转速离心泵效率的目的. 图 2-3 是国外 20 世纪 50 年代生产的带分流叶片的单级和节段式多级低比转速离心泵[3].

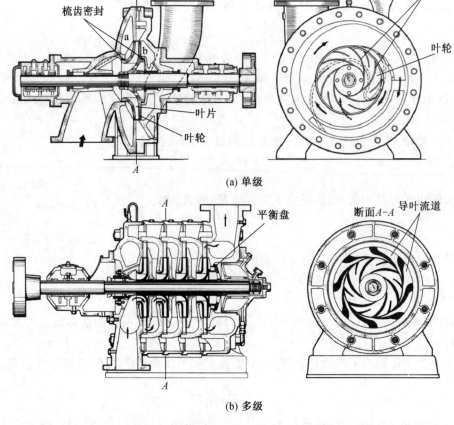

(a) 单级

(b) 多级

图 2-3　带分流叶片的低比转速离心泵[3]

文献[4]阐述了分流叶片的工作原理,并采用通流理论利用计算机设计了直径为 4 inch 的液氢离心泵叶轮.可以利用图 2-4 解释分流叶片的工作原理.在设计工况下,叶片工作面的液体压力高于叶片背面,而工作面液体相对速度就低于背面(见图 2-4a).如果叶片数比较少,叶片工作压力就比较高,相对速度就比较低,以致在工作面附近出现了液体回流(旋涡)(见图 2-4b).旋涡消耗能量,降低水力效率,在叶轮水力设计时应当避免.为此在两叶片之间增加一个短叶片,减小长叶片工作面压力,提高液体相对速度,以避免出现旋涡(见图 2-4c).如果增加一长叶片,就会减小叶轮入口过流面积,降低叶轮的 NPSHr.

图 2-4d 是设计的液氢离心泵叶轮照片,其中有 3 个特长叶片,3 个次长叶片,12 个长叶片,18 个分流叶片.特长叶片的轴向部分起诱导轮的作用.特长、次长和长叶片的进口角都比较小,以减小冲角,降低 NPSHr.叶片出口为 90°,用于提高泵的扬程.

分流叶片技术是美国航空航天局(NASA)设计火箭液体燃料剂供给泵——涡轮泵(turbopump)的主要技术之一.图 2-5a 是该研究中心设计的带分流叶片的液氢泵叶轮和诱导轮,两者是分体独立的.图 2-5b 是该研究中心设计的带分流叶片叶轮和诱导轮,两者为一体式.

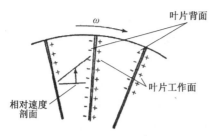
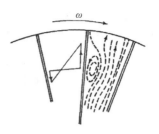

(a) 正常的液体相对速度剖面　　　　(b) 叶片较少时的速度剖面

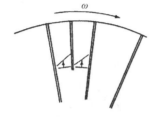

(c) 增加分流叶片后的速度剖面　　　　(d) 设计的叶轮照片

图 2-4　分流叶片工作原理和设计的带分流叶片的低比转速液氢离心泵叶轮[4]

(a) 叶轮和诱导轮分体式　　　　(b) 叶轮和诱导轮一体式

图 2-5　带分流叶片的火箭液氢供给涡轮泵[5,6]

在这些叶轮设计中,叶片出口角均为 90°,以提高叶轮扬程系数,减小叶轮直径,从而最终达到减轻泵整体重量的目的. 90°叶片出口角的叶轮固然可以提高扬程,但一般会伴随扬程曲线在小流量工况下出现驼峰. 在静止装置扬程较高的工业流程中,扬程曲线驼峰可能会引起泵在运行过程中出现喘振. 因此,为使分流叶片技术应用于低比转速工业流程泵中,文献[7-18]将叶片出口角减小到离心泵叶轮设计中常用的 20°左右,典型的叶轮叶片布置情况见图 2-6. 由图可见,图中的长短叶片布置与图 2-5 相仿,只是叶片出口角有所不同.

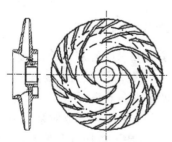
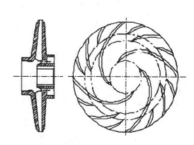

(a) 3种长度分流叶片,$n_s=18$[13,16]　　　　(b) 2种长度分流叶片,$n_s=25$[18]

图 2-6　带分流叶片的闭式叶轮

在图 2-4、图 2-5 和图 2-6 中,两主或长叶片之间有多个长短不一的分流叶片,属多分流叶片技术,多用于高转速(>3 000 r/min)的特低比转速离心泵($n_s \leqslant 30$),以有效地消除叶轮内部流动的旋涡.对于低转速(≤3 000 r/min)的低比转速泵($n_s > 30$),或许两主叶片之间只有一个短叶片,这时分流叶片技术属单分流叶片技术.

文献[19]可能是国外最早进行单分流叶片技术研究的.在该文献中,设计了出口角分别为 90°和 60°的 2 个带单分流叶片、叶片总数为 16 的可反转离心泵叶轮($n_s > 79$).叶轮反转时,在水压差的作用下,阀板自动转到相应位置,保持进、出口水流方向不变,见图 2-7.遗憾的是,试验表明:带分流叶片的叶轮水力性能比普通 8 个长叶片叶轮差.这主要是由分流叶片叶轮叶片数过多所致.

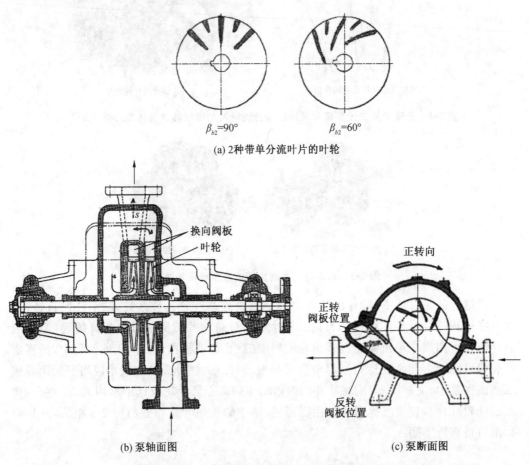

图 2-7 可反转的带单分流叶片的离心泵[19]

文献[20]对比转速为 133 的等角对数螺线型离心泵叶轮加装单分流叶片的情形进行了试验研究.当长叶片数为 4 时,加装单分流叶片有助于提高泵扬程和效率.当长叶片数为 6 时,加装单分流叶片会减低扬程,但有助于提高效率.

文献[21-23]对比转速为 35 的离心泵叶轮的叶片几何参数对泵水力性能的影响进行了试验研究.结果表明:90°出口角叶轮有助于提高泵的扬程和效率,单或多分流叶片对泵的性能影响比较小.文献[24,25]对比转速为 152 的深井泵叶轮进行了加装单分流叶片改造.试验结果表明:带分流叶片叶轮的扬程均低于相应的无分流叶片叶轮,仅是泵效率有所提高.

文献[26,27]对比转速为 73 的离心泵 6 个叶片叶轮的空化性能进行了试验测量,然后每隔一个叶片切除叶片的进口部分,使剩余短叶片的进口半径位于 $1.33\gamma_1$,γ_1 为长叶片进口边位置半径,于是形成带 3 个分流叶片的叶轮,再进行空化试验. 最后,将 3 个分流叶片全部切除,形成 3 个叶片的叶轮,再次进行空化试验. 结果表明:3 个叶片和带 3 个分流叶片叶轮的初生空化性能都劣于 6 叶片叶轮,带分流叶片叶轮的必需空化余量 NPSHr 在小流量工况下与 6 叶片的相当,在最优和大流量工况下比 6 叶片的低 1 m. 3 叶片叶轮的 NPSHr 最差. 类似的工作见文献[28],其中泵比转速为 79,4 个分流叶片的进口边位于 $1.39\gamma_1$. 文献[29]对比转速为 80 的离心泵叶轮进行了加装单分流叶片和诱导轮的空化试验. 结果表明,两者能共同降低 NPSHr. 但文献中没有给出分流叶片进口边位置具体数值.

与此同时,国外学者还计算了带单分流叶片的离心泵内部有势流动,如文献[30,31]的有限差分法和文献[32,33]的奇点法,以及三维紊流黏性流动,如文献[34-38]. 对这些计算结果此处不再评述.

从 20 世纪 80 年代中期开始,我国学者对带单分流叶片离心泵叶轮的水力性能和内部流动进行了试验和测量,如文献[39-46]. 另外,在内部流动计算方面,我国学者也做出了很多有价值的工作,如文献[47-50]的无黏性定常流动,文献[51-86]的三维紊流黏性流动. 这些研究成果丰富了对单分流叶片离心泵叶轮水力性能和设计方法的认识,为未来的工程转化提供了很好的借鉴.

为了表明单分流叶片对泵扬程和效率的贡献,将文献中的试验和计算结果进行了详细的总结,画于图 2-8 中. 尽管试验和计算结果很多,但是大多数都没有给出参考叶轮(去掉分流叶片后的叶轮或相同尺寸和比转速的性能最优只有长叶片的叶轮)的数据,所以无法计算全部文献中单分流叶片的贡献. 图中对单分流叶片的数据进行了最小二乘拟合,得到的经验公式为

$$\begin{cases} \Delta H = 1.18\sin(0.025\,24n_s + 0.069\,57) \\ \Delta \eta = -0.000\,2n_s^2 + 0.046\,3n_s + 0.998\,0 \end{cases} \quad (2\text{-}7)$$

式中:ΔH 为最优工况扬程变化百分比,%,$\Delta H = (H_{sp}/H - 1) \times 100\%$,其中 H_{sp},H 分别为有、无分流叶片时的最优工况泵扬程;$\Delta \eta$ 为泵最高效率变化值,%,$\Delta \eta = \eta_{sp} - \eta$,其中 η_{sp},η 分别为有、无分流叶片时的泵最高效率.

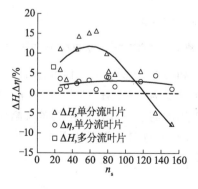

图 2-8 分流叶片对最优工况扬程和效率的贡献

单分流叶片对泵扬程和效率的贡献与比转速有关.当比转速低于120时,单分流叶片可以提高泵扬程,在比转速为50时,贡献最大,最高可达12%,然后随比转速减小而减低;当比转速为20时,贡献为7%.当比转速高于120以后,单分流叶片会逐渐降低扬程,比转速150时,扬程下降8%.单分流叶片对泵效率影响比较小,但是似乎总能使泵效率提高1.5%~3.5%,其中在60~110比转速范围内效果最佳.

2.1.2 组合叶轮

对于低比转速离心泵叶轮,减小叶轮直径是降低叶轮圆盘摩擦损失以提高泵效率的有效方法.这就要求叶片出口角 β_{b2} 为90°或更大,但是出口角的增大会引起叶轮过流断面面积的严重扩散,导致叶轮内部流动出现分离,降低泵效率.为此,文献[87]提出组合叶轮的概念,即普通离心泵叶轮后弯叶片的后半部分(叶片长度为叶片总长度的15%~35%)突然变为径向或前向($\beta_{b2}=80°\sim135°$),然后在长叶片之间布置若干长度和形状与转弯后的叶片长度和形状相同的短叶片,见图2-9a.实际上,这相当于在原来普通后弯离心泵叶轮,即内轮的外面加一个叶片数比较多、进口直径很大的径向或前向叶轮,即外轮,故称之为组合叶轮(combination impeller).内轮叶片出口角 β_{b2} 为20°~25°,叶轮流道扩散度低,水力损失小;虽然外轮的叶片为径向或前向,但叶片数多,流道长度短,在提高液体圆周速度的同时,避免了水力损失的过度增加,从而提高了泵的水力性能.图2-9b为原叶轮和组合叶轮的水力性能试验曲线对比.由图可见,当流量高于5 L/s时,组合叶轮的扬程和效率相比原叶轮有较大的提高,但扬程有严重的驼峰.

组合叶轮的内、外两轮主叶片弯曲方向完全相反,近似为S形;而分流叶片叶轮主叶片为单向弯曲,或为径向叶片,或为后弯叶片,并不是S形.

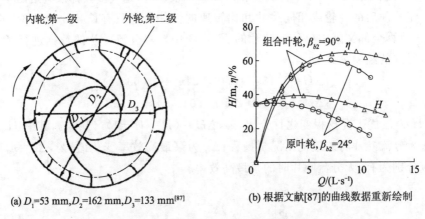

(a) $D_1=53$ mm, $D_2=162$ mm, $D_3=133$ mm[87]　　(b) 根据文献[87]的曲线数据重新绘制

图2-9　组合叶轮形状和水力性能曲线

文献[88]进一步提出了如图2-10所示的3种组合叶轮方案.图2-10a中,两长叶片之间的短叶片由原来的多个减少为一个.图2-10b中,多个短叶片安装于叶轮前、后盖板上事先用铣削加工方法加工出的沟槽中.图2-10c为该文献作者提出的带分流叶片挖泥泵叶轮设计方案,其中两长叶片的进口边间距 l_1 及短叶片进口边分别到两个相邻长叶片的距离 l_2,l_3 近似相等,即 $l_1 \approx l_2 \approx l_3$.但是这3个叶轮都没有水力性能试验结果.

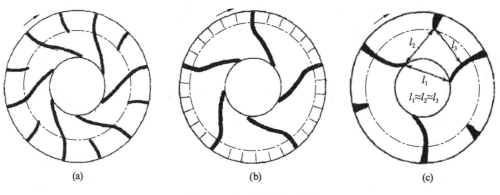

图 2-10　组合叶轮方案[88]

2.1.3　径向直叶片开式或半开式叶轮

20世纪60年代,英国的特殊飞机或火箭推进系统对燃油泵提出了更高的运行参数要求,为此,文献[89]对流量为 $1.36\sim13.64$ m³/h、扬程为 $3.45\sim5.52$ MPa、转速为 $10\,000\sim30\,000$ r/min 的燃油泵进行了设计和试验研究. 作者称该泵是由文献[90]提出的流量为 1.36 m³/h、扬程为 6.89 MPa、转速为 10 000 r/min 的旋壳泵(rotating casing pump)或旋转空腔叶轮泵(rotating hollow impeller pump)(图 2-11a)演化而来的. 旋壳泵就是后来美国的泵文献中所谓的旋喷泵(roto-jet pump).

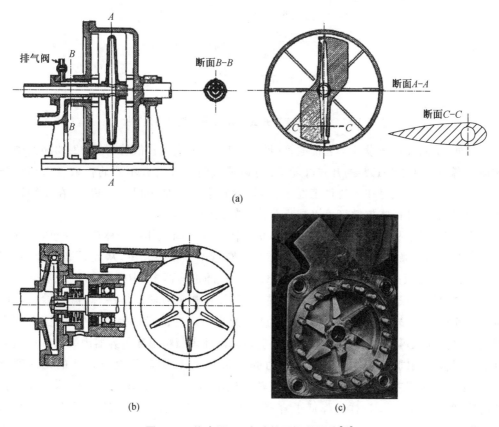

图 2-11　旋壳泵,开式叶轮泵及其样机[89]

文献[89]认为,新燃料泵扬程略低于旋壳泵,而流量高于后者.如果保留旋壳泵的结构不变,很难提高泵流量.为此,将位于泵中心的静止扩散管拉直,沿圆周切线方向布置,并移到叶片出口边之外.同时,将泵壳上的一组径向叶片去掉,将另一组叶片移植到泵轴上,叶片和泵体的轴向间隙缩小为 0.635 mm.泵体为圆环形,便于机械加工.这样原来的旋壳泵就变成了图 2-11b 所示的开式叶轮泵(open impeller pump),图 2-11c 为该泵样机照片.与旋壳泵叶轮类似,开式叶轮也是在泵腔产生强制涡,液体绝对流动方向基本沿圆周方向,但只有一组径向叶轮,涡强度不及旋壳泵叶轮,因此产生的扬程略低于前者.可通过增加扩散管数量和其喉部面积来更好地适应高流量的要求,而扬程基本保持不变或略有降低.开式叶轮泵就是后来美国的泵文献中所提的部分排放泵,也就是部分流泵或我国泵行业俗称的切线泵(partial emission pump).

图 2-12 为叶轮直径为 90 mm、扩散管喉部直径为 4 mm 的样机(见图 2-11c)的综合性能曲线.该泵扬程曲线平直,在小流量下有驼峰;在大流量下,因扩散管喉部发生了空化,扬程急剧下降.泵的效率与转速有关,在转速为 30 000 r/min 条件下,泵最高效率为 35%;而在转速为 15 000 r/min 条件下,泵最高效率仅为 10%.

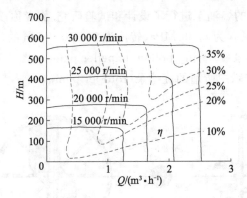

图 2-12 不同转速下开式叶轮泵综合性能曲线[89]

另外,文献[89]还设计了五扩散管(见图 2-13a)、外插式扩散管(见图 2-13b)及带空转前、后盖板(见图 2-13c)的开式叶轮泵.可以通过封闭和打开不同的扩散管来调节开式叶轮泵的流量,但是在小流量工况下,多扩散管会导致泵扬程出现喘振.在比转速比较高的情况下,外插式扩散管可以减小开式叶轮泵的泵体体积.

空转前、后盖板可以降低泵盖板与静止泵体侧面之间腔体内流体旋转速度,降低泵体侧面对流体的摩擦水力损失,最终减小叶轮圆盘摩擦损失功率,从而提高泵效率.图 2-13d 为空转盖板减小圆盘摩擦损失的原理图.在圆形容器中,中间圆盘 M 以旋转角速度 ω 旋转,圆盘外表面和容器内表面粗糙度相同.在圆盘右侧腔体中,圆盘诱导的流体旋转角速度为 $\omega/2$,流体与静止容器的速度差为 $0.5u_2$.在圆盘左侧腔体中,在圆盘和容器侧壁之间插入可以自由空转的圆盘 F.空转圆盘外表面粗糙度与容器内表面和圆盘 D 外表面粗糙度相同.在两侧面表面摩擦力的作用下,空转圆盘 F 会以 $\omega/2$ 的角速度旋转,于是空转圆盘左侧腔体诱导的流体旋转角速度为 $\omega/4$.最后该腔体内流体与静止容器的速度差为 $0.25u_2$.这样就降低了容器左侧面对流体的摩擦力,最终降低了圆盘 M 的摩擦损失.

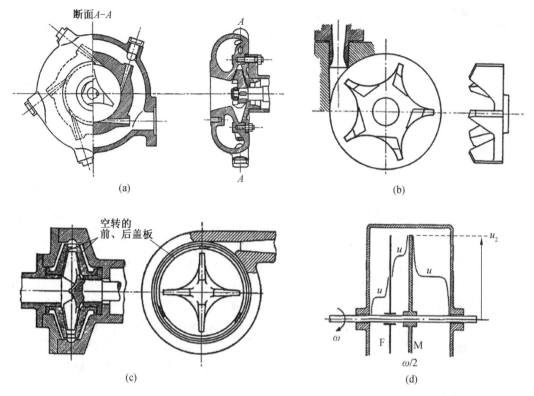

图 2-13 五扩散管,插入式扩散管,带空转前、后盖板的开式叶轮泵以及容器中插入空转圆盘减小圆盘摩擦损失的原理图[89]

文献[89]还提出了开式叶轮泵的理论扬程和实际扬程的计算表达式. 理论扬程表达式为

$$H_{th}=\left(\frac{u_2^2-u_1^2}{2g}\right)+\frac{u_2^2}{2g} \tag{2-8}$$

式中:u_1,u_2分别为叶片进、出口圆周速度;g为重力加速度. 式(2-8)第一项为叶轮静压扬程,第二项为叶轮动压扬程. 动压扬程经过扩散管后一部分转化为静压扬程,另一部分成为水力损失. 令扩散管静压转换系数为χ,则开式叶轮泵的实际扬程表达式为

$$H=\left(\frac{u_2^2-u_1^2}{2g}\right)+\chi\frac{u_2^2}{2g} \tag{2-9}$$

其中$\chi=0.53$,与泵比转速有关[89].

实际上,开式叶轮泵的理论扬程表达式(2-8)是根据理想流体离心叶轮理论扬程公式在特殊条件下得出的. 理想流体离心叶轮理论扬程公式为

$$H_{th}=\left(\frac{v_2^2-v_1^2}{2g}\right)+\left(\frac{u_2^2-u_1^2}{2g}\right)+\left(\frac{w_1^2-w_2^2}{2g}\right) \tag{2-10}$$

式中:v_1,w_1和v_2,w_2分别为叶片进、出口处流体绝对和相对速度. 式(2-10)第一项为动压扬程,第二项为离心力引起的静压扬程,第三项为流体相对速度降低引起的静压扬程. 因为开式叶轮泵转速很高,流量又很小,所以$v_2\approx u_2$,$w_2\approx 0$,于是式(2-10)简化为

$$H_{th}=\left(\frac{u_2^2-v_1^2}{2g}\right)+\left(\frac{u_2^2-u_1^2}{2g}\right)+\frac{w_1^2}{2g} \tag{2-11}$$

如果流体没有预旋,同时流量又很小,则 $v_1 \approx 0$;根据进口速度三角形,$w_1 \approx -u_1$,于是式(2-11)简化为

$$H_{th} = \frac{u_2^2}{2g} + \left(\frac{u_2^2 - u_1^2}{2g}\right) + \frac{u_1^2}{2g} = \frac{u_2^2}{g} \tag{2-12}$$

该式与式(2-8)并不相同.

另一种情形是,流体做强制涡运动,即 $v_1 \approx u_1$;考虑到流量很小,根据进口速度三角形,有 $w_1 \approx 0$,式(2-11)则简化为

$$H_{th} = \left(\frac{u_2^2 - u_1^2}{2g}\right) + \left(\frac{u_2^2 - u_1^2}{2g}\right) \tag{2-13}$$

该式也不同于式(2-8).

要想得到式(2-8),要么 $v_1 \approx w_1 \approx u_1$,要么 $v_1 \approx w_1 \approx 0$. $v_1 \approx w_1 \approx 0$ 违背进口速度三角形条件,而 $v_1 \approx w_1 \approx u_1$ 符合进口速度三角形条件,即进口速度三角形为等边三角形. 这时流体进口轴面速度 $v_{m1} \approx \sqrt{3} u_1 / 2$,流体预旋速度 $v_{u1} \approx u_1/2$. 所以式(2-8)是在特殊进口条件下得出的,是不正确的.

文献[89]还测量了叶片数为3,叶轮进、出口直径分别为 34 mm 和 100 mm,转速为 3 000 r/min 时,输送水的情况下,泵腔和扩散管进、出口压力随流量的变化曲线,并与强制涡理论模型预测值进行了对比,同时观察了透明扩散管内部流动.强制涡泵腔压力理论预测值与试验结果比较吻合.扩散管入口存在分离涡(见图2-14a),而不是理想情况下的平顺流动(见图2-14b).

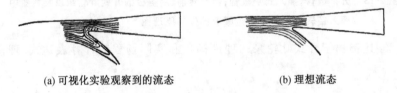

(a) 可视化实验观察到的流态　　　　(b) 理想流态

图 2-14　扩散管入口流态[89]

文献[89]还进行了空化剥蚀运转试验.开式叶轮在流量为 97 m³/h、转速为 15 000 r/min 条件下,运转 3 h 叶片进口边和靠近进口边轮毂处出现空化剥蚀区.

文献[91]对2台比转速分别为 16.7(转速 1 783 r/min)和 883.7(转速 2 920 r/min)的叶轮几何形状和尺寸迥异的开式叶轮泵的水力性能进行了试验测量(见图2-15).测量内容包括叶片数、叶轮直径、叶片头部形状和装置空化余量对泵性能的影响,以及不同流量下压力沿泵壳圆周的变化.由于测量结果比较粗糙,所以不再介绍.

(a) n_s=16.7,d_2=250.4 mm,b_2=10.8 mm　　(b) n_s=883.7,d_2=158.8 mm,b_2=60.3 mm

图 2-15　2 个试验叶轮的形状和主要尺寸[91]

文献[92]设计了转速为 6 000 r/min、比转速 $n_s=19$ 的开式叶轮泵。泵由螺旋诱导轮(叶片数为 2、外径 40 mm、轮毂直径 15 mm)、12 枚径向叶片组成的开式叶轮(外径 180 mm,内径 60 mm,叶片进、出口宽度分别为 18 mm 和 9 mm)和螺旋形泵壳(与叶轮两侧之间的间隙为 3 mm)组成。诱导轮、叶轮、泵外形和性能曲线见图 2-16。

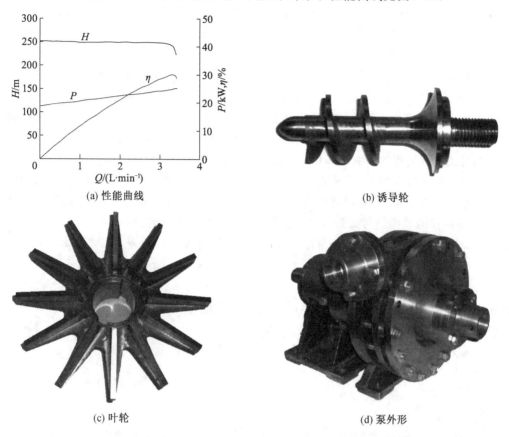

图 2-16 开式叶轮泵[92]

由图 2-16 可见,尽管叶轮和泵壳几何参数与文献[89]有很大的不同,但是扬程曲线与图 2-12 极为相似。最明显的改善是效率比图 2-12 中转速低于 25 000 r/min 的高。

文献[93]采用 CFD 软件 ANSYS CFX 11 计算了该泵在转速为 12 000 r/min 条件下,泵的扬程曲线,没有试验结果对比,也没有内部流动分析。文献[94]采用试验和一维流动分析法探讨了图 2-16b 所示的诱导轮对图 2-16d 所示的开式叶轮泵水力性能的影响。结果表明:诱导轮限制了泵的流量,也不能提高开式叶轮的空化性能。文献[94]测量了图 2-16d 所示的开式叶轮泵前、后腔的液体静压力。在整个流量范围内,前、后静压力相差很小,不会引起较大的轴向力。文献[95]测量了图 2-16d 所示的开式叶轮泵前腔中,从叶轮进口到出口的 6 个半径位置处液体静压力随流量和半径的变化曲线。相同流量下,静压力随半径按线性规律变化。这表明,液体的旋转流型为强制涡。另外,叶轮入口的液体预旋速度很小,可以忽略不计。这时叶轮理论扬程方程应为式(2-12)。但文献[96]在泵扬程预测中,却认为预旋速度 $v_{u1}=u_1$。因此该文献计算的水力效率的正确性值得怀疑。

文献[97]设计了一台转速为 9 000 r/min、质量流量为 0.4 kg/s、压差/扬程为 0.6 MPa 的开式叶轮泵,采用 CFD 方法计算了泵的水力性能曲线.设计中,首先选定泵转速,计算比转速,使比转速落在图 2-2 中部分流泵的高效区;然后查出对应的比直径 d_s,由比直径定义式计算出叶轮直径;一般地,扩散管喉部直径与叶轮直径比 d_t/d_s 有一定的范围,即 $d_t/d_s=0.04\sim0.055$,于是根据选定的比值和已知的 d_s 就可以算出喉部直径 d_t.

国内学者也进行过开式叶轮泵的设计与试验研究工作,如文献[13]中 $n_s=16$ 和文献[98]中 $n_s=11$ 的开式叶轮泵.泵性能曲线与图 2-16a 类似,泵最高效率均低于 30%.

文献[99]进行了常规转速(2 930 r/min)下 $n_s=31$ 的 4 台不同功率开式叶轮泵(切线泵)的试验研究.试验时,改变扩散管喉部直径、轴线弯曲和粗糙度、叶轮叶片数和直径切割量.结果表明:喉部直径起到控制流量、效率和扬程的作用.扩散管轴线弯曲和大的粗糙度会引起泵效率的下降.叶轮直径切割对流量的影响比扬程大,与离心泵叶轮直径切割对流量和扬程的影响正好相反.泵的最高效率为 59%.

本章对叶片数 8 和 16 的最优工况参数进行了处理,得到式(2-14)表示的流量、扬程和泵效率的切割定律.流量切割指数略大于 2,扬程切割指数略大于 1,效率切割指数趋于 0.切割定律的预测值与试验值对比由图 2-17 所示,两者吻合良好.

$$\begin{cases} Q/Q_0=(d_2/d_{20})^{2.318\,0}, H/H_0=(d_2/d_{20})^{1.282\,2}, \eta/\eta_0=(d_2/d_{20})^{-0.037\,4}, Z=8 \\ Q/Q_0=(d_2/d_{20})^{2.069\,4}, H/H_0=(d_2/d_{20})^{1.414\,3}, \eta/\eta_0=(d_2/d_{20})^{0.002\,9}, Z=16 \end{cases}$$

(2-14)

式中:Q,H 和 η 分别表示叶轮切割后的最优工况流量、扬程和效率;Q_0,H_0 和 η_0 分别表示叶轮未切割时的最优工况流量、扬程和效率.

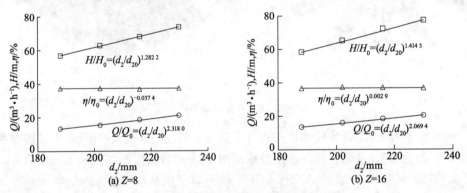

图 2-17 切线泵最优工况参数随叶轮直径的变化

文献[100]进行了比转速更低($n_s=9\sim18$)的常规转速(2 950,1 450 r/min)下切线泵试验和产品开发.试验中调整过多个设计几何参数,扩散管喉部直径对泵性能影响最大.图 2-18 为文献[100]研制的石油炼厂用普通机械密封型和磁力传动型切线泵,用以取代现在正在使用中的 6~12 级结构复杂、可靠性低、维修成本高的多级泵.由于只有剖面图,该泵具体结构不是很清晰.

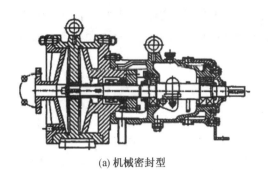 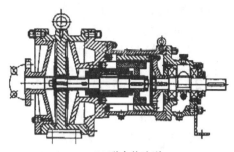

(a) 机械密封型　　　　　　　　　　　　(b) 磁力传动型

图 2-18　石油炼厂用切线泵[100]

图 2-19 为美国 Flowserve 公司为炼油厂生产的一种带可更换的里衬的开式叶轮泵,以便适应工业流程液体中颗粒对流道的磨损.该泵采用开式叶轮,并且两长叶片之间加一个短分流叶片,轮毂处有轴向力平衡孔.该泵结构和设计参数符合 ISO 13709/API 610 (OH2)标准.其他公司,如美国的 Sundyne 和原来英国的 Weir 等也生产此类泵.

(a) 泵结构　　　　　　　　　　　　(b) 叶轮与泵壳水力图

图 2-19　美国 Flowserve 公司生产的炼油厂用开式叶轮泵

由图 2-12 和图 2-16a 所示,开式叶轮泵扬程曲线平直并在小流量下略带驼峰.在驼峰左侧,扬程随流量的减小而下降,这会引起泵系统工作稳定性问题.为此,文献[101]将开式叶轮变为半开式叶轮,并在叶轮后盖板开设交错排列的多个轴向力平衡孔.试验表明,这些平衡孔不但平衡了轴向力,而且还消除了扬程曲线的驼峰.可惜的是,文献中并没有给出具体的平衡孔排列方式.图 2-20 是美国 Flowserve 公司提出的交错排列的半开式叶轮,文献[101]提出的平衡孔排列方式是否与之相同也未可知.

图 2-20　美国 Flowserve 公司提出的半开式叶轮平衡孔排列方式

文献[102]采用 CFD 方法计算了图 2-20 所示平衡孔排列方式下平衡孔大小对泵扬

程曲线和轴向力的影响.结果表明:叶片前方的大平衡孔对扬程曲线形状和轴向力有较大影响,叶片之间的平衡孔大小对扬程曲线影响较小,并且增加该平衡孔大小将增大轴向力.这些结论有待试验进一步验证.

2.1.4 径向-旋涡流道叶轮

在开式叶轮泵中,叶轮内部、叶轮与泵体的交接部位存在旋涡,但其紊乱,旋向不统一,传递的能量少,产生较大水力损失,因此泵效率比较低.对于比转速小于50的离心泵,文献[103]提出一种径向-旋涡流道叶轮.这是一种在实心等腰梯形断面圆盘两侧交错打若干开式径向孔而形成的叶轮,见图2-21a.在这些径向孔中,除了径向流动外,还有由孔前、后两个面压差产生的二次流,即在交错排列的流道中形成了图2-21b所示的径向旋涡.因这些旋涡转向相同有序,相互之间不存在抵消作用,故提高了液体动能,从而提高了泵扬程和效率.

另外,对于比转速更低的离心泵,也可以取消叶轮后面的通孔,打成沉孔,见图2-21c.在比转速为25的情况下(转速2 960 r/min、流量6 m³/h、扬程45 m、叶轮直径170 mm),试验测得的泵最高效率可达41%[103].当无量纲叶轮与泵体的单边侧向间隙$\tau/b_c=0.05\sim0.15$时,泵性能基本不发生变化.

文献[104]简要分析了径向旋涡提高泵扬程的原理,但较难理解,故下面进行较为通俗的诠释.在理想状态下,径向旋涡为强制涡,且最高切向速度等于叶轮圆周速度u_2,旋涡速度剖面服从线性规律.但受到流道壁面摩擦力和流道结构的影响,最高切向速度应低于u_2;在壁面处,切向速度为0,实际速度剖面为图2-21d中箭头前端所画的曲线.径向旋涡从叶轮径向流道得到的机械能近似为[104]

$$\Delta P = \frac{1}{2}\rho Q_{th}(\chi u_2)^2 \qquad (2\text{-}15)$$

式中:χ为经验系数;Q_{th}为通过叶轮的液体体积流量;ρ为液体密度.

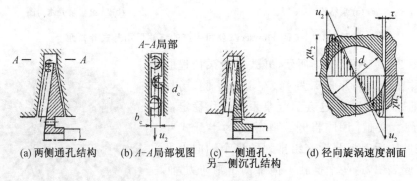

(a) 两侧通孔结构　(b) A-A局部视图　(c) 一侧通孔、另一侧沉孔结构　(d) 径向旋涡速度剖面

图 2-21　径向-旋涡流道叶轮[103,104]

于是,径向旋涡产生的额外扬程为

$$\Delta H_{th} = \frac{\Delta P}{\rho g Q_{th}} = \frac{(\chi u_2)^2}{2g} \qquad (2\text{-}16)$$

在没有流体预旋的情况下,开式叶轮的理论扬程由式(2-12)表示.将式(2-12)和式(2-16)合并,得到径向-旋涡流道叶轮的理论扬程表达式:

$$H_{\text{th}} = \frac{u_2^2}{g}\left(1 + \frac{\chi^2}{2}\right) \tag{2-17}$$

根据文献[104]的试验数据，$\chi = 3/4$，$\chi^2/2 = 0.28$. 这表明，径向旋涡理论上可提高开式叶轮扬程28%.

为了提高半开式径向叶轮的水力性能，文献[105]采用多楔形分流叶片来改造原有的半开式径向叶轮，见图 2-22a，图中径向叶片的形状皆为楔形. 在叶轮出口附近，采用不同数量楔形短叶片的目的是缩小叶片间距，减小叶轮流道沿圆周方向的扩散，让流道过流面积沿径向保持不变，从而产生图 2-21b 所示的径向旋涡，最终提高叶轮理论扬程.

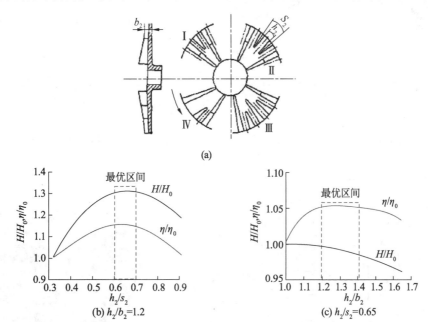

图 2-22 半开式叶轮的轴面图和 4 个试验叶轮的叶片布置，h_2/s_2 对扬程和效率的影响及 h_2/b_2 对扬程和效率的影响

在图 2-22a 中，左侧为叶轮轴面形状. 在叶轮出口附近，即短分流叶片部分，叶片圆周宽度不变. 右侧 4 个象限中的图形分别表示 4 个试验叶轮的叶片形状. 首先，在分流叶片圆周宽度与轴向宽度之比 $h_2/b_2 = 1.2$ 条件下，利用图 2-22a 右侧的 4 个叶轮进行试验，得到最优工况下图 2-22b 所示的相对扬程 H/H_0 和相对泵效率 η/η_0 随叶片圆周宽度与叶片节距之比 h_2/s_2 的变化曲线，其中 $s_2 = \pi d_2/Z$，Z 为总叶片数，H_0 和 η_0 分别为 $h_2/s_2 = 0.32$ 时的泵扬程和效率.

图 2-22b 指出，h_2/s_2 最优值位于 $0.6 \sim 0.7$ 之间，可取为 $h_2/s_2 = 0.65$. 在 $h_2/s_2 = 0.65$ 条件下，改变 h_2/b_2，得到图 2-22c 所示的相对扬程 H/H_0 和相对泵效率 η/η_0 随 h_2/b_2 的变化曲线，H_0 和 η_0 分别为 $h_2/b_2 = 1$ 时的泵扬程和效率. h_2/b_2 最优值在 $1.2 \sim 1.4$ 之间，可取为 1.25 或 1.3.

文献[106]设计了扬程为 30 m、流量为 3 L/min、转速为 4 950 r/min ($n_s = 10$) 的直流电机直联屏蔽式离心泵. 因比转速很低，故实际设计工况参数为：扬程 25 m、流量 16 L/min、转速 4 950 r/min ($n_s = 26$)，然后让泵在 3 L/min 流量下工作. 叶轮设计为 4 个 110°出口角前向弯曲深为 2 mm、宽为 4.5 mm 的矩形断面沟槽，图 2-23a 为设计的

2个叶轮平面几何尺寸和2个局部视图,图2-23b为蜗壳形状和尺寸图,图2-23c为泵结构剖视图,图2-23d为泵外形.

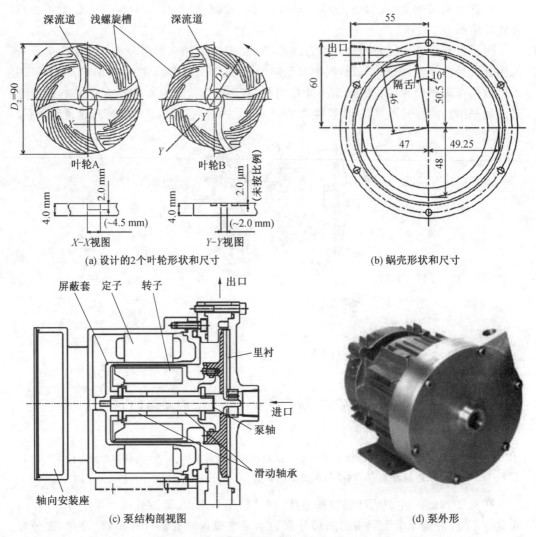

图2-23 矩形断面沟槽半开式叶轮泵

叶轮B流道部分的外径与叶轮A相同,都是 90 mm,非流道部分的外径 $D_2' = 80$ mm,以减小叶轮圆盘摩擦损失.除此以外,两叶轮尺寸完全相同.试验表明,叶轮B效率比叶轮A低 2%~3%.所以叶轮B结构并不理想.

根据图2-23c,电动机转子带动叶轮和滑动轴承绕中间静止的氧化铝陶瓷泵轴旋转,一小股液体进入转子与屏蔽套之间的间隙,并流向滑动轴承,最后流回叶轮入口,带走转子和定子产生的热量,并润滑碳浸塑料制成的滑动轴承.轴向力使叶轮紧紧靠在泵里衬上.为了避免抱死,叶轮端部加工出图2-23a所示的浅螺旋槽.它们因高速旋转产生动压力,将叶轮从里衬推开,形成边界润滑状态.

泵蜗壳型线为螺线,其断面为矩形,隔舌与叶轮的间隙为 1 mm.蜗壳由数控机床加工完成,有较小的粗糙度.

图2-24为泵分别配带叶轮A和B时的试验性能曲线.如果泵在 3 L/min 流量下运

行,其效率仅为 8%.这种沟槽叶轮似乎并不是很有效.

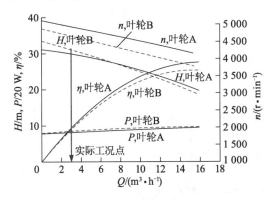

图 2-24　泵分别配带叶轮 A 和 B 时的试验性能曲线

最近,文献[107]对比转速为 41 的低比转速离心泵叶轮的前、后盖板内侧顺着叶片走向加工出宽 0.5 mm、深 0.1 mm 的矩形断面浅沟槽.其中叶片数为 7,相邻叶片之间有 5 道沟槽,所以共有 70 道沟槽,见图 2-25b 和图 2-25c.图 2-25d 为水力性能试验结果.由图可见,前、后盖板内侧顺着叶片走向加工的多个浅沟槽,有助于提高低比转速离心泵的水力性能.

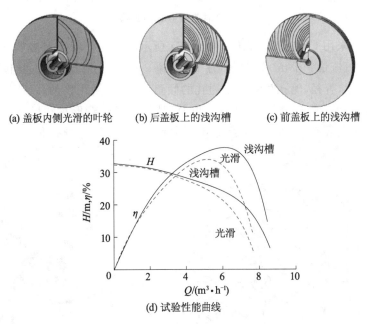

图 2-25　前、后盖板内侧沿叶片走向的浅沟槽对低比转速泵扬程和效率的影响[107]

2.1.5　带孔叶轮

带孔叶轮是指在圆盘上直接打若干个圆孔,然后焊接上叶轮进口和轮毂零件而形成的低比转速离心泵叶轮,见图 2-26.这种叶轮由文献[108-110]提出,并对图 2-26 所示的 2 种叶轮水力性能进行了试验测量.在图 2-26a 中,有 8 个主通孔,每个主通孔又有 2 个侧孔.从进口看,叶轮逆时针旋转,所以侧孔向后倾斜,位于主孔压力面.通过分别打开和关闭孔 4,5,6,一共得到 7 个试验方案.7 个方案试验后,都无法满足转速 1 480 r/min 下,流量 3.2 m³/h 时,扬程应为 20 m 的设计要求($n_s=17$).因此,提出 16 个主通孔的设计方案,见图 2-26b.试验结果表明,该方案满足了设计参数要求,效率为 23%(最高效率为 39%).

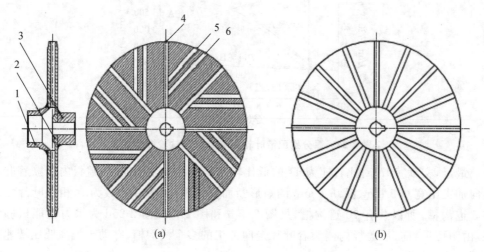

1—前盖板;2—后盖板;3—轮毂;4—主通孔;5—短侧孔;6—长侧孔

图 2-26　2 种带孔叶轮的结构[110]

文献[111]采用 CFD 计算方法对图 2-26a 所示的带孔叶轮几何参数进行了改进和优化.设计参数:流量 5.1 m³/h,扬程 31 m,转速 2 870 r/min.几何主要包括主通孔的进、出口角,包角,直径,侧孔相对于主通孔的倾角,直径和侧孔数量,以及侧孔位于主孔压力面还是吸力面.图 2-27a 表示文献[111]设计的参考叶轮形状和尺寸,从进口看,叶轮逆时针旋转,主孔前弯,侧孔位于主孔压力面.图 2-27b 为侧孔位于主孔吸力面的情况.

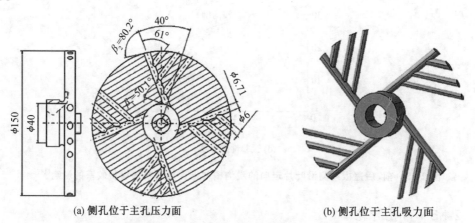

(a) 侧孔位于主孔压力面　　　　(b) 侧孔位于主孔吸力面

图 2-27　主孔前弯的带孔叶轮的结构[111]

结果表明,当侧孔数为 3,侧孔倾角为 50°,主孔直径比侧孔大 20%,侧孔位于主孔吸力面时,叶轮水力效率比较高.但是扬程仅有 24 m,与设计扬程有较大距离.

文献[112]将图 2-27 的侧孔去掉,保留 4 个主通孔,并将 4 个主孔变为 5 个圆管,形成了图 2-28 所示的带管叶轮.从进口看,叶轮顺时针旋转,叶片为后弯.结果表明,带管叶轮的扬程比相同尺寸的图 2-27a 所示的带孔叶轮整体高出 8 m,最高效率高出 2%,并位于大流量处,见图 2-28c.很明显,两叶轮的扬程差异可能是因为叶轮转向不同所致,需要进一试验确认.

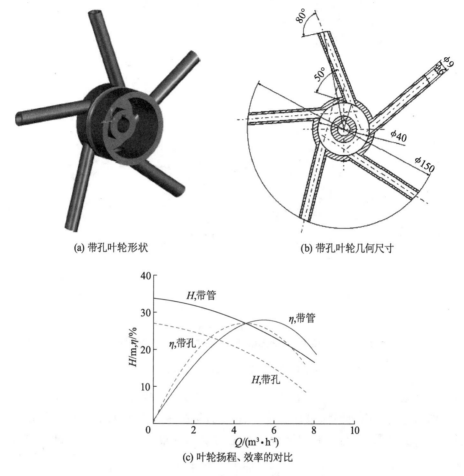

图 2-28 带孔和带管叶轮扬程、效率的对比[112]

文献[113]对带管叶轮的管子长度、管子轴向弯曲和管子外形轮廓线形状对叶轮水力性能的影响进行了 CFD 数值计算.图 2-29a 表示管子出口角为 30°的叶轮,图 2-29b 为椭圆形管子外形,图 2-29c 为 CFD 预测的泵扬程和效率曲线.其中出口角为 30°的后弯管、外形为圆或椭圆的叶轮扬程均低于图 2-28b 所示的直管叶轮.外形为圆的弯管叶轮效率最高,外形为椭圆的次之,直管叶轮最低.但扬程是直管叶轮最高,圆外形的弯管最低,椭圆外形的弯管介于两者之间.

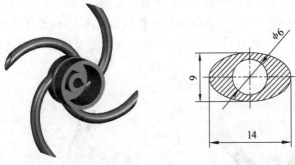

(a) 30°出口角后弯管子叶轮　　　　(b) 30°出口角带椭圆形外形的后弯管子叶轮

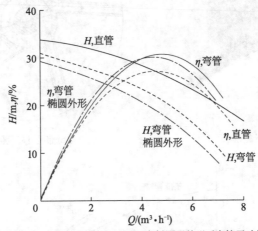

(c) 50°出口角直管、30°出口角后弯管和30°出口角椭圆形外形后弯管子叶轮的扬程和效率

图 2-29　管子弯曲和外形对叶轮扬程和效率的影响[113]

最近,文献[114]对图 2-28a 的叶轮配带了一个蜗壳,蜗壳断面分别为矩形、半圆形和梯形,然后进行 CFD 计算,最后将泵性能分别与配带相同断面的圆环形压水室的情况进行了对比.结果表明:蜗壳和环形压水室对泵的性能影响不大,矩形断面有较好的效果.

2.1.6　缝翼或串列叶栅叶轮

当液体在离心泵内流动时,旋转叶轮和静止泵流道表面存在边界层.随着液体向泵出口流去,边界层不断增厚,对流动产生表面摩擦阻力.在逆压力梯度(液体静压力减小的方向与流动方向相反)作用下,边界层会从流道表面分离,产生形状阻力,流道过流面积减小.于是泵的扬程下降,效率降低.在小流量工况下,流动冲角增大,逆压力梯度更大,更容易引起边界层的分离.

如何消除边界层分离属边界层控制(boundary-layer control)研究范畴.在飞机起降阶段,推进速度需要降低,为了维持机翼承载重物的能力,需要提高机翼升力.因此边界层控制实际源于 20 世纪 20 年代提高机翼升力系数的研究.图 2-30 表示目前常用的几种机翼边界层控制技术、技术创始人和年代.这些技术包括:① 移动壁面;② 抽吸、吹排;③ 环量控制[115].需要指出,飞机在正常巡航状态时,机翼边界层不需要控制.

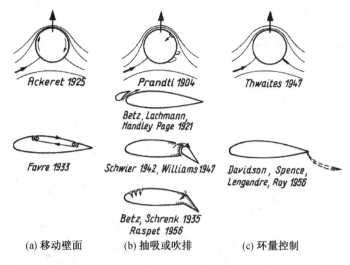

(a) 移动壁面　　(b) 抽吸或吹排　　(c) 环量控制

图 2-30　常见的边界层控制技术、技术创始人和年代[115]

抽吸或吹排、环量控制是目前成熟的机翼边界层技术.抽吸是把分离的边界层流体抽走,使边界层重新附着在固体表面(见图 2-31a).吹排是消除分离流体的反向流速度,使边界层重新附着,并顺利流向下游(见图 2-31b).环量控制是把翼型后驻点移到后襟翼的尾部,以增加翼型环量.在图 2-31a 中,δ 为边界层厚度,$w(y)$ 为边界层内流体速度;在分离点,$\mathrm{d}w/\mathrm{d}y|_s = 0$.

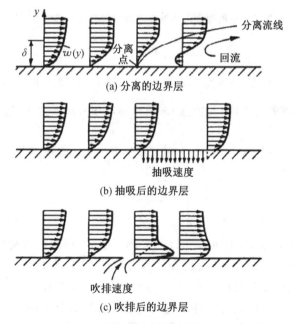

(a) 分离的边界层

(b) 抽吸后的边界层

(c) 吹排后的边界层

图 2-31　分离点附近的边界层速度剖面[115]

翼型前缘的缝翼、襟翼、抽吸或吹排会提高大冲角下的翼型升力系数,但升力系数曲线只是主翼型升力系数曲线向大冲角的延伸(见图 2-32a),从而提高了翼型在大冲角下的升力.该技术适用于提高大冲角下的翼型升力系数.但是,翼型尾部的襟翼会使升力系数曲线向上平移,同时最高升力对应的冲角减小(见图 2-32b).该技术适用于提高小冲角下的翼型升力系数. 图 2-32 中, $\Delta\beta$ 为冲角, C_p 为翼型压力系数.

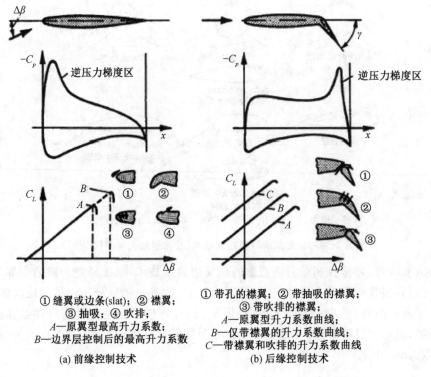

图 2-32 不同边界层控制技术对应的升力系数曲线[115]

翼型升力系数 C_L 定义为翼型所受到的升力 L 与上游(无穷远)流体动压 $\frac{1}{2}\rho w_\infty^2$ 和参考面积 A 的乘积之比. 翼型表面压力系数 C_p 定义为翼型表面流体压力 p 和上游(无穷远)来流压力 p_∞ 的差与上游(无穷远)来流流体动压 $\frac{1}{2}\rho w_\infty^2$ 之比. 这 2 个定义式写为

$$\begin{cases} C_L = \dfrac{L}{\dfrac{1}{2}\rho w_\infty^2 A} \\ C_p = \dfrac{p - p_\infty}{\dfrac{1}{2}\rho w_\infty^2} \end{cases} \quad (2\text{-}18)$$

图 2-33 给出了收集到的 1980 年以前采用图 2-32 所示的边界层控制技术在室内风洞试验[116]和美国波音公司中、短程和远程客机[117]上得到的最高升力系数 $C_{L\max}$. 总体上, 最高升力系数已从早期的 1.0 多一点提高到了 4.0 左右.

随着科技的进步, 已经研究出许多新颖的边界层控制方法, 如置于翼型头部吸力面的微电磁振子、吸力面附近的声学激励振子、等离子振动器、压电膜、压电振动器、合成射流等. 文献[118,119]对此做了比较全面的介绍和评论, 此处不再赘述.

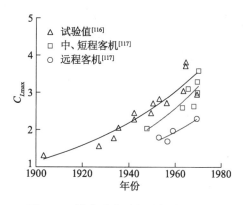

图 2-33 最高升力系数随年代的变化

借鉴上述航空翼型边界层控制方法,20 世纪 60 年代初,文献[120]采用图 2-34a 所示的比转速为 62.6 的蜗壳离心泵开式叶轮进行了吹排试验. 试验叶轮叶片数实际为 3 或 4,图 2-34b 为原型实体叶片,图 2-34c～l 为带有吹排孔的叶片,孔径为 1.6 mm,从径向量起的孔倾斜角为 30°. 图 2-34c～g 代表吹排孔位于叶片进口附近,从工作面向背面的吹排方案;图 2-34h～j 代表吹排孔位于叶片进口附近,从叶片出口向背面的吹排方案;图 2-34k 表示吹排孔位于叶片出口附近,从工作面向背面的吹排方案;图 2-34l 表示吹排孔同时位于叶片进、出口附近,从工作面向背面的吹排方案.

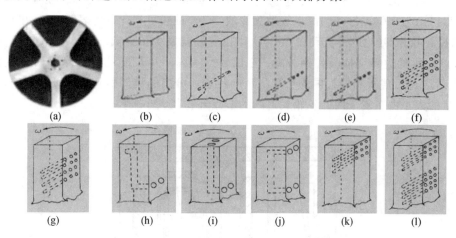

图 2-34 试验叶轮和 10 个试验叶片吹排孔布置

试验表明:当叶片数为 3 时,只有图 2-34k 的方案有提高泵水力性能的效果,在整个流量范围内泵扬程和效率都有所提高,在最优工况下泵效率提高 2%. 当叶片数为 4 时,只有图 2-34h 的方案有提高泵水力性能的作用,在最优工况下泵效率提高 3%.

文献[121]提出图 2-35 所示的 6 种离心叶轮叶片边界层控制方案,以便提高离心泵叶轮水力性能. 方案 A 为常规叶片,方案 B,C 为带缝(slot)叶片,即在常规叶片上沿圆周方向开了一个缝. 在方案 B 中,开缝位于叶片长度的中部;在方案 C 中,开缝移到了离叶片头部 1/3 叶片长度处. 在方案 D 中,方案 C 中的小叶片(缝翼)被翼型所取代. 在 B,C,D 3 个方案中,缝翼在圆周方向相对后面的主翼没有移动,是单纯的缝翼. 在方案 E,F,G 中,3 个缝翼长度逐渐缩短,另外,缝翼在圆周方向逐渐逆时针后退,从而产生与叶片背面近乎平行的射流,逐渐形成串列叶栅的情形.

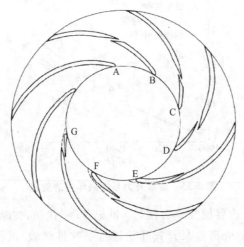

图 2-35　离心泵叶轮叶片边界层控制方案[121]

试验表明:缝翼方案 B 到 D 不能提高离心泵的扬程和效率.但是串列叶栅方案 E 到 G 在试验转速和流量范围内均可以提高泵的扬程和效率,在给定扬程下,相对于参考方案 A,最大流量可提高 7%(方案 G),最高效率可提高 2.5%(方案 E).

对于高速离心泵(转速可达 40 000 r/min),叶轮必须有足够的机械强度,为此必须采用出口角为 90°的径向叶片,泵级数为 2 或 3[122].油膜可视化试验表明:对于出口角为 90°的径向叶片,叶轮内部流动在 20%叶片长度处就发生了分离.于是,文献[122]提出图 2-36 所示的边界层抽吸控制方案.在 18%~20%叶片长度处的叶片背面布置抽吸孔,然后通过后盖板和轮毂内的长孔将从叶片表面分离的流体引到前一级叶轮的入口.抽吸量的大小由布置于两叶轮轮毂之间的节流环孔径大小来控制.

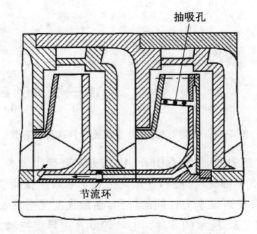

图 2-36　叶片边界层抽吸控制方案[122]

试验表明:在抽吸量为 1.5%~2.0%最优工况流量的条件下,泵效率提高 2%,扬程和轴功率也有适当的升高和减低[122].

另外,文献[122]还提出图 2-37 所示的开缝和开孔的边界层控制方法.试验表明:图 2-37a 所示的与叶片背面平行的缝无法提高叶轮的水力性能.在图 2-37b 中,开孔的轴线与叶片背面的夹角为5°,在孔的宽度为1.6%叶轮直径的情况下,扬程提高2%,泵效率仅在小流量下有所提高,在大流量下,效率有所降低.

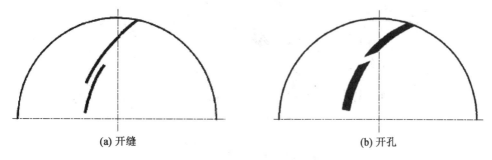

图 2-37　开缝和开孔的边界层控制方法[122]

文献[123]以比转速为25.6的低比转速离心泵为例,提出图2-38所示的叶片布置方案来提高叶轮的水力性能.方案1(见图2-38a)存在由叶片进口附近工作面到叶片出口背面的长沟槽,类似于图2-34h的方案;方案2(见图2-38b)类似于图2-35中的方案G,即串列叶栅.试验证明,2个方案的水力性能均好于常规叶片叶轮,最高泵效率分别提高3%和7%,即方案2为最佳.文献[124]的试验表明,方案2相比常规叶片有较低的空化余量;特别地,在设计工况下,空化余量降低24%.

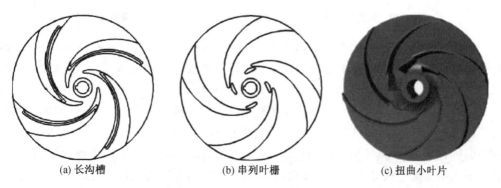

图 2-38　3种提高低比转速离心泵水力性能的叶片布置方案[123,125]

文献[125]把图2-38b的串列叶栅改成如图2-38c所示的比较长的扭曲小叶片,但是开缝并不是近似平行于叶片背面,产生的射流可能不能产生较强的吹排作用,因而泵水力性能提高并不像文献[123]那样明显.

文献[126]提出采用串列叶栅改善离心泵输送气体含量和扬程稳定性.图2-39表示常规叶轮叶片形状和串列叶栅的叶片布置方案.串列叶栅由前置叶栅和主叶栅组成.将图2-39a的常规叶栅在半径72.5 mm处进行分离,得到图2-39b所示前置叶栅和主叶栅,并去掉前置叶栅尾部和主叶栅前缘的尖锐棱边.

为了得到较佳的输气性能,通过改变图2-39b所示的圆周角γ,来改变两叶栅在圆周方向的相对位置.试验结果表明:当$\gamma=10°$时,叶轮的水力性能最佳.在设计工况下,当进口气体体积含量为0.1时,串列叶栅叶轮的扬程系数为0.125,大幅度高于常规叶片叶轮的0.05.

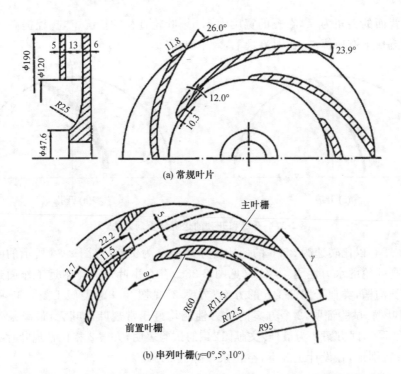

图 2-39 提高离心泵输送气体含量和扬程稳定性的叶片布置方案[126]

通常,采用前置诱导轮来降低离心泵的空化余量.但是诱导轮本身的效率比较低,叶片出口角与主叶轮的叶片进口角不够匹配,需要较长的轴向安装空间.因此,文献[127-129]提出采用结构更为紧凑的串列叶栅来降低离心泵的空化余量.图 2-40 表示文献[127]针对比转速为 146.7 的离心泵提出的串列叶栅布置情况.前置叶栅为叶片数为 2 的斜流叶轮,主叶栅的叶片数为 6.前置叶栅和主叶栅的间距为 3 mm.试验表明:当相对圆周位置 $h/s=3/4$ 时,串列叶栅叶轮的水力性能均好于只有主叶栅的叶轮;其空化余量也明显低于只有主叶栅的叶轮,甚至低于主叶栅安装诱导轮的情形.

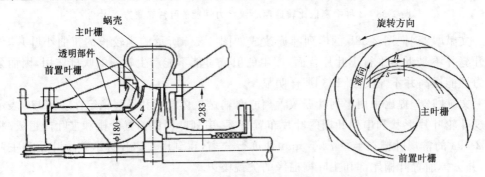

图 2-40 降低离心泵空化余量的串列叶栅布置方案[127]

类似地,文献[128]研究了比转速为 101.4 的离心泵安装串列叶栅时的水力性能变化情况.前置叶栅为叶片数为 3 的斜流叶轮,主叶栅的叶片数为 6.前置叶栅和主叶栅的间距为 3 mm.当相对圆周位置 $h/s=2/3$ 时,串列叶栅叶轮的水力性能优于只有主叶栅的叶轮,空化余量也大幅度降低.

文献[129]考察了比转速为97.2的离心泵安装串列叶栅叶轮和叶片进口边间隔前伸叶轮的水力性能的优劣。前置叶栅是叶片数为3的斜流叶轮,主叶栅的叶片数为6。叶片进口边间隔前伸叶轮的3个叶片长度是前置叶栅叶片和主叶栅叶片长度之和,其余3个主叶栅叶片不变。试验表明:叶片进口边间隔前伸叶轮的水力性能低于原型常规叶轮,而串列叶栅叶轮的水力性能略好于原型叶轮。在设计工况下,叶片进口边间隔前伸叶轮和串列叶栅叶轮的空化余量均低于原型常规叶轮,但串列叶栅叶轮更好。前置叶栅与主叶栅的轴向间距为15 mm,相对圆周位置$h/s=1/2$为最佳前置叶栅安装几何参数。目前,在低比转速离心泵叶轮设计中,还没有尝试采用这种紧凑斜流式前置叶栅。

2.2 叶轮盖板和叶片出口形状对性能的影响

调整离心泵扬程和流量是泵设计和泵工程应用中经常遇到的问题,低比转速离心泵也不例外。除了切割叶轮出口边之外,还可以采用修改叶轮盖板和叶片出口形状等技术,但这两种方法往往引起泵效率下降。

文献[130]将比转速为$n_s=34,47$,叶片出口角为22°的两台屏蔽式蜗壳离心泵叶轮盖板出口分别加工出28个($n_s=34$)和30个($n_s=47$)锯齿形沟槽,见图2-41a和图2-41b,然后进行水力性能测量,并将试验结果与原叶轮性能进行对比。根据图2-41c和图2-41d,在设计工况下,锯齿形盖板可提高扬程12%,但效率下降7%。

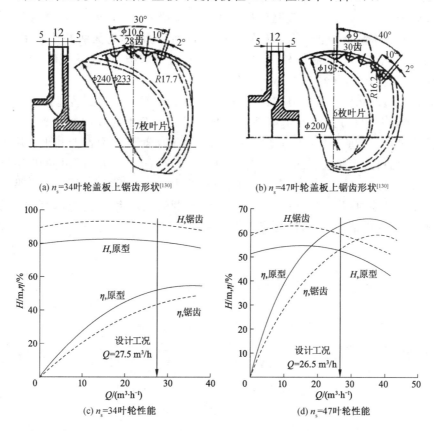

(a) $n_s=34$叶轮盖板上锯齿形状[130]　　(b) $n_s=47$叶轮盖板上锯齿形状[130]

(c) $n_s=34$叶轮性能　　(d) $n_s=47$叶轮性能

图2-41　离心泵叶轮盖板出口形状改变对泵性能的影响

文献[131]在叶轮前后盖板出口处布置图 2-42a 所示的若干楔形槽,一共有比转速分别为 19,28,38,85 和 132 的 5 个离心泵叶轮,前 2 个比转速的叶轮配有环形压水室,后 3 个比转速的叶轮配有蜗壳. 采用 CFD 软件 ANSYS CFX 和 $k-\omega$ 紊流模型进行泵内定常紊流流动计算,优化楔形槽的尺寸和数量. 然后将最优楔形槽对应的水力性能和原型叶轮进行对比.

 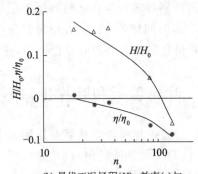

(a) 盖板出口处的楔形槽[131]　　(b) 最优工况扬程(H)、效率(η)与原型叶轮扬程(H_0)、效率(η_0)的比值

图 2-42　离心泵叶轮盖板出口外侧楔形槽对泵性能的影响

根据图 2-42b 所示的结果,当比转速 $n_s \leqslant 38$ 时,最高效率点扬程提高 15%,最高效率降低 2%～3%. 当比转速 $n_s \leqslant 30$ 时,最优工况扬程可提高 15%,而效率基本不变;但当比转速介于 30～80 时,扬程提高值从 15% 快速下降到 6%,效率比则减低到 6%,这时扬程提高和效率减低相抵. 当比转速超过 80 以后,扬程提高无法补偿效率下降. 因此,当比转速低于 50 时,可在叶轮盖板出口外侧布置楔形槽,提高泵扬程,这时泵效率降低不明显. 换言之,楔形槽有减小叶轮直径的作用.

叶片出口边形状对泵的水力性能有一定的影响. 文献[132]对比转速为 100、转速为 2 950 r/min、叶片出口角为 24°、叶轮和径向导叶叶片数分别为 5 和 6 的节段式多级泵的一个泵级进行了试验研究,重点考察叶片出口边形状对泵水力性能和出口压力脉动的影响. 叶片出口边形状共有图 2-43a 所示的 5 种情形. ③和④属普通叶轮切割的情形,①(方形)和②(圆弧形)为叶片突出叶轮的情形,⑤为叶片凹进叶轮的情形. 这些叶轮的水力性能试验结果由图 2-43b 和图 2-43c 所示. 根据扬程、效率和压力脉动曲线,情形②为最优形状;其次为情形①,再次为情形③、④;最差为情形⑤,不宜采用.

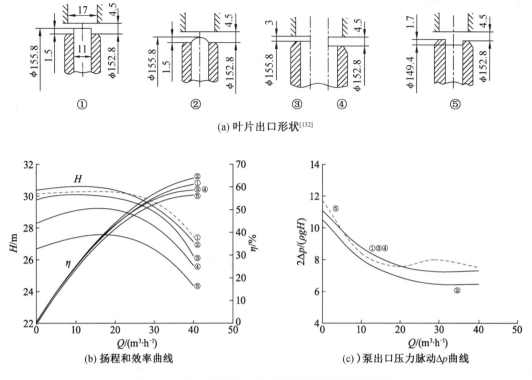

图 2-43 离心泵叶轮叶片出口形状对泵性能的影响

2.3 特低比转速叶轮设计与性能分析

根据上节内容可知,特低比转速离心泵属于小流量、高扬程离心泵.叶轮内液体径向速度仅仅是圆周速度的 1/10 或者更小,即液体环流速度远远高于通流速度.这样叶轮内部流动最容易出现大面积回流.回流会引起泵扬程下降和流量脉动,导致泵出现喘振,使其无法正常工作.

根据前面 2.1 节的介绍,可采用增加叶轮出口部分叶片数的方法来避免叶轮内部出现大面积回流,这种叶轮设计方法称为多分流叶片法.多分流叶片在长叶片之间有多种布置方法.本节利用一个具体设计实例,采用二维奇点法研究多分流叶片对特低比转速离心泵叶轮内部流动的影响,探讨合理的多叶片布置形式.

已知泵用户的设计扬程 $H=80$ m,流量 $Q=3.7$ m³/h,转速 $n=2\,950$ r/min. 根据离心泵设计经验公式[133],得到叶轮几何和水力设计参数为:叶轮出口直径 $D_2=259$ mm、叶片进口直径 $D_1=77$ mm,叶片出口宽度 $b_2=4.5$ mm,叶片型线是变角对数螺线,进口角为 13°、出口角为 36°,叶片进口真实厚度 $t_1=3$ mm,出口真实厚度 $t_2=5$ mm.

图 2-44 表示轴面流道形状和流道法向宽度 b 随半径 r 的变化关系曲线.总共设计了 3 种叶栅,第一种是仅 4 个长叶片的叶栅,记为叶栅 1;第二种是 4 个长叶片加 4 个次长叶片和 4 个短叶片组成的多分流叶片叶栅,短叶片靠近叶片工作面,这是常见形式,记为叶栅 2;第三种也是 4 个长叶片加 4 个次长叶片和 4 个短叶片组成的多分流叶片叶

栅,但短叶片靠近叶片背面,这是少见形式,记为叶栅3.图2-45表示这3种叶栅的叶片布置情况.

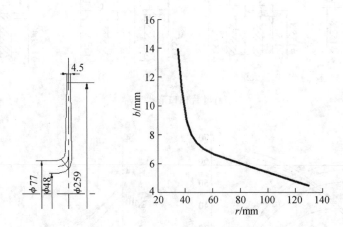

图 2-44　设计的叶轮轴面图和流道法向宽度变化曲线

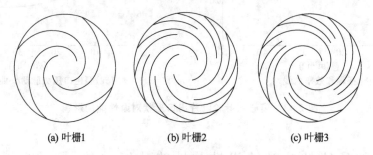

(a) 叶栅1　　　　(b) 叶栅2　　　　(c) 叶栅3

图 2-45　设计的3种多分流叶片叶栅

本节采用的二维奇点法最先由文献[134]提出,其中叶片上束缚涡线密度由Glauert提出的三角函数级数表示.文献[135,136]提出了与之不同的离散涡、多项式和三角函数束缚涡线密度分布形式.相应地,采用的数值计算方法也与文献[134]有所不同.本节中,结合具体实例,研究不同束缚涡线密度分布形式对流动计算结果的影响,为束缚涡线密度分布形式选择给出具体指导性意见.然后,依据选择的束缚涡线密度分布,研究前面设计的多分流叶片叶轮内部流动特性和水力性能.

该实例取自文献[137],离心泵叶轮流量 $Q=403\ \mathrm{m^3/h}$,转速 $n=1\ 750\ \mathrm{r/min}$.其叶轮几何尺寸设计参数为:叶轮出口直径 $D_2=300\ \mathrm{mm}$、进口直径 $D_1=150\ \mathrm{mm}$,有4个等宽度、等厚度叶片,其宽度 $b_2=20\ \mathrm{mm}$,叶片型线是对数螺线,进口、出口角皆为 $30°$,叶片进、出口真实厚度 $t_1=t_2=3\ \mathrm{mm}$.

2.3.1　二维奇点法计算原理

第一步,利用Prasil保角变换式将要计算的 m-θ 坐标内的 S_1 流面映射成内径为 R_1、外径为 R_2 的 R-Θ 极坐标内的环形叶栅流面,该流面为计算平面.变换关系式为

$$\begin{cases} R = R_1 \mathrm{e}^{\int_0^m \frac{\mathrm{d}m}{r}} \\ \Theta = \theta \end{cases} \tag{2-19}$$

其中 $R_2 = R_1 \mathrm{e}^{\int_0^{m_2} \frac{\mathrm{d}m}{r}}$，$m_2$ 为叶片出口边轴面流线长，r 为流面半径. 所有计算都在计算平面内进行.

第二步，叶片骨线上束缚涡或点涡在计算平面内任意一点 i 处诱导的速度由下式表示

$$\begin{cases} V_{\Theta i} = + \dfrac{Z}{4\pi R_i} \int_0^{l_2} (1-F_\Theta) \lambda \mathrm{d}l \\ V_{Ri} = - \dfrac{Z}{2\pi R_i} \int_0^{l_2} F_R \lambda \mathrm{d}l \end{cases} \quad (2\text{-}20)$$

其中，

$$\begin{cases} F_\Theta = \dfrac{\left(\dfrac{R}{R_i}\right)^Z - \left(\dfrac{R}{R_i}\right)^{-Z}}{\left(\dfrac{R}{R_i}\right)^Z + \left(\dfrac{R}{R_i}\right)^{-Z} - 2\cos[Z(\Theta_i - \Theta)]} \\ F_R = \dfrac{\sin[Z(\Theta_i - \Theta)]}{\left(\dfrac{R}{R_i}\right)^Z + \left(\dfrac{R}{R_i}\right)^{-Z} - 2\cos[Z(\Theta_i - \Theta)]} \end{cases} \quad (2\text{-}21)$$

式中：l_2 为叶片骨线末端长度；Z 为叶片数；λ 为点涡线密度，是叶片骨线 l 的未知函数.

第三步，假设点 i 在叶片骨线上，这时该点处的相对速度矢量应与叶片骨线相切，即液流角 β_i 等于叶片角 β_{bi}，即

$$\tan \beta_i = \frac{W_{Ri}}{W_{\Theta i}} = \tan \beta_{bi} \quad (2\text{-}22)$$

这就是相切条件. 因为

$$\begin{cases} W_{Ri} = V_{Ri} + U_{Ri}^* \\ W_{\Theta i} = V_{\Theta i} - U_{\Theta i}^* \end{cases} \quad (2\text{-}23)$$

这里 U_{Ri}^* 和 $U_{\Theta i}^*$ 分别与叶轮流量和入口环量有关：

$$\begin{cases} U_{Ri}^* = \dfrac{Q_{\mathrm{th}}}{2\pi R_i b_i B_{\mathrm{fi}}} \\ U_{\Theta i}^* = \dfrac{1}{R_i}(\omega R_i^2 - v_{u1} r_1) \end{cases} \quad (2\text{-}24)$$

式中：Q_{th} 为叶轮理论流量；b_i 为 S_1 流面流层厚度；B_{fi} 为叶片排挤系数；$v_{u1} r_1$ 为液体入口速度矩. $U_{\Theta i}^*$ 表达式是根据第 1 章中的式(1-22c)简化得来的，简化的条件是：$R=r$，$E=1$，$b \approx \mathrm{const}$，$\sin \alpha = 1$，否则需要对式(1-22c)的第二项进行数值积分. 于是，相切条件表达式可写成

$$\int_0^{l_2} (1-F_\Theta) \lambda \mathrm{d}l + \frac{2}{\tan \beta_{bi}} \int_0^{l_2} F_R \lambda \mathrm{d}l = \frac{4\pi R_i}{Z}\left(U_{\Theta i}^* + \frac{U_{Ri}^*}{\tan \beta_{bi}}\right) \quad (2\text{-}25)$$

这是关于未知函数——点涡线密度 λ 的积分方程.

第四步，为了能够求解上述关于点涡线密度 λ 的积分方程，得到未知的 λ，需要规定 λ 在叶片骨线的分布函数，以便得到积分值，从而使积分方程变成线性代数方程，求出未知的 λ.

第五步，将得到的点涡线密度 λ 代入方程(2-20)，得到束缚涡在叶片骨线点 i 的诱

导速度,再由式(2-23)计算出相对速度 W_{Ri}, $W_{\Theta i}$. 最后,用下式计算叶片表面液体相对速度分布:

$$\begin{cases} W_{si} = \sqrt{W_{Ri}^2 + W_{\Theta i}^2} + \dfrac{1}{2}\lambda \\ W_{pi} = \sqrt{W_{Ri}^2 + W_{\Theta i}^2} - \dfrac{1}{2}\lambda \end{cases} \quad (2\text{-}26)$$

第六步,计算流道内指定点或一群网格节点的液体相对速度. 如果不希望计算流道内部流动,就跳过该步,直接到第七步.

第七步,利用下式将所有的相对速度映射回到 $m-\theta$ 坐标内的 S_1 流面内

$$\begin{cases} w_{ri} = \dfrac{R_i}{r_i} W_{Ri} \\ w_{ui} = \dfrac{R_i}{r_i} W_{\Theta i} \end{cases} \quad (2\text{-}27)$$

然后,利用 Bernoulli 方程计算液体压力场. 这就是采用二维奇点法计算离心泵叶轮内部流动的基本原理与过程.

2.3.2 束缚涡分布形式

由 2.3.1 叙述可知,给出束缚涡线密度沿叶片骨线的数学分布函数式是奇点法所必需的. 文献[134]采用的叶片束缚涡线密度分布形式为 Glauert 所提出的比较复杂的三角函数级数,即

$$\lambda(\xi) = a_0(1+\cos\xi) + a_1\sin\xi\sin\xi + a_2\sin 2\xi\sin\xi + a_3\sin 3\xi\sin\xi + \cdots + a_m\sin m\xi\sin\xi \quad (2\text{-}28)$$

式中: m 为三角函数级数最多项数, $m \leqslant 7$; $\xi = \arccos(1-2l/l_2)$,其中 l 为从叶片头部算起的骨线长度, l_2 为叶片尾部的骨线长度; $a_0, a_1, a_2, a_3, \cdots, a_m$ 为待定系数. 这种束缚涡线密度分布形式比较复杂,因此本节给出另外 3 种比较简单的束缚涡线密度分布形式.

第一种,离散型. 认为叶片骨线某微元段分布有等线密度的束缚涡,涡中心位于微元段中点,各个微元段的涡线密度互不相同. 这时涡强度可表示为 $\lambda_j \mathrm{d}l_j$, j 表示某个束缚涡, $\mathrm{d}l_j$ 表示该微元段的长度. 这时,积分方程(2-25)就可以写成线性代数方程

$$\left[\sum_{j=1}^{N}(1-F_{\Theta j}) + \dfrac{2}{\tan\beta_{bi}}F_{Rj}\right]\Delta l_j \lambda_j = \dfrac{4\pi R_i}{Z}\left(U_{\Theta i}^* + \dfrac{U_{Ri}^*}{\tan\beta_{bi}}\right) \quad (2\text{-}29)$$

式中: N 为叶片骨线上设置的点涡数量. i 位于点涡所在微元段半径大的端点,它为满足相切条件点或控制点. 这时, i 的总数也是 N,方程(2-29)实际为 $N \times N$ 阶线性方程组.

第二种,多项式型. 认为束缚涡线密度是叶片骨线长度 l 的多项式函数. 这时涡线密度可表示为

$$\lambda(l) = a_0 + a_1 l + a_2 l^2 + a_3 l^3 + \cdots + a_m l^m \quad (2\text{-}30)$$

式中: m 为多项式最高次幂, $m \leqslant 7$; 同样, $a_0, a_1, a_2, \cdots, a_m$ 为待定系数. 在叶片尾部,要满足 Kutta-Joukowski 条件, $\lambda(l_2)=0$,即

$$0 = a_0 + a_1 l_2 + a_2 l_2^2 + a_3 l_2^3 + \cdots + a_m l_2^m \quad (2\text{-}31)$$

系数 a_0 必须满足

$$a_0 = -(a_1 l_2 + a_2 l_2^2 + a_3 l_2^3 + \cdots + a_m l_2^m) \tag{2-32}$$

于是涡线密度表达式为

$$\lambda(l) = a_1(l - l_2) + a_2(l^2 - l_2^2) + a_3(l^3 - l_2^3) + \cdots + a_m(l^m - l_2^m) \tag{2-33}$$

把该式代入积分方程(2-25),得到

$$\left[\int_0^{l_2} (1 - F_\Theta)(l - l_2) \mathrm{d}l + \frac{2}{\tan \beta_{bi}} \int_0^{l_2} F_R(l - l_2) \mathrm{d}l \right] a_1 + $$

$$\left[\int_0^{l_2} (1 - F_\Theta)(l^2 - l_2^2) \mathrm{d}l + \frac{2}{\tan \beta_{bi}} \int_0^{l_2} F_R(l^2 - l_2^2) \mathrm{d}l \right] a_2 + $$

$$\left[\int_0^{l_2} (1 - F_\Theta)(l^3 - l_2^3) \mathrm{d}l + \frac{2}{\tan \beta_{bi}} \int_0^{l_2} F_R(l^3 - l_2^3) \mathrm{d}l \right] a_3 + \cdots +$$

$$\left[\int_0^{l_2} (1 - F_\Theta)(l^m - l_2^m) \mathrm{d}l + \frac{2}{\tan \beta_{bi}} \int_0^{l_2} F_R(l^m - l_2^m) \mathrm{d}l \right] a_m = \frac{4\pi R_i}{Z}\left(U_{\Theta i}^* + \frac{U_{Ri}^*}{\tan \beta_{bi}} \right) \tag{2-34}$$

该方程可以简写成

$$\sum_{j=1}^m \left[\int_0^{l_2} (1 - F_\Theta)(l^j - l_2^j) \mathrm{d}l + \frac{2}{\tan \beta_{bi}} \int_0^{l_2} F_R(l^j - l_2^j) \mathrm{d}l \right] a_j = \frac{4\pi R_i}{Z}\left(U_{\Theta i}^* + \frac{U_{Ri}^*}{\tan \beta_{bi}} \right)$$
$$\tag{2-35}$$

该方程的积分项仅与叶轮几何尺寸有关,可以采用梯形公式事先计算出来.这时需要将叶片骨线分成足够数量的 N 个微元段,端点为积分型值点;然后,取互不相邻的 m 个微元段中点作为控制点.于是,该方程变成了 $m \times m$ 阶线性方程组.求解该方程就可得到待定系数,从而得到涡线密度分布.

第三种,三角函数型.认为束缚涡线密度是叶片骨线长度的余弦函数.这时涡线密度可表示为

$$\lambda(l) = a_0 + a_1 \cos \xi + a_2 \cos 2\xi + a_3 \cos 3\xi + \cdots + a_m \cos m\xi \tag{2-36}$$

式中: m 为余弦函数最多项数, $m \leqslant 7$; $\xi = \arccos(1 - 2l/l_2)$;同样, $a_0, a_1, a_2, a_3, \cdots, a_m$ 为待定系数.在叶片尾部,同样要满足 Kutta-Joukowski 条件, $\lambda(s_2) = 0$,即

$$0 = a_0 + a_1 \cos \pi + a_2 \cos 2\pi + a_3 \cos 3\pi + \cdots + a_m \cos m\pi \tag{2-37}$$

系数 a_0 必须满足

$$a_0 = -(a_1 \cos \pi + a_2 \cos 2\pi + a_3 \cos 3\pi + \cdots + a_m \cos m\pi) \tag{2-38}$$

于是涡线密度表达式为

$$\lambda(l) = a_1(\cos \xi - \cos \pi) + a_2(\cos 2\xi - \cos 2\pi) + a_3(\cos 3\xi - \cos 3\pi) + \cdots +$$
$$a_m(\cos m\xi - \cos m\pi) \tag{2-39}$$

把该式代入积分方程(2-25),并简写成

$$\sum_{j=1}^m \left[\int_0^{l_2} (1 - F_\Theta)(\cos j\xi - \cos j\pi) \mathrm{d}l + \frac{2}{\tan \beta_{bi}} \int_0^{l_2} F_R(\cos j\xi - \cos j\pi) \mathrm{d}l \right] a_j$$
$$= \frac{4\pi R_i}{Z}\left(U_{\Theta i}^* + \frac{U_{Ri}^*}{\tan \beta_{bi}} \right) \tag{2-40}$$

该方程的积分项也仅与叶轮几何尺寸有关,可以采用梯形公式事先计算出来.这时也需要将叶片骨线分成足够数量的 N 个微元段,端点为积分型值点;然后,取互不相邻的 m 个微元段中点作为控制点.于是,该方程同样变成了 $m \times m$ 阶线性方程组.

2.3.3 束缚涡分布形式的影响

束缚涡线密度分布形式不同,不但会引起奇点法所采用的具体数值计算方法的改变,而且还会影响流动计算结果.通过考察束缚涡线密度分布形式对流动计算结果的影响,可以确定合理的束缚涡线密度分布形式,从而得到计算简便,同时对叶片几何形状有较高灵敏度的奇点法算法.

图 2-46 表示不同点涡数量(分布 1)、不同多项式最高次幂(分布 2)和不同余弦函数项数(分布 3)所对应的叶片工作面和背面的扬程系数沿叶片骨线的分布曲线.对于分布 2 和 3,积分点或点涡数量取 71 个.按照文献[137],扬程系数定义为

$$\psi = \frac{1}{2}\left(\frac{r^2}{r_2^2} + \frac{w^2}{u_2^2}\right) \tag{2-41}$$

式中:w 为叶片工作面或背面的液体相对速度;u_2 为叶轮圆周速度;r 为叶片表面到叶轮中心线的半径距离;r_2 为叶轮出口边半径.

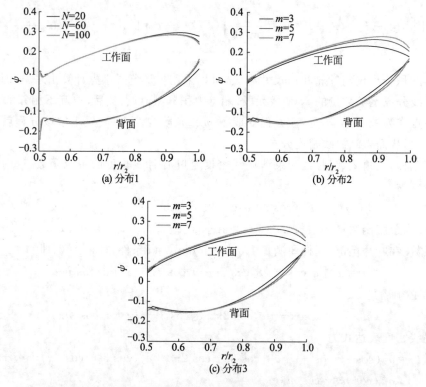

图 2-46 3 种束缚涡线密度分布对应的叶片工作面和背面扬程系数

对于分布 1,扬程系数变化相当光滑,当单元数或点涡数量变化时,扬程系数重合度很高,当点涡数量超过 60 以后,扬程系数变化就更小了,所以点涡数量对计算结果影响较小.叶片尾部的扬程系数逐渐接近,趋向于满足 Kutta-Joukowski 条件.

对于分布 2,多项式最高次幂或项数对计算结果影响较大,当多项式最高次幂超过 5 次以后,扬程系数才变化较小.叶片尾部的扬程系数相差很小,基本满足 Kutta-Joukowski 条件.对于分布 3,余弦函数项数对计算结果影响较大,当余弦函数项数超过 5 项以后,扬程系数也才变化较小.叶片尾部的扬程系数也很接近,同样基本满足 Kutta-

Joukowski 条件. 从计算结果可以看出,分布 2 多项式最高次幂和分布 3 余弦函数项数对计算结果的影响比分布 1 点涡数量的影响大.

对于叶片骨线比较复杂的叶片,分布 2 和分布 3 的具体函数项数选择就比较困难,需要进行多次计算比较,不够方便. 分布 1 不拘泥于具体点涡线密度分布函数,只要点涡数量足够多,就能够真实反映点涡线密度物理上原有分布. 因此基于分布 1 的奇点法是相对比较好的计算方法.

图 2-47 表示分别由基于分布 1,2,3 的奇点法计算出来的扬程系数与文献[137]采用保角变换法计算的值的对比情况. 奇点法计算的 3 个结果与保角变换法计算的结果比较接近,特别是分布 1. 这说明本节提出的束缚涡线密度分布形式是合理的,所采用的数值计算方法和程序是正确的. 在后面的计算中,均采用离散形式的束缚涡线密度分布.

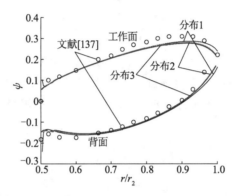

图 2-47 扬程系数分布对比

图 2-48 给出了基于分布 1 计算的叶轮内部液体相对速度矢量和进口能头为 $10\ \mathrm{mH_2O}$ 时液体静压力的等压曲线. 由图可见,速度矢量变化平顺,无任何回流和旋涡.

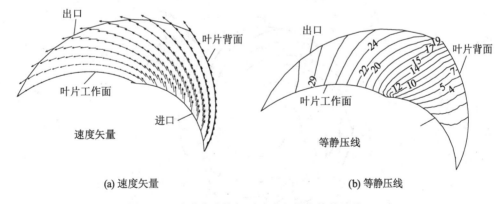

图 2-48 流道内液体相对速度矢量和等静压线

液体静压力由叶片进口到出口逐渐升高,等静压线与叶片骨线几乎垂直. 这说明液体相对速度较高,由相对速度降低引起的液体静压力升高在总的静压力升高中占有较大比重,这是高比转速离心泵叶轮的内部流动特点.

2.4 多分流叶片的影响及合理形式

本节采用图 2-44 所示比转速为 13 的特低比转速离心泵叶轮为研究对象.由于叶轮流道宽度很窄,可认为流动沿流道宽度不变,计算时仅取一个 S_1 流面.另外,在上节中,仅给出了只有长叶片或主叶片的普通离心叶轮奇点法的计算原理.为此,本节将其扩展到有多分流叶片叶轮的情形.多分流叶片主要影响点涡诱导速度计算式(2-20)、式(2-24)中的排挤系数 B_{fi} 和最终的离散涡线密度方程式(2-29).

在主叶片区、主叶片和长分流叶片重叠区及 3 种叶片重叠区,叶片骨线上控制点 i 处的排挤系数 B_{fi} 分别由下式中的第一、二和三式计算:

$$B_{fi}=\begin{cases}1-Zt_{ui}/(2\pi R_i)\\ 1-2Zt_{ui}/(2\pi R_i)\\ 1-3Zt_{ui}/(2\pi R_i)\end{cases} \quad (2\text{-}42)$$

式中:R_i 为叶片骨线上控制点 i 处的半径;t_{ui} 为该处的叶片圆周厚度.

根据文献[33,138],需要在分流叶片上布置离散点涡.图 2-49 表示在主叶片、长分流叶片和短分流叶片骨线布置点涡的情形.点涡的坐标用极坐标 (R,Θ),点涡诱导速度计算式(2-20)扩展为

$$\begin{cases}V_{\Theta i}=+\dfrac{Z}{4\pi R_i}\left[\displaystyle\int_0^{l_2}(1-F_\Theta)\lambda\,\mathrm{d}l+\int_0^{l_3}(1-F_\Theta)\lambda\,\mathrm{d}l+\int_0^{l_4}(1-F_\Theta)\lambda\,\mathrm{d}l\right]\\ V_{Ri}=-\dfrac{Z}{2\pi R_i}\left(\displaystyle\int_0^{l_2}F_\Theta\lambda\,\mathrm{d}l+\int_0^{l_3}F_\Theta\lambda\,\mathrm{d}l+\int_0^{l_4}F_\Theta\lambda\,\mathrm{d}l\right)\end{cases} \quad (2\text{-}43)$$

式中:l_3 和 l_4 分别为长、短分流叶片骨线总长度.式中的第一项表示主叶片束缚涡对诱导速度的贡献,第二项为长分流叶片的贡献,第三项为短分流叶片的贡献.

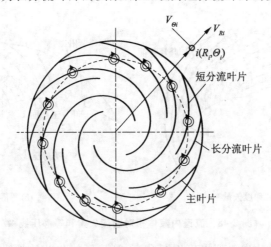

图 2-49 主叶片及长、短分流叶片上的束缚涡引起的诱导速度

相应地,叶片骨线上点 i 处,流体切向速度与骨线相切条件方程式(2-25)扩展为

$$\int_0^{l_2}(1-F_\Theta)\lambda\,\mathrm{d}l+\int_0^{l_3}(1-F_\Theta)\lambda\,\mathrm{d}l+\int_0^{l_4}(1-F_\Theta)\lambda\,\mathrm{d}l+$$

$$\frac{2}{\tan \beta_{bi}} \Big(\int_0^{l_2} F_R \lambda \, dl + \int_0^{l_3} F_R \lambda \, dl + \int_0^{l_4} F_R \lambda \, dl \Big) = \frac{4\pi R_i}{Z} \Big(U_{\Theta i}^* + \frac{U_{Ri}^*}{\tan \beta_{bi}} \Big) \tag{2-44}$$

最后,离散涡线密度线性代数方程式(2-29)扩展为

$$\Big[\sum_{j=1}^{N} (1 - F_{\Theta j}) + \frac{2}{\tan \beta_{bi}} F_{Rj} \Big] \Delta l_j \lambda_j + \Big[\sum_{j=N+1}^{N+N_3} (1 - F_{\Theta j}) + \frac{2}{\tan \beta_{bi}} F_{Rj} \Big] \Delta l_j \lambda_j +$$

$$\Big[\sum_{j=N+N_3+1}^{N+N_3+N_4} (1 - F_{\Theta j}) + \frac{2}{\tan \beta_{bi}} F_{Rj} \Big] \Delta l_j \lambda_j = \frac{4\pi R_i}{Z} \Big(U_{\Theta i}^* + \frac{U_{Ri}^*}{\tan \beta_{bi}} \Big) \tag{2-45}$$

式中:N_3 和 N_4 分别为长、短分流叶片上的点涡和控制点数量. 式(2-45)实际为 $(N+N_3+N_4) \times (N+N_3+N_4)$ 阶线性方程组. 令长叶片及长、短分流叶片最后一个离散涡强度 $\lambda_N = \lambda_{N+N_3} = \lambda_{N+N_3+N_4} = 0$ 来满足 Kutta-Joukowski 条件.

图 2-50 表示将叶轮设计成包角为 220° 的 4 个长叶片,即叶栅 1 时,其内部流动情况. 由于流量小,转速高,液体相对速度低,流道内最容易出现回流. 由矢量图可见,叶片工作面一直到进口附近有大面积回流区,几乎覆盖了流道的 2/3 区域. 叶轮出口处仅叶片背面很小的区域内有液体流出,绝大部分区域内液体流回了叶轮内,回流几乎覆盖整个叶栅,这会对泵扬程造成不利的影响. 叶片进口背面液体相对速度最高,这是因为叶片进口角为 13°,液流角仅为 1°,正冲角达 12°. 但冲角对流道内部流动的影响范围小,是局部的.

图 2-50 中的液体静压力等压曲线也是在进口能头为 10 mH₂O 时给出的. 液体静压力由叶片进口到出口逐渐升高. 除叶片背面小部分区域外,大部分区域内的等静压曲线几乎都是沿圆周方向的. 说明由相对速度降低引起的液体静压力升高在总的静压升高中只占有很小的比重,这是低比转速叶轮的内部流动特点.

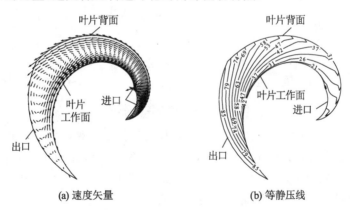

(a) 速度矢量　　　(b) 等静压线

图 2-50　流道内液体相对速度矢量和等静压线

图 2-51 表示叶栅 2 和叶栅 3 流道内液体相对速度矢量. 与叶栅 1 的矢量图相比,叶栅 2 的回流区有 5 个,即 2 个分流叶片的前方各有 1 个,3 个短流道中各有 1 个. 叶栅 3 的回流区有 4 个,即 2 个分流叶片的前方有 1 个,3 个短流道中各有 1 个. 叶栅 2 的长分流叶片位于长叶片背面,短分流叶片位于长叶片工作面,这样长分流叶片降低了长叶片背面的液体相对速度,短分流叶片消除工作面附近回流区的效果有限. 叶栅 3 的长分流叶片位于长叶片工作面,而短分流叶片位于长叶片背面,这样短分流叶片使长叶片背面的液体相对速度降低较小,同时长分流叶片消除长叶片工作面附近回流区的效果较好.

可望叶栅 3 的水力性能优于叶栅 2.

图 2-52 表示进口能头为 10 mH$_2$O 时叶栅 2 和叶栅 3 流道内液体静压力等压曲线. 总体上,2 个叶栅的等静压曲线分布是相似的.但叶栅 3 的等静压曲线沿径向分布比叶栅 2 密集.

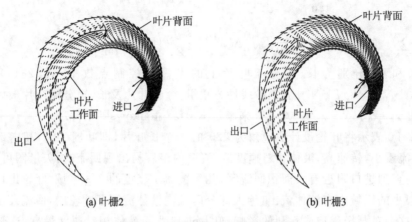

图 2-51　流道内液体相对速度矢量

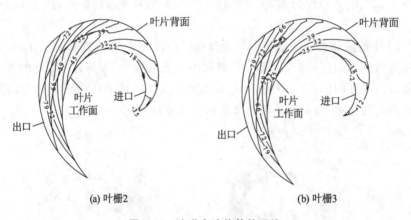

图 2-52　流道内液体等静压线

图 2-53 表示进口能头为 10 mH$_2$O 时液体静压力沿 3 种叶栅长叶片和 2 种叶栅分流叶片骨线的变化曲线.增加分流叶片以后,长叶片上的液体静压力明显升高,工作面和背面压力差明显减小,这不但提高了泵的扬程,而且降低了叶片表面流体动力负荷.但叶栅 2 和叶栅 3 长叶片上的静压力分布没有明显区别.

另外,长分流叶片和短分流叶片的静压力明显地比长叶片低.靠近叶片工作面的短分流叶片或长分流叶片的静压力比靠近叶片背面的短分流叶片或长分流叶片高.这时如果将长分流叶片放在叶片工作面附近,则长分流叶片会分担较多压力,产生较高扬程.另外,短分流叶片放在叶片背面,则有利于叶片背面较厚边界层内液体的排出,提高叶轮的过流能力.因此,叶栅 3 应该比叶栅 2 有较好的水力性能.

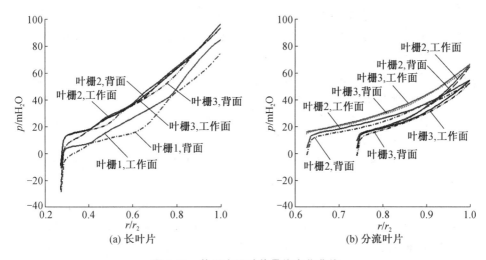

图 2-53 静压力沿叶片骨线变化曲线

由上述计算结果分析可知,特低比转速离心泵叶轮内部存在大面积回流区,而多分流叶片可以控制回流区,提高长叶片表面的液体静压力,提高叶轮的扬程.将长分流叶片放在叶片工作面附近,它会分担较多压力,产生较高扬程.将短分流叶片放在叶片背面附近,有利于排出叶片背面较厚边界层内的液体,提高叶轮的过流能力.

参考文献

[1] 何希杰,刘家柏,杨文,等.低比转速离心泵范围的界定.流体机械,2000,28(11):36-37.

[2] Sobin A J, Bissell W R, Keller R B. Turbopump Systems for Liquid Rocket Engines. NASA SP-8107, 1974.

[3] Barske U M. High Pressure Pumps for Rocket Motors. Royal Aircraft Establishment Technical Note No: RPD40, 1950, Westcott, UK.

[4] Lewis G W, Tysl E R, Hartmann M J. Design and Experimental Performance of a Small Centrifugal Pump for Liquid Hydrogen. NASA TM X-388, 1960.

[5] Urasek D C. Investigation of Flow Range and Stability of Three Inducer-Impeller Pump Combinations Operating in Liquid Hydrogen. NASA TM X-1727, 1969.

[6] Ribble G H, Turney G E. Experimental Study of Low-Speed Operating Characteristics of a Liquid Hydrogen Centrifugal Turbopump. NASA TM X-1861, 1969.

[7] 朱祖超,王乐勤,周响乐.低比转速复合离心叶轮设计探讨.水泵技术,1995(5):11-14.

[8] 朱祖超,王乐勤,周响乐,等.复合叶轮高速离心泵的结构设计.流体机械,

1995,23(10):15-18.

[9] 王乐勤,朱祖超,刘浩.低比转速高速泵复合叶轮的设计理论与工业应用.流体机械,1998,27(11):18-22.

[10] 王乐勤,朱祖超.超低比转速高速诱导轮离心泵的不稳定控制与试验研究.工程热物理学报,1998,19(3):315-319.

[11] 朱祖超.超低比转速高速离心泵的理论研究及工程实现.机械工程学报,2000,36(4):30-33.

[12] 朱祖超,陈鹰.超低比转速高速离心泵设计计算系统.机械工程学报,2001,37(1):92-95.

[13] Zhu Z C, Chen Y, Huang D H, et al. Experimental Study on High-Speed Centrifugal Pumps with Different Impellers. Chinese Journal of Mechanical Engineering, 2002, 15(4):372-375.

[14] 崔宝玲,朱祖超,陈鹰,等.中短叶片离心叶轮内部流动的数值模拟.推进技术,2006,27(3):243-247.

[15] Cui B L, Zhu Z C, Zhang J C, et al. The Flow Simulation and Experimental Study of Low-Specific-Speed High-Speed Complex Centrifugal Impeller. Chinese Journal of Chemical Engineering, 2006, 14(4):435-441.

[16] 李昳,何伟强,陈巧红.低比转速复合离心叶轮三维湍流场数值模拟及试验.浙江理工大学学报,2009,26(5):716-720.

[17] 崔宝玲,许文静,朱祖超,等.低比转速复合叶轮离心泵内的非定常流动特性.化工学报,2011,62(11):3093-3100.

[18] 崔宝玲,朱祖超,林勇刚.长中短叶片复合叶轮离心泵流动数值模拟.农业机械学报,2011,42(3):74-79.

[19] 大橋宏.可逆式渦巻ポンプに関する一実験.関西造船協会誌,1958,92:19-22.

[20] 松岡祥浩.うず巻形流体機械の羽根車内の流れについて:第5報 中間羽根をもった羽根車.日本機械学會論文集,1961,27(177):645-658.

[21] 黒川淳一,松井純,北洞貴也,他.極低比速度羽根車の性能.ターボ機械,1997,25(7):337-345.

[22] 松本一成,黒川淳一,松井純,他.極低比速度ポンプの性能と諸パラメータの影響.ターボ機械,1999,27(12):747-755.

[23] 黒川淳一,松本一成,矢尾渡,他.極低比速度渦巻ポンプの最適形状の探求.日本機械学会論文集B編,2000,66(644):1132-1139.

[24] Gölcü M, Pancar Y, Sekmenc Y. Energy Saving in a Deep Well Pump with Splitter Blade. Energy Conversion and Management, 2006, 47(5):638-651.

[25] Gölcü M, Usta N, Pancar Y. Effects of Splitter Blades on Deep Well Pump Performance. Journal of Energy Resources Technology, 2007, 129(3):169-176.

[26] 妹尾泰利,喜多義範,大熊九州男,他.初期キャビテーションによるうず巻ポンプ特性の向上.日本機械学會論文集,1975,41(350):2896-2903.

[27] 高松康生,喜多義範,大熊九州男,他.羽根車の羽根半数の入口端切除が

うず巻ポンプの吸込み性能に与える影響. 日本機械学會論文集, 1977, 43(369): 1765-1775.

[28] Cavazzini G, Pavesi G, Santolin A, et al. Using Splitter Blades to Improve Suction Performance of Centrifugal Impeller Pumps. Proceedings of IMechE, Part A: Journal of Power and Energy, 2015, 229(3): 309-323.

[29] 尾上純弥, 岡本愛, 早川巳治裕, 他. スプリッター羽根車の適用による産業用ポンプの吸込性能向上に関する研究. ターボ機械, 2016, 44(2): 73-80.

[30] Kramer J J. Analysis of Incompressible, Nonviscous Blade-to-Blade Flow in Rotating Blade Rows. Transactions of the ASME, 1958, 80(2): 263-275.

[31] Katsanis T, McNally W D. Programs for Computation of Velocities and Streamlines on a Blade-to-Blade Surface of a Turbomachine. ASME Paper 69-GT-48, 1969.

[32] 松岡祥浩. うず巻形流体機械の羽根車内の流れについて: 第7報 二次元羽根車の一計算法. 日本機械学會論文集, 1963, 29(198): 270-279.

[33] 中瀬敬之, 妹尾泰利. ターボ機械の羽根車内の流れに関する研究: 第3報 中間羽根を有する回転翼列内の流れ. 日本機械学會論文集, 1973, 39(322): 1855-1862.

[34] Kergourlay G, Younsi M, Bakir F, et al. Influence of Splitter Blades on the Flow Field of a Centrifugal Pump: Test-Analysis Comparison. International Journal of Rotating Machinery, 2007: 85024. doi: 10.1155/2007/85024.

[35] Shigemitsu T, Fukutomi J, Kaji K, et al. Performance and Internal Flow Condition of Mini Centrifugal Pump with Splitter Blades. International Journal of Fluid Machinery and Systems, 2013, 6(1): 11-17.

[36] Khoeini D, Tavakoli M R. The Optimum Position of Impeller Splitter Blades of a Centrifugal Pump Equipped with Vaned Diffuser. FME Transactions, 2018, 46(2): 205-210.

[37] Khoeini D, Shirani E. Enhancement of a Centrifugal Pump Performance by Simultaneous Use of Splitter Blades and Angular Impeller Diffuser. International Journal of Fluid Machinery and Systems, 2018, 11(2): 191-204.

[38] Shigemitsu T, Fukutomi J, Kaji K, et al. Unsteady Internal Flow Conditions of Mini-Centrifugal Pump with Splitter Blades. Journal of Thermal Sciences, 2013, 22(1): 86-91.

[39] 查森, 杨敏官. 低比转数离心泵提高效率的研究. 江苏工学院学报, 1986(4): 1-5.

[40] 袁寿其, 张玉臻. 离心泵短叶片偏置设计的实验研究. 农业机械学报, 1995, 26(4): 79-83.

[41] 王乐勤, 朱祖超. 低比转速高速液氮离心泵的设计与试验研究. 低温工程, 1998(1): 7-12.

[42] 陈松山, 周正富, 葛强. 长短叶片离心泵正交试验研究. 扬州大学学报(自然科学版), 2005, 8(4): 45-48.

[43] 陈松山,周正富,葛强,等.长短叶片离心泵叶轮内部流动的PIV测量.农业机械学报,2007,38(2):98-101.

[44] 陈松山,周正富,何钟宁.离心泵偏置短叶片叶轮内部流场的粒子图像速度测量.机械工程学报,2008,44(1):56-61.

[45] 袁寿其,张金凤,袁建平,等.用正交试验研究分流叶片主要参数对性能影响.排灌机械,2008,26(2):1-5.

[46] 王秀礼,袁寿其,朱荣生,等.长短叶片离心泵汽蚀性能数值模拟分析及实验研究.中国机械工程,2012,23(10):1154-1157.

[47] Liu D K, Ji L J. Calculation of Complete Three-Dimensional Flow in a Centrifugal Rotor with Splitter Blades. ASME Paper 88-GT-93, 1988.

[48] 齐学义,倪永燕.复合式离心泵叶轮短叶片偏置设计分析.甘肃工业大学学报,2003,29(4):60-63.

[49] 徐洁,谷传刚.长短叶片离心泵叶轮内部流动的数值计算.化工学报,2004,55(4):451-454.

[50] Pan Z Y, Yuan S Q, Li H, et al. Calculation of Splitting Vanes and Inner Flow Analysis for Centrifugal Pump Impeller. Chinese Journal of Mechanical Engineering, 2004, 17(1): 156-159.

[51] 何有世,袁寿其,郭小梅.带短叶片的离心泵叶轮内三维不可压缩湍流场的数值模拟.机械工程学报,2004,40(11):153-157.

[52] 何有世,袁寿其,郭小梅.短叶片离心泵叶轮内变工况三维数值分析.江苏大学学报(自然科学版),2005,26(3):193-197.

[53] 袁寿其,何有世,袁建平.带分流叶片的离心泵叶轮内部流场的PIV测量与数值模拟.机械工程学报,2006,42(5):60-63.

[54] 黄思,李作俊.具有长短叶片离心泵的全三维湍流数值模拟.化工机械,2006,33(2):90-93.

[55] Cui B L, Zhu Z C, Zhang J C, et al. The Flow Simulation and Experimental Study of Low-Specific-Speed High-Speed Complex Centrifugal Impellers. Chinese Journal of Chemical Engineering, 2006, 14(4): 435-441.

[56] 严俊峰,陈炜.高速复合叶轮离心泵多相位定常流动数值模拟.火箭推进,2007,3(1):28-32.

[57] 崔宝玲,朱祖超,林勇刚,等.长短叶片半开式离心叶轮内部流动的数值模拟.浙江大学学报(工学版),2007,41(5):809-813.

[58] 崔宝玲,朱祖超,林勇刚,等.不同形式高速离心叶轮内部流动的数值模拟.机械工程学报,2007,43(5):19-23.

[59] 史佩琦,崔宝玲,陈洁达,等.低比转速离心泵内部流场数值模拟.浙江理工大学学报(自然科学版),2012,29(4):575-579.

[60] 何钟宁,陈松山,潘光星,等.长短叶片离心泵三维湍流数值模拟与PIV试验.扬州大学学报(自然科学版),2013,16(2):40-44.

[61] Yuan S Q, Zhang J F, Yuan J P, et al. Effects of Splitter Blades on the Law

of Inner Flow within Centrifugal Pump Impeller. Chinese Journal of Mechanical Engineering，2007，20(5):59-63.

[62] 黎义斌,张德胜,赵伟国,等.叶片数及分流片位置对离心泵性能的影响.兰州理工大学学报,2008,34(2):45-48.

[63] 张金凤,袁寿其,付跃登,等.分流叶片对离心泵流场和性能影响的数值预报.机械工程学报,2009,45(7):131-137.

[64] 齐学义,胡家昕,田亚斌.超低比转速高速离心泵复合式叶轮的正交设计.排灌机械,2009,27(6):341-346.

[65] 袁寿其,沈艳宁,张金凤,等.基于改进BP神经网络的复合叶轮离心泵性能预测.农业机械学报,2009,40(9):77-80.

[66] 袁建平,李淑娟,袁寿其.用正交试验研究分流叶片对离心泵性能的影响.排灌机械,2009,27(5):306-309.

[67] 沈艳宁,袁寿其,陆伟刚,等.复合叶轮数值模拟正交试验方法.农业机械学报,2010,41(9):22-26.

[68] 李国威,王岩,吕秀丽,等.偏置短叶片离心泵内三维流场数值模拟.农业工程学报,2011,27(7):151-155.

[69] 连松锦,陈松山,周正富,等.长短叶片离心泵的三维湍流数值模拟研究.流体机械,2011,39(3):18-22.

[70] 袁寿其,叶丽婷,张金凤,等.分流叶片对离心泵内部非定常流动特性的影响.排灌机械工程学报,2012,30(4):373-378.

[71] 肖若富,王娜,杨魏,等.复合叶轮改善双吸式离心泵空化性能研究.农业机械学报,2013,44(9):35-39.

[72] 陈松山,连松锦,周正富,等.三副长短叶片叶轮离心泵的湍流数值模拟.扬州大学学报(自然科学版),2014,17(1):50-55.

[73] 张金凤,王文杰,方玉建.分流叶片离心泵非定常流动及动力学特性分析.振动与冲击,2014(23):37-41.

[74] 潘潇,王文平,李述林,等.离心式燃油泵复合叶轮的数字化设计及验证.上海交通大学学报(自然科学版),2014,48(8):1164-1169.

[75] 周汉涛,崔宝玲,方晨,等.不同分流叶片起始直径对离心泵压力脉动的影响.浙江理工大学学报(自然科学版),2014,31(3):235-240.

[76] 张云蕾,袁寿其,张金凤,等.分流叶片对离心泵空化性能影响的数值分析.排灌机械工程学报,2015,33(10):846-852.

[77] 吴强,王艳玲.偏置短叶片对低比转速离心泵汽蚀性能影响分析.东北电力大学学报,2018,38(2):40-45.

[78] 夏密秘,赖喜德,罗宝杰,等.带分流短叶片离心泵内流场分析.热能动力工程,2015,30(4):604-610.

[79] 陈然伟,曾永忠,刘小兵.短叶片包角对离心泵水力性能影响的数值研究.中国农村水利水电,2015(10):122-125.

[80] Liu J H, Zhao X Y, Xiao M X. Study on the Design Method of Impeller on

Low Specific Speed Centrifugal Pump. The Open Mechanical Engineering Journal, 2015, 9:594 - 600.

[81] 崔宝玲, 方晨, 葛明亚. 低比转数离心泵内部流动特性和外特性试验. 排灌机械工程学报, 2016, 34(5):375 - 380.

[82] 柴博, 李国威, 肖春艳. 短叶片长度对固液离心泵内流场影响的模拟研究. 测控技术, 2017(7):128 - 132.

[83] 廖姣, 张兴, 张文明, 等. 分流叶片对离心泵内部固液两相流的影响. 人民长江, 2017, 48(10):79 - 82.

[84] Yuan Y, Yuan S Q. Analyzing the Effects of Splitter Blade on the Performance Characteristics for a High-Speed Centrifugal Pump. Advances in Mechanical Engineering, 2017, 9(12):1 - 11.

[85] Zhang J F, Li G D, Mao J Y, et al. Effects of the Outlet Position of Splitter Blade on the Flow Characteristics in Low-Specific-Speed Centrifugal Pump. Advances in Mechanical Engineering, 2018, 10(7):1 - 12.

[86] Zhao B J, Zhang C H, Zhao Y F, et al. Design Improvement of the Splitter Blade in the Centrifugal Pump Impeller Based on Theory of Boundary Vorticity Dynamics. International Journal of Fluid Machinery and Systems, 2018, 11(1):39 - 45.

[87] Khlopenkov P R. Physical Base for the Design of Highly Efficient Rotors in Centrifugal Pumps. Hydrotechnical Construction, 1979, 13(7): 667 - 673.

[88] Khlopenkov P R. Optimization of Centrifugal Pumps. Hydrotechnical Construction, 1982, 16(10): 533 - 539.

[89] Barske U M. Development of Some Unconventional Centrifugal Pumps. Proceedings of IMechE, 1960, 174(11): 437 - 450.

[90] Barske U M. High Pressure Pumps. The Engineer, 1953, 195:550 - 553.

[91] Turton R K. The Open Impeller Pump, Process Pumps. London: Institution of Mechanical Engineers, 1973.

[92] Wilk A. Pressure Distribution around Pump Impeller with Radial Blades. Proceedings of 6th IASME/WSEAS International Conference on Fluid Mechanics and Aerodynamics, 2008: 223 - 225.

[93] Dykas S, Wilk A. Determination of the Flow Characteristic of a High-Rotational Centrifugal Pump by Means of CFD Methods. TASK Quarterly, 2008, 12(3):245 - 253.

[94] Wilk A. The Analysis of the Influence of the Initial Impeller on the Discharge and the Delivery Head of High Speed Pump with Radial Blades. WEAS Transactions on Fluid Mechanics, 2009, 4(4):127 - 136.

[95] Wilk A. Laboratory Investigation and Theoretical Analysis of Axial Thrust Problem in High Rotational Speed Pumps. WEAS Transactions on Fluid Mechanics, 2009, 4(1): 1 - 13.

[96] Wilk A. Hydraulic Efficiencies of Impeller and Pump Obtained by Means of Theoretical Calculations and Laboratory Measurements for High Speed Impeller Pump with Open-Flow Impeller with Radial Blades. International Journal of Mechanics,2010,2(4):33-41.

[97] Lee J,Kwon Y,Lee C,et al. Design of Partial Emission Type Liquid Nitrogen Pump. Progress in Superconductivity and Cryogenics,2016,18(1):64-68.

[98] 张剑慈,崔宝玲,李昳,等.低比转速开式叶轮高速离心泵的优化设计系统.机械工程学报,2006,42(7):19-23.

[99] 范宗霖,王革田.切线泵的试验研究.水泵技术,2002(2):3-8.

[100] 范宗霖,黄志杰.常规转速切线泵的试验研究及产品开发.水泵技术,2006(2):6-8.

[101] Dahl T. Centrifugal Pump Hydraulics for Low Specific Speed Application. Proceedings of the Sixth International Pump Users Symposium, Houston, Texas, USA, April 24-27, 1989:31-37.

[102] Zhang L, Jiang J, Xiao Z, et al. Numerical Investigation of the Effect of Balancing-Hole on the Axial Force of a Partial Emission Pump. Proceedings of the ASME 2014 4th Joint US-European Fluids Engineering Division Summer Meeting(FEDSM2014),2014:1-6.

[103] Kiselev G F, Ryazanov S D. An Open Centrifugal Impeller with Cylindric Radial Channel. Chemical and Petroleum Engineering, 1981, 17(3):120-122.

[104] Kupryashin N N, Ryazanov S D. Analysis of the Operation of Radial-Vortex Type Centrifugal Pumps. Chemical and Petroleum Engineering, 1983, 19(4):149-152.

[105] Ryazanov S D. Impeller for Moderate-Flow Centrifugal Pump. Chemical and Petroleum Engineering, 1985, 21(11):537-539.

[106] Satoh H, Uchida K, Cao Y C. Designing an Ultra-Low Specific Speed Centrifugal Pump. Proceedings of the Twenty-Second International Pump Users Symposium,2005:16-21.

[107] Skrzypacz J, Bieganowski M. The Influence of Micro Grooves on the Parameters of the Centrifugal Pump. International Journal of Mechanical Sciences,2018,144:827-835.

[108] 王者文,刘剑军,施勇,等.超低比转速圆盘泵的实验研究.水泵技术,2006(2):21-24.

[109] 王者文,施勇,范宗霖.圆盘通孔型超低比转速离心泵的研制与应用.水泵技术,2009(3):4-6.

[110] 王者文,施勇,范宗霖.圆盘通孔型超低比转速离心泵的研究.大电机技术,2012(3):55-59.

[111] Skrzypacz J. Investigating the Impact of Drilled Impellers Design of Rotodynamic Pumps on the Efficiency of Energy Transfer Process. Chemical Engineering and Processing: Process Intensification, 2015, 87:60 - 67.

[112] Skrzypacz J. Numerical Modelling of Flow Phenomena in a Pump with a Multi-Piped Impeller. Chemical Engineering and Processing: Process Intensification, 2014, 75:58 - 66.

[113] Skrzypacz J. Investigating the Impact of Multi-Piped Impellers Design on the Efficiency of Rotodynamic Pumps Operating at Ultra-Low Specific Speed. Chemical Engineering and Processing: Process Intensification, 2014, 86:145 - 152.

[114] Chomiuk B, Skrzpacz J. Comparison of Energy Parameters of a Centrifugal Pump with a Multi-Piped Impeller in Cooperation Either with an Annular Channel and a Spiral Channel. Open Engineering, 2018, 8:513 - 522.

[115] von der Decken. Aerodynamics of Pneumatic High-Lift Devices. AGARD Lectures Series No. 43 on Assessment of Lift Augmentation Devices, 1970: 1 - 34.

[116] Smith A M O. High-Lift Aerodynamics. Journal of Aircraft, 1975, 12(6): 501 - 530.

[117] Ameel F D. Application of Power High Lift Systems to STOL Aircraft Design. 1979, AD A089492, Naval Postgraduate School, Monterey, California, USA.

[118] Yamada Y, Vasilieva I, Takayama A, et al. Circulation-Controlled High-Lift Wing for Small Unmanned Aerial Vehicle. ROBOMECH Journal, 2015, 2(8):1 - 11.

[119] Tiainen J, Grönman A, Jaatinen-Värri A, et al. Flow Control Methods and Their Applicability in Low-Reynolds-Number Centrifugal Compressors—A Review. International Journal of Turbomachinery, Propulsion and Power, 2018, 3(1):2 - 38.

[120] Day R. Investigation of Flow in a Centrifugal Pump. Tucson: University of Arizona, 1965:34 - 50.

[121] Gostelow J P. Cascade Aerodynamics. Oxford: Pergamon Press, 1984: 196 -198.

[122] Oleksandr S. The Paint Strip Approach to Studying Boundary Layer Effects. World Pumps, 2000(402):32 - 34.

[123] 陈红勋,刘卫伟,见文,等.基于流动控制技术的低比转速离心泵叶轮研发.排灌机械工程学报,2011,29(6):466 - 470.

[124] 陈红勋,林育战,朱兵.缝隙引流叶轮离心泵空化试验研究.排灌机械工程学报,2013,31(7):570 - 574.

[125] Chen H X, He J W, Liu C. Design and Experiment of the Centrifugal

Pump Impellers with Twisted Inlet Vice Blades. Journal of Hydrodynamics, 2017, 29(6):1085-1088.

[126] 古川明徳,戸越勉,佐藤紳二,他. 遠心ポンプ羽根車のタンデム翼化と気液混相時の揚水性能に関する基礎研究. 日本機械学会論文集B編,1989, 55(512):1142-1146.

[127] 窪田直和. 二重翼列形式羽根車付き遠心ポンプの研究. 日本機械学会論文集,1975,41(351):3189-3196.

[128] 窪田直和,磯上明洋. 二重翼列形式遠心羽根車の研究. 日本機械学会論文集B編,1983,49(448):2893-2900.

[129] 高松康夫,大熊九州男,中村量,他. 高吸込み性能遠心ポンプ羽根車の研究:羽根半数の吸込み側への延長と延長部分の切離し二重翼列化による改善効果. 日本機械学会論文集B編,1979,45(395):958-966.

[130] Smutin N V. Design and Investigation of Working Components of Low-Specific-Speed Electric Pumps. Chemical and Petroleum Engineering, 1982,18(4):163-168.

[131] 香川修作,黒川淳一,松井純. 低比速度遠心ポンプにおける背面放射溝の効果と小型化. ターボ機械,2007,35(12):24-32.

[132] Chegurko L E, Gabov B A. Obtaining a Continuously Decreasing Characteristic and Increasing the Efficiency of Centrifugal Pumps. Chemical and Petroleum Engineering, 1990,26(2):76-78.

[133] 李文广. 清水离心泵叶轮主要几何尺寸的统计分析. 西北水泵,1992(1):6-9.

[134] 妹尾泰利,中瀬敬之. ターボ機械の羽根車内の流れ:第1報 翼間理論. 日本機械学會論文集,1971,37(302):1927-1934.

[135] 李文广. 特低比速离心泵叶轮内部流动分析. 水泵技术,2005(1):1-6.

[136] Li W G. Analysis of Flow in Extreme Low Specific Speed Centrifugal Pump Impellers with Multi-Split-Blade. International Journal of Turbo & Jet Engines, 2006, 23(2):73-86.

[137] 神元五郎,平井浩一. うず巻型流体機械の羽根車内の流れ(第1報). 日本機械学會論文集,1953,19(85):37-43.

[138] 神元五郎. 特異点法のターボ機械への応用(1). ターボ機械,1982,10(2):25-32.

第 3 章 离心泵叶轮叶片反问题设计

3.1 反问题奇点法

奇点法是求解离心泵叶轮内部叶片之间有势流动的一种重要方法. 目前, 它主要用于叶轮水动学流动分析, 即求解正问题, 而以反问题方式设计离心泵叶片并不多见.

文献[1]可能是最早提出设计离心泵叶片反问题奇点法的. 作者认为叶轮内部的二维流动是由叶轮入口处环量及流量引起的均匀流动与叶片上有限个束缚点涡引起的绝对流动叠加而成的. 叶片之间的点涡强度随圆周角度按 Fourier 级数变化. 据此, 作者给出了强度连续变化的点涡在流场中任意一点处的诱导速度计算公式. 这是以 Fourier 级数为被积函数的积分公式, 其中 Fourier 级数的系数与任意点处的半径与点涡处的半径之比有关. 如果给定束缚点涡的强度沿叶片的变化, 就可以计算出叶片上各个点处的绝对速度. 绝对速度减去牵连速度就是相对速度. 根据相对流动角等于叶片角的条件, 对叶片型线方程积分, 就得到叶片包角的变化, 从而得到叶片形状. 用得到的叶片形状重新计算流动, 再利用相对流动角等于叶片角的条件, 计算出新的包角. 由此反复, 直到叶片形状不再变化为止. 文献[2]采用该方法设计了一个离心压缩机径向叶轮, 并测量了叶轮的气动性能.

文献[3]在离心叶轮的环列叶栅中的每个叶片上作出通过前、后缘点的等角对数螺线, 利用对数函数保角变换式将环列叶栅和等角对数螺线变为平面直列叶栅; 然后, 在弦线上布置点涡, 点涡在骨线上的扰动速度和叶栅均匀绕流速度的合成速度满足与骨线相切的条件. 把弦线上的点涡强度表示为 Glauert 级数, 如果给定级数的系数, 就可以迭代求出叶片骨线形状, 即反问题; 反之给定骨线形状, 就可以求出点涡强度分布, 即正问题. 最后, 利用式(3-1)把骨线形状或速度场变换回到环列叶栅中. 该方法的主要特征是求解了变换后的平面直列叶栅的薄翼流动.

文献[4]利用保角变换式将回转 S_1 流面上的叶轮环列叶栅变换到平面直列叶栅, 然后将点涡和源(汇)布置于平面直列叶栅的弦线上, 即采用 Schlichiting 方法[5]计算叶栅内的流动, 求解正问题或反问题, 其中包括翼弦安放角和骨线形状的迭代计算, 该方法属薄翼理论.

此外, 文献[6]将 S_2 流面通流理论和 S_1 流面的薄翼理论相结合, 提出设计混流泵叶轮叶片的奇点法. 主要做法是利用通流理论划分若干回转 S_1 流面, 然后将之映射到平面直列叶栅, 在叶片骨线上布置点涡, 求解反问题. 类似的但更为简洁的混流泵叶轮设计方法见文献[7]. 需要指出: 文献[3,4]只是提出了相关的计算公式和步骤, 没有具体计算实例, 属于纸上谈兵, 方法本身并不一定可行.

文献[8]将 S_2 流面通流理论和 S_1 流面的薄翼理论相结合, 提出设计轴流、混流和离心叶轮叶片的奇点方法面. 圆周角和轴面流线组成的坐标系为叶片形状求解坐标系. 文中规定由叶片表面相对速度沿叶片的变化规律来确定叶片形状. 点涡和点源(汇)同时布置在叶片骨线上.点涡强度由给定的叶片表面相对速度之差及叶片长度来确定.由规定的叶片厚度、骨线处的诱导速度及源(汇)强度等于零条件来确定点源(汇)强度.最后,在叶片骨线上满足流动相切条件,得到叶片角度,并利用叶片型线方程积分出叶片包角变化规律,得到叶片形状.该过程不断重复,直到叶片形状不再变化.该方法仅适用于叶片数较多(叶片数大于7)的离心叶轮.

文献[9]把一个回转 S_1 流面经过两次变换映射到二维平面直列叶栅.在叶片骨线上布置点涡和源(汇).与文献[8]一样,点涡强度和源(汇)强度分别由给定的叶片表面相对速度分布和叶片厚度决定.所不同的仅是点涡和源(汇)的诱导速度公式.文献[8,9]的反问题设计叶片方法需要规定叶片表面相对速度分布规律,叶片形状不易控制,不便于工程运用,因此后续跟进的研究寥寥无几.

与上述方法不同,文献[10]提出了一种很简捷的求解回转 S_1 流面的叶片之间流动的奇点法.该方法适用于薄和厚翼,在离心叶轮流动分析中有广泛的应用.第 2 章分别采用 3 种点涡线密度分布形式(离散型、多项式型和三角函数型)对该方法的求解过程进行了一些改进,并将其应用于离心泵组合叶轮内部流动分析中.本章以该方法为基础,采用反问题方式设计一个二维圆柱形离心泵叶轮的叶片,然后采用 CFD 程序 Fluent 对原叶轮和新设计的叶轮内部流动和水力性能进行数值计算,旨在探索该方法设计离心泵叶片的可行性和效果.

3.2 计算公式与方法

在反问题二维奇点法中,叶片数、厚度、S_1 流面形状、叶轮的流量和转速是已知的,但叶片骨线形状未知.叶片骨线形状是由半径和叶片包角之间的关系确定的.因此,如何确定该关系是反问题奇点法的核心.

图 3-1 表示 S_1 流面形状及其他叶轮几何参数.为方便计算,假设从进口看叶轮逆时针旋转.逆时针旋转的点涡的强度为正值,顺时针旋转的点涡的强度为负值.叶片是后弯的,叶片骨线与圆周速度反方向的夹角为 β_b(叶片角 $\beta_b>0$),与半径方向的夹角为 $\beta_b-90°$,为负值.

一般地,须采用迭代法逐步得到正确的半径和叶片包角之间的关系.为此,采用下述步骤:

第一步,假设一个初始叶片角度 β_b^0 沿轴面流线的分布,然后采用下面的叶片型线方程,积分出初始的叶片包角 θ 与半径的关系:

$$\theta = \int_0^{m_2} \frac{\tan(\beta_b - 90°)}{r} dm \tag{3-1}$$

为简便起见,令 $\beta_b=90°$,这时叶片为径向的.采用梯形公式对上式进行数值积分.

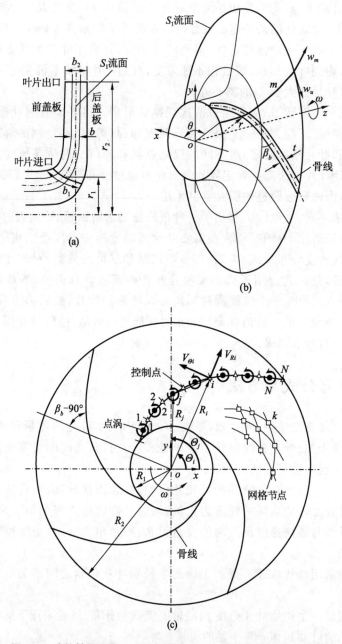

图 3-1 叶轮轴面图和 S_1 流面(物理面)及定义束缚涡的计算平面

第二步,给定点涡线密度沿叶片骨线的分布.为获得光滑的叶片骨线,采用文献[11]中的三阶 Bezier 曲线来定义点涡线密度分布.该曲线由图 3-2 所示的 A,B,C 和 D 等 4 个点所控制.点涡线密度可表示为

$$\lambda(l) = \left(1 - \frac{l-l_a}{l_d-l_a}\right)^3 \lambda_a + 3\left(\frac{l-l_a}{l_d-l_a}\right)\left(1 - \frac{l-l_a}{l_d-l_a}\right)^2 \lambda_b +$$
$$3\left(\frac{l-l_a}{l_d-l_a}\right)^2\left(1 - \frac{l-l_a}{l_d-l_a}\right)\lambda_c + \left(\frac{l-l_a}{l_d-l_a}\right)^3 \lambda_d \tag{3-2}$$

其中 $\lambda_b = c\lambda_a$, $\lambda_c = d\lambda_a$,通过系数 c 和 d 调整 λ_b 和 λ_c 的大小.首先,把初始叶片骨线分成 N

个微元段,微元长度为 Δl. 在点 D,满足 Kutta-Joukowski 条件. 点 D 坐标为: $l_d = l_2 - \Delta l/2, \lambda_d = 0$. 在点 A, $l_a = 0.5\Delta l$, λ_a 要保证预定的冲角 $\Delta\beta$.

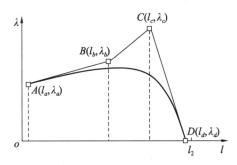

图 3-2　三阶 Bezier 曲线定义点涡线密度分布

这时,先计算叶片进口前的液流角 β_1,即

$$\beta_1 = \arctan \frac{v_{m1}}{u_1 - v_{u1}} \tag{3-3}$$

式中: v_{m1} 为叶片进口液体轴面速度, $v_{m1} = Q_{th}/[(2\pi r_1 - Zt_{u1})b_1]$,其中 Q_{th} 为叶轮理论流量, r_1 为叶片进口边半径, Z 为叶片数, t_{u1} 为叶片进口圆周厚度, $t_{u1} = t_1/\sin\beta_{b1}$, t_1 为叶片进口真实厚度, β_{b1} 为叶片进口角, b_1 为叶片进口宽度.

然后,给定冲角,根据经验,考虑汽蚀时, $\Delta\beta = 0.5° \sim 3°$,否则, $\Delta\beta = 3° \sim 5°$. 于是,叶片进口角 $\beta_{b1} = \beta_1 + \Delta\beta$. 因为 $r_1 \approx r_a$,所以 $\beta_{b1} \approx \beta_{ba}$, $u_1 \approx u_a$, $v_{m1} \approx v_{ma}$. 点 A 的绝对速度圆周分速度为

$$v_{ua} = u_1 - \frac{v_{m1}}{\tan\beta_{b1}} \tag{3-4}$$

最后,点 A 的点涡线密度为

$$\lambda_a = \frac{2\pi R_a(V_{ua} - V_{u1})}{Z\Delta l} \tag{3-5}$$

点 B 和 C 用于控制点涡线密度的最大值位置和大小,一般地, $l_b \in [0.3(l_d - l_a) + l_a, 0.5(l_d - l_a) + l_a]$, $l_c \in [0.8(l_d - l_a) + l_a, 0.95(l_d - l_a) + l_a]$.

λ_b 和 λ_c 是给定的,但需要满足 2 个条件:① 叶片表面最大负荷系数 $\Delta w/w \leqslant 2$,以避免叶片工作面出现回流[12],其中 $\Delta w = w_s - w_p$, w_s, w_p 分别为叶片背面(吸力面)和工作面(压力面)的相对速度, w 为过流断面平均相对速度;② 叶轮产生的理论扬程要高于理论扬程的设计值.

第三步,利用 Prasil 保角变换式将要计算的 $m-\theta$ 坐标内的 S_1 流面映射成内径为 R_1、外径为 R_2 的 $R-\Theta$ 极坐标内的环形叶栅流面,变换关系式为

$$\begin{cases} R = R_1 e^{\int_0^m \frac{dm}{r}} \\ \Theta = \theta \end{cases} \tag{3-6}$$

其中 $R_2 = R_1 e^{\int_0^{m_2} \frac{dm}{r}}$, m_2 为叶片出口边轴面流线长, r 为流面任意一点的半径. 所有计算都在计算平面内进行.

第四步,利用给定的点涡线密度,通过下面的式(3-7)、式(3-8)、式(3-9)和式(3-10)计算控制点 i 处的相对速度 $W_{\theta i}$ 和 W_{Ri},然后采用式(3-11)计算新的叶片角 β_{bi}.

叶片骨线上束缚涡(点涡)在计算平面内任意一点 i 处诱导的绝对速度由下式表示

$$\begin{cases} V_{\Theta i} = +\dfrac{Z}{4\pi R_i}\int_0^{l_2}(1-F_{\Theta})\lambda \mathrm{d}l \\ V_{Ri} = -\dfrac{Z}{2\pi R_i}\int_0^{l_2}F_R\lambda \mathrm{d}l \end{cases} \tag{3-7}$$

其中

$$\begin{cases} F_{\Theta} = \dfrac{\left(\dfrac{R_j}{R_i}\right)^z - \left(\dfrac{R_j}{R_i}\right)^{-z}}{\left(\dfrac{R_j}{R_i}\right)^z + \left(\dfrac{R_j}{R_i}\right)^{-z} - 2\cos[Z(\Theta_i-\Theta_j)]} \\ F_R = \dfrac{\sin[Z(\Theta_i-\Theta_j)]}{\left(\dfrac{R_j}{R_i}\right)^z + \left(\dfrac{R_j}{R_i}\right)^{-z} - 2\cos[Z(\Theta_i-\Theta_j)]} \end{cases} \tag{3-8}$$

式中:l_2 为叶片骨线末端长度;λ 为点涡线密度,它是叶片骨线长度 l 的函数.

控制点 i 处的相对速度为

$$\begin{cases} W_{Ri} = V_{Ri} + U_{Ri}^* \\ W_{\Theta i} = V_{\Theta i} - U_{\Theta i}^* \end{cases} \tag{3-9}$$

其中 U_{Ri}^* 和 $U_{\Theta i}^*$ 分别与流量和叶轮入口环量有关

$$\begin{cases} U_{Ri}^* = \dfrac{Q_{\mathrm{th}}}{b_i(2\pi R_i - Zt_{ui})} \\ U_{\Theta i}^* = \dfrac{1}{R_i}(\omega R_i^2 - v_{u1}r_1) \end{cases} \tag{3-10}$$

式中:b_i 为 S_1 流面流层厚度;$t_{ui}=t_i/\sin\beta_{bi}$,其中 t_i 为叶片真实厚度;$v_{u1}r_1$ 为液体入口速度矩;R_i 为控制点 i 处的半径.

控制点 i 处的相对速度矢量应该与叶片骨线相切,即液流角 β_i 等于叶片角 β_{bi},满足相切条件

$$\tan(\beta_{bi}-90°) = \dfrac{W_{\Theta i}}{W_{Ri}} \tag{3-11}$$

第五步,对式(3-1)重新进行数值积分,得到新的叶片包角与半径的关系.重复上述过程,直到叶片骨线形状变化很小为止,即包角相对变化量小于 10^{-3}.

第六步,利用下面的式(3-12)计算叶片表面速度,利用式(3-7)~式(3-9)计算流道内预先划分的一群网格节点的液体相对速度.采用式(3-13)将计算平面内的速度映射回到 S_1 流面上,然后利用式(3-14)计算流场的压力分布,最后用式(3-15)~式(3-17)计算叶轮理论扬程和滑移系数.叶片表面液体相对速度分布为

$$\begin{cases} W_{si} = \sqrt{W_{Ri}^2 + W_{\Theta i}^2} + \dfrac{1}{2}\lambda_i \\ W_{pi} = \sqrt{W_{Ri}^2 + W_{\Theta i}^2} - \dfrac{1}{2}\lambda_i \end{cases} \tag{3-12}$$

采用下式将所有相对速度映射回到 $m-\theta$ 坐标内 S_1 流面内

$$\begin{cases} w_{ri} = \dfrac{R_i}{r_i}W_{Ri} \\ w_{ui} = \dfrac{R_i}{r_i}W_{\Theta i} \end{cases} \tag{3-13}$$

然后,利用旋转坐标系的 Bernoulli 方程计算液体静压力场,即

$$p_1 + \rho\left(\frac{w_1^2}{2} - \frac{u_1^2}{2}\right) = p_i + \rho\left(\frac{w_i^2}{2} - \frac{u_i^2}{2}\right) \tag{3-14}$$

式中:p_1,w_1 和 u_1 分别表示叶片入口处的压力、相对速度和叶片圆周速度,为已知值.

叶轮理论扬程为

$$H_{th} = \frac{1}{g}(\bar{v}_{u2}u_2 - v_{u1}u_1) \tag{2-15}$$

式中

$$\bar{v}_{u2} = u_2 - \frac{Z}{2\pi \bar{w}_{m2}} \int_0^{\frac{2\pi}{Z}} w_{u2} w_{m2} \, d\theta \tag{3-16}$$

其中 $\bar{w}_{m2} = \frac{Z}{2\pi}\int_0^{\frac{2\pi}{Z}} w_{m2} \, d\theta$.

滑移系数为

$$\sigma = \frac{Q_{th}}{u_2 b_2 (2\pi r_2 - Z t_{u2}) \tan \beta_{b2}} - \frac{Z}{2\pi u_2 \bar{w}_{m2}} \int_0^{\frac{2\pi}{Z}} w_{u2} w_{m2} \, d\theta \tag{3-17}$$

式中:t_{u2} 为叶片出口圆周厚度,$t_{u2} = t_2/\sin\beta_{b2}$,其中 t_2 为叶片出口处真实厚度,β_{b2} 为叶片出口角.

第七步,如果这些参数分布合理,设计就结束,否则,要调整点涡线密度或其他参数,重复上述过程,直到满意为止.

第八步,建立叶轮三维流道模型,采用 CFD 程序 Fluent 计算叶轮内部黏性流动,提取水力性能和内部流动参数,确认设计结果.如果结果还不满意,调整设计参数,返回到第二步,重新设计,直到满意为止.

3.3 正、反问题算法验证

3.3.1 正问题验证

为验证上述计算方法的正确性和可行性,对文献[13]中离心泵试验叶轮进行了分析和设计.泵的设计流量 $Q = 287$ m³/h,扬程 $H = 26$ m,转速 $n = 1\,750$ r/min,比转速 $n_s = 156$,叶轮圆周速度 $u_2 = 27.5$ m/s,流量系数 $\phi = Q/(2\pi r_2 b_2 u_2) = 0.154$,扬程系数 $\psi = gH/u_2^2 = 0.34$.叶轮出口直径 $D_2 = 300$ mm、进口直径 $D_1 = 150$ mm,有 4 个等宽度、等厚度叶片,其宽度 $b_1 = b_2 = 20$ mm,叶片型线是对数螺线,进口、出口角皆为 30°,叶片进、出口真实厚度 $t_1 = t_2 = 3$ mm.尽管比转速较高,但是为了试验方便,文献[13]仍旧采用了没有扭曲的圆柱形叶片.

图 3-3 表示点涡数量或微元段数量 N 对叶轮理论扬程系数 ψ_{th} 的影响.微元段数量确实对理论扬程系数有影响,但是当数量超过 60 以后,影响就很小了.这时,对应的微元段长度约为 2.5 mm.因此,在后面的计算中,微元段数量皆为 $N = 60$.

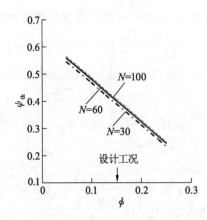

图 3-3　微元段长度与叶轮理论扬程系数的关系

图 3-4a 表示二维奇点法计算的叶轮理论扬程系数 ψ_{th} 随流量系数 ϕ 的变化曲线. 图中还画出了依据一维流动理论并分别采用 Stodola 和 Wiesner 滑移系数修正得到的叶轮理论扬程系数. 另外,图中还给出了文献[13]的叶轮理论扬程系数的试验值. 二维计算结果位于两个一维流动理论扬程系数之间. 图 3-4b 画出了二维和一维 Stodola, Wiesner 滑移系数. 同样,二维计算的滑移系数也是介于 Stodola 和 Wiesner 滑移系数之间. 这说明二维方法因计及了有限叶片数的影响而估算的叶轮理论扬程系数是可靠的.

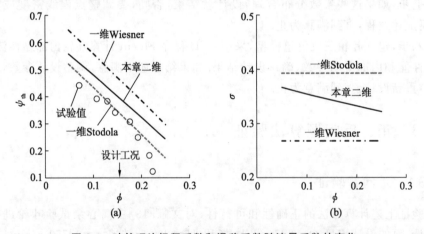

图 3-4　叶轮理论扬程系数和滑移系数随流量系数的变化

图 3-5a 和图 3-5b 分别表示叶片压力面(工作面)与吸力面(背面)相对速度和叶片表面流体动力负荷系数 $\Delta w/w$ 沿叶片长度的分布情况. 在叶片背面,二维奇点法计算的速度与试验值比较接近. 在叶片工作面,计算值远低于试验值,在 $r/r_2=0.55$ 附近,速度接近 0,工作面和背面速度差最大. 图 3-5b 的流体动力负荷系数也在该位置出现最大值,并且最大值已经接近 2. 文献[7]指出,当 $\Delta w/w=2$ 时,叶片工作面相对速度将出现回流. 因此,本章计算结果与之吻合.

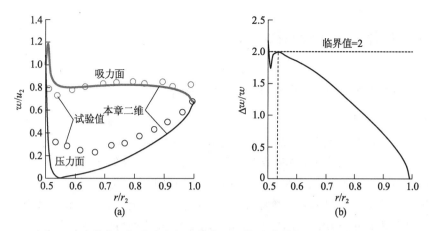

图 3-5 叶片表面相对速度与叶片表面流体动力负荷系数沿叶片的变化

在二维奇点法中,液体是无黏性的,叶片表面无边界层,也没有水力损失,叶片表面相对速度所围成的面积要比试验相对速度所围成的面积大.在水力性能上,表现为计算的叶轮理论扬程比试验值高(见图 3-4).二维奇点法夸大了前、后叶片表面压力差,夸大部分主要是由工作面相对速度降低过多引起的.实际上,叶片和前、后盖板表面的边界层会使叶片之间的距离减小,从而提高工作面相对速度.这可能是理论计算值与试验值不一致的原因.

3.3.2 反问题验证

为了检验本章提出的反问题算法的正确性,将正问题求解过程中得到的叶片骨线上的涡线密度曲线(见图 3-6a)作为已知函数输入本章反问题奇点法程序,得到图 3-6b 所示经过 70 次迭代的叶片骨线形状.反问题设计的叶片与原叶片的包角相对误差为 9.9437×10^{-4},略小于指定的收敛误差 1×10^{-3}.这说明本章提出的设计离心泵叶轮叶片反问题奇点法是正确的,计算过程是可行的.

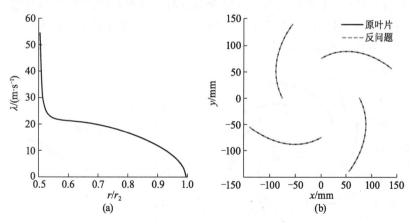

图 3-6 已知的涡线密度和计算的叶片骨线形状与原叶片骨线形状的对比

3.4 叶片反问题设计应用

3.4.1 原叶轮叶片存在的问题和改型设计

为验证本章方法的正确性和有效性,对 3.3 节中的离心泵原试验叶轮进行了反问题设计.根据图 3-5b,在设计工况下,原叶轮叶片表面相对速度分布不合理,即最大负荷系数位置离叶片进口边太近,同时最大值又超过了设计临界值 2.该叶轮小流量工况的水力性能和空化(汽蚀)性能存在很大疑问,有必要改进叶片设计.

这里主要采取 2 个措施:① 增加叶片数,降低叶片负荷系数;② 将最大涡线密度位置尽量向叶片出口边移动.为此,叶片数由 4 增加到 5.调整后的涡线密度分布与原叶轮的对比由图 3-7 所示.最大涡线密度位置已经移到了叶片中部 $r/r_2=0.78$ 左右,最大涡线密度已经下降到 17 m/s.

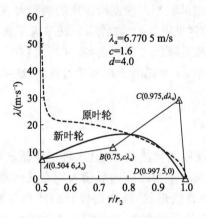

图 3-7 涡线密度修改前后的对比

图 3-8 给出了新设计的叶片骨线和叶片角度与原叶片的对比情况.叶片进口角由原来的 30°下降为 29°,冲角由原来的 9°下降到 2°,出口角由原来的 30°下降到 22.9°.新叶片角度沿叶片骨线不再是常数.

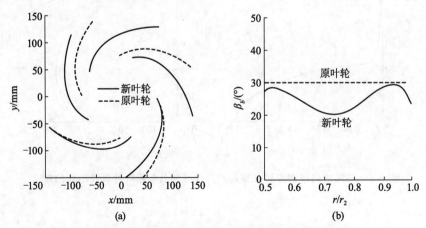

图 3-8 原叶轮和新叶轮叶片骨线和叶片角度对比

新叶轮与原叶轮计算的性能曲线对比由图 3-9a 所示. 在设计工况, 新叶轮的理论扬程比原来提高约 1 m, 但是新叶轮扬程曲线的下降比较陡. 图 3-9b 表示叶片负荷系数沿骨线的分布情况. 与原叶轮比较, 很明显, 最大负荷系数已经移到叶片中部 r/r_2－0.75 处. 最大负荷系数只有 1.15, 明显低于临界值 2. 相应地, 叶片表明速度分布也比较理想, 见图 3-9c. 叶片压力面的低速区明显移到了叶片中部, 并且最低速度远大于零值, 所以在小流量工况下新叶轮水力性能会优于原叶轮(见图 3-9a).

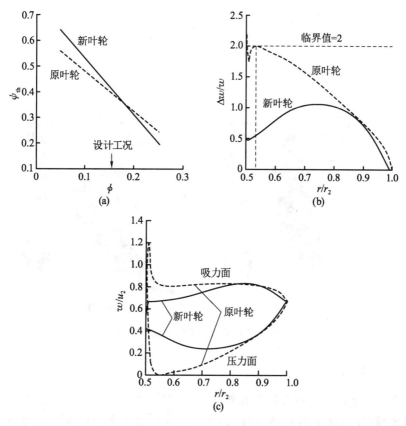

图 3-9 原叶轮和新叶轮的理论扬程系数、叶片表面负荷系数分布和相对速度分布

值得注意的是, 在叶片背面的前半部分 65% 叶片长度范围内 ($0.5 \leqslant r/r_2 \leqslant 0.82$), 液体相对速度是逐渐升高的, 即液体处于加速运动状态. 这有助于抑制叶片背面边界层厚度的增加, 对降低水力损失会起到积极作用.

上述结果表明, 运用二维反问题奇点法, 通过一个给定的涡线密度分布可以有效地控制叶片形状, 并使之具有较好的水力性能.

图 3-10 表示设计工况下二维奇点法得到的叶片流道内流体相对速度矢量和压力分布曲线. 其中参考压力为叶轮入口处的 10 mH$_2$O 的相对滞止压力. 在原叶轮入口处, 液体相对速度较高, 叶片工作面出现回流. 这些现象在新叶轮中不存在. 另外, 原叶轮进口叶片背面压力明显比新叶轮的低. 因此, 新叶轮水力性能在设计工况一定好于原叶轮.

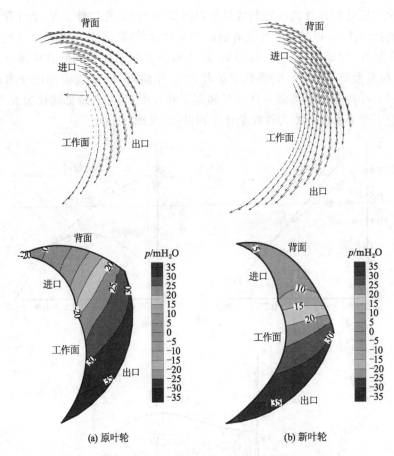

图 3-10 原叶轮和新叶轮相对速度矢量和流体静压力对比

3.4.2 CFD 验证

为了进一步确认反问题设计的有效性,分别建立了原叶轮 1/4 和新叶轮 1/5 流道的三维实体模型(见图 3-11),然后将它们输入 CFD 程序 Fluent 6.3 进行黏性流动分析.划分的四面体网格数约 70 万.假设叶轮内部流动是三维定常的,流动是不可压的紊流流动.计算中,采用了标准 k-ε 紊流模型,同时选取非平衡的壁面函数,以便准确地计算壁面对流体作用的剪切力.由 CFD 结果提取性能参数方法见文献[14,15].

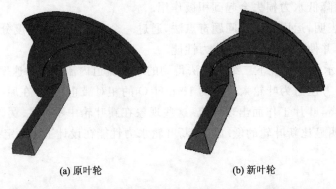

图 3-11 三维黏性流动模拟中使用的原叶轮和新叶轮的流体域

设计工况下 CFD 计算的叶轮理论扬程和水力效率由图 3-12 所示. 在流量系数 0.025～0.160 范围内,新设计的叶轮水力性能有较大提高. 在 $\phi=0.154$ 设计工况下,水力效率提高 5%. 在 $\phi=0.1$ 小流量工况水力效率提高 9%. 说明奇点法设计叶片有一定效果.

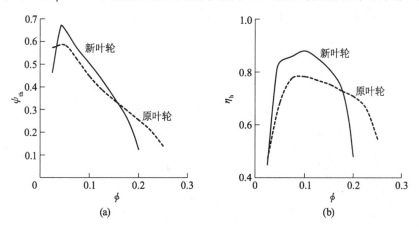

图 3-12 CFD 黏性流体模型计算的原叶轮和新叶轮的理论扬程系数和水力效率

设计工况下叶片宽度中央平面上的黏性流体相对速度矢量和压力分布由图 3-13 所示. 参考压力与图 3-10 相同. 在原叶轮中,尽管叶片工作面没有明显的流动分离,但是工作面附近较大范围内流体相对速度还是较低的. 同时,叶片进口边背面有很大的低压区,最低压力为 $-16.4 \text{ mH}_2\text{O}$. 而新叶轮的最低压力仅为 $-5.46 \text{ mH}_2\text{O}$. 新叶轮工作面附近流体相对速度较高. 图 3-10 与图 3-13 给出的结果是吻合的.

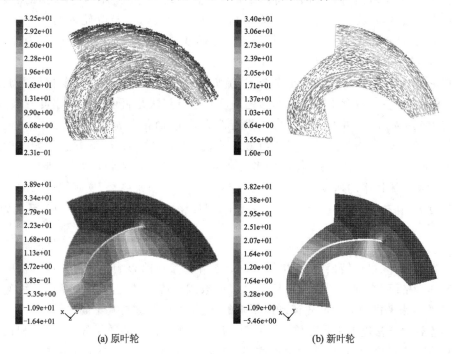

(a) 原叶轮　　　　　　　　　　　(b) 新叶轮

图 3-13 CFD 黏性流体模型计算的原叶轮和新叶轮相对速度矢量和压力等值线

图 3-14 表示设计工况下叶片宽度中央平面上叶片表面黏性流体压力分布和流体负荷

系数分布.这里负荷系数等于叶片工作面与背面压力之差 Δp 除以各个过流断面的平均相对速度的平方 $\overline{w}^2$ 再乘以重力加速度 g,即 $g\Delta p/\overline{w}^2$,这个定义等价于 $\Delta w/w$.原叶轮的压力差,特别是在叶片进口附近明显比新叶轮的大.原叶轮的压力差在80%叶片长度范围内几乎不变,而新叶轮的压力差从进口开始是逐渐增加的,直到65%叶片长度以后才逐步降低.

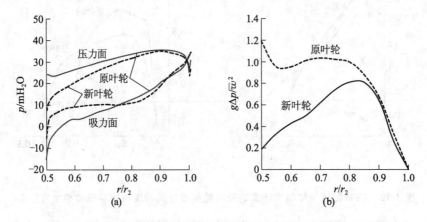

图 3-14　CFD 黏性流体模型计算的原叶轮和新叶轮叶片表面压力分布和叶片表面流体动力负荷系数分布

叶片表面流体动力负荷系数 $g\Delta p/\overline{w}^2$ 与 $\Delta w/w$ 反映了同样的变化规律,但与图 3-9b 相比,黏性流体的负荷系数比理想流体低得多,这是由流体黏性引起的水力损失造成的.

应当指出:本章提出的反问题奇点法是建立在二维有势流动模型基础上的.虽然它可以算出回流区,但无法直接考虑流体的黏性效应,也无法分析叶轮内的二次流状况.好在目前 CFD 程序都能考虑这些因素,能够检查出水力设计中存在的缺陷.因此,可以根据 CFD 结果对反问题奇点法的设计过程进行反馈.

理论上,本章方法可以推广至多个 S_1 流面的叶片设计. S_1 流面需要根据通流理论确定,详见文献[9]. 本章主要关心的问题是反问题奇点法是否可以设计出叶片及效果.为了突出该主要矛盾,并与原试验叶轮进行性能对比,简化了编程,仅对一个 S_1 流面上的叶片进行了设计,得到的叶片是二维圆柱形的. 从本章结果看,该方法是能够设计出叶片的,是可行而有效的,将来将集中考虑在多个 S_1 流面上设计叶片的情形.

通过给定流体平均速度矩 $(V_u r)$ 来设计离心泵叶片由来已久,文献[16-23]是对此方法的发展. 在与 S_1 流面相交的叶片骨线上,涡线密度 λ 和速度矩 $V_u r$ 的关系式为[24]

$$\lambda = w_s - w_p = \frac{2\pi}{Z} \frac{\partial V_u r}{\partial l} \tag{3-18}$$

因此,给定的 $V_u r$ 可以转换成 λ.本章中, $V_u r$ 对叶轮流动的影响是通过 λ 以解析的诱导速度来体现的.而文献[16-21]则是通过流函数或与势函数的迭加或准正交线速度梯度方程[22,23]来考虑 $V_u r$ 对叶轮流动的影响的,这是本章方法与其不同之处.

尽管这些方法能够进行三维叶片设计,但其中涉及较多的数学知识,对工程设计人员应用有一定难度. 作者也曾尝试过这些方法,但是一直没能取得满意的结果.因此,本章试图寻找一种更适合工程设计人员应用的反问题方法[25].

不过,随着数值优化算法的发展,离心泵叶轮设计逐渐采用各种优化方法,以提高设计水平.另外,除优化算法外,离心泵叶轮水力设计优化还需要 CFD 技术和叶片参数描述方法.CFD 主要用于获得叶轮或泵内部流动紊流流动数值解和性能参数,从而可以计算目标函数值;而叶片参数描述方法则是根据若干个几何变量确定叶片形状的数学方法,如目前常用的非均匀有理基底样条(non-uniform rational basis spline,NURBS)方法.优化算法会根据目标函数值的相关信息变更若干个几何变量,更改叶片形状.由此反复,直到目标函数不再下降为止,使叶片形状达到最优化.

文献[26]的伴随法(adjoint method)和文献[27]的伴随法与遗传优化法的结合是理论性比较强的例子.文献[28-38]则是单纯依靠现成的优化软件或方法及 CFD 求解器优化叶轮设计的例子,这种方法直观、实用,将来有望逐渐在离心泵叶片设计中发挥不可替代的作用.目前,比利时 Numeca 公司的 FINE/Turbo、美国 ANSYS 公司的 Workbench 平台都有优化模块,能够做到和 CFD 模块无缝链接.但对于多目标或多水平优化问题,需要设计者对多优化解进行回归拟合或统计方差分析或数据挖掘,最终确定折中的全局优化方案.

参考文献

[1] Betz A, Flugge-Lotz I. Design of Centrifugal Impeller Blades. NACA TM-902, 1939:1-27.

[2] Johnsen I A, Ritter W K, Anderson R. Performance of a Radial-Inlet Impeller Designed on the Basis of Two-Dimensional-Flow Theory for an Infinite Number of Blades. NACA TN-1214, 1947:1-19.

[3] Bencze F. Direct and Inverse Method of Calculating Rotating Cascades with an Infinite Number of Blades and Radial Flow. Periodica Polytechnica Mechanical Engineering, 1966, 10(4):385-396.

[4] Fuzy O. Blading Design for Narrow Radial Flow Impeller or Guide Wheel by Using Singularity Carrier Auxiliary Curves. Periodica Polytechnica Mechanical Engineering, 1967, 11(1):1-13.

[5] Pallard D. The Extension of Schlichting's Analysis to Mixed Flow Cascades. Proceedings of IMechE—Conference Proceedings, 1965, 180(10):86-95.

[6] Fuzy O. Design of Mixed Flow Impeller. Periodica Polytechnica Mechanical Engineering, 1962, 6(4):299-317.

[7] 钱涵欣,林汝长,张海平. 混流泵叶轮奇点法水力设计. 工程热物理学报,1993,14(3):277-280.

[8] Kashiwabaray Y. Theory on Blades of Axial, Mixed and Radial Turbomachines by Inverse Method. Bulletin of JSME, 1973, 16(92):272-281.

[9] Murata S, Miyake Y, Bandoh K, et al. A Solution to Inverse Problem of Quasi-Three-Dimensional Flow in Centrifugal Impeller. Bulletin of JSME,

1983, 26(211):35-42.

[10] Senoo Y, Nakase Y. A Blade Theory of an Impeller with an Arbitrary Surface of Revolution. ASME Journal of Engineering for Power, 1971, 93(4): 454-460.

[11] Rogers D F. An Introduction to NURBS. San Francisco: Morgan Kaufmann Publisher, 2001:18-24.

[12] Balje O E. Loss and Flow Path Studies on Centrifugal Compressors—Part I. ASME Journal of Engineering for Power, 1970, 92(2):275-286.

[13] Kamimoto G, Hirai K. On the Flow in the Impeller of Centrifugal Type Hydraulic Machinery (1st report). Transaction of JSME, 1954,19(85):37-43.

[14] 李文广. 离心泵输送黏油的水力性能计算. 排灌机械,2008,26(4):1-8.

[15] 李文广. 大出口角离心泵输送黏油性能计算. 排灌机械,2009,27(5):291-296.

[16] Borges J E. A Proposed Through-Flow Inverse Method for the Design of Mixed-Flow Pumps. International Journal for Numerical Methods in Fluids, 1993, 17(12):1097-1114.

[17] Ghaly W S. A Design Method for Turbomachinery Blading in Three-Dimensional Flow. International Journal for Numerical Methods in Fluids,1990, 10(2): 179-197.

[18] Zangeneh M. A Compressible Three-Dimensional Design Method for Radial and Mixed Flow Turbomachinery Blades. International Journal for Numerical Methods in Fluids, 1991, 13(5): 599-624.

[19] 李文广. 采用贴体坐标计算离心泵内部流动. 水泵技术,1998(6):14-18.

[20] Asuaje M, Bakir F, Kouidi S, et al. Inverse Design Method for Centrifugal Impellers and Comparison with Numerical Simulation Tools. International Journal of Computational Fluid Dynamics, 2004, 18(2):101-110.

[21] Kruyt N P, Westra R W. On the Inverse Problem of Blade Design for Centrifugal Pumps and Fans. Inverse Problems, 2014, 30(6):1-22.

[22] Spring H. Affordable Quasi Three-Dimensional Inverse Design Method for Pump Impellers. Proceedings of the 9th International Pump Users Symposium,1992:97-110.

[23] Tan L, Cao S, Wang Y, et al. Direct and Inverse Iterative Design Method for Centrifugal Pump Impellers. Proceedings of IMechE, Part A: Journal of Power and Energy, 2012, 226(6):764-775.

[24] Schilhansl M. Three-Dimensional Theory of Incompressible and Inviscid Flow Through Mixed Flow Turbomachines. ASME Journal of Engineering for Power, 1965, 87(4):361-373.

[25] Li W G. Inverse Design of Impeller Blade of Centrifugal Pump with Singularity Method. Jordan Journal of Mechanical and Industrial Engineering, 2011, 5(2):119-128.

[26] Derakhshan S, Mohammadi B, Nourbakhsh A. Incomplete Sensitivities for 3D Radial Turbomachinery Blade Optimization. Computers & Fluids, 2008, 37(10):1354-1363.

[27] Derakhshan S, Mohammadi B, Nourbakhsh A. The Comparison of Incomplete Sensitivities and Genetic Algorithms Applications in 3D Radial Turbomachinery Blade Optimization. Computers & Fluids, 2010, 39(10):2022-2029.

[28] Safikhani H, Nourbakhsh A, Khalkhali A, et al. Modeling and Multi-Objective Optimization of Centrifugal Pumps Using CFD and Neural Networks. Proceedings of the 2nd International Conference on Engineering Optimization, 2010:1-10.

[29] Papierski A, Blaszczyk A. Multilevel Optimization of the Semi-Open Impeller in a Centrifugal Pump. Mechanics and Mechanical Engineering, 2011, 15(3):319-332.

[30] Derakhshan S, Pourmahdavi M, Abdolahnejad E, et al. Numerical Shape Optimization of a Centrifugal Pump Impeller Using Artificial Bee Colony Algorithm. Computers & Fluids, 2013, 81:145-151.

[31] Zhang Y, Hu S B, Wu J L, et al. Multi-Objective Optimization of Double Suction Centrifugal Pump Using Kriging Metamodels. Advances in Engineering Software, 2014, 74:16-26.

[32] 张人会,樊家成,杨军虎,等.基于自由曲面变形方法的离心泵叶片载荷优化.农业机械学报,2015,46(10):38-43.

[33] 赵伟国,盛建萍,杨军虎,等.基于CFD的离心泵优化设计与试验.农业工程学报,2015,31(21):125-131.

[34] Pei J, Wang W J, Yuan S Q. Multi-Point Optimization on Meridional Shape of a Centrifugal Pump Impeller for Performance Improvement. Journal of Mechanical Science and Technology, 2016, 30(11):4949-4960.

[35] Zhang R H, Guo R, Yang J H, et al. Inverse Method of Centrifugal Pump Impeller Based on Proper Orthogonal Decomposition (POD) Method. Chinese Journal of Mechanical Engineering, 2017, 30(4):1025-1031.

[36] Benturki M, Dizene R, Ghenaiet A. Multi-Objective Optimization of Two-Stage Centrifugal Pump Using NSGA-II Algorithm. Journal of Applied Fluid Mechanics, 2018, 11(4):929-942.

[37] Wang X F, Lu Y M. Optimization of the Cross Section Area on the Meridian Surface of the 1 400-MW Canned Nuclear Coolant Pump Based on a New Medial Axial Transform Design Method. Annals of Nuclear Energy, 2018, 115:466-479.

[38] Liu X W, Li H C, Shi X, et al. Application of Biharmonic Equation in Impeller Profile Optimization Design of an Aero-Centrifugal Pump. Engineering Computations, 2019, 36(5):1764-1795.

第4章 组合离心叶轮最优叶片数

4.1 离心泵叶轮最优叶片数

叶片数是离心泵叶轮叶片的数量,它和叶片进、出口角及叶片进、出口直径等共同决定离心泵叶轮的叶栅稠度.对于离心泵叶轮,叶栅稠度 σ 可近似表示为

$$\sigma \approx \frac{(D_2-D_1)/(2\sin\beta_b)}{\pi(D_2+D_1)/(2Z)-t/\sin\beta_b} \tag{4-1}$$

式中:D_1 和 D_2 分别为叶片进、出口直径;β_b 为叶片安放角,$\beta_b \approx (\beta_{b1}+\beta_{b2})/2$,其中 β_{b1} 和 β_{b2} 分别为叶片进、出口角;Z 为叶片数;t 为叶片真实厚度.对于组合叶轮,可以把叶轮按照叶片长度分割成几个等长度的串联叶轮,然后分别按式(4-1)计算这些串联叶轮的叶栅稠度.在叶片其他几何参数固定的条件下,改变叶片数实际上是调整叶栅稠度.叶轮叶栅稠度影响叶轮的水力性能和空化性能.在满足泵水力和空化设计参数条件下,使泵效率最高的叶栅稠度为最优叶栅稠度,对应的叶片数为最优叶片数.最优叶片数主要与比转速和叶片出口角有关,这是从水力学角度确定的最优叶片数.此外,还要考虑叶轮尺寸、制造工艺、叶轮应力、被输送液体腐蚀性和固体含量等因素.本章讨论的最优叶片数主要是从水力学角度考虑的.

过去,对于单纯长叶片组成的常规或普通离心泵叶轮,泵学者提出过一些计算最优叶片数的经验公式.如文献[1]最早提出的叶片数经验公式:

$$Z=6.5\left(\frac{D_2+D_1}{D_2-D_1}\right)\sin\beta_b \tag{4-2}$$

以及文献[2]提出的出口角1/3规则,即最优叶片数是出口角的1/3,$Z=\beta_{b2}/3$.需要指出,如果忽略式(4-1)中的叶片厚度,并取叶栅稠度 $\sigma=2.07$,就可得到式(4-2).因此,Pfleiderer经验公式(4-2)计算的最优叶片数实际是叶栅稠度等于2条件下的值.

文献[3]提出最优叶片数与出口角有关,最优叶片数的选择取决于泵用户要求的设计(最优)工况到关死工况的扬程升高百分比,即 $H_0/H_{BEP}-1$,H_0 为关死工况扬程,H_{BEP} 为设计(最优)工况扬程.扬程升高百分比越低,表示泵扬程曲线负斜率(绝对值)越小,即扬程随流量升高而下降的速率越慢,泵运行工况点的稳定性越差.如果升高比过低,可能会导致泵扬程曲线出现正斜率,即出现驼峰,导致泵运行工况不稳定.反之,扬程升高百分比越高,表示泵扬程随流量下降速率越快,泵运行工况点的稳定性越好.图4-1表示文献[3]提出的根据比转速和扬程升高百分比选择最优叶片数和叶片出口角的曲线.如果把曲线旁边标注的最优叶片数和出口角画在一起,并进行回归分析,可得到下面自然对数表示的经验公式:

$$\beta_{b2}=11.5545\ln Z+4.2463 \tag{4-3}$$

目前,对普通离心泵叶轮叶片数进行了较多的试验研究.特别是文献[4]于1933年发表的不同叶片数条件下离心压缩机叶轮的性能和叶片表面压力及叶轮出口速度分布

试验研究,以及文献[5]于1935年发表的不同叶片数条件下离心增压器直叶片叶轮内部流动、涡流损失及摩擦水力损失的理论分析,对离心泵叶轮叶片数的研究起到了很好的借鉴作用.

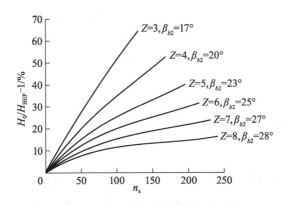

**图 4-1　不同叶片数 Z 和出口角 β_{b2} 条件下,设计(最优)工况到
关死工况扬程升高百分比 $H_0/H_{BEP}-1$[3]**

较早关于叶片数对蜗壳式离心泵性能的影响的研究发表于1936年的文献[6].泵比转速为93,其中叶片出口角为27°,叶片出口宽度为18 mm,叶轮进、出口直径分别为140 mm 和300 mm,泵转速分别为700,750,800 和850 r/min.试验时,叶片出口角保持不变,叶片数分别为4,6,8,10 和12.试验表明,叶片数少于6时,扬程较低.对于铸造叶轮,8~10枚叶片较优.对于组合叶轮,12枚叶片较优.

文献[7]测量了试验用离心泵安装不同叶片数叶轮的扬程和叶片表面压力分布,叶片为出口角为30°的等角对数螺线,叶片数范围是4~12.试验表明,最优叶片数为6.文献[8]对比转速为33的双吸离心泵的水力性能进行了试验.叶片数的变化范围是3~12,确定的最优叶片数为5.文献[9]对比转速为56的单级、单吸离心泵的水力性能进行了理论和试验研究,叶片为等角对数螺旋线.理论研究时,利用Stodola液体速度滑移公式考虑叶轮进、出口处液体速度滑移造成的扬程减低和叶轮流道摩擦水力损失,然后将两者之和分别对叶片数和出口角求导数,得到最优叶片数和出口角,它们的最优值分别为7和27.3°.试验表明,当出口角为30°、叶片数为7时,泵水力性能最佳.

文献[10]对出口角为73°、叶片数分别为3,4,6和8的4个半开式叶轮输送水和黏油的性能进行了试验研究,并利用丝线观察叶轮内部流态.输送水时,6枚叶片的叶轮水力性能较优;但输送黏油时,叶片数为4,泵水力性能较优.因出口角过大,故叶片工作面始终存在旋涡区,但是随着叶片数的增多,旋涡区范围逐渐缩小.液体黏度增高以后,旋涡区范围也缩小.文献[11-13]选择65Y60型离心油泵为研究对象,在不同液体黏度下,研究了叶片数对该泵水力性能的影响.当液体黏度<200 cSt 时,5枚叶片是最优的;反之,3枚叶片最优.文献[14]研究了叶片数对比转速为161、出口角为15°的深井离心泵水力性能的影响,发现最优叶片数为7.

近年,多采用CFD方法研究叶片数对普通离心泵叶轮水力性能和内部流动[15-17]及空化性能的影响[18,19].特别是对比转速为93、出口角 $\beta_{b2}=33°$ 的常规离心泵叶轮,当叶片数较少($Z=4,5$)时,空化性能较好;当叶片数较多($Z=7$)时,泵效率最高[18].

根据第 2 章,低比转速离心泵由于工作流量小,其离心叶轮内部很容易产生回流和脱流.研究表明,具有长、中、短分流叶片的组合叶轮可有效减小扩散损失,提高叶轮水力效率[14,20-24].然而,关于组合叶轮最优叶片数方面的理论和试验研究比较少[25].

本章首先介绍 2 种确定离心泵叶片数的理论计算方法;然后据此设计 3 个具有不同长叶片数的常规闭式叶轮,同时设计 2 个具有不同短叶片数的组合叶轮.通过性能试验结果对比,揭示叶片数对常规和组合叶轮水力性能的影响情况,并验证叶片数理论计算方法.

4.2 组合叶轮叶片数设计理论

4.2.1 组合叶轮设计原理

已有研究表明,离心泵的圆盘摩擦损失与叶轮外径的 5 次方成正比,因此对于轴面流道狭长的低比转速离心泵而言,过大的圆盘摩擦损失是低比转速离心泵效率低下的一个重要原因,故减小叶轮出口直径是提高低比转速离心泵效率最直接的方法.在转速不变的条件下,减小叶轮直径 D_2 后,为了达到规定的扬程,就需要选用较大的出口角 β_{b2} 和足够的叶片数 Z.但是叶片数较多会导致叶轮进口处排挤严重,从而导致离心泵叶轮水力性能的恶化;而过大的出口角 β_{b2},会导致流道扩散严重,容易引起叶轮流道产生脱流,这正是低比转速离心泵小流量不稳定性的主要原因.在长叶片之间增加短叶片,使得靠近长叶片出口处叶片吸力面附近的液流受到短叶片做功作用,能有效抑制边界层的分离和脱流的产生,从而降低水力损失,提高水力效率.同时叶轮出口总叶片数增加后,就可以采用较大的叶片出口角,即组合叶轮呈现有较高的扬程系数.对此,第 2 章中有详细的阐述,不再赘述.本章试图提出组合离心叶轮的最优叶片数的确定方法.

4.2.2 叶片数确定原则

1. 最少叶片数原则

文献[25]提出根据叶轮流道内无回流的相对速度分布来确定组合叶轮的总叶片数,即以叶轮内部不出现负的相对速度为原则来确定叶轮叶片数.首先,考虑与叶轮同步旋转的相对坐标系下的叶轮轴垂面内流道的理想流体流动,其微团受到科氏力、流线弯曲引起的离心力和叶轮旋转引起的离心力及静压力的作用,这 4 个力在流线的法向存在力的平衡方程.根据该方程和沿流线的流体相对运动方程,可得到法向速度梯度方程[25,26];然后假设流线曲率半径为常数,叶片吸力面(背面)和压力面(工作面)之间流体相对速度为线性分布,积分出速度梯度方程,得到吸力面和压力面相对速度计算公式[25]:

$$\begin{cases} w_p = \dfrac{2w_2 - 2\omega R_c(1-e^{-a/R_c})}{1+e^{-a/R_c}} \\ w_s = \dfrac{2w_2 e^{-a/R_c} + 2\omega R_c(1-e^{-a/R_c})}{1+e^{-a/R_c}} \end{cases} \tag{4-4}$$

式中:w_s,w_p 分别为叶片吸力面和压力面的流体速度;a 为叶片吸力面到压力面的法向距离,$a \approx \pi D_2 \sin\beta_{b2}/Z - t_2$,其中 D_2 为叶轮直径,β_{b2} 为叶片出口角,t_2 为叶片出口真实厚度；R_c 为叶轮轴垂面内叶片出口附近中间流线曲率半径，近似等于叶片骨线曲率半径；w_2 为叶轮出口处无滑移时的流体相对速度，$w_2 = v_{m2}/\sin\beta_{b2}$，其中 v_{m2} 为叶轮出口轴面速度；ω 为叶轮旋转角速度，$\omega = \pi n/30$，其中 n 为叶轮设计转速.

根据式(4-4)，始终有 $w_s > w_p$，所以确定叶片数时只要避免压力面相对速度出现回流即可，即满足 $w_p > 0$，于是有

$$\frac{2w_2 - 2\omega R_c(1-e^{-a/R_c})}{1+e^{-a/R_c}} > 0 \tag{4-5}$$

将 a 的近似计算公式代入式(4-5)，从中解出叶片数，可得到组合叶轮出口处的叶片数 Z 应该满足的约束条件[25]：

$$Z > \frac{\pi D_2 \sin\beta_{b2}}{R_c \ln\dfrac{\omega R_c}{\omega R_c - w_2} + t_2} \tag{4-6}$$

实践证明，对低比转速离心泵，按照式(4-6)计算的叶片数较多，给叶轮的加工制造带来了困难，因此必须对式(4-6)进行修订，即

$$Z > \frac{k\pi D_2 \sin\beta_{b2}}{R_c \ln\dfrac{\omega R_c}{\omega R_c - w_2} + t_2} \tag{4-7}$$

式中：k 为修正系数. 根据多年的设计经验，文献[27]提出修正系数 $k \approx 0.2$，但在本章中取 $k = 0.4$，否则计算的叶片数过少. 因此组合离心叶轮总的叶片数应为

$$Z > \frac{0.4\pi D_2 \sin\beta_{b2}}{R_c \ln\dfrac{\omega R_c}{\omega R_c - w_2} + t_2} \tag{4-8}$$

该式是确定组合离心叶轮叶片数应遵循的设计原则. 值得指出的是，由式(4-8)计算得到的叶片数实际上是最少叶片数.

对低比转速离心泵而言，为避免小流量工况下扬程曲线出现驼峰，选取的叶片数也不能太多，故实际设计中的叶片数要比计算所得的叶片数少，这时组合叶轮内部不可避免地仍会存在回流.

2. 基于 Euler 方程确定叶片数

在设计工况下，忽略叶轮吸入口处流体的预旋，即 $v_{u1} = 0$，则离心泵叶轮 Euler 方程为

$$H = \frac{\eta_h u_2^2}{g}\left(\sigma - \frac{v_{m2}}{u_2 \tan\beta_{b2}}\right) \tag{4-9}$$

式中：σ 为 Stodola 滑移系数；g 为重力加速度，m/s^2；η_h 为泵水力效率；u_2 为叶轮圆周速度，其表达式为

$$\begin{cases} \sigma = 1 - \dfrac{\pi}{Z}\sin\beta_{b2} \\ \eta_h = 1 + 0.083\,5\lg\sqrt[3]{\dfrac{Q}{n}} \\ u_2 = \dfrac{\pi D_2 n}{60} \\ v_{m2} = \dfrac{Q}{\eta_v \pi D_2 b_2 B_{f2}} \end{cases} \tag{4-10}$$

式中：b_2 为叶片出口宽度；η_v 为泵容积效率；B_{f2} 为叶片出口排挤系数，其表达式为

$$\begin{cases} \eta_v = \dfrac{1}{1+0.68 n_s^{-2/3}} \\ B_{f2} = 1 - \dfrac{Zt_2}{\pi D_2 \sin\beta_{b2}} \end{cases} \tag{4-11}$$

式中：n_s 为泵的比转速，$n_s = 3.65 n \sqrt{Q}/H^{3/4}$. 把式(4-10)中的滑移系数表达式代入式(4-9)，然后整理出叶片数计算式：

$$Z = \dfrac{\pi \sin\beta_{b2}}{1 - \dfrac{v_{m2}}{u_2 \tan\beta_{b2}} - \dfrac{gH}{\eta_h u_2^2}} \tag{4-12}$$

很明显，由式(4-12)可以迭代计算出满足离心泵叶轮 Euler 方程所需的叶片数.

组合离心叶轮叶片数计算式(4-12)是根据离心泵叶轮 Euler 方程推导出的，计算出的叶片数只与叶轮出口几何参数及设计参数有关，是满足设计扬程所需的最少叶片数，或者说是最少的长叶片数. 式(4-8)计算的叶片数与式(4-12)计算的叶片数之差应为配置的短叶片数.

若计算出的叶片数 Z 过多，则可能导致叶轮进口排挤严重，因此可采用长、中、短叶片组合形式的组合叶轮，只要出口处的叶片数满足式(4-12)即可. 但无论采用何种叶片布置方式，设计的叶片数应为计算后向上取整后的整数值，以保证水力设计参数的要求.

4.2.3 低比转速离心泵与叶轮设计

某一比转速为 45 的低比转速离心泵的水力设计参数为：流量 $Q = 6 \text{ m}^3/\text{h}$，扬程 $H = 8 \text{ m}$，转速 $n = 1\,450 \text{ r/min}$. 叶片型线为二维双圆弧圆柱形叶片，蜗壳尺寸变化规律为阿基米德螺旋线形式，原始叶轮为 5 枚长叶片的闭式叶轮. 叶轮与泵蜗壳的主要几何尺寸见表 4-1. 泵、蜗壳及叶轮轴面视图如图 4-2 所示.

表 4-1 离心泵叶轮和蜗壳主要几何参数

名称	尺寸
泵入口直径 D_s/mm	50
泵出口直径 D_d/mm	40
叶片进口角 β_{b1}/(°)	25
叶片出口角 β_{b2}/(°)	25
叶轮内径 D_1/mm	39.4
叶轮外径 D_2/mm	160
叶轮进口宽度 b_1/mm	20
叶轮出口宽度 b_2/mm	10
蜗壳基圆直径 D_3/mm	165
蜗壳进口宽度 b_3/mm	15
喉部直径 d_{th}/mm	15
叶片实际厚度 t/mm	3

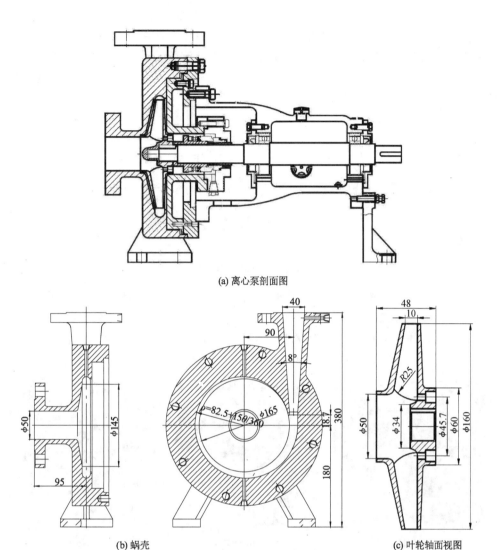

(a) 离心泵剖面图

(b) 蜗壳

(c) 叶轮轴面视图

图 4-2　低比转速离心泵水力结构图

4,5 和 6 枚长叶片的 3 个闭式叶轮平面视图如图 4-3 所示. 其中,图 4-3a 和图 4-3c 中叶片数是在图 4-3b 中 5 枚长叶片的基础上分别减少和增加 1 枚长叶片,并且叶片均匀分布,每个叶轮平衡孔的个数与叶片数一一对应. 3 个叶轮除了叶片数和平衡孔不同外,其他均一致.

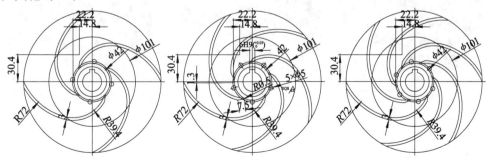

图 4-3　常规闭式叶轮平面视图

图 4-4a 是 4 枚长叶片的闭式叶轮平面图,图 4-4b 和图 4-4c 是在图 4-4a 的基础上分别添加 4 枚短分流叶片和 8 枚短分流叶片.其中分流叶片的进口直径均为 $0.625D_2$,并且无偏置均匀布置,安放角等于长叶片相同半径处的安放角.分流叶片进口前缘为半径 1.5 mm 的圆弧形.

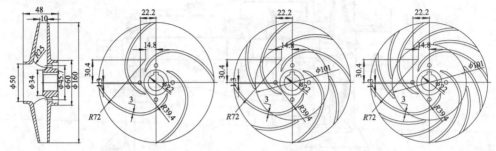

图 4-4 组合叶轮平面视图

图 4-5 是 4 枚、5 枚和 6 枚长叶片的常规闭式叶轮三维视图,图 4-6 是不同分流叶片数的组合叶轮三维视图.为便于显示内部结构,前盖板仅显示一半.图 4-7 是 4 枚、5 枚和 6 枚长叶片的常规闭式叶轮实物照片,图 4-8 是不同分流叶片数的组合叶轮实物照片.

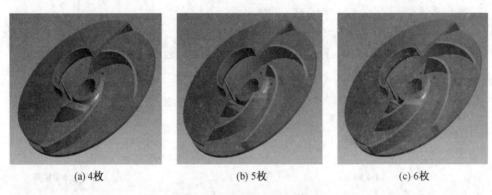

(a) 4枚　　　　　　　　　(b) 5枚　　　　　　　　　(c) 6枚

图 4-5 常规闭式叶轮三维视图

(a) 4长叶片　　　　　　(b) 4长叶片+4短叶片　　　　　　(c) 4长叶片+8短叶片

图 4-6 组合叶轮三维视图

(a) 4枚　　　　　　　　(b) 5枚　　　　　　　　(c) 6枚

图 4-7　常规闭式叶轮实物照片

(a) 4长叶片　　　　(b) 4长叶片+4短叶片　　　　(c) 4长叶片+8短叶片

图 4-8　组合叶轮实物照片

根据上述水力设计参数和叶轮几何设计参数,由式(4-8)和式(4-11)计算的叶片数见表 4-2.由表可知,长叶片数应为 4,长、短叶片数之和为 8,故短叶片数至少为 8－4＝4,于是叶片数 4(长)＋4(短)应为最佳组合.

表 4-2　叶片数设计最佳组合

	已知量					式(4-8)			式(4-11)		
R_c/mm	η_v	η_h	u_2/(m·s^{-1})	v_{m2}/(m·s^{-1})	w_2/(m·s^{-1})	B_{f2}	Z	Z(圆整)	B_{f2}	Z	Z(圆整)
72	0.95	0.89	12.15	0.49	1.15	0.72	7.71	8	0.95	3.95	4

4.3　叶片数设计理论验证

1. 长叶片数对泵水力性能的影响

图 4-9 是离心泵装配 3 个常规闭式叶轮时的外特性试验结果.图 4-9a 中,在关死点工况,4,5 和 6 枚长叶片叶轮离心泵的扬程分别为 8.91,8.95 和 9.23 m,即随着叶片数的增加,关死点扬程呈现上升趋势.在小流量(0.7 倍设计流量,即 4.2 m³/h)工况点处,对应的扬程分别为 8.49,8.64 和 9.07 m.在设计流量(6 m³/h)工况点处,对应的扬程分别为 7.70,7.75 和 8.33 m.在大流量(1.3 倍设计流量,即 7.80 m³/h)工况点处,对应的

扬程分别为 6.21,5.98 和 6.98 m.因此,6 枚长叶片的离心泵扬程明显高于 4 和 5 枚长叶片的离心泵.这说明,当叶片数为 4 和 5 时,叶片数偏少,离心叶轮内部脱流严重,水力损失较大,导致泵扬程普遍较低.而对于 6 枚长叶片离心叶轮,叶轮内部的脱流现象已被有效抑制,从而泵扬程显著提高.

对 5 和 4 枚长叶片的叶轮,小流量、设计流量和大流量 3 个工况的扬程差值分别为 0.15,0.05 和 -0.23 m.可见随着工况流量的增加,二者之间的扬程差异越来越小,以至于出现大流量工况下,4 枚长叶片叶轮的扬程高于 5 枚长叶片叶轮的情形.出现该情形的原因在于 5 枚长叶片叶轮在大流量工况扬程下降较快.二者扬程相等的工况点流量约为 6.40 m^3/h.

4 枚长叶片叶轮的扬程曲线呈现单调下降趋势,在整个流量范围内未出现驼峰现象,因此该离心泵具有较好的运行可靠性.

对 5 枚长叶片叶轮,从关死点至 1.49 m^3/h 范围内,扬程呈现轻微的上升趋势,即在小流量范围内存在正斜率上升段.当流量为 1.49 m^3/h 时,扬程达到最大值 8.97 m,最大扬程值仅比关死点扬程高出 0.02 m.当流量大于 1.49 m^3/h 时,扬程开始下降.因此,在整个流量范围内,扬程曲线存在轻微的驼峰现象,即存在轻微的运行不稳定现象.

对 6 枚长叶片叶轮,从关死点至 1.88 m^3/h 范围内,扬程同样呈现上升趋势,即在该流量范围内仍存在正斜率上升段.当流量为 1.88 m^3/h 时,扬程达到最大值 9.35 m,最大扬程值比关死点扬程高 0.12 m.当流量大于 1.88 m^3/h 时,扬程开始下降.于是,在整个流量范围内,扬程曲线存在较明显的驼峰现象,即存在显著的运行不稳定现象.由此可见,随着长叶片数的增多,越易出现驼峰现象,即泵运行越发不稳定.

图 4-9b 中,4,5 和 6 枚长叶片叶轮的最高效率分别为 38.47%,35.49% 和 39.33%,对应的最优工况流量分别为 7.08,6.04 和 6.72 m^3/h.5 枚长叶片叶轮的最高效率及对应的流量均是最小的,虽然最优工况的流量与设计流量相差很小,但是,该泵效率最低,原始 5 枚叶片设计是不合理的.

对 4 枚长叶片叶轮,在 6.00~8.34 m^3/h 流量范围内,泵效率在 37.85%~38.47% 范围内变化,有较宽的高效区.对 5 枚长叶片叶轮,当流量在 5.46~6.70 m^3/h 范围内时,泵效率从 35.0% 变化到 35.49%.除泵效率较低外,高效区也较窄.对 6 枚长叶片叶轮,在 5.55~7.79 m^3/h 流量范围内,泵效率从 38.08% 升高至 39.33%.除泵效率始终保持较高外,高效区也很宽.

与具有 4 枚长叶片闭式叶轮离心泵相比,具有 5 枚和 6 枚长叶片闭式叶轮离心泵在大流量范围内,效率下降更为迅速.

图 4-9c 中,4,5 和 6 枚长叶片叶轮关死点轴功率分别为 0.182,0.236 和 0.218 kW.在设计流量,对应的轴功率分别为 0.320,0.351 和 0.344 kW.在各自最优工况点,即流量为 7.08,6.04 和 6.72 m^3/h 时,轴功率分别为 0.341,0.353 和 0.360 kW.因此,5 和 6 枚长叶片叶轮的轴功率相差不多,但都明显高于 4 枚长叶片叶轮.

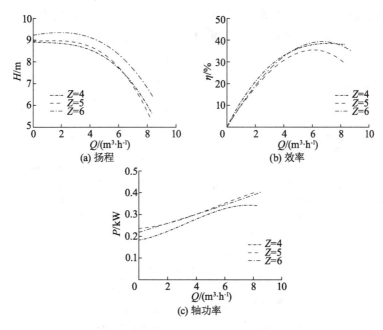

图 4-9 常规闭式叶轮离心泵性能试验曲线

2. 短叶片数对泵水力性能的影响

图 4-10 是长叶片数为 4 的叶轮分别加装 4 和 8 枚短叶片构成的两组合叶轮的水力性能试验曲线。图 4-10a 中，在整个流量范围内，12 枚叶片(4 枚长叶片＋8 枚短叶片)的组合叶轮扬程最高，8 枚叶片(4 枚长叶片＋4 枚短叶片)的次之，仅 4 枚长叶片的叶轮最低。即随着短分流叶片数的增加，扬程曲线升高。其原因是：一方面短分流叶片对流体做功，另一方面短叶片可以有效抑制叶轮出口附近脱流的发生，从而减小水力损失。

对 12 枚叶片和 8 枚叶片组合叶轮，关死点扬程分别为 9.41 和 9.46 m。在 4.20 m^3/h 小流量工况点，扬程分别为 9.09 和 9.44 m。在设计工况点，扬程分别为 8.40 和 8.81 m。在 7.80 m^3/h 大流量工况点，扬程分别为 7.06 和 7.53 m。

如前所述，4 枚长叶片叶轮的扬程曲线呈现明显的单调下降特性。8 枚叶片组合叶轮的扬程曲线尽管也是单调下降的，但在小流量工况扬程曲线下降程度明显减小。

对 12 枚叶片组合叶轮，当流量低于 2.42 m^3/h 时，扬程曲线逐渐降低，出现明显的正斜率，即存在驼峰现象，有较为明显的运行不稳定性。由此可见，随着短分流叶片数的增加，扬程曲线逐步出现驼峰现象，即逐步出现运行不稳定现象。

图 4-10b 中，4 枚长叶片叶轮、8 枚和 12 枚叶片组合叶轮的最高效率分别为 38.47%，39.66% 和 38.81%，对应的最优工况流量分别为 7.08，6.52 和 6.81 m^3/h。设计工况的效率分别为 37.90%，39.43% 和 38.31%。由于泵流量变化范围较小，因而泵效率的变化不是很明显，同时，这 3 个叶轮的高效区也相差不大。

图 4-10c 中，4 枚长叶片叶轮、8 枚和 12 枚叶片组合叶轮关死点处的轴功率分别为 0.182，0.242 和 0.259 kW。在设计工况下，轴功率分别为 0.327，0.344 和 0.368 kW。

在各自的最优工况下(7.08,6.52 和 6.81 m³/h),轴功率分别为 0.341,0.359 和 0.391 kW. 另外,在全流量范围内,随着短分流叶片数的增加,轴功率逐渐升高.

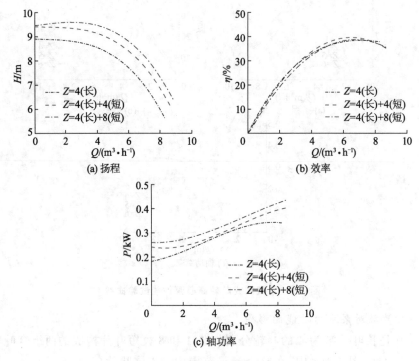

图 4-10 组合叶轮离心泵性能试验曲线

3. 讨 论

根据上述试验结果,从泵效率观点看,对于常规长叶片叶轮,存在最优叶片数,但小流量工况下扬程曲线容易出现驼峰. 同样,对于长短叶片组合叶轮,亦存在最优叶片数,这时小流量工况下扬程曲线驼峰现象基本消失,并且扬程曲线在整个流量范围内都高于常规长叶片叶轮. 因此,低比转速离心泵长短叶片组合叶轮在水力性能上相比单纯长叶片叶轮有较好的优势.

为了掌握本章的 5 个试验叶轮从最优工况到关死工况的扬程升高情况,将扬程升高百分比画于图 4-11 中,其中它们的比转速是根据最优工况流量和扬程计算的实际比转速. 叶片数为 6 的普通叶轮扬程升高百分比基本与 $Z=6, \beta_{b2}=25°$ 对应的曲线吻合,叶片数为 4 和 5 的普通叶轮的出口角都是 $25°$,扬程升高比没有刚好落在 $Z=4, \beta_{b2}=20°$ 和 $Z=5, \beta_{b2}=23°$ 两条曲线上.

4(长)+8(短)组合叶轮的扬程升高百分比介于 $Z=5, \beta_{b2}=23°$ 和 $Z=6, \beta_{b2}=25°$ 两条曲线之间;而 4(长)+12(短)组合叶轮的扬程升高百分比刚好落在 $Z=8, \beta_{b2}=28°$ 曲线上.

对于本章中的长叶片普通叶轮,图 4-1 预测的最优叶片数为 6,基本与试验值吻合,而式(4-2)和文献[2] $Z=\beta_{b2}/3$ 公式给出的最优叶片数分别为 9 和 8,远大于试验值.

前面组合叶轮最优叶片数理论预测值为 4(长)+4(短),见表 4-2. 试验表明,该叶轮的水力性能均好于其他组合叶轮和单纯长叶片叶轮. 因此,公式(4-8)和公式(4-11)可以初步指导组合叶轮叶片数最佳化设计.

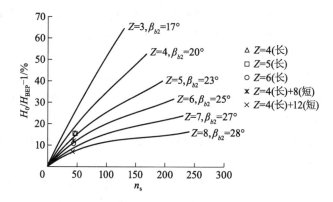

图 4-11　5 个试验叶轮从最优工况到关死工况扬程升高百分比 $H_0/H_{BEP}-1$

无论是单纯长叶片叶轮,还是长短叶片组合叶轮,随着叶片数的增多,扬程曲线都会逐渐出现驼峰现象.当叶片数较少时,在整个流量范围内叶轮内部流动都存在旋涡;另外,叶片数较少的流道比较宽敞,液体流动时受到的摩擦水力损失较小.当叶片数较多时,大部分流量范围内叶轮内部都没有旋涡,叶轮有较高的水力效率.只有当流量减小到一定程度时,叶轮内部才出现旋涡,水力效率顿时比没有旋涡时的水力效率低;另外,叶片数较多的流道比较狭窄,液体流动时受到的摩擦水力损失较大.因此,叶片数较多的叶轮的扬程曲线容易出现驼峰.不过,这还需要进一步试验观察和 CFD 计算确认.

参考文献

[1] Pfleiderer C. Die Kreiselpumpen. Berlin：Springer-Verlag GmbH，1924.

[2] Stepanoff A J. Centrifugal and Axial Flow Pumps. New York：John Wiley & Sons，INC，1957.

[3] Lobanoff V S, Ross R R. Centrifugal Pumps Design & Application. 2nd Edition. Woburn：Butterworth-Heinemann，1992.

[4] Kearton W J. The Influence of the Number of Impeller Blades on the Pressure Generated in a Centrifugal Compressor and on Its General Performance. Proceedings of IMechE，1933，124：481-568.

[5] 渡部一郎.直線翼遠心超過送入機の翼数に関する小考察.機械学會論文集，1935，1(2)：135-139.

[6] 下坂實.渦巻ポンプ羽根車の羽根数に関する実験.機械学會論文集，1936，2(6)：76-81.

[7] 神元五郎,松岡祥浩,宇多小路豊,他.うず巻型流体機械の羽根車内の流れ(第 2 報).日本機械学會論文集(第 3 部)，1956，22(113)：55-59.

[8] Varley F A. Effects of Impeller Design and Surface Roughness on the Performance of Centrifugal Pumps. Proceedings of IMechE，1961，175(21)：955-989.

[9] Reddy Y R, Kar S. Optimum Number and Angle of Centrifugal Pumps with Logarithmic Vane. ASME Journal of Basic Engineering, 1971, 93(3):411-418.

[10] 太田絃昭. 高黏度液用渦巻ポンプの性能と内部流れに対する羽根枚数の影響. 東海大学工学部紀要, 1996, 36(2):225-235.

[11] 李文广, 邓德力, 苏发章, 等. 输送水时叶片数对离心油泵性能的影响. 水泵技术, 2000(3):3-6.

[12] 李文广, 苏发章, 肖聪, 等. 输送黏油时叶片数对离心油泵性能的影响. 水泵技术, 2000(4):3-6.

[13] Li W G, Su F Z, Xiao C. Influence of the Number of Impeller Blades on the Performance of Centrifugal Oil Pumps. World Pumps, 2000(427):32-34.

[14] Gölcü M, Usta N, Pancar Y. Effects of Splitter Blades on Deep Well Pump Performance. ASME Journal of Energy Resources Technology, 2007, 129(9):169-176.

[15] Chakraborty S, Choudhuri K, Dutta P, et al. Performance Prediction of Centrifugal Pumps with Variations of Blade Number. Journal of Scientific & Industrial Research, 2013, 72:373-378.

[16] Kocaaslan O, Ozgoren M, Babayigit O, et al. Numerical Investigation of the Effect of Number of Blades on Centrifugal Pump Performance. Proceedings of International Conference of Numerical Analysis and Applied Mathematics (ICNAAM 2016), 2017:1-4.

[17] Abo Elyamin G R H, Bassily M A, Khalil K Y, et al. Effect of Impeller Blades Number on the Performance of a Centrifugal Pump. Alexandria Engineering Journal, 2019, 58:39-48.

[18] Liu H L, Wang Y, Yuan S Q, et al. Effects of Blade Number on Characteristics of Centrifugal Pumps. Chinese Journal of Mechanical Engineering, 2010, 23(6):742-747.

[19] 付燕霞, 袁寿其, 袁建平, 等. 叶片数对离心泵小流量工况空化特性的影响. 农业机械学报, 2015, 46(4):21-27.

[20] Kergourlay G, Younsi M, Bakir F, et al. Influence of Splitter Blades on the Flow Field of a Centrifugal Pump: Test-Analysis Comparison. International Journal of Rotating Machinery, 2007:1-13.

[21] Shigemitsu T, Fukutomi J, Wada T, et al. Performance Analysis of Mini Centrifugal Pump with Splitter Blades. Journal of Thermal Science, 2013, 22(6):573-579.

[22] Yang W, Xiao R F, Wang F J, et al. Influence of Splitter Blades on the Cavitation Performance of a Double Suction Centrifugal Pump. Advances in Mechanical Engineering, 2014:1-9.

[23] Cavazzini G, Pavesi G, Santolin A, et al. Using Splitter Blades to Improve Suction Performance of Centrifugal Pump Impeller Pumps. Proceedings of

IMechE, Part A: Journal of Power and Energy, 2015, 229(3): 309-323.

[24] 牟介刚, 施郑赞, 谷云庆, 等. 长短交错叶片对离心泵空蚀特性的影响. 哈尔滨工程大学学报, 2019, 40(3): 593-602.

[25] 王乐勤, 朱祖超, 刘浩. 低比转速高速泵叶轮的设计理论与工业应用. 流体机械, 1998, 26(11): 18-23.

[26] Sheets H E. Flow Through Centrifugal Compressors and Pumps. ASME Transactions, 1950, 72: 1009-1015.

[27] 朱祖超, 王乐勤, 吕不方, 等. 超低比转数复合叶轮高速泵的极大流量设计. 农业机械学报, 1998, 29(2): 53-57.

第 5 章 诱导轮性能分析

5.1 诱导轮的作用与结构

诱导轮是安装于离心式、混流式或轴流式等主叶轮前面的轴流螺旋式增压叶轮(见图 5-1). 它的主要作用是为主叶轮提供足够的有效空化余量(NPSHa),使主叶轮的必需空化余量(NPSHr)得到满足,避免主叶轮发生空化;同时诱导轮本身的必需空化余量又比主叶轮低得多. 因此诱导轮大幅度降低了泵组对装置有效空化余量的要求,扩大了泵组的应用范围,降低了装置的压力,为装置的设计提供了便利. 此外,诱导轮的流道狭长,空化发生后,空泡有充裕的时间在流道中溃灭,避免了主叶轮的空化损伤. 诱导轮是美国于 20 世纪 50 年代提出的,最初用于火箭液体燃料输送泵中,目前诱导轮在各种工业泵中应用逐渐增多[1-3].

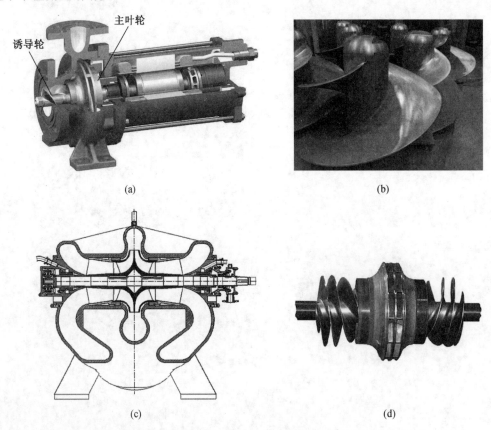

图 5-1 德国 Hermetic 公司生产的安装于屏蔽泵内的诱导轮、日本荏原公司生产的离心泵诱导轮和俄罗斯生产的低空化余量(1.5~3 mm)油罐卸油双吸泵及泵转子

在诱导轮的水力设计中,主要考虑 2 个基本问题:① 诱导轮产生的扬程要满足主叶轮的必需空化余量;② 诱导轮本身的必需空化余量要尽可能地低.本章试图研究问题①.

要判断诱导轮产生的扬程是否满足了主叶轮的必需空化余量,就必须在设计阶段能够比较准确地计算诱导轮产生的扬程.目前,有 3 种诱导轮扬程计算方法:① 根据试验数据得出的 Euler 叶轮方程加上相应的水力损失计算公式[4];② 径向平衡方程加上滑移和水力损失修正[5-7];③ CFD 数值计算.

第一种方法是文献[4]根据几组特定的几何尺寸的诱导轮出口速度矩和水力损失试验数据得出的,计算时取叶轮几何平均半径.用从有限试验数据得出的出口速度矩和水力损失经验公式很难适应普遍情况.在第二种方法中,首先求解诱导轮出口处的径向平衡方程,计算叶轮出口的流体速度矩,得到理论扬程,然后减去由经验公式计算的水力损失,得到诱导轮产生的实际扬程.当忽略水力损失沿径向分布时,径向平衡方程的解仅取决于叶片出口角和轮毂比,无法反映叶片形状、叶片数和叶栅稠度等重要几何参数对扬程的影响.遗憾的是,文献[5-7]都没有给出具体的水力损失计算公式.第三种方法是利用 CFD 程序计算诱导轮内部黏性流动,从而得到扬程.

根据作者的经验,采用 Fluent 计算小出口角并带轮缘间隙的诱导轮内部流动是困难的,因为 Gambit 无法做带轮缘间隙的六面体网格.当不考虑轮缘间隙时,可以划分出四面体网格,但得到的扬程偏高、效率偏低,与诱导轮实际工作状况不符.采用 Blade Gen 建模、TurboGrid 划分六面体网格,然后用 ANASYS CFX 计算诱导轮内部流动是可行的.但是,当叶片进口角小于 7°以后,六面体网格划分常出现负体积,无法进行 CFD 计算.总体上,CFD 计算时间还有些长,不太适应快速的设计方案初选.

为此,本章首先提出采用二维奇点法计算诱导轮的理论扬程,然后利用经验公式计算叶轮水力损失,从而得到实际扬程.在二维奇点法中,考虑了叶片角度分布、叶片数和叶片排挤作用等对理论扬程的影响.水力损失经验公式是在文献[4]的经验公式中加上一个与叶片数和叶片角度有关的系数而得到的.本方法比较全面地反映了叶轮几何参数对诱导轮扬程的影响,理论上是比较合理的[8,9].

5.2 流动模型和计算方法

5.2.1 流面与轴向速度

图 5-2 表示轮缘和轮毂皆为圆柱面的诱导轮示意图.图 5-2a 表示叶轮轮廓,图 5-2b 表示诱导轮轴面图.一般情况下,诱导轮的轮缘间隙为 0.5 mm,现有性能试验结果也大多是在该间隙下得到的,所以现有的水力损失经验公式中已经包括了间隙引起的水力损失.因此计算诱导轮理论扬程时不考虑此间隙,而是用诱导轮的名义直径或设计直径直接进行计算.假设从入口看,诱导轮逆时针旋转,叶片后弯.某半径为 R_m 的圆柱形流面展开成图 5-2c 所示的平面直列叶栅.

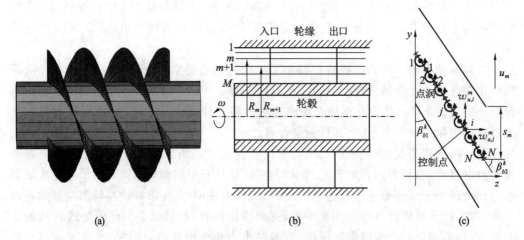

图 5-2 诱导轮外形、轴面和圆柱形流面的展开面

假设通过诱导轮的体积流量为 Q,沿着诱导轮半径方向,从轮缘到轮毂依次分成圆柱形流面 $1,2,\cdots,m,m+1,\cdots,M$. 相邻流面之间所夹的圆筒为流层,流层依次为 $1,2,\cdots,m,m+1,\cdots,M-1$. 通过各个流层的流量都等于 $Q/(M-1)$. 在诱导轮入口处,绝对速度均匀,各个流层的流体轴向速度皆为

$$V_a = \frac{Q}{\pi R_t^2 (1-v^2)} \tag{5-1}$$

其中轮毂比 $v=R_h/R_t$,R_h 和 R_t 分别为轮毂和轮缘半径. 对于某个流层 m,在入口满足下面的流量方程:

$$\frac{Q\pi(R_m^2-R_{m+1}^2)}{\pi R_t^2(1-v^2)} = \frac{Q}{M-1} \tag{5-2}$$

于是,由上式可得到计算流面 $m+1$ 的半径 R_{m+1} 的公式:

$$R_{m+1} = \sqrt{R_m^2 - \frac{R_t^2(1-v^2)}{M-1}} \tag{5-3}$$

其中 $R_1=R_t$,$R_M=R_h$.

尽管诱导轮的叶片较薄,但是由于叶片角很小,所以叶片圆周厚度是很大的,因此,在有叶片的流体区域内,受叶片厚度的排挤作用,流体轴向速度有明显的增大. 相邻流面 $m,m+1$ 之间流层 m 的轴向速度由下式计算:

$$V_a^m = \frac{V_a}{B_{fm}} \tag{5-4}$$

式中:B_f 为当地叶片排挤系数. 取图 5-3 所示的位于叶片区域的诱导轮横截面. 流层 m 的当地叶片排挤系数近似表示为

$$B_{fm} = 1 - \frac{Z(t_{u,m}+t_{u,m+1})}{2\pi(R_m+R_{m+1})} \tag{5-5}$$

式中:Z 为叶片数;$t_{u,m}$ 和 $t_{u,m+1}$ 分别为流面 m 和 $m+1$ 上的叶片圆周厚度,$t_{u,m}=t_m/\sin\beta_{b,m}$,$t_{u,m+1}=t_{m+1}/\sin\beta_{b,m+1}$,其中 t_m 和 t_{m+1} 分别为流面 m 和 $m+1$ 上的叶片真实金属厚度. 由于诱导轮叶片是螺旋面,所以 $R_m \tan\beta_{b,m} = R_{m+1}\tan\beta_{b,m+1}$.

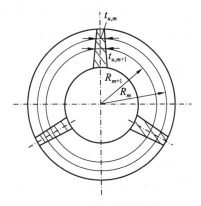

图 5-3　诱导轮横断面

对于几何形状已知的诱导轮,可以利用式(5-5)计算各个轴向位置从轮缘到轮毂的各个流层的叶片排挤系数.然后再利用式(5-4)计算各个流层的不同轴向位置的轴向速度.

对于几何形状未知的诱导轮,要首先设计出叶片骨面,然后加厚轮缘和轮毂流面上的叶片骨线,轮缘和轮毂之间的叶片厚度按线性变化,这样就得到了叶片厚度沿轴向和径向的分布情况.最后利用式(5-5)和式(5-4)计算各个流层的轴向速度.

流层轴向速度计算完毕以后,假设相邻流层之间轴向速度按线性变化(见图 5-4),于是可以按下式计算各个流面上的轴向速度:

$$\begin{cases} V_{a,m+1} = \dfrac{1}{2}(V_a^m + V_a^{m+1}), & m=1,2,\cdots,M-2 \\ V_{a,1} = 2V_a^1 - V_{a,2} \\ V_{a,M} = 2V_a^{M-1} - V_{a,M-1} \end{cases} \tag{5-6}$$

这些流面上的流体轴向速度将在后面的诱导轮叶栅流动计算中使用.

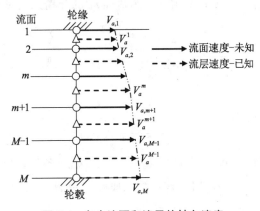

图 5-4　各个流面和流层的轴向速度

5.2.2　诱导速度与理论扬程

利用变换 $y = R_m \theta$ 和 $z = z_m$ 就把图 5-2b 所示的圆柱形环列叶栅变换到图 5-2c 所示的平面直列叶栅,考虑绕该叶栅的理想流体的有势流动.很明显,该变化并没有改变速度的尺度,于是轴向速度大小不变,y 方向的速度等于圆周方向的相对速度.叶片简化为无厚度的骨线,将骨线划分成 N 个微小单元,在每个单元的几何中心点布置点涡.这些点涡在流场中某点处的诱导速度与平均相对速度流场的叠加就是某个流面上实际的相对流动.已知的平均相对速度流场可以表示为

$$\begin{cases} W_a^m = V_a^m \\ W_u^m = V_{u1}^m - u_m \end{cases} \tag{5-7}$$

式中:V_{u1}^m 为流面 m 上流体预旋速度,在本章中,假设无预旋,即 $V_{u1}^m = 0$;u_m 为流面上的圆周速度,$u_m = R_m \omega$,其中 ω 为叶轮旋转角速度.

在流面 m 上,点涡 j 在叶片骨线上的任意一个控制点 i 的诱导速度可以采用下式计算[10,11]:

$$\begin{cases} w_{a,i}^m = -\dfrac{1}{2s_m} \int_0^{l_2^m} \dfrac{\sin \dfrac{2\pi}{s_m}(y_i - y_j)}{\cosh \dfrac{2\pi}{s_m}(z_i - z_j) - \cos \dfrac{2\pi}{s_m}(y_i - y_j)} \lambda_j \mathrm{d}l_j \\ w_{u,i}^m = \dfrac{1}{2s_m} \int_0^{l_2^m} \dfrac{\sinh \dfrac{2\pi}{s_m}(z_i - z_j)}{\cosh \dfrac{2\pi}{s_m}(z_i - z_j) - \cos \dfrac{2\pi}{s_m}(y_i - y_j)} \lambda_j \mathrm{d}l_j \end{cases} \tag{5-8}$$

式中:l_2^m 为流面 m 上的叶片骨线长度;s_m 为流面 m 上叶栅的栅距,$s_m = 2\pi R_m/Z$.平均相对速度和诱导速度的合成速度在控制点 i 与叶片骨线相切,即

$$\tan(\beta_{b,i}^m - 90°) = \dfrac{w_{u,i}^m + W_{u,i}^m}{w_{a,i}^m + W_{a,i}^m} \tag{5-9}$$

将式(5-8)代入式(5-9)中,得到关于求解未知变量点涡线密度 λ_j^k 的线性代数方程组:

$$\sum_{j=1}^N \left[\tan(\beta_{b,i}^m - 90°) F_{a,j}^m - F_{u,j}^m \right] \Delta l_j^m \lambda_j^m = W_{u,i}^m - \tan(\beta_{b,i}^m - 90°) W_{a,i}^m \tag{5-10}$$

式中:Δl_j 为单元 j 的骨线长度;$F_{a,j}^m$ 和 $F_{u,j}^m$ 为流面 m 的叶栅几何影响系数,表示为

$$\begin{cases} F_{a,j}^m = -\dfrac{1}{2s_m} \dfrac{\sin \dfrac{2\pi}{s_m}(y_i - y_j)}{\cosh \dfrac{2\pi}{s_m}(z_i - z_j) - \cos \dfrac{2\pi}{s_m}(y_i - y_j)} \\ F_{u,j}^m = \dfrac{1}{2s_m} \dfrac{\sinh \dfrac{2\pi}{s_m}(z_i - z_j)}{\cosh \dfrac{2\pi}{s_m}(z_i - z_j) - \cos \dfrac{2\pi}{s_m}(y_i - y_j)} \end{cases} \tag{5-11}$$

在叶片尾部的最后一个单元 N,满足 Kutta-Joukowski 条件,$\lambda_N^m = 0$.于是,可以由方程组(5-10)求出未知量 λ_j^m.然后,用下式计算流面 m 上叶栅产生的理论扬程:

$$H_{th}^m = \dfrac{Z\omega}{4\pi g} \sum_{j=1}^N \lambda_j \Delta l_j \tag{5-12}$$

如果希望计算叶栅流道内的相对速度,就把流道划分成若干个节点的网格,把控制点 i 放在网格节点上,依次采用式(5-8)和式(5-7)计算相对速度.最后采用旋转坐标系下的相对运动 Bernulli 方程计算各个网格节点的流体压力.

将各个流面上的叶栅产生的理论扬程进行简单的算术平均,就得到了诱导轮产生

的平均理论扬程:

$$H_{\text{th}} = \frac{1}{M}\sum_{m=1}^{M} H_{\text{th}}^{m} \tag{5-13}$$

5.2.3 水力损失

诱导轮内部水力损失主要包括叶片、轮毂和轮缘表面摩擦损失,进口冲击损失和轮缘间隙水力损失. 文献[6,7]曾经试图计算表面摩擦损失和冲击损失,但是这些损失往往很小,必须乘以一个很大的系数才能使预测的扬程与试验结果吻合. 遗憾的是,这些文献并没有给出系数具体值. 作者也试图采用流体力学的基本理论计算这两种水力损失,并依据文献[10]的不同间隙下诱导轮性能试验数据给出不同间隙下的泄漏损失计算公式,但是结果不令人满意. 分析表明,一般诱导轮轮缘间隙为 0.5 mm,现有性能试验结果多是在此间隙下得到的,所以研究间隙泄漏损失似乎意义不大. 文献[1]测量了 0.5 mm 轮缘间隙下多种几何参数组合诱导轮的水力性能,并得到了水力损失系数与冲角的关系曲线(见图 5-5).

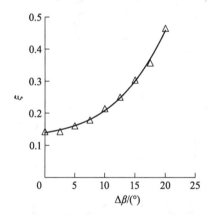

图 5-5 诱导轮平均水力损失系数 ξ 与冲角 $\Delta\beta$ 的关系曲线

可采用三次多项式拟合该曲线,具体表达式为

$$\xi = 2.693\,1\times 10^{-5}\Delta\beta^3 + 9.511\,1\times 10^{-5}\Delta\beta^2 + 3.268\,5\times 10^{-3}\Delta\beta + 1.392\,9\times 10^{-1} \tag{5-14}$$

根据此系数可以计算不同工况下诱导轮的水力损失:

$$h_f = \xi\frac{W_1^2}{2g} \tag{5-15}$$

式中:W_1 为半径 $R = 0.707R_t\sqrt{1+\bar{v}^2}$ 的几何平均流面上的诱导轮入口流体平均相对速度.

计算表明,经验公式(5-15)并不是对所有诱导轮都适用. 为此,将该公式乘以一个系数 c,即

$$h_f = c\xi\frac{W_1^2}{2g} \tag{5-16}$$

调整 c 值,使下式计算的扬程流量曲线与试验曲线吻合.

$$H = H_{\text{th}} - c\xi\frac{W_1^2}{2g} \tag{5-17}$$

结果表明，c 值与叶片数和诱导轮轮缘处叶片角度有关，具体情况见 5.3 节．

5.3 诱导轮扬程预测

5.3.1 诱导轮已知数据

本章对 15 个等螺距、2 个变螺距诱导轮的扬程进行计算．按诱导轮的性能表示惯例，画出扬程系数 $\psi(\psi=gH/u_t^2, u_t=\omega R_t)$ 与流量系数 $\phi(\phi=V_a/u_t)$ 的关系曲线，并与试验结果进行对比．表 5-1 和表 5-2 分别是等螺距（导程）和变螺距诱导轮的几何尺寸及其他设计参数的汇总，表中的 τ 为轮缘径向间隙，t 为轮缘叶片最大厚度．等螺距诱导轮即为平板螺旋诱导轮．1~7 为日本冈山大学的诱导轮，8 和 9 为美国加州工学院的诱导轮，10 和 11 为美国太空署（NASA）的诱导轮，12~14 为日本九州大学的诱导轮，15~17 为日本筑波大学的诱导轮．

表 5-1 等螺距诱导轮几何参数

编号	$\beta_{bt}/(°)$	Z	σ_t	τ/mm	t/mm	R_t/mm	R_h/mm	$n/(\text{r}\cdot\text{min}^{-1})$	文献
1	10	2	2.03	0.5	2.04	29.5	15	5 000	[4]
2	12.5		2.05						
3	15		2.07						
4	20		2.12						
5	20	3	1.06						
6			2.12						
7			3.18						
8	6	2	2.5	不详	不详	50.8	25.4	10 000	[14]
9	9	3	2.5	0.5	1.02	25.4	12.7	6 000	[12]
10	9.4	3	2.3	0.76	2.54	63.5	31.75	7 300	[13]
11	12		1.8	0.38	2.5			10 500	[14]
12		2							
13	20	3	2.04	0.5	2.04	32	15	5 000	[15]
14		4							
15	11.9	2	2.49	不详	不详	62	16	2 750	[18]

表 5-2 变螺距诱导轮几何参数

编号	$\beta_{b1t}/(°)$	$\beta_{b2t}/(°)$	Z	σ_t	τ/mm	t/mm	R_t/mm	R_h/mm	$n/(\text{r}\cdot\text{min}^{-1})$	文献
16	8.3	11.9	2	2.93	不详	不详	62	16	2 750	[16]
17		16.2		2.43						

注：轴向长度 $l_a=100$ mm．

计算中,假设轮缘处叶片头部厚度为 0.2 mm;在叶片前部(0~30%)l_2^t 范围内,叶片厚度从 0.2 mm 线性变化到最大叶片厚度 t_{max},然后保持不变.轮毂处叶片头部厚度为 0.3 mm,同样,在叶片前部(0~30%)l_2^M 范围内,叶片厚度从 0.3 mm 线性变化到 $1.5t_{max}$,然后保持不变.在某一轴向位置,叶片厚度从轮缘到轮毂按线性变化.

5.3.2 诱导轮扬程比较

图 5-6 和图 5-7 分别表示计算和试验的等螺距和变螺距诱导轮扬程系数与流量系数曲线的对比情况.图中除了试验值和本章方法计算的扬程系数以外,还画出了采用文献[1]的诱导轮扬程经验公式计算法预测的值.根据大量试验结果,文献[4]认为,在半径为 $0.707R_t\sqrt{1+v^2}$ 的几何平均流面上,出口平均轴向速度等于进口的 1.3 倍,流动转向角(出口液流角 β_2 减去入口液流角 β_1)等于冲角的 1.2 倍,即

$$\begin{cases} V_{a2}=1.3V_a \\ \beta_2-\beta_1=1.2\Delta\beta \end{cases} \tag{5-18}$$

因为冲角等于叶片进口角减去进口液流角,即 $\Delta\beta=\beta_{b1}-\beta_1$,于是出口液流角 $\beta_2=1.2\beta_{b1}-0.2\beta_1$.在某一工况下,$V_a$ 和 β_1 是已知的,根据式(5-18)可以计算出 V_{a2} 和 β_2,然后建立出口速度三角形,得到绝对速度的圆周分速度 V_{u2},即

$$V_{u2}=0.707R_t\sqrt{(1+v^2)}\omega-\frac{V_{a2}}{\tan\beta_2} \tag{5-19}$$

根据叶轮机械 Euler 方程,计算出诱导轮理论扬程:

$$H_{th}=\frac{0.707R_t\sqrt{(1+v^2)}\omega}{g}\left[0.707R_t\sqrt{(1+v^2)}\omega-\frac{V_{a2}}{\tan\beta_2}\right] \tag{5-20}$$

最后减去由式(5-14)和式(5-15)计算的水力损失,得到诱导轮实际扬程.

本章中,利用奇点法计算各个工况下 5 个流面上叶栅产生的理论扬程,求出平均的理论扬程,然后计算半径为 $0.707R_t\sqrt{1+v^2}$ 的几何平均流面上的冲角 $\Delta\beta$,给定常数 c,由式(5-16)计算水力损失.最后从平均理论扬程中减去水力损失得到诱导轮实际扬程.

在图 5-6 中,除诱导轮 1 以外,由文献[4]方法计算的扬程系数皆与试验值相差较远.对于诱导轮 1~7 和 10~14,由本章提出的计算方法计算的扬程系数与试验值吻合良好.对于诱导轮 8 和 9,由于系数 c 在计算过程中为常数,所以小流量工况下计算的水力损失不足够大,致使预测的扬程系数比试验值高,扬程系数下降斜率比试验曲线的大.对于诱导轮 15,在大流量工况下,计算值与试验结果十分吻合,但是,在小流量工况下,试验结果明显高于计算值.

在图 5-7 中,在中等和高流量系数工况下,本章方法预测的扬程系数与试验值吻合很好;但小流量工况下,试验的扬程系数有明显的非线性升高,而预测值仅仅是线性地升高,两者有一定的差别.

在文献[16]的试验装置中,诱导轮后方 1 倍诱导轮直径的位置就是主叶轮的入口,在小流量工况下,主叶轮可能改善了诱导轮出口的流动状况,使诱导轮的扬程提高.因此,诱导轮与主叶轮存在相互作用.在文献[1,8-10]的试验中,诱导轮的后方并没有主叶轮,诱导轮是孤立的.因此,诱导轮与主叶轮是否存在相互作用及相互作用如何有待深入研究.

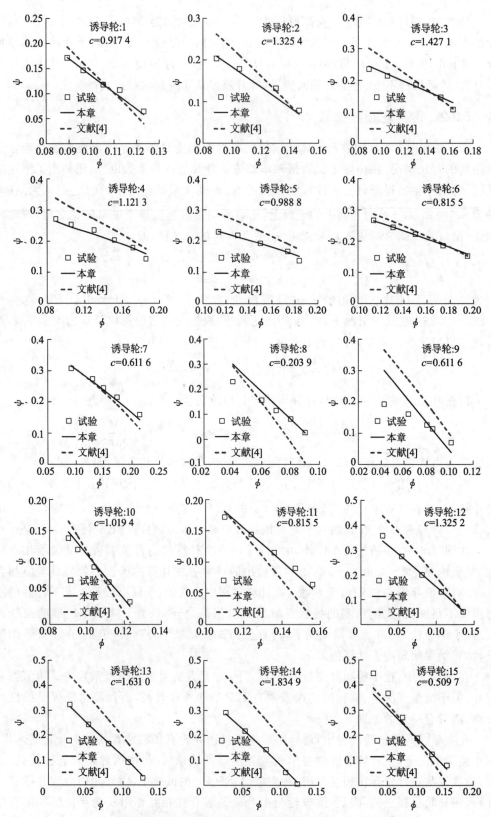

图 5-6 预测的等螺距诱导轮扬程系数-流量系数曲线与试验值的对比

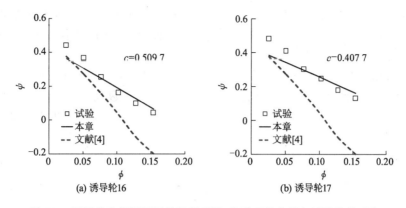

图 5-7 预测的变螺距诱导轮扬程系数-流量系数曲线与试验值的对比

对诱导轮 9，计算结果与试验结果相差较远。与文献[4,11-13]不同，在文献[10]的试验中，并没有沿半径测量多个位置的总压力，而是仅仅测了诱导轮前后半径 $0.5(R_h+R_t)$ 处的总压力。另外，本章方法忽略了小流量工况下叶轮轮缘处进口液体预旋使扬程升高的事实，这可能是计算结果与试验值不符的原因。

把诱导轮按叶片数分为 2 组：第一组为叶片数为 2 的诱导轮，包括 1~4、8、12、15~17；第二组为叶片数为 3 的诱导轮，包括 5~7、9~11、13 和 14（诱导轮 14 实际叶片数为 4，但只有一个，暂时归入第二组）。将这 2 组叶轮的 c 值与轮缘处的平均叶片角 β_{bt} 的关系曲线画在图 5-8a 中。平均叶片角 β_{bt} 等于轮缘处的叶片进口角 β_{b1t} 与出口角 β_{b2t} 的算术平均值，即 $\beta_{bt}=0.5(\beta_{b1t}+\beta_{b2t})$，图中的 R^2 表示相关系数。很明显，c 值与叶片角 β_{bt} 存在很好的线性关系。变螺距诱导轮的 c 值与等螺距诱导轮并没有明显的区别。

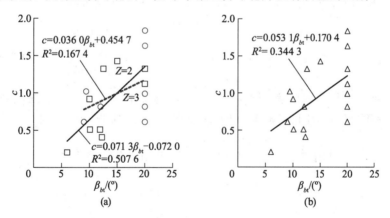

图 5-8 c 值与叶片数和平均叶片角的关系

另外，图 5-8b 还画出了 17 个诱导轮的 c 值放在一起的情形。总体上，随着叶片轮缘安放角的减小，c 值不断降低。当叶片角小于 15°时，从降低水力损失的角度，诱导轮应该选 2 个叶片。当叶片角大于 15°时，诱导轮应该选 3 个叶片。

在文献[15]的试验中，并没有测量诱导轮 12~14 入口处的各个半径位置的总压，而是仅测量了它们入口处支撑轴承上游的液体静压，然后加上平均速度头，再减去估算的支撑轴承导流叶片的水力损失而近似得到诱导轮入口总压。这种方法得到的诱导轮扬程可能误差较大。这可能是这 3 个诱导轮 c 值异常的原因。

诱导轮理论扬程系数包括无限多叶片数 Euler 叶轮方程计算的扬程系数、叶轮出口处采用径向平衡方程计算的扬程系数和本章二维奇点法计算的扬程系数. 叶轮理论扬程系数的径向平衡方程法见于文献[6], 虽然该文献给出了有关该方程的细节, 但无法重复它的理论结果, 因此本章重新推导了诱导轮出口处径向平衡方程的解析解.

假设诱导轮出口是理想流体的定常流动, 诱导轮叶片数足够多, 叶片足够长, 完全控制了液体的流动方向, 使得诱导轮出口处流体的相对液流角等于叶片出口角. 因此, 在计算中用叶片出口角代替液流角, 即 $\beta_2 = \beta_{b2}$. 在诱导轮出口处, 流体的静压力沿径向的梯度等于流体离心力, 即存在下面的径向平衡方程:

$$\frac{1}{\rho}\frac{\mathrm{d}p_2}{\mathrm{d}R} = \frac{V_{u2}^2}{R} \tag{5-21}$$

诱导轮出口静压力可以表示为

$$p_2 = \rho\left(u_2 V_{u2} - \frac{1}{2}V_{u2}^2 - \frac{1}{2}V_{a2}^2\right) \tag{5-22}$$

根据叶轮出口处速度三角形, V_{u2} 可以表示为

$$V_{u2} = u_2 - \frac{V_{a2}}{\tan\beta_{b2}} \tag{5-23}$$

将式(5-23)代入式(5-22), 化简后, 得到用 V_{a2} 表示的 p_2 为

$$p_2 = \rho\left(\frac{1}{2}R^2\omega^2 - \frac{1}{2}\frac{1}{\sin^2\beta_{b2}}V_{a2}^2\right) \tag{5-24}$$

类似地, 用 V_{a2} 表示的 V_{u2}^2/R 为

$$\frac{V_{u2}^2}{R} = R\omega^2 - \frac{2\omega V_{a2}}{\tan\beta_{b2}} + \frac{1}{R}\left(\frac{V_{a2}}{\tan\beta_{b2}}\right)^2 \tag{5-25}$$

将 p_2 和 V_{u2}^2/R 的表达式代入式(5-21), 化简后, 得到径向平衡方程:

$$\frac{\mathrm{d}V_{a2}}{\mathrm{d}R} + \left[\frac{1}{R}\cos^2\beta_{b2} - \frac{\mathrm{d}\ln(\sin\beta_{b2})}{\mathrm{d}R}\right]V_{a2} = 2\omega\sin\beta_{b2}\cos\beta_{b2} \tag{5-26}$$

该方程与文献[3]引用其他文献给出的方程相同. 式(5-26)是关于 V_{a2} 的齐次常微分方程.

为了得到该方程的解析解, $\sin\beta_{b2}$, $(1/R)\cos^2\beta_{b2}$ 和 $2\omega\sin\beta_{b2}\cos\beta_{b2}$ 三项需要进一步化简. 在诱导轮出口, 由于叶片是螺旋的, 所以 $R\tan\beta_{b2}$ 是常数, 即

$$R\tan\beta_{b2} = a \tag{5-27}$$

式中: $a = R_t\tan\beta_{b2t}$, 其中下标 t 表示轮缘处的值. 利用三角恒等式有

$$\frac{1}{R}\cos^2\beta_{b2} = \frac{1}{R}\frac{1}{1+\tan^2\beta_{b2}} = \frac{R}{R^2+(R\tan\beta_{b2})^2} = \frac{R}{R^2+a^2} \tag{5-28}$$

类似地, 有

$$2\omega\sin\beta_{b2}\cos\beta_{b2} = 2\omega\frac{\tan\beta_{b2}}{1+\tan^2\beta_{b2}} = 2\omega R\frac{R\tan\beta_{b2}}{R^2+(R\tan\beta_{b2})^2} = 2\omega R\frac{a}{R^2+a^2} \tag{5-29}$$

$$\sin\beta_{b2} = \frac{\tan\beta_{b2}}{\sqrt{1+\tan^2\beta_{b2}}} = \frac{R\tan\beta_{b2}}{\sqrt{R^2+(R\tan\beta_{b2})^2}} = \frac{a}{\sqrt{R^2+a^2}} \tag{5-30}$$

最后, 得到存在解析解的关于 V_{a2} 的非齐次常微分方程:

$$\frac{\mathrm{d}V_{a2}}{\mathrm{d}R} + \left[\frac{R}{R^2+a^2} - \frac{\mathrm{d}\ln\frac{a}{\sqrt{R^2+a^2}}}{\mathrm{d}R}\right]V_{a2} = 2\omega R\frac{a}{R^2+a^2} \tag{5-31}$$

于是,得到 V_{a2} 的解析表达式:

$$V_{a2}=\frac{a(R^2+C)\omega}{R^2+a^2} \tag{5-32}$$

式中:C 为积分常数.V_{a2} 要满足下面的流体连续方程:

$$Q=2\pi\int_{R_h}^{R_t}V_{a2}R\mathrm{d}R \tag{5-33}$$

于是,得到计算 C 的表达式:

$$C=a^2+\frac{\left(\dfrac{R_t}{a}\phi-1\right)(R_t^2-R_h^2)}{\ln\dfrac{R_t^2+a^2}{R_h^2+a^2}} \tag{5-34}$$

式中:ϕ 为流量系数.

诱导轮理论扬程为

$$H_{th}=\frac{u}{g}\left[u-\frac{a(R^2+C)\omega}{(R^2+a^2)\tan\beta_{b2}}\right] \tag{5-35}$$

相应地,理论扬程系数为

$$\psi_{th}=\frac{gH_{th}}{u_t^2}=\left(\frac{R}{R_t}\right)^2-\frac{a(R^2+C)}{R^2+a^2}\left(\frac{R}{R_t^2}\right) \tag{5-36}$$

在叶轮出口的轮缘和轮毂之间沿半径划分出若干个等间隔的点,然后依次采用式(5-34)、式(5-32)、式(5-35)和式(5-36)计算某一流量系数下的常数 C 及各个半径处的轴向速度 V_{a2}、理论扬程 H_{th} 和扬程系数 ψ_{th}.最后分别取理论扬程 H_{th} 和扬程系数 ψ_{th} 的算术平均值作为诱导轮的理论扬程和扬程系数.

图 5-9 表示诱导轮 3 的理论扬程系数随流量系数的变化关系.图中 $Z=2$ 和 $Z=3$ 曲线分别是本章奇点法计算的理论扬程系数.很明显,计算值依赖于叶片数,并且低于径向平衡方程的计算结果.Euler 方程和径向平衡方程计算的理论扬程系数均与叶片数无关,并且明显高于本章方法的计算结果,其中 Euler 方程给出的理论扬程系数几乎比其他 2 种方法给出的系数大 1 倍左右.为了使这 2 种方法更为实用,需要对它们进行适当修正.

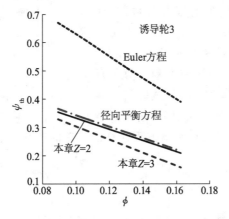

图 5-9 诱导轮 3 的理论扬程系数与流量系数曲线比较

文献[5]认为,诱导轮横断面内存在类似离心叶轮的相对环流,使叶轮出口流动产

生滑移,理论扬程降低.环流的圆周分速度可以表示为

$$v_u = \omega\left(R - \frac{R_h + R_t}{2}\right) \tag{5-37}$$

文献[5]提出了环流引起的滑移修正方法.滑移修正量是根据下面的滑移修正公式计算的.该环流的能头可以表示为

$$h_s = \frac{uv_u}{g} = \frac{\omega^2 R[R-(R_h+R_t)/2]}{g} \tag{5-38}$$

环流的总能头为

$$e_s = \int_{R_h}^{R_t} 2\pi\rho\omega^2 R^2 V_a\left(R - \frac{R_h + R_t}{2}\right)dR \tag{5-39}$$

环流的单位重量液体的平均能头为

$$H_s = \frac{e_s}{\rho g Q} \tag{5-40}$$

环流平均能头系数为

$$\psi_s = \frac{gH_s}{u_t^2} \tag{5-41}$$

文献[5]考虑了轴向速度等于常数的情况,即 $V_a = Q/[\pi(R_t^2 - R_h^2)]$,于是经过化简,给出该情况下环流平均能头系数表达式为

$$\psi_s = \frac{1}{2}(1+v^2) - \frac{1}{3}(1+v+v^2) \tag{5-42}$$

很明显,该系数仅取决于轮毂比 v.诱导轮 1~14 的 $v=0.5$,15~17 的 $v=0.258$,所以环流平均能头系数分别为常数 $\psi_s=0.042$ 和 0.092.从理论扬程系数中减去 ψ_s 就是滑移修正后的有限叶片数理论扬程系数.

图 5-10 表示采用 3 种方法预测的诱导轮 3 扬程系数的情况.第一种方法是本章提出的方法,第二种方法是 Euler 方程加上滑移修正,第三种方法是径向平衡方程计算的理论扬程系数分别进行滑移修正和减去水力损失后所获得的扬程系数.由图 5-10 可见,滑移修正后的有限叶片数的 Euler 方程仍旧与试验曲线相距很远,所以不太可能像离心叶轮那样,采用有限叶片数的 Euler 方程计算诱导轮的理论扬程.对径向平衡方程计算的理论扬程系数分别进行滑移修正后,与试验值还有不小的差距;再进行水力损失修正以后,扬程系数基本与试验值吻合.因此采用径向平衡方程计算诱导轮的扬程可能是可行的,但还需要进行深入的研究.

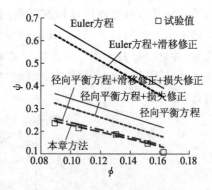

图 5-10 各种方法得到的诱导轮 3 扬程系数与流量系数曲线

5.3.3 排挤系数的影响

图 5-11 表示流量系数 $\phi=0.163$ 时,叶片排挤对诱导轮 3 理论扬程系数 ψ_{th} 的影响情况.螺旋叶片式诱导轮轮毂处产生的理论扬程明显低于轮缘处的扬程,致使理论扬程

系数沿径向分布很不均匀.图中还画出了径向平衡方程计算的理论扬程系数.与本章方法相比,径向平衡方程的计算结果沿径向分布较平坦,接近于等扬程分布.本章方法计算的扬程系数沿径向分布形式更接近于文献[4]的试验结果.

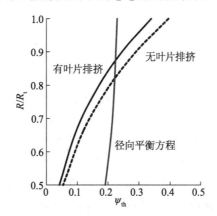

图 5-11 $\phi=0.163$ 时叶片排挤对诱导轮 3 理论扬程系数的影响

尽管考虑叶片排挤作用与否不影响诱导轮理论扬程系数从轮缘到轮毂总的分布趋势,但是叶片的排挤作用会使理论扬程系数平均降低约 22%.所以,在诱导轮扬程计算中有必要考虑叶片的排挤作用.

5.3.4 理论扬程沿叶片长度的变化

图 5-12 表示流量系数 $\phi=0.128$(设计工况)时,等螺距诱导轮 15 和变螺距诱导轮 16 的 5 个流面上的理论扬程 H_{th} 沿叶片相对长度的变化情况.很明显,由轮缘到轮毂 H_{th} 不断地下降.也就是说,螺旋诱导轮对液体的做功主要发生在轮缘附近.对于等螺距诱导轮 15,在轮缘的流面上,在 0~30% 叶片长度范围内,H_{th} 逐渐升高,超过该长度以后,理论扬程不再变化.因此该诱导轮对液体的做功主要发生在叶片前段 0~30% 长度范围内.在该流量下叶片经受较大的冲角(6.1°),所以该叶片长度范围内理论扬程的升高完全是由冲角引起的.

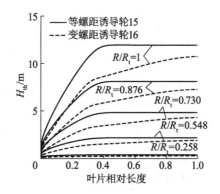

图 5-12 流量系数 $\phi=0.128$ 时等螺距诱导轮 15 和变螺距诱导轮 16 的 5 个流面上的理论扬程沿叶片相对长度的变化

对于变螺距诱导轮 16,在整个叶片长度范围内理论扬程一直稳定而缓慢地升高,在叶片出口处扬程略低于等螺距诱导轮 15. 由于冲角比较小(1.3°),所以,与诱导轮 15 相比,叶片进口附近的工作面和背面的压力差就大幅地降低了. 因此变螺距诱导轮 16 可望有较低的 NPSHr.

5.3.5 压力和速度分布

图 5-13 表示在流量系数 $\phi=0.128$ 工况下,诱导轮 15 和 16 的轮缘流面上流体静压力等值线和相对速度矢量分布情况,其中压力为 $p=p_0-W^2/(2g)+u^2/(2g)$,相对速度 W 和叶片圆周速度 u 分别为流面上流体的相对速度和圆周速度,p_0 为参考压力,这里取 $p_0=10 \text{ mH}_2\text{O}$. 对诱导轮 15,在叶片进口边附近的工作面(背面)有很高(低)的压力,在除此之外的区域,压力变化不大. 对诱导轮 16,除叶片进口边附近的工作面(背面)有较高(低)的压力外,由背面到工作面,由叶片头部到尾部压力是逐渐升高的. 另外,诱导轮 15 的压力变动范围是 6.5~10.5 mH_2O,而诱导轮 16 的仅为 8.4~10.2 mH_2O.

流体的相对速度方向仅在叶片头部附近有较大变化,在其他区域,相对速度方向基本与叶片走向一致. 在叶片头部附近,诱导轮 15 的叶片背面相对速度要比诱导轮 16 的高.

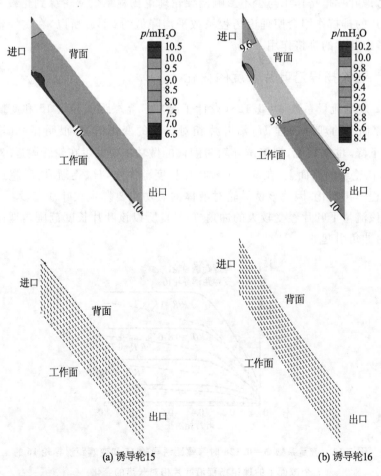

(a) 诱导轮15   (b) 诱导轮16

图 5-13 流量系数 $\phi=0.128$ 时诱导轮 15 和 16 的轮缘流面上流体压力分布和相对速度矢量

本章采用二维奇点法计算诱导轮若干流面上的叶栅理论扬程,然后求出平均理论扬程,最后减去由经验公式计算的水力损失而得到诱导轮实际扬程.这种预测方法考虑了叶片对流体的排挤作用,在经验公式中引入了一个与诱导轮几何形状相关的水力损失系数.对17个诱导轮的性能进行了计算,并与试验结果进行了详细比较.最后讨论了理论扬程沿叶片长度的变化,以及压力和相对速度在流道的分布情况.

由于考虑了叶轮几何参数,如叶片形状、叶片数、叶栅稠度和叶片角度等对诱导轮理论扬程的影响,同时借助于修正的经验水力损失公式,可以较准确地预测诱导轮的扬程曲线.结果表明,水力损失系数的修正系数与叶片数和平均叶片角有关,修正系数与平均叶片角存在线性关系.另外,叶片排挤系数对诱导轮理论扬程有较大的影响.等螺距诱导轮的理论扬程仅在0~30%叶片长度范围内升高,而变螺距诱导轮的理论扬程在整个叶片长度范围内都有升高.

由于缺少变螺距诱导轮叶片型线数据,所以仅用收集到的2个变螺距诱导轮对方法进行了验证,证据尚显不足.虽然结果初步表明变螺距诱导轮的水力损失修正系数与等螺距诱导轮没有明显不同,但是本章给出的水力损失修正系数能否适用于变螺距诱导轮还有待进一步确认.

本章仅提出了计算诱导轮非空化条件下的扬程的简便方法,该方法适用于设计方案的初选.值得指出的是,根据计算的理论扬程和实际扬程,可以估算出诱导轮水力效率.有关计算诱导轮空化性能的简便方法详见文献[17-19].

最早采用三维、定常、紊流流动自编程序进行诱导轮CFD数值计算的研究工作见于1994年[20].最近,随着商用CFD计算软件的普及,采用CFD方法计算诱导轮本体及诱导轮和主叶轮组合在一起的离心泵内部空化流动和水力性能的研究工作逐渐增多[21-25].文献[26,27]还尝试了理想流体条件下的诱导轮叶片三维反问题设计.文献[28]利用ANSYS软件Workbench中的优化模块和CFX的CFD计算功能完成了诱导轮黏性流体条件下的叶片优化设计.这些新方法的采用将有利于诱导轮水力和空化性能的进一步提高与完善.

参考文献

[1] 小林滋明,半沢晨夫.インデューサ付きポンプ.日立評論,1969,51(10):15-20.

[2] 大島政夫.インデューサつき遠心ポンプ.ターボ機械,1975,3(1):531-535.

[3] 渡辺敬,山田績.インデューサ付ポンプの水力特性と問題点.ターボ機械,1976,4(2):118-123.

[4] 喜多義範,古庄和宏,吉田貴弘,他.ヘリカルインデューサの特性と流動状態.日本機械学会論文集B編,1992,58(555):3324-3329.

[5] Yedidiah S. A Correlation Between Aerofoil Theory and Euler's Equation for Calculating the Head of a Constant-Pitch Axial-Flow Inducer. Proceedings of IMechE, 1987, 201(C5):357-363.

[6] Bramanti C, Cervone A, Agostino L. A Simplified Analytical Model for Evaluation the Noncavitating Performance of Axial Inducers. Proceedings of the 43rd AIAA/ASME/SAE/ASEE Joint Propulsion Conference, 2007.

[7] Agostino L, Torre L, Pasini A, et al. On the Preliminary Design and Noncavitating Performance Prediction of Tapered Axial Inducers. ASME Journal of Fluids Engineering, 2008, 130:111303-1-8.

[8] 李文广. 一种计算诱导轮扬程曲线的方法. 中国科技论文在线精品论文, 2011, 4(4):358-365.

[9] Li W G. Head Curve of Noncavitating Inducer. ASME Journal of Fluids Engineering, 2011, 133(2):024501-1-8.

[10] 猪坂弘, 板東潔, 三宅裕. パネル法を利用した翼列の逆問題. 日本機械学会論文集 B 編, 1989, 55(515):1937-1942.

[11] Gostelow J P. Cascade Aerodynamics. Oxford:Pergamon Press, 1984:93-97.

[12] Carpenter S H. Performance of Cavitating Axial Inducers with Varying Tip Clearance and Solidity. Pasadena:California Institute of Technology, 1957.

[13] Sandercock D M, Soltis R F, Anderson D A. Cavitation and Noncavitation Performance of an 80.6° Flat-Plate Helical Inducer at Three Rotational Speeds. NASA TN D-1439, 1962.

[14] Lewis G W, Tysl E R, Sandercock D M. Cavitation Performance of an 83° Helical Inducer Operated in Liquid Hydrogen. NASA TM X-419, 1961.

[15] 高松康生, 古川明徳, 石坂公一, 他. 平板ヘリカルインデューサの出口流れ:出口流れと吸込み性能に対する羽根数と羽根長さの影響. 日本機械学会論文集 B 編, 1978, 44(379):950-959.

[16] 田原晴男, 真鍋明. ポンプの吸込み性能改善に及ぼすインデューサの入口角と出口角の影響. 日本機械学会論文集 B 編, 1984, 50(458):2619-2624.

[17] Stripling L B, Acosta A J. Cavitation in Turbopumps—Part Ⅰ. ASME Journal of Basic Engineering, 1962, 84(3):328-338.

[18] Stripling L B. Cavitation in Turbopumps—Part Ⅱ. ASME Journal of Basic Engineering, 1962, 84(3):339-349.

[19] 堀口祐憲, 新井宗平, 福富純一郎, 他. インデューサに生じるキャビテーションの準三次元解析. 日本機械学会論文集 B 編, 2004, 70(694):1450-1458.

[20] Chen G C. Inducer Analysis/Pump Model Development. NASA CR-196005, 1994.

[21] 渡辺啓悦, 塚本寛. 流れ解析によるインデューサ付きディフューザポンプの設計流量ならびに部分流量における非定常流れ場の検討. 日本機械学会論文集 B 編, 2009, 75(753):1021-1030.

[22] 李晓俊, 袁寿其, 潘中永, 等. 诱导轮离心泵空化条件下扬程下降分析. 农业机械学报, 2011, 42(9):89-93.

[23] Hong S S, Kim D J, Kim J S, et al. Study on Inducer and Impeller of a Cen-

trifugal Pump for a Rocket Engine Turbopump. Proceedings of IMechE, Part C: Journal of Mechanical Engineering Science, 2012, 227(2):311 - 319.

[24] 李嘉,李华聪,符江锋,等. 一体式航空燃油离心泵内流场数值模拟. 西北工业大学学报,2015(33):278 - 283.

[25] Kim C, Kim S, Choi C H, et al. Effects of Inducer Tip Clearance on the Performance and Flow Characteristics of a Pump in a Turbopump. Proceedings of IMechE, Part A: Journal of Power and Energy, 2017, 231(5):398 - 414.

[26] 渡辺啓悦,市来勇. 3次元逆解法と流れ解析によるクライオジェニックポンプインデューサの開発. エバラ時報, 2008(221):3 - 11.

[27] Moisă I G, Susan-Resiga R, Muntean S. Pump Inducer Optimization Based on Cavitation Criterion. Proceedings of the Romanian Academy, Series A, 2013, 14(4): 317 - 325.

[28] Krátký T, Zavadil L, Doubrava V. CFD and Surrogates-Based Inducer Optimization. International Journal of Fluid Machinery and Systems, 2016, 9(3):213 - 221.

第 6 章 轴流泵叶片设计理论

6.1 轴流泵概述

轴流泵是一种低扬程、大流量、高比转速旋转动力式泵,因流体流入和流出叶轮的方向都沿泵轴线方向而得名.该泵是在轴流式水轮机即 Kaplan 水轮机①之后发展起来的新型泵种.目前,轴流泵主要应用于农田排灌、水利工程、城镇排涝、工业流程、火箭推进、石油开采和生物医学工程等领域.图 6-1 画出了目前这些领域中使用的轴流泵在比直径-比转速关系曲线中的位置,图中 n_s 和 d_s 的定义式见第 2 章,n_s 和 d_s 后面括号里的 3 个单位分别为计算 n_s 和 d_s 值时,它们各自所涉及的 3 个变量所用的单位;其中农田、水利、排涝和工业流程轴流泵的数据取自文献[1-10],火箭推进液氢轴流泵的数据取自文献[11],生物医学工程心脏轴流血泵的数据取自文献[12-29],石油开采用多相流输送轴流泵的数据取自文献[30-34].

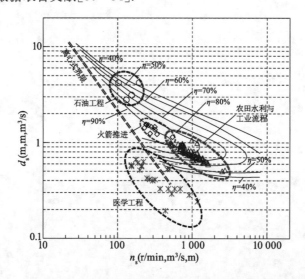

图 6-1　不同领域应用的轴流泵在比直径-比转速关系曲线中的位置

由图 6-1 可知,农田、水利、排涝和工业流程领域中的轴流泵的比转速都在 500 以上,属于通常意义上的轴流泵范畴,并且主要分布在高效区.火箭推进液氢轴流泵比转速介于 200~400 之间,属于混流泵范畴,若设计为轴流泵,叶轮直径较大或转速较高,流道较窄.石油开采用多相输送轴流泵的比转速介于 100~200 之间,属于离心泵范畴,

---

① Viktor Kaplan(1876—1934),奥地利人,生前为奥地利 Brunn Polytechnic University 教授,从事过混流式水轮机水力设计和试验研究,在提高混流式水轮机比转速的研究过程中,提出了轴流转桨式水轮机,于 1913 年 8 月 7 日获得奥地利专利.在获得 Kaplan 许可后,1926 年瑞典 Kristineham 公司设计、生产了效率高达 92.5%、叶片由液压驱动并安装于瑞典 Lilla Edet 水电站的轴流转桨式水轮机.

如果设计为轴流泵,叶轮直径较大或转速较高,流道较窄,叶片较长,效率较低.生物医学工程轴流泵比转速介于 200~1 000 之间,比直径多在 0.7 以下.

图 6-2 为德国 KSB 公司生产的农业和工业流程用立式、卧式和电潜轴流泵.立式轴流泵的口径一般不小于 400 mm,叶轮布置在下部,直接深入吸入池,电动机布置在泵头上,通过长轴与叶轮相连,泵出口是 90°弯头,弯头下部是泵底座.

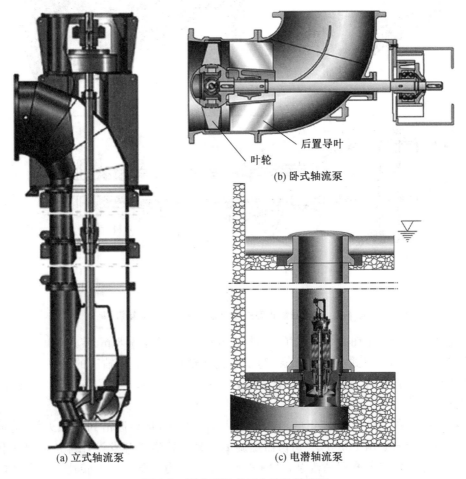

(a) 立式轴流泵 (b) 卧式轴流泵 (c) 电潜轴流泵

图 6-2　德国 KSB 公司生产的轴流泵

卧式轴流泵的口径一般不小于 250 mm,叶轮紧靠近泵出口 90°弯头或蜗壳,泵轴比较短,泵和电动机可共用一个底座.有的泵叶轮后面没有导叶,泵轴为悬臂式.该泵多用于化工流程中.

电潜轴流泵的口径一般不小于 350 mm,叶轮直接安装于潜水电动机的轴上,叶轮的后方布置有导叶,泵直接潜入井筒底部,输送的液体直接进入井筒,并沿井筒升至地面管道.

卧式轴流泵也可以设计成长轴悬臂式.图 6-3a 表示美国 Flowserve 公司生产的长轴卧式轴流泵.在该泵结构中,除泵体有轴封外,叶轮后方有一水导轴承.轴封和水导轴承有密封冲洗.图 6-3b 表示美国 Flowserve 公司生产的另一种有导轴承并安装有密封冲洗结构的长轴卧式轴流泵,其省略了水导轴承.因此,这两种长轴卧式轴流泵均适用于液体中含有固体颗粒的应用场合.

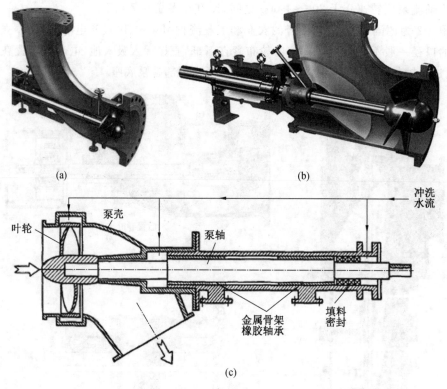

图 6-3 长轴悬臂式卧式轴流泵及浸没式挖泥轴流泵

文献[35]设计了图 6-3c 所示的流量 5 000 m³/h、扬程 3.8 m、转速 600 r/min、叶轮直径 0.7 m 的浸没式挖泥轴流泵.为了防止叶轮轮缘间隙和轴承的磨损,采用清水对这些部位进行冲洗.泵整个轴系长 7 m,泵头可以伸到水下 4.0～5.5 m 处的河床吸泥.

排水或水利工程中,河流里的鱼会被吸入轴流泵中,鱼会撞击到叶片头部,造成鱼的死亡.英国 Bedford Pumps 公司仿照螺旋离心泵叶轮型式开发设计了鱼可以顺利通过的 2 叶片鱼友好型电潜轴流泵,见图 6-4a.图 6-4b 为该泵在 4 个转速下的泵性能曲线.图 6-4c 为该泵的轴面图,该图是根据图 6-4d 所示常规电潜轴流泵轴面图改进的.主要改进包括:① 将轮毂从原来的圆柱形变成圆锥形,增加叶轮出口与导叶进口的距离;② 叶片减少到 2 枚,并在圆锥面以螺旋线形式沿轴向上升,增加叶轮直径;③ 导叶进口边倾斜,并后退至电动机外壳圆柱面起始处;④ 去掉吸入口喇叭面的阻旋叶片.这样的轴面修改实际将轴流叶轮改成了混流或斜流螺旋叶轮.此外,为了降低泵内液体流速,将泵转速降至 500 r/min 以下.试验表明:该叶轮对长 15 cm 左右的鲤鱼、鳊鱼、鲈鱼没损伤,但鱼体从泵出口排出后,与周围水体产生冲击,造成一定的鱼死亡;长 45 cm 左右的鳗鱼通过泵以后,没有死亡,存活率为 100%.

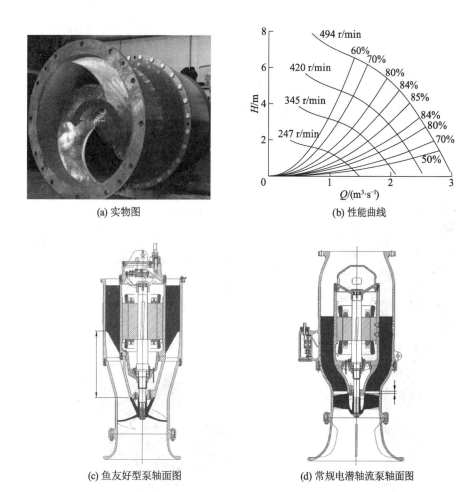

图 6-4 英国 Bedford Pumps 公司生产的鱼友好型电潜轴流泵

海底油气混输多级螺旋轴流泵(helicon-axial pump)是法国石油研究设计院 20 世纪 90 年代提出的海底油气混输增压技术. 利用该技术可以把海底或其他边远油田的油气用单一管道增压混输到油气岸上或中心油气分离站, 达到降低开采成本的目的. 1993 年, 瑞士 Sulzer 公司对油气混输泵产业化, 图 6-5 为该公司生产的海底油气混输多级螺旋轴流泵. 图 6-5a, b 分别为卧式 10 级和立式 8 级螺旋轴流泵, 图 6-5c 为该泵叶轮和导叶布置示意图. 叶轮叶片为常用航空翼型, 但叶片数和包角的取值类似于诱导轮, 在轮毂面上叶片呈螺旋线沿轴线缠绕. 叶轮后面的导叶将部分流体速度头转化为压力, 并消除速度环量. 因为油气多相流是可压缩的, 所以叶轮轴面流道宽度逐渐收缩, 导叶轴面流道宽度逐渐扩散. 该公司生产的多级螺旋轴流泵有 12 个规格, 覆盖的油气入口流量范围是 40~4 300 m³/h, 最高增压可达 9 MPa.

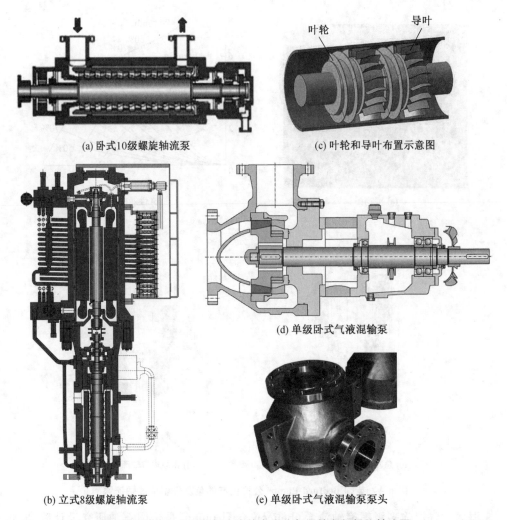

图 6-5 瑞士 Sulzer 公司生产的海底油气混输多级螺旋轴流泵

图 6-6 为美国太空署(NASA)于 1963—1965 年期间设计、制造和测试的阿波罗登月运载飞船土星 V 登月车 J-2 发动机所用的 Mark 15 液氢 7 级轴流泵[11]。叶轮直径为 184 mm,当转速为 25 000 r/min 时,流量为 0.54 m³/s,泵扬程为 11 683 m,进、出口压力分别为 0.21 和 8.6 MPa,效率为 84%。

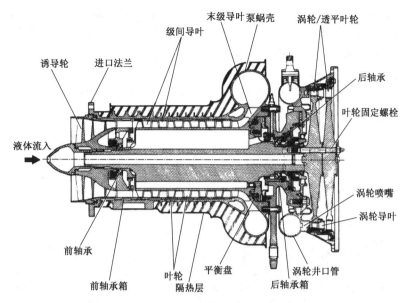

图 6-6　美国太空署(NASA)设计的阿波罗登月运载飞船土星 V 登月车 J-2 发动机所用的 Mark 15 液氢 7 级轴流泵

血液泵是克服左心室泵血功能障碍或衰竭的主要人工辅助器(left ventricular assist device, LVAD),也是过渡到心脏器官移植的"桥梁"或临时措施,即俗称的"心脏搭桥". 然而,目前心脏器官移植源数量远远少于心脏功能障碍或衰竭病人的数量,所以血液泵将不可避免地作为永久植入的人工心脏. 目前有脉动式和连续式血液泵,离心泵和轴流泵是常用的连续式血液泵. 血液泵植入体内后,患者一、二年存活率分别为 66%,46%(脉动式)和 80%,70%(连续式)[36]. 血液泵容易引起血栓、伤口出血、高血压、感染、呼吸功能衰竭、右心室功能衰竭和心律失常等并发症[36].

轴流血泵是 20 世纪 90 年代发展起来的新技术. 与脉动式和离心式血液泵相比,轴流血泵体积小、重量轻、用电省、手术创面小、植入容易,因此,近年得到快速发展. 图 6-7 为美国 Micromed 技术公司生产,NASA 帮助设计的品名为 DeBakey VAD、总体外径≤25 mm、长度为 70 mm、耗电 10 W 的轴流血泵. 当转速为 10 000 r/min 时,泵的扬程和流量可达 100 mmHg 和 5 L/min,可满足人的正常生理血液循环要求[37]. 血液泵的体积、重量、材料、可靠性、溶血(红血球破裂)性和转速控制是设计者重要的考虑因素.

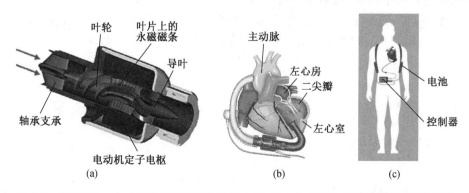

图 6-7　美国 Micromed 技术公司生产的轴流血泵、泵在左心室外的安装情况及泵的附件

为了对目前农田排灌、水利工程、工业流程和城市排水用轴流泵的水力设计参数和发展趋势有清晰的了解,对文献[1-10]所涉及的轴流泵水力设计参数进行了统计分析. 图 6-8a 表示当前轴流泵的设计工况点和扬程-流量范围. 图中的 2 个矩形框涵盖了扬程-流量范围,即流量 7~100 m³/s,扬程 0.4~11.4 m,其中 85% 的设计工况点落在了 2 个矩形框的重叠区,即流量 7~60 m³/s,扬程 0.4~7.0 m. 图 6-8b 为日本城市排水轴流泵设计流量年度发展趋势,从 1970 年至今,最高设计流量停滞在 50 m³/s[9].

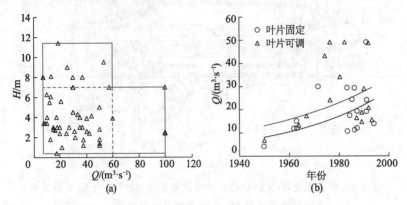

图 6-8 国内外农田排灌、水利工程和工业流程用轴流泵设计流量和扬程范围,以及日本城市排水轴流泵设计流量年度发展趋势

图 6-9 表示轴流泵设计参数的 4 种统计关系曲线,包括转速-流量、比转速-扬程、叶轮直径-流量及转速与叶轮名义直径之积-扬程等. 根据泵比转速定义式,$n_s \propto Q^{-0.5}$,图 6-9a 中拟合曲线给出的幂接近 -0.5. 另外,由泵比转速定义式,$n_s \propto H^{-0.75}$,但图 6-9b 中实型泵的拟合曲线给出的幂仅为 -0.30,叶轮名义直径为 300 mm、转速为 1 450 r/min 的实验室模型泵数据拟合给出的幂为 -0.71,接近理论值 -0.75. 根据图 6-9c,叶轮直径和泵设计流量有幂函数关系,且有良好的相关性.

文献[38]提出采用叶轮名义直径与泵设计转速之积 nD 作为轴流泵汽蚀/空化相似准则. 目前国内轴流泵模型 $D=0.3$ m,$n=1$ 450 r/min,nD 值为 435. 模型泵在此 nD 值下运行,不会发生空化,因此可以把 $nD=435$ 作为设计准则. 统计发现,nD 与泵设计流量和比转速没有统计关系,但与设计扬程存在图 6-9d 所示的统计关系,即随设计扬程的增高而增大. 其中约 40% 的轴流泵的 nD 值超过了 435.

从水力设计角度看,限制 nD 值实际等价于限制了设计扬程,因为理论上 $H \propto (nD)^2$. 另外,当 $nD=435$ 时,如果泵装置空化余量满足不了泵必需空化余量,轴流泵仍然会发生空化. 因此,nD 作为空化准则似乎不妥.

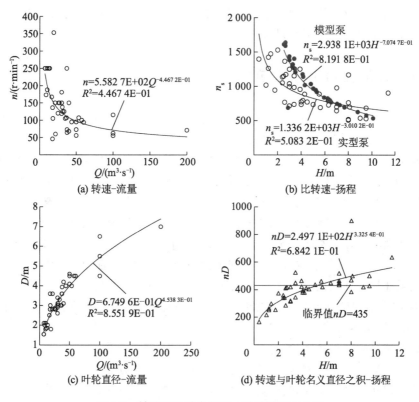

图 6-9 轴流泵设计参数的 4 种统计关系曲线

图 6-10 表示轴流泵设计工况的效率和比直径随比转速的关系. 泵效率值在 80%~90% 范围内分布比较分散,但有随比转速增加而降低的趋势,由于相关系数很小,图中的统计关系式没有统计学意义,仅供参考. 比直径的值小于 1,并随比转速的增大而迅速减小,且与比转速呈幂函数关系. 图中的 n_s-d_s 拟合公式为轴流泵叶轮提供了实际参考.

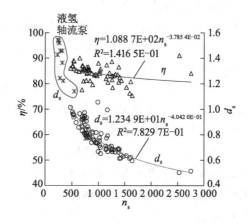

图 6-10 轴流泵设计工况效率和比直径与比转速的关系

图 6-10 中的 10 台火箭推进用液氢输送轴流泵[11]的比转速在 227~540 范围内,比直径介于 1.14~1.55 之间,属特殊情形,没有列入统计范围. 仅有一台轴流泵的比转速

为752,比值径为0.76,位于轴流泵正常比转速-比直径范围.根据比转速范围,这些轴流泵实际上可以设计为混流或斜流泵.

6.2 轴流泵叶片设计理论与方法

轴流泵叶片设计理论与方法主要是指用于设计轴流泵叶片的流体力学理论与方法.其宗旨是构建一个叶轮流场,设计出能够适应这个流场的叶片,并使叶片传递给液体的能量和通过的流量准确满足设计者或用户对轴流泵的性能要求.从流体力学角度看,这是一个设计问题或者说是反问题,即由流场推算出叶片形状和尺寸的问题.但是,在研究和工程实际中,实现真正的反问题是困难的.只能用一系列正问题,即由流道、叶片几何形状和尺寸得到流场的方式逐步确定合理的叶片形状和尺寸.因此,本章所提到的叶片设计理论与方法实际是指在一定的条件下简化得到的能够分析叶轮流道内部流动的理论,以及由流场信息构造叶片几何形状,并确定其尺寸的一套方法.

轴流泵叶片设计理论与方法主要包括3部分:① 叶轮关键几何尺寸的经验选取;② 运用流体力学理论对流道内部流动进行分析和流场解析;③ 依据流场信息进行叶片造型,形成三维实体叶片.

现有轴流泵叶片设计理论与方法主要包括3类:第一类是二维流动理论与方法;第二类是准三维流动理论与方法;第三类是三维流动理论与方法.

叶轮关键几何参数主要包括:叶轮直径 D_t、轮毂比 $v(v=d_h/D_t)$、叶片数 Z 和叶栅稠度 $\sigma(\sigma=l/s)$ 等,其中 d_h 为轮毂直径,这些几何参数的选择见第8章.

6.2.1 二维流动理论与叶片设计方法

轴流泵叶轮叶片宽度与叶片长度之比,即展宽比(aspect ratio)大于离心泵叶轮,所以流动参数沿叶片宽度有较大的变化.如果采用类似于离心泵叶轮水力设计的一维流动理论与方法,就会产生较大误差,无法满足预定的水力性能.目前,实际工程中应用的轴流泵叶片设计理论至少应该是二维流动理论.

二维流动理论的简化条件是:① 流体是不可压的理想流体,运动是定常的;② 叶片数无限多,流动是轴对称的;③ 液体绝对运动无旋;④ 轮毂和轮缘表面为圆柱面,流体在不同的圆柱形流面上运动,即绝对、相对速度的径向分速度为0,$V_R=W_R=0$;⑤ 轴向(面)速度为常数,$V_{a1}=V_{a2}=V_a$(常数).这就是圆柱层流动无关性假设.

轴流泵叶轮轴面图,以及叶轮和导叶圆柱流面展开叶栅及进、出口速度三角形见图6-11,图中的 V 和 W 分别为流体的绝对和相对速度,下标1,2,3,4分别表示叶轮进口和出口、导叶进口和出口,下标 a,u 分别表示轴向和周向,u 为半径 R 处的叶片圆周速度,叶轮进口无预旋速度、导叶出口流体绝对速度无剩余环量.流体沿着和垂直于无穷远相对来流方向 β_∞ 分别产生阻力 F_D 和升力 F_L,两者的合力为 F.该合力在圆周和轴向方向的分量分别为 F_u 和 F_a,它们对叶轮产生扭矩和轴向力.

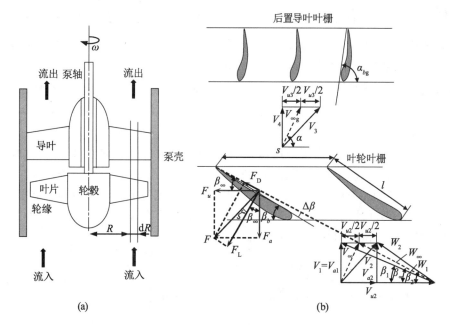

图 6-11 轴流泵叶轮轴面图,以及叶轮和导叶圆柱流面展开叶栅及进、出口速度三角形

根据上述假设,可以得出轴流泵叶轮内部流体绝对、相对速度计算表达式:

$$\begin{cases} V_a = 4Q/[\pi(D_t^2 - d_h^2)B_f] \\ V_u = gE/u = gE/(R\omega) \\ W_u = V_u - u = V_u - R\omega \end{cases} \quad (6-1)$$

式中:Q 为通过叶轮的流量;D_t 为叶轮直径;d_h 为叶轮轮毂直径;E 为沿流线的流体能量;R 为某一圆柱形流面的半径;ω 为叶轮旋转角速度;B_f 为叶片局部排挤系数,$B_f = 1 - Zt_u/(2\pi R)$,其中 Z 为叶片数,t_u 为局部叶片圆周厚度,在叶轮上游和下游,无叶片排挤,$B_f = 1$.

在叶轮旋转坐标系下,流体沿相对流线的能量方程为

$$\frac{p}{\rho} + \frac{W^2}{2} - \frac{u^2}{2} = I \quad (6-2)$$

式中:I 为相对总压或转子焓,是常数;p 为流体静压力;W 为相对流速;ρ 为流体密度.当 W, u 已知时,由该方程可以计算出流体静压力.

如果规定了沿流线的能量变化值 H,就可以计算出绝对流场和相对流场,从而得到绝对运动和相对运动流线.叶片进口和出口部分的相对运动流线就是叶片骨线,按一定厚度加厚骨线,就可以得到叶片剖面.将若干叶片剖面按某基准堆叠起来,就得到了三维实体叶片.这只是理论上的叶片设计方法.

实际中,规定能量 H 沿流线的最佳变化规律是困难的.所以在轴流泵叶片设计中,仅利用叶片进口 $H = H_1$(叶片进口流体能量)时所对应的均匀流场与叶片出口 $H = H_2$(叶片出口流体能量)时所对应的均匀流场.其中叶片出口流体能量与叶片进口流体能量之差等于叶轮的理论扬程 $H_{th} = H_2 - H_1$.于是新的均匀相对流场相对速度为[38]

$$\vec{W}_\infty = \frac{1}{2}(\vec{W}_1 + \vec{W}_2) \quad (6-3)$$

式中:$\vec{W}_\infty$为进、出口相对流速合成后的均匀相对流速,称为无穷远相对来流速度;$\vec{W}_1$,$\vec{W}_2$分别为沿流线的流体能量等于叶片进口、出口处能量所对应的均匀流场的相对流速. 根据该合成流场设计叶片,就能够满足预定的水力性能要求[39].

利用合成后的均匀相对流速$\vec{W}_\infty$设计轴流泵叶片的方法有 3 种:① 翼型升力法(isolated aerofoil theory);② 叶栅升力法(cascade theory);③ 平面叶栅流体力学设计法.

1. 翼型升力法

文献[40]于 1928 年给出了采用孤立/单独翼型升力法设计轴流水轮机和轴流泵叶片的基本方程和方法. 首先,采用保角变换法分别计算了孤立二维平板绕流和二维平板叶栅绕流的流场和相应的升力系数,然后,得出平板叶栅绕流升力系数与孤立平板绕流升力系数之比,即叶片相互作用(mutual interference)系数 K. K 是叶栅几何参数,即叶栅稠度 σ 和安放角 β_b 的函数,可表示为[40]

$$K = \frac{\left(\dfrac{2}{\pi\sigma}\right)\left[\cosh^2\left(\dfrac{\pi}{2}\sigma\sin\beta_b\right) - \cos^2\left(\dfrac{\pi}{2}\sigma\cos\beta_b\right)\right]}{\cos\beta_b\sin\left(\dfrac{\pi}{2}\sigma\cos\beta_b\right)\cos\left(\dfrac{\pi}{2}\sigma\cos\beta_b\right) + \sin\beta_b\sinh\left(\dfrac{\pi}{2}\sigma\sin\beta_b\right)\cosh\left(\dfrac{\pi}{2}\sigma\sin\beta_b\right)} \quad (6\text{-}4)$$

式中:$\sigma = l/s$,其中 l 为翼型或叶片弦长,s 为翼型或叶片栅(节)距. 对一给定的平板叶栅,由 σ 和 β_b 可算出 K,然后由孤立平板绕流升力系数公式 $C_{L0} = 2\pi\sin\Delta\beta$ 算出任意冲角 $\Delta\beta$($\Delta\beta = \beta_b - \beta_\infty$)下平板叶栅绕流升力系数 $C_{Lc} = K(\sigma, \beta_b)C_{L0}$.

文献[40]认为流线型翼型绕流升力系数和翼型叶栅绕流升力系数之间的关系亦近似符合式(6-4),建议在轴流水轮机和轴流泵叶栅水力设计时使用. 虽然后来文献[41]怀疑过式(6-4)计算结果与实际情况存在差异,但是没人提出更好的公式,所以该公式沿用至今.

然后,在某一圆柱形流面上,利用 Kutta–Joukowski 翼栅绕流环量定理、升力和阻力沿叶栅轴向和圆周方向的做功功率及叶轮机械 Euler 方程,得到叶栅空气动力学参数、几何参数、叶栅上游和下游流动参数的关联式:

$$KC_{L0}\sigma = \frac{2\Gamma}{s} = \frac{2gH_{th}}{u}\frac{W_a}{W_\infty}\frac{1}{W_a + \varepsilon W_{\infty u}} \quad (6\text{-}5)$$

式中:H_{th} 为叶轮理论扬程,$H_{th} = (V_{u2} - V_{u1})u/g$,其中 V_{u2} 为叶片出口处流体绝对速度的圆周分速度,V_{u1} 为叶片进口处流体绝对速度的圆周分速度,这里 $V_{u1} = 0$,叶轮理论扬程与设计扬程的关系为 $H_{th} = H/\eta_h$;W_u,W_a 分别为 W 的圆周、轴向分速度,$W_u = u - V_u$,$V_u = (V_{u1} + V_{u2})/2$,$W_a = V_a$;$\varepsilon$ 为阻力与升力之比,即阻升比,ε 的反正切 $\arctan\varepsilon$ 为翼型滑翔角 ζ. C_{L0} 和 ε 为某一翼型在一定雷诺数和展宽比条件下随冲角变化的风洞试验值.

考虑为翼型滑翔角 ζ 以后,利用三角函数关系,$\sin\beta_\infty = W_a/W_\infty$ 和 $\cos\beta_\infty = W_u/W_\infty$,则式(6-5)可变为另一种常见的形式:

$$KC_{L0}\sigma = \frac{2\Gamma}{s} = \frac{2gH_{th}}{u}\frac{W_a}{W_\infty^2}\frac{\cos\zeta}{\sin(\beta_\infty + \zeta)} \quad (6\text{-}6)$$

文献[41-45]分别推导了公式(6-6),其中文献[45]的推导最为简单明了,普遍为泵行业所接受. 值得指出:只有文献[41,44]分别给出了轴流风扇和轴流泵叶轮设计实例和样机试验结果,这是最早翼型升力法应用于轴流式流体机械的成功例子.

文献[40]考虑了有前置导叶和后置导叶的情形,并推导出某一流面上的叶栅水力效率及在等理论扬程条件下的叶轮平均水力效率,同时给出了叶轮空化校核公式.最后,提出了翼型升力法设计轴流泵叶片的过程.对于图6-11所示的后置导叶,有叶栅空气动力学关系式:

$$K_g C_{L0g} \sigma_g = \frac{2\Gamma_g}{s_g} = \frac{2V_a}{V_{\infty g}} \frac{(V_{u3} - V_{u4})}{V_a + \varepsilon_g V_{\infty ug}} \tag{6-7}$$

式中:K_g 为导叶叶栅叶片相互作用系数;C_{L0g} 为导叶孤立叶片升力系数;σ_g 为导叶叶栅稠度;s_g 为后置导叶的栅距;V_a 为导叶处液体绝对速度的轴向分速度;ε_g 为导叶孤立叶片阻升比;$V_{\infty g}$ 为导叶进、出口绝对流速的合成速度,即上游无穷远来流绝对速度;$V_{\infty ug}$ 为 $V_{\infty g}$ 的圆周分速度;V_{u3} 为导叶进口流体绝对速度的圆周分速度,$V_{u3} = V_{u2}$;V_{u4} 为导叶出口流体绝对速度,这里 $V_{u4} = 0$.因为 $V_a = W_a$,$V_{u3} = V_{u2}$ 和 $V_{u1} = V_{u4} = 0$,所以 $V_{\infty ug} = V_{\infty u}$ 和 $V_{\infty g} = V_{\infty}$.

考虑后置导叶后,流经半径为 R、厚度为 dR 的两个单元叶栅时,导叶出口和泵进口的实际扬程为

$$\begin{cases} H = \frac{1}{g} \frac{\Gamma}{s} \left[u - (\varepsilon + \varepsilon_g) V_a + \frac{\varepsilon u V_{\infty u} + (\varepsilon + \varepsilon_g) V_{\infty u}^2}{V_a} \right] \\ \frac{\Gamma}{s} = \frac{V_a (V_{u2} - V_{u1})}{V_a + \varepsilon (u - V_{\infty u})} \end{cases} \tag{6-8}$$

式中:Γ 为叶轮一个叶片的绕流环量.两个单元叶栅的水力效率为

$$\eta_h = \frac{u V_a - (\varepsilon + \varepsilon_g) V_a^2 + \varepsilon u V_{\infty u} - (\varepsilon + \varepsilon_g) V_{\infty u}^2}{u V_a + \varepsilon u (u - V_{\infty u})} \tag{6-9}$$

设计时,在每个流面上,首先选择翼型,假设冲角 $\Delta\beta$,$\Delta\alpha$ 和水力效率 η_h,得到 C_{L0},C_{L0g},H_{th},ε,ε_g,K,K_g 及各个速度分量,求出液流角 β_∞,$\alpha_{\infty g}$;然后由式(6-5)和式(6-7)算出叶栅稠度 σ,σ_g 及叶片长度;更新叶片安放角 $\beta_b = \Delta\beta + \beta_\infty$,$\alpha_b = \Delta\alpha + \alpha_{\infty g}$ 和 η_h,H_{th},各个速度分量及 $\Delta\beta$ 和 $\Delta\alpha$,最后,由式(6-5)和式(6-7)再算出叶栅稠度 σ,σ_g 及叶片长度.如此反复直到各个变量不再变化为止.此计算过程在3~5个流面上重复,采用下面的公式计算泵的平均水力效率:

$$\eta_{hm} = \frac{1 - \frac{2(\varepsilon + \varepsilon_g)}{u_t - u_h} + \frac{g \varepsilon H}{V_a (u_t + u_h)} - \frac{(\varepsilon + \varepsilon_g) g^2 H^2}{2 V_a u_t u_h (u_t + u_h)}}{1 + \frac{2}{3} \varepsilon \frac{u_t^2 + u_t u_h + u_h^2}{V_a (u_t + u_h)} - \frac{\varepsilon g H}{V_a (u_t + u_h)}} \tag{6-10}$$

式中:u_t,u_h 分别为轮缘和轮毂处叶轮圆周速度.如果水力效率符合用户或设计者的要求,就把在这些流面上的设计叶片沿半径方向串联起来形成实体三维叶片.否则,重新选择翼型、冲角等参数,直到泵平均水力效率令人满意为止.

为了使轴流泵水力效率最佳,叶轮和导叶几何参数与水力设计参数应该有合理组合.文献[46]针对后置导叶轴流泵叶轮,引入轴面速度系数 k_a 和圆周速度系数 k_u,研究了叶轮出口处等扬程条件下,轴流泵平均水力效率最优化问题.在不同轮毂比 v 和圆周速度系数条件下,分别画出了泵(叶轮+后置导叶)平均水力效率 η_{hm} 随轴面速度系数 k_a 和比转速 n_s 的变化曲线,为叶轮水力设计参数选择提供了依据.

计算中,叶轮和后置导叶叶栅的阻升比分别取为 $\varepsilon = 0.03$ 和 $\varepsilon_g = 0.065$.比转速 n_s、

轴面速度系数 k_a 和圆周速度系数 k_u 分别定义为

$$\begin{cases} u = k_u \sqrt{2gH}, V_a = k_a \sqrt{2gH} \\ Q = \dfrac{\pi}{4}(D_t^2 - d_h^2)V_a = \dfrac{\pi}{4}D_t^2(1-v^2)k_a\sqrt{2gH} \\ n_s = \dfrac{3.65n\sqrt{Q}}{H^{3/4}} = 576.5 k_u \sqrt{k_a}\sqrt{1-v^2} \end{cases} \quad (6\text{-}11)$$

式中：d_h 为叶轮轮毂直径；v 为轮毂比，$v = 1 - d_h/D_t$. 泵平均水力效率 η_{hm} 表达式为

$$\eta_{hm} = \dfrac{1}{1 + \dfrac{2k_a(\varepsilon+\varepsilon_g)}{k_u(1+v)} - \dfrac{\varepsilon}{k_a k_u(1+v)} + \dfrac{(\varepsilon+\varepsilon_g)}{8 k_a k_u^3 (1+v)^2} + \dfrac{2\varepsilon k_u(1+v+v^2)}{3 k_a v (1+v)}} \quad (6\text{-}12)$$

这里 $\varepsilon = 0.03$ 和 $\varepsilon_g = 0.065$ 为最小阻力系数，主要为翼型表面流体摩擦阻力损失，因此给出的水力效率只考虑了翼型表面摩阻，并不包括轮缘间隙泄漏水力损失. 式(6-12)中分母的第二项到最后一项总和是小于 1 的小量. 利用微分法近似公式，式(6-12)可以近似为

$$\eta_{hm} = 1 - \left[\dfrac{2k_a(\varepsilon+\varepsilon_g)}{k_u(1+v)} - \dfrac{\varepsilon}{k_a k_u(1+v)} + \dfrac{(\varepsilon+\varepsilon_g)}{8 k_a k_u^3 (1+v)^2} + \dfrac{2\varepsilon k_u(1+v+v^2)}{3 k_a v (1+v)} \right] \quad (6\text{-}13)$$

文献[47]提出了利用翼型升力法确定设有后置导叶的轴流泵叶轮几何参数的方法. 首先，利用翼型升力法，假设叶轮出口扬程等于常数，推导了轴流泵的平均水力效率，即

$$\eta_{hm} = 1 - \left[\dfrac{2k_a(\varepsilon+\varepsilon_g)}{k_u(1+v)} - \dfrac{3\varepsilon}{2k_a k_u(1+v)} + \dfrac{\varepsilon}{4 k_a k_u^3 v(1+v)} + \dfrac{2\varepsilon k_u(1+v+v^2)}{3 k_a v (1+v)} \right] \quad (6\text{-}14)$$

考虑泵进口和出口弯管的水力损失以后，泵平均水力效率为泵实际水力效率，即

$$\eta_{hp} = 1 - \left[\dfrac{2k_a(\varepsilon+\varepsilon_g)}{k_u(1+v)} - \dfrac{3\varepsilon}{2k_a k_u(1+v)} + \dfrac{\varepsilon}{4 k_a k_u^3 v(1+v)} + \dfrac{2\varepsilon k_u(1+v+v^2)}{3 k_a v (1+v)} + 4f\dfrac{L}{D_t}(1-v^2)^2 k_a^2 \right]$$
$$(6\text{-}15)$$

式中：f 为管道摩擦系数；L 为管道当量长度. 管道当量长度是由进、出水管局部阻力损失算出的附加管道长度与原管道长度之和. 此外，该式中括号里的前 4 项也与式(6-12)有所不同，主要原因是没有考虑后置导叶的压力能回收的能头.

其次，在式(6-15)中，求 η_{hp} 对 k_a 的全导数 $d\eta_{hp}/dk_a = \partial\eta_{hp}/\partial k_a + (\partial\eta_{hp}/\partial k_u)(dk_u/dk_a)$，并求其驻值——最高效率点，即 $d\eta_{hp}/dk_a = 0$，得到如下叶轮水力设计参数之间的关联式：

$$2(\varepsilon+\varepsilon_g)k_u^2 k_a^2 + \dfrac{3\varepsilon}{2}k_u^2 + 4f\dfrac{L}{D_t}(1+v)(1-v^2)^2 k_u^3 k_a^3 = \dfrac{2\varepsilon}{3k_a}k_u^4(1+v+v^2) + \dfrac{\varepsilon}{4v}$$
$$(6\text{-}16)$$

当 $\varepsilon, \varepsilon_g, f, L/D_t$ 和 v 给定时，上式规定了满足水力效率最高条件的 k_a 和 k_u 之间的关系. dk_u/dk_a 由式(6-11)中的比转速公式求出.

最后，在给定泵设计参数条件下，选定 $\varepsilon, \varepsilon_g, f, L/D_t$ 和 v 以后，就可以给定不同的 k_a，然后分别由式(6-16)和式(6-15)算出 k_u 和 η_{hp}，选择泵效率最高时的 k_u 和 k_a 值为最佳设计值，通过式(6-11)中的 k_u 和 k_a 算出叶轮直径和转速.

文献[48]提出一种轴流泵叶片设计翼型升力法，该方法是该文献作者提出的轴流风机叶片设计方法[49-51]在轴流泵中的应用. 主要思路也是在平均水力效率最高的条件下选择设计参数. 文献[49]给出了泵平均水力效率，略去 $\varepsilon^2, \varepsilon_g^2$ 项，并令 $V_{u1} = V_{u4} = 0$，有

$$\begin{cases} \eta_{hm}=1-\dfrac{(\varepsilon+\varepsilon_g)}{2\upsilon(1+\upsilon)\phi_t}\left(\dfrac{V_{u2t}}{u_t}\right)^2-\dfrac{2(\varepsilon+\varepsilon_g)\phi_t}{(1+\upsilon)}+\dfrac{2\varepsilon}{\upsilon(1+\upsilon)\phi_t}\dfrac{V_{u2t}}{u_t}-\dfrac{2\varepsilon(1+\upsilon+\upsilon^2)}{3(1+\upsilon)\phi_t} \\ \phi_t=2\eta_{hm}V_{u2t}/u_t,\ \phi_t=V_m/u_t,\ \psi_t=H/(u_t^2/2g),\ n_s=576.5\phi_t^{1/2}\psi_t^{-3/4} \end{cases}$$

(6-17)

式中:u_t 为轮缘圆周速度;V_{u2t} 为轮缘处叶轮出口处液体绝对速度的圆周分速度;ϕ_t 为流量系数;ψ_t 为扬程系数.

如果选定 $\varepsilon,\varepsilon_g$ 和 υ,就可以画出以 ϕ_t 和 ψ_t 为横、纵坐标表示的效率等高线和比转速变化曲线,图 6-12 就是根据式(6-17)计算的泵水力效率等高线.计算中 υ,ε 和 ε_g 取值与文献[48]相同,但无法再现其结果.当流量和扬程给定时,通过调整叶轮直径和转速改变 ϕ_t 和 ψ_t 值,使设计点位于泵平均水力效率高效区.

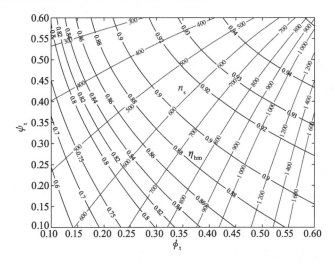

图 6-12 轴流泵平均水力效率等高线图(计算中取 $\upsilon=0.5,\varepsilon=\varepsilon_g=0.04$)

文献[52]提出了图 6-13 所示的 6 种两级轴流泵的布置方案,其中方案(f)为对旋叶轮,即叶轮转速相等但转向相反,这是最早提出的对旋轴流泵.在每级扬程、转速和轴功率相同的条件下,采用文献[46]的方法推导了泵水力效率随比转速的变化曲线.当比转速 $n_s\geqslant 500$ 时,与方案(a)相比,方案(b)和(c)水力效率提高微乎其微(相对提高值为 0.5%),方案(d)和(e)逊色于方案(a),只有方案(f)的水力效率有优势(相对提高值为 4.0%).

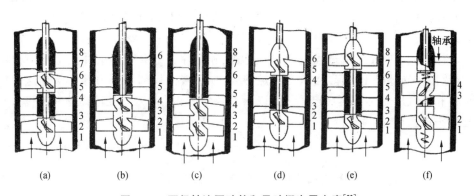

图 6-13 两级轴流泵叶轮和导叶栅布置方案[52]

在翼型升力法中,可以近似计算某一圆柱流面上的叶栅空化性能.利用试验测得的翼型表面最小压力系数 C_{pmin} 和叶片相互作用系数 K 可以近似估算叶片表面压力 p_{min},该压力表示为[40]

$$\begin{cases} \dfrac{p_{min}}{\rho g} = \left(\dfrac{p_1}{\rho g} + \dfrac{W_1^2}{2g} - \dfrac{W_{max}^2}{2g}\right) \\ \dfrac{W_{max}^2}{2g} = K(1 - C_{pmin})\dfrac{W_\infty^2}{2g} \end{cases} \quad (6-18)$$

式中:C_{pmin} 为最小压力系数,由风洞试验测得,压力系数定义为 $C_p = (p - p_\infty)/\left(\dfrac{1}{2}\rho W_\infty^2\right)$,其中 C_p 为翼型表面压力系数,p_∞ 和 W_∞ 分别为翼型风洞试验时上游无穷远来流压力和流速,当 $p = p_{min}$ 时,$C_p = C_{pmin}$;p_1 和 W_1 分别为叶栅入口处液体静压力和相对速度;W_{max} 为叶片表面流体最高速度.

在设计工况下,根据具体泵入口装置情况和 Bernoulli 方程,可以计算出叶栅入口处流体静压能头 $p_1/(\rho g)$,由叶栅进口速度三角形计算出相对速度头 $W_1^2/(2g)$,于是从式(6-18)计算出 $p_{min}/(\rho g)$.若 $p_{min}/(\rho g)$ 小于泵送温度下的液体饱和蒸汽压,即 $p_{min}/(\rho g) \leqslant p_v/(\rho g)$,则叶栅内部流动发生空化;否则,没有空化发生,这是文献[40]提出的轴流泵叶轮空化性能校核方法.由于当时没有提出必需空化余量和装置空化余量的概念,所以文献[40]并没有提到这些参数.

叶片泵 Thoma-Moody 空化相似律,即泵叶轮入口处高于泵输送温度下液体饱和蒸汽压的绝对吸入能头 H_{sv} 与泵总扬程 H 之比 H_{sv}/H 为常数.该相似律分别由 Taylor 和 Moody(1922年)、Thoma(1924年)独立提出[53].文献[53]将高于饱和蒸汽压的绝对吸入能头称为净吸入头 H_{sv},若认为在空化状态下比转速为常数,则由 Thoma-Moody 空化相似律和比转速公式可推出另一个空化相似律,即吸入比转速 C,最后给出了三者之间的关系,即

$$C = 5.62n\sqrt{Q}/H_{sv}^{3/4}, \quad n_s/C = (3.65/5.62)(H_{sv}/H)^{3/4} \quad (6-19)$$

文献[54]认为空化与离心泵叶轮入口流动状况有关,Thoma-Moody 空化相似律和吸入比转速都没有刻画这种流动状况.为此,提出 3 个流动参数,即净吸入头 H_{sv} 与叶轮入口轴面速度 $4Q/(\pi d_1^2)$ 的能头之比 $c_1 = gH_{sv}d_1^4/Q^2$,其中 d_1 为叶片进口边直径,H_{sv} 与圆周速度 $\pi n d_1/60$ 的速度头之比 $c_3 = gH_{sv}/(n^2 d_1^2)$,以及轴面速度与圆周速度 $\pi n d_1/60$ 之比,即相对液流角余切值 $c_2 = Q/(\pi d_1^3)$.画出了各个扬程下降百分比条件下由泵空化试验算出的 c_1-c_2 和 c_3-c_2 曲线.这是首次将空化相似律与叶轮进口处速度三角形相联系.

液体在流入叶轮流道过程中,叶片前盖板和叶片头部会引起液体局部相对速度增大,导致液体局部静压下降.当压力降足够大,导致液体局部静压力等于泵输送温度下液体饱和蒸汽压力时,就会引起空化.该压力降分别与叶片入口处液体绝对速度头和相对速度头成正比,即

$$H_p = C_{b1}\dfrac{V_{m1}^2}{2g} + C_{b2}\dfrac{W_1^2}{2g} \quad (6-20)$$

式中:C_{b1} 和 C_{b2} 分别为前盖板和叶片头部增速系数.但文献[54]认为压力降 H_p 应该为绝对总压力头的下降,即 H_{sv},于是式(6-20)变为

$$H_{sv}=C_{b1}\frac{V_{m1}^2}{2g}+C_{b2}\frac{W_1^2}{2g}=\frac{C_{b1}}{2g}\left(\frac{4Q}{\pi d_1^2}\right)^2+\frac{C_{b2}}{2g}\left[\left(\frac{4Q}{\pi d_1^2}\right)^2+\left(\frac{\pi n d_1}{60}\right)^2\right] \quad (6-21)$$

这是最早提出的绝对吸入能头计算公式. 实际上, H_{sv} 中应该包括绝对速度的圆周分速度头, 因此, 式(6-21)应该写成

$$H_{sv}=C_{b1}\frac{V_1^2}{2g}+C_{b2}\frac{W_1^2}{2g} \quad (6-22)$$

其中 $V_1^2=V_{m1}^2+V_{u1}^2$, 当叶轮进口无预旋时, $V_{u1}=0$, 从而式(6-21)和式(6-22)相同. 式(6-22)是最早由文献[55]给出的泵正吸入头计算公式, 即目前所谓的必需空化余量 NPSHr.

根据式(6-18)可以推出目前泵行业常用的必需空化余量公式. 在式(6-18)的第一个表达式两边同时加上叶栅入口绝对速度头 $V_1^2/(2g)$, 并整理成下式:

$$\left(\frac{p_1}{\rho g}+\frac{V_1^2}{2g}\right)-\frac{p_{min}}{\rho g}=\frac{V_1^2}{2g}-\frac{W_1^2}{2g}+\frac{W_{max}^2}{2g} \quad (6-23)$$

式中左侧括号中的两项表示叶栅入口液体绝对坐标系下的能头, 它们与 $p_{min}/(\rho g)$ 之差为装置空化余量 NPSHa. 当 $p_{min}/(\rho g)=p_v/(\rho g)$ 时, 叶栅内部流动处于空化临界状态, 右侧三项表示必需空化余量 NPSHr. 将式(6-18)的第二个表达式代入式(6-23), 有

$$\begin{cases}\text{NPSHa}=\left(\frac{p_1}{\rho g}+\frac{V_1^2}{2g}\right)-\frac{p_V}{\rho g}\\ \text{NPSHr}=\frac{V_1^2}{2g}+\left[K(1-C_{pmin})\left(\frac{W_\infty}{W_1}\right)^2-1\right]\frac{W_1^2}{2g}\end{cases} \quad (6-24)$$

在临界空化状态下, NPSHa=NPSHr. 根据速度 W_1, V_1 和 W_∞, 叶片相互作用系数 K 和试验最小压力系数 C_{pmin} 可计算出 NPSHr, 通常可以用单个翼型升力系数 C_{L0} 近似估算 C_{pmin}, 如 $-C_{pmin}\approx 0.65C_{L0}$[49] 或薄翼型解析解 $-C_{pmin}=(1+t/l+0.25C_{L0})^2-1$[56], t 为翼型最大厚度.

目前, 翼型升力法设计过程已经简化. 首先, 选择叶栅稠度 σ; 其次, 由式(6-4)计算出叶片相互作用系数 K, 并利用式(6-5)得到孤立翼型的升力系数 C_{L0}; 再次, 根据选择的翼型拱度和孤立翼型的升力系数 C_{L0}, 通过翼型升-阻曲线或升力系数计算公式得到冲角 $\Delta\beta$; 然后, 由 β_∞ 和 $\Delta\beta$ 计算翼型安放角 β_b, $\beta_b=\beta_\infty+\Delta\beta$; 最后, 由升力系数 C_{L0} 计算 NPSHr, 若已知泵吸入装置情况, 则可进行空化性能校核.

翼型升力法计算量很小, 但需要不断重复计算, 因此适用于采用图表或电子计算机程序计算. 文献[57]提出了轴流泵叶轮设计翼型升力法的四象限图线法. 文献[58-62]采用编写的升力法计算机程序设计了轴流泵叶轮叶片.

翼型升力法的优点是设计过程简单. 当流场确定后, 仅通过调整叶栅稠度, 变更翼型拱度和冲角来优化设计方法, 便于工程技术人员掌握. 从另一方面看, 升力法设计轴流泵叶片时, 无法改变叶片形状, 只能把翼型原来的骨线形状和厚度分布缩放, 然后映射到圆柱形流面的叶片剖面上, 显得不够灵活.

不过, 文献[63]对翼型升力法提出了改进, 即在式(6-5)和式(6-6)的右侧分别增加一个 $1.1\sim 1.25$ 和 $1.2\sim 1.3$ 的修正系数, 以分别考虑叶轮轮缘和轮毂处边界层对叶片水力性能的不利影响. 在边界层以外, 修正系数等于1. 与常规翼型升力法相比, 改进的升力法设计的叶片在轮缘和轮毂处弦长增加25%. 流动数值模拟结果表明, 这种改进方

法可提高泵效率 1% 左右,但该结果有待试验验证.

翼型升力法的主要缺点是需要叶片相互作用系数修正原有独立翼型升力系数.式(6-4)给出的系数实际是利用保角变换法得到的平板叶栅升力系数和孤立平板升力系数之比值,其中包括了叶栅稠度和安放角之间的关系.由于两者的绕流均为二维有势流动,所以叶片相互作用系数与叶栅实际情况存在偏差.当叶栅稠度小于 1 时,叶片相互作用较弱,升力系数修正结果有一定的可信性.但是当叶栅稠度大于 1 时,叶片相互作用较强,修正结果的可信性下降.

另外,平板无拱度,从翼弦算起的表观冲角就是流动的实际冲角.当冲角等于 0 时,升力系数亦等于 0.叶片相互作用系数单纯为同一冲角下的平板叶栅和孤立平板升力系数的比值.对于有拱度的实际翼型,表观冲角小于流动的实际冲角.当表观冲角等于 0 时,升力系数并不等于 0,而是等于一个正值.只有当表观冲角等于某个负值,即实际冲角为 0 时,升力系数才等于 0.应该根据实际翼型叶栅构造平板叶栅,使得在某一负的表观冲角下,平板叶栅的升力系数等于 0.然后在这零升力系数冲角下计算平板叶栅和孤立平板升力系数比值,从而得到叶片相互作用系数.文献[64]就提出了此类叶片相互作用系数的计算方法,但是零升力系数冲角计算公式和平板叶栅稠度计算公式中包含实际翼型叶栅保角变换到单位圆的信息,需要进行 Fourier 展开计算,无法写成解析式,并且依赖于具体翼型,限制了该方法的工程应用.故从理论上完善叶片相互作用系数以提高翼型升力法的计算精度似乎走到了死胡同.

文献[65]在 50 cm 矩形风洞上分别测量了 Gottingen 549(拱度 4.7% 位于 30% 弦长处,厚度 13.9% 位于 40% 弦长处)单个翼型和 5 个翼型组成的平面直列叶栅的表面压力分布.试验时,翼型雷诺数 $Re=197\,889$,叶栅稠度分别为 0.5,0.66,1.0 和 1.33,翼型安放角分别为 25°,22.5°,20°,17.5°,15° 和 12.5°,风洞试验叶栅进、出口速度三角形和翼型表面测压孔分布见图 6-14.

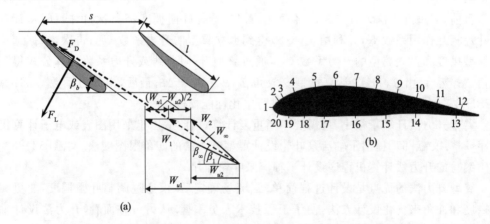

图 6-14 风洞试验平面直列叶栅速度三角形和翼型表面测压孔分布[65]

根据孤立翼型和直列叶栅环量定理及升力计算公式,可得到叶片相互作用系数 K($K=C_L/C_{L0}$)与叶栅稠度 σ 和入口液流角 β_1 之间的关系式:

$$\frac{1}{16}C_{L0}^2\sigma^2\cos^2\beta_1 K^2-\left(1-\frac{1}{2}C_{L0}\sigma\cos\beta_1\right)K+1=0 \qquad (6\text{-}25)$$

通过试验,文献[65]得到了图 6-15a 所示的 Gottingen 549 孤立翼型升-阻曲线.由式

(6-25)可得到叶片相互作用系数 K[65]：

$$K=\frac{4(2-C_{L0}\sigma\cos\beta_1-2\sqrt{1-C_{L0}\sigma\cos\beta_1})}{C_{L0}^2\sigma^2\cos^2\beta_1} \quad (6-26)$$

当已知 C_{L0}，σ 和 β_1 时，由上式可计算出 K，进而得到叶栅中翼型升力系数 C_L。然后算出平均液流角 β_∞ 与入口液流角 β_1 之差 $\beta_1-\beta_\infty$、基于叶片入口角 β_{b1} 的冲角 $\Delta\beta_1$（$\Delta\beta_1=\beta_{b1}-\beta_1$）及叶栅中翼型阻力系数 C_D：

$$\begin{cases}\beta_1-\beta_\infty=C_L\sigma\sin\beta_1/2\\ \Delta\beta_1=(\beta_b-\beta_\infty)-(\beta_1-\beta_\infty)\\ C_D=[C_{D0}\cos(\beta_1-\beta_\infty)\delta-C_{L0}\sin(\beta_1-\beta_\infty)]K\end{cases} \quad (6-27)$$

式中：β_b 为从翼弦算起的叶片安放角；β_∞ 为无穷远来流液流角；C_{D0} 为孤立翼型阻力系数。图 6-15b 表示 $\beta_b=25°$（此安放角与轴流泵叶片实际安放角接近）情况下，当叶栅稠度分别为 0.5，1.0 和 1.33 时，计算的叶栅中翼型升力系数与相应试验值的对比。由图可见，随着叶栅稠度的增加，叶栅翼型升力系数适应的冲角范围变窄，并且最高升力系数变小。当 $\sigma=0.5$ 时，在 $-2°\sim+4°$ 冲角范围内叶栅翼型升力系数高于孤立翼型升力系数（$\sigma=0$）。当 σ 等于或大于 1 以后，叶栅翼型升力系数均小于孤立翼型。

由孤立翼型升力系数和叶栅几何参数预测的叶栅翼型升力系数随冲角按直线规律变化，且在大部分冲角范围内小于试验值。式(6-26)无法预测出升力系数的曲线变化规律，半经验半理论上的叶片相互作用系数只能给出近似的升力系数修正。因此孤立翼型升力系数法在设计叶栅稠度较大的轴流叶轮时遇到了难以克服的困难。

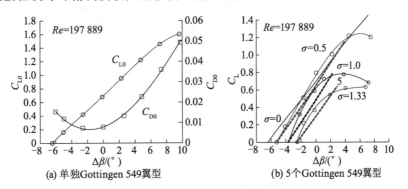

(a) 单独Gottingen 549翼型　　(b) 5个Gottingen 549翼型

图 6-15 孤立翼型风洞试验升力和阻力系数，以及 5 个翼型组成的平面叶栅升力和阻力系数
［翼型安放角为 25°，其中实线为试验值，虚线为式(6-26)的预测值］[65]

文献[66]根据现有孤立翼型风洞试验数据，以叶片转向角为横坐标，以冲角为纵坐标画出了升阻比、升力系数等高线，并标出了失速曲线，这样可以根据设计参数从图中直接查到最适宜的翼型。翼型包括薄圆弧翼、Gottingen、NACA 65 和 C4，升力系数修正仍采用现有的平板翼叶栅修正系数曲线。

2. 叶栅升力法

因采用孤立翼型升力法设计叶栅稠度较大的轴流叶轮存在困难，故在 20 世纪 40 至 50 年代，英国国家燃气轮机研究中心（National Gas Turbine Establishment of Great Britain，NGTE）进行了一些 C4 翼型组成的平面直列叶栅风洞试验，提出了设计轴流叶轮的方法[67,68]及所设计样机的性能试验[69]。此外，还分析了轴流式叶轮内部水力损失[68]及叶片拱度和厚度选择方法[70]. 图 6-16 表示翼型、平面直列叶栅几何参数定义,以及 C4 翼型平面直列叶栅的升力系数 C_L、阻力系数 C_D 和流体转向角(deflection angle)随冲角的关系曲线. 图中的骨线转向角 θ_b、流动冲角 $\Delta\beta$、落后角 δ 及它们之间的关系为

$$\begin{cases} \theta_b = \beta_{b2} - \beta_{b1} \\ \theta = \beta_2 - \beta_1 \\ \alpha = \beta_{b1} - \beta_1 \\ \delta = \beta_{b2} - \beta_2 \\ \theta_b = \beta_2 - \beta_1 - \Delta\beta + \delta = \theta - \Delta\beta + \delta \\ \beta_b = \dfrac{1}{2}(\beta_{b1} + \beta_{b2}) \end{cases} \tag{6-28}$$

式中:β_1,β_2 分别为叶栅入口、出口流动角;β_b 为翼弦安放角;θ 为流动转向角. 在叶栅设计,即反问题中,流动参数 β_1,β_2,θ,δ 和 $\Delta\beta$ 已知,需要确定叶栅几何参数 σ,β_{b1},β_{b2} 和 β_b,但是 δ 一般为翼型和叶栅几何参数的函数,设计过程需要迭代计算.

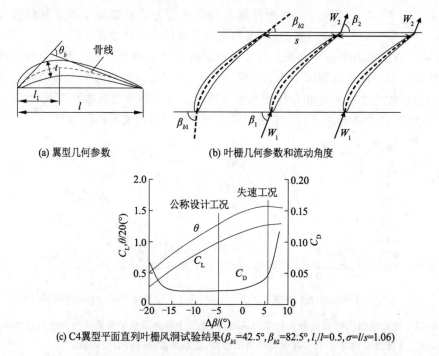

图 6-16 翼型、平面直列叶栅几何参数定义,以及平面直列叶栅的升力系数 C_L、阻力系数 C_D 和流动转向角 θ 的试验曲线[67]

图 6-16c 中的升力系数 C_L 和流动转向角 θ 随冲角增大而增大,但当冲角增大到 $+5°$ 时,θ 已达到最大值,C_L 的增加已经很缓慢. 在 $-15°\sim 0°$ 冲角范围内,阻力系数 C_D 最小,几乎为常数;在此范围之外,C_D 很快升高,呈失速状态,特别是当 $\Delta\beta > 5°$ 的时候. 一般以最小阻力系数升高 2 倍处的冲角为失速冲角,对应的工况为失速工况,设计时应该避开失速工况[66]. 文献[67]提出以 0.8 倍最大流动转向角为公称流动转向角 θ^*,对应的冲角 $\Delta\beta^*$ 为设计冲角或公称冲角(nominal incidence),对应的升力系数为公称升力系数 C_L^*,对应的工况为公称设计工况.

θ^* 和 C_L^* 均与叶栅稠度 σ 和出口流动角 β_2 有关,即两者随冲角的增加而增大,见图 6-17a. 图 6-17b 为无量纲冲角 $(\Delta\beta-\Delta\beta^*)/\Delta\beta^*$ 与无量纲流动转向角 θ/θ^* 和 C_D 的关系曲线. 如果已知 θ^* 和 $\Delta\beta^*$,就可以预测不同冲角下的 θ.

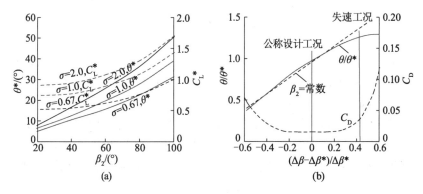

图 6-17 公称流动转向角 θ^* 和公称升力系数 C_L^* 与出口流动角 β_2 和叶栅稠度 σ 的关系,以及无量纲冲角 $(\Delta\beta-\Delta\beta^*)/\Delta\beta^*$ 与无量纲流动转向角 θ/θ^* 和 C_D 的关系曲线[67]

在几何平均圆柱形流面上,升力系数 C_L、阻力系数 C_D 和水力效率 η_h 与进口流动角 β_1、出口流动角 β_2、叶栅稠度 σ 存在下面的关系[67-71]:

$$\begin{cases} C_L = \dfrac{2}{\sigma}(\cot\beta_1 - \cot\beta_2)\sin\beta_\infty - C_{Dt}\cot\beta_\infty \\ C_{Dt} = C_D + C_{Da} + C_{Ds} \\ \eta_h = 1 - \dfrac{2}{\sin[2(90-\beta_\infty)]} \times \dfrac{C_L}{C_{Dt}} \\ \cot\beta_\infty = \dfrac{1}{2}(\cot\beta_1 + \cot\beta_2) \\ C_{Da} = 0.020 s/h,\ C_{Ds} = 0.018 C_L^2 \\ \xi = \dfrac{\Delta p_t}{\frac{1}{2}\rho W_1^2} = \sigma C_{Dt}\dfrac{\sin^2\beta_1}{\sin^3\beta_\infty} \end{cases} \quad (6\text{-}29)$$

式中:C_{Dt} 为叶栅总阻力系数;C_{Da} 为轮缘、轮毂环状边界层水力损失系数;h 为叶片高度/宽度;C_{Ds} 为叶栅二次流水力损失系数;β_∞ 为进口、出口流体速度几何平均速度;ξ 为叶栅流动总水力损失系数;Δp_t 为叶栅流动总压损失.

落后角 δ 与翼型几何参数和叶栅稠度及出口流动角有关,文献[67]提出了近似计算流动落后角的经验公式. 在公称设计工况下,落后角为公称落后角 δ^*,其值由下式计算:

$$\delta^* = \left[0.23\left(\dfrac{2l_1}{l}\right)^2 + 0.1\left(\dfrac{90-\beta_2^*}{50}\right)\right]\dfrac{\theta_b}{\sqrt{\sigma}} \quad (6\text{-}30)$$

式中:β_2^* 为公称设计工况下出口液流角. 根据叶轮机械 Euler 方程和叶轮进、出口速度三角形,可得到设计扬程 H、水力效率 η_h 和进、出口相对流动角 β_1,β_2 之间的关系:

$$\begin{cases} \cot\beta_1 = \dfrac{u-V_{u1}}{V_a} \\ \cot\beta_2 = \dfrac{u-V_{u2}}{V_a} \\ V_{u2} = \dfrac{gH}{\eta_h u} + V_{u1} \end{cases} \quad (6\text{-}31)$$

式中:V_{u1}为叶轮入口流体绝对速度的圆周分速度,由吸入室结构决定,为已知值;V_{u2}为叶轮出口流体绝对速度的圆周分速度,由设计扬程、水力效率和V_{u1}确定;V_a为流体轴向速度,由设计流量和叶轮轮缘、轮毂直径计算.

式(6-28)~式(6-31)和图 6-16、图 6-17 组成了设计轴流叶栅的基本方程和曲线.由于落后角的经验公式中含有θ_b,σ,整个设计过程需要迭代计算.该方法的主要缺点是设计是针对几何平均中间圆柱形流面上的叶栅,也无法对非设计工况的水力性能进行计算.

此外,文献[67]还给出了图 6-18a 所示的静止叶栅风洞试验中叶栅出口截面流动水力损失分布图,以及图 6-18b 表示的轴流旋转叶轮翼型(表面摩擦和形状阻力)水力损失、二次流水力损失和轮缘、轮毂处环状边界层水力损失大小随流量系数的变化曲线.在图 6-18a 中,尽管叶栅是静止二维的,但是叶栅出口截面的水力损失分布很不均匀,其中 50%~60%的损失分布于侧面固体附近的两个尾涡(trailing vortex)中,即二次流损失.在图 6-18b 中,在设计工况下,二次流和翼型水力损失大小相当,而环状边界层水力损失约为二者的 1/2.在非设计工况下,翼型水力损失有较大的增加,占明显的主导地位.

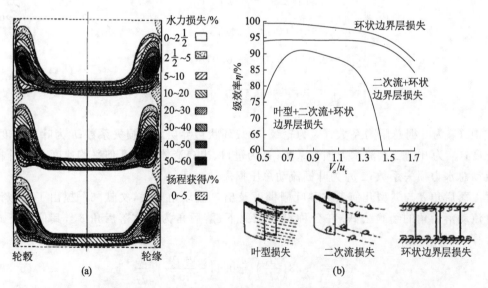

图 6-18 静止叶栅风洞试验出口截面水力损失分布和旋转轴流叶轮翼型水力损失、二次流水力损失、环状边界层水力损失随流量系数的变化曲线[67]

NACA 65 系列翼型是美国航空咨询委员会(NACA)设计的一种翼型表面压力系数分布受控的翼型.在翼型前 50%弦长范围内压力系数缓慢增加,然后随弦长的增加而快速线性下降,使得翼型前半部分边界层较薄,减小翼型表面摩擦损失.该翼型是针对轴流压气机叶轮而设计的.

从 20 世纪 40 年代开始 NACA 的航空实验室对 NACA 65 系列翼型组成的平面直列叶栅进行了大量的风洞试验[72-74],试验结果包括不同叶栅稠度下和翼弦安放角条件下升力系数、阻力系数和流动转向角随冲角的变化关系曲线. 后来,文献[75]对文献[74]的 5 种翼型和 5 种稠度下的试验数据进行了总结,画出了设计工况和非设计工况下的 4 个变量,即叶栅稠度、流动进口角、流动转向角和升力系数的地毯图(carpet-plot),为轴流叶轮设计提供了依据. 文献[76]进行了 NACA 63 系列翼型组成的平面直列叶栅的风洞试验. 与 65 系列翼型相比,63 系列翼型的拱度位于 30% 弦长处,最大压力差位置也由 50% 弦长处移到了 30% 弦长处. 试验表明,63 系列翼型叶栅比 65 系列翼型叶栅有更好的气动性能. 文献[77]比较了 NGTE 10C4/30C50 翼型和 NACA 65-$(12A_{10})10$ 翼型的气动性能. 试验结果表明,同一冲角下,2 种翼型的升力系数、阻力系数和流动转向角相近. 但是 NACA 翼型表面压力系数峰值较低,分布较为平坦.

与此同时,文献[73,78-84]还进行了轴流旋转叶轮叶片表面压力和叶栅上、下游流动测量,探讨了旋转轴流叶栅升力系数、阻力系数和转向角与静止平面直列叶栅的差别. 文献[73]除了进行静止平面直列叶栅风洞试验之外,还进行了旋转轴流叶轮叶片表面压力测量和上、下游流动测量,给出了 2 种稠度和翼弦安放角条件下转向角与冲角的关系曲线,以及不同冲角下转向角的径向分布曲线. 在同一冲角下,旋转叶栅引起的流动转向角一般低于平面直列叶栅. 另外,还得到了孤立翼型冲角、升力系数与叶栅流动转向角的关系曲线,提出了叶栅设计的初步方法.

文献[78]测量了旋转叶轮叶片表面压力分布和叶轮上、下游流动分布,得到了轮毂、中间和轮缘流面上的叶栅升力系数和阻力系数之间的关系曲线. 试验中,发现了二维风洞试验未观察到的边界层的径向移动. 边界层径向移动推迟了轮毂处的流动失速,但诱导了轮缘处失速的提早出现,而轮缘处的失速是决定叶栅增压极限的关键.

文献[79]测量了中间流面叶栅稠度为 0.86 的轴流叶轮叶片表面压力分布. 试验表明,相同冲角下叶栅升力系数比相同孤立翼型的升力系数低 21%,$dC_L/d\Delta\beta$ 斜率也比后者较小. 另外,受轮缘、轮毂处边界层、不当的叶片径向扭曲和较大间隙的影响,失速发生在轮缘和轮毂处.

文献[80,81]分别采用不同升力系数(0.31~0.99)设计了轴流叶轮叶栅,然后在旋转条件下测量了所设计叶轮的气动性能. 当叶栅稠度为 1.0 时,测量的流动转向角与平面直列叶栅十分吻合(0.5°~1°).

文献[82]测量了带进口导叶的轴流叶轮上、下游流动,得到了轮缘、中间和轮毂流面上冲角与叶轮流动转向角的关系曲线,并与二维叶栅风洞试验结果进行了对比. 结果表明:在轮缘和中间流面上,轴流叶轮流动转向角比二维叶栅平均高约 2°,而轮毂处低约 3°. 类似的试验结果见文献[83],其中轮缘、中间和轮毂流面的流动转向角比二维叶栅平均高 1°~1.5°.

文献[84]测量了 NACA 65 系列翼型组成的轴流叶轮上、下游流动分布和叶片表面压力分布,并与二维平面直列叶栅测量结果进行了比较. 在设计工况下,旋转叶轮轮毂、中间和轮缘处的流动转向角及叶片表面压力分布与平面直列叶栅测量结果吻合. 图 6-19 为设计工况下轮毂、叶片表面附近流动可视化丝线方向示意图[84]. 在轮毂表面附近丝线方向与叶片工作面方向有较大差异;在叶片背面附近,丝线方向偏向半径方向.这表明:轮毂和叶片表面附近存在二次流.在非设计工况下,两者存在很大差异,特别是在轮毂处,这可能与这种二次流有关.

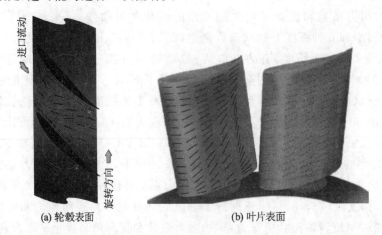

(a) 轮毂表面　　　　　　(b) 叶片表面

图 6-19　设计工况下轮毂和叶片表面附近流动可视化丝线(tuft)方向示意图[84]

为了计算轴流叶轮叶片水力损失和估算失速工况点,以提高轴流叶轮设计水平,文献[85]依据二维、定常、不可压流体的紊流边界层分离理论,提出二维平面直列叶栅或轴流叶轮叶片边界层的分离主要由下式表示的扩散系数(diffusion factor)D 所控制:

$$D = -\frac{\theta}{W}\frac{dW}{dx}Re_\theta^{-m} \qquad (6-32)$$

式中:θ 为叶片吸力面边界层动量厚度;W 为边界层外侧流体相对速度;x 为沿流动方向叶片表面坐标;Re_θ 为动量厚度雷诺数,$Re_\theta = W\theta/\nu$,其中 ν 为流体运动黏度;m 为正的幂.

平板边界层动量厚度方程,即 von Karman 方程表示动量厚度梯度与壁面剪切应力 τ、边界层形状系数 H 及速度梯度之间的关系,即

$$\frac{d\theta}{dx} = \frac{\tau}{\rho W^2} - (H+2)\frac{\theta}{W}\frac{dW}{dx} \qquad (6-33)$$

其中 ρ 为流体密度,边界层形状系数 H 与边界层位移厚度 δ 和动量厚度 θ 有关,$H = \delta/\theta$.在边界层分离点处,$\tau \approx 0$,$H = 2.0 \sim 2.5$,故式(6-33)可以简化为

$$\frac{d\theta}{dx} \propto -\frac{\theta}{W}\frac{dW}{dx} \qquad (6-34)$$

因此,式(6-32)实际表示动量厚度沿流动方向的梯度或增厚率.Re_θ 为动量厚度雷诺数,取决于叶片尺寸、进口流速、叶片表面粗糙度和紊流度.不同试验中,其值变化不大,可认为是常数,因此式(6-32)简化为

$$D = -\frac{\theta}{W}\frac{dW}{dx} \qquad (6-35)$$

图 6-20 表示设计工况下叶片表面流体速度分布图.通常,设计工况的流动冲角为 $1° \sim 3°$ 的正值,这时吸力面的流速比压力面高,并且最高流速位于叶片进口边附近 l_1 处.采用线性分布规律近似表示速度梯度 dW/dx,并将分母中的 W 分别由平均速度 W_{av} 和进口流速 W_1 取代,于是式(6-35)的速度梯度项近似为

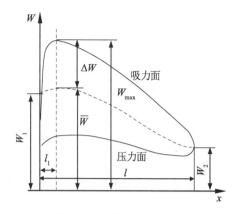

图 6-20 设计工况下叶片表面流速分布曲线示意图

$$-\frac{1}{W}\frac{dW}{dx} = -\frac{W_{max}-W_2}{(l-l_1)W_m} = -\frac{1}{(l-l_1)}\left[\left(1-\frac{W_2}{W_1}\right) + \left(\frac{W_{max}}{W_1}-1\right)\right] \quad (6\text{-}36)$$

其中 $W_m = (W_{max}+W_2)/2 \approx W_1$. W_{max} 由吸力面和压力面平均流速 $\overline{W}$ 及相应的增量 ΔW 表示,即

$$W_{max} = \overline{W} + \Delta W = W_1 + \Delta \overline{W} + \Delta W \quad (6\text{-}37)$$

式中:$\Delta \overline{W}$ 表示与叶片厚度相关的平均圆周流速沿叶片长度方向变化而导致的流速增量;ΔW 为与叶片拱度和冲角相关的叶片表面流动负荷或环量引起的 $\overline{W}$ 之上的流速增量.因此式(6-36)的第二项变为

$$\frac{W_{max}}{W_1} - 1 = \frac{\Delta \overline{W}}{W_1} + \frac{\Delta W}{W_1} \quad (6\text{-}38)$$

一般情况下,$\Delta \overline{W}/W_1 \approx 0.1$,因此可以从上式略去.另外,$\Delta W/W_1$ 与叶片环量有关,可近似表示为 $\Delta W/W_1 = b(W_{u1}-W_{u2})/(\sigma W_1)$,且 $b \approx 0.5$,因此

$$\frac{W_{max}}{W_1} - 1 = \frac{W_{u1}-W_{u2}}{2\sigma W_1} \quad (6\text{-}39)$$

其中 $W_{u1}-W_{u2}$ 为叶栅进口、出口相对速度圆周分速度之差,与叶片环量或升力成正比.

将式(6-39)和式(6-36)代入式(6-35),并近似认为 $\theta/(l-l_1)$ 为常数,得到轴流叶轮叶片吸力面扩散系数最终近似表达式:

$$D = \left(1-\frac{W_2}{W_1}\right) + \frac{W_{u1}-W_{u2}}{2\sigma W_1} \quad (6\text{-}40)$$

这就是文献[85]提出的叶栅扩散系数,即 D 系数.对于静止平面直列叶栅,相对流速为绝对流速.

根据现有试验数据,文献[85]计算了设计工况下 10 个轴流叶轮轮毂、中间和轮缘流面上的扩散系数 D 和总压损失系数 ξ $\left[\xi = \Delta p_t / \left(\frac{1}{2}\rho W_1^2\right)\right]$,并与二维叶栅风洞试验数据进行了对比.结果表明:$D$ 值一般在 $0.2 \sim 0.6$ 范围内;在中间流面上,叶轮 $D\text{-}\xi$ 离散点与二维静止直列叶栅的 $D\text{-}\xi$ 曲线比较吻合;在轮毂流面上,叶轮 $D\text{-}\xi$ 离散点比二维静止直列叶栅的 $D\text{-}\xi$ 曲线高出 1 倍;在轮缘流面上,叶轮 $D\text{-}\xi$ 离散点为二维静止直列叶栅的 $D\text{-}\xi$ 曲线的 4 倍多.该分析方法有独创性,深刻揭示了轴流叶轮水力损失特征.

文献[86]提出了另一种轴流叶轮叶片流体动力负荷极限参数(blade loading limit

parameter).该参数定义为最大吸力面流体静压升高与流动滞止压力和吸力面最高流速处静压力之差的比值,即

$$C = \frac{p_2 - p_{\min}}{p_0 - p_{\min}} \quad (6\text{-}41)$$

式中:p_2 为叶轮出口流体静压;$p_{\min}$ 为叶片吸力面最高相对速度处的流体静压;p_0 为流动滞止压力.对于二维理想流体,Bernoulli 方程表示为

$$p_0 = p_{\min} + \frac{1}{2}\rho W_{\max}^2 = p_2 + \frac{1}{2}\rho W_2^2 \quad (6\text{-}42)$$

利用式(6-42)、式(6-41)定义的流体负荷极限参数,即 C 系数可表示为

$$C = 1 - \left(\frac{W_2}{W_{\max}}\right)^2 \quad (6\text{-}43)$$

文献[86]计算了不同安放角、进口液流角和叶栅稠度条件下,轮毂、中间和轮缘流面上轴流叶轮的总压损失系数与 C 系数的离散点,得到的结果与文献[85]类似.另外,在失速条件下,C 值的范围比较窄.当 $\sigma=1.0$ 时,$C\in[0.75,0.78]$;但当 $\sigma=0.5$ 时,$C\in[0.70,0.74]$.

需要指出,C 系数反映了叶片表面静压的升高程度,而 D 系数则反映了叶片吸力面边界层外流速沿流动方向的梯度.C 系数定义式不含有叶栅稠度,不方便建立轴流叶轮 $C\text{-}\xi$ 曲线经验公式,所以实际应用受到了限制.

为了揭示轴流叶轮水力损失机理,文献[87]对二维平面直列叶栅后方的不可压流动的尾流进行了理论分析,建立了叶栅后方尾流特征参数,即动量厚度和形状系数与总压损失系数之间的解析关系式.结果表明:叶栅总压损失系数几乎与相对动量厚度(动量厚度与翼型弦长之比)和叶栅稠度成正比,而与液流出口角的正弦成反比.总压损失系数与叶片尾部动量厚度、形状系数、叶栅稠度和液流相对进、出口角的关系为

$$\xi = 2\frac{\theta_2}{l}\frac{\sigma}{\sin\beta_2}\left(\frac{\sin\beta_1}{\sin\beta_2}\right)^2\left(\frac{2H_2}{3H_2-1}\right)\left(1-H_2\frac{\theta_2}{l}\frac{\sigma}{\sin\beta_2}\right)^{-3} \quad (6\text{-}44)$$

式中:H_2 为叶片尾流形状系数,$H_2\in[1.0,1.2]$;θ_2/l 为叶片尾流相对动量厚度.如果已知 θ_2/c 的值,就可以由式(6-44)计算出总压损失系数,反之亦然.针对二维直列叶栅和翼型试验总压损失系数和尾流速度分布,文献[87]对该式进行了验证.结果发现:除了动量厚度外,紊流叶栅尾流与紊流翼型尾流具有相似性.叶片后方尾流迅速获得活力,混合损失主要发生在叶片下游$(1/4\sim1/2)l$ 范围内.

根据 NACA 65 和 C4 翼型的平面直列叶栅风洞试验数据,文献[88]提出从叶栅尾流力系数(wake force coefficient)或阻力系数(drag coefficient)或总压损失系数的试验值计算 θ_2/c 的方法,并与倡导的叶片吸力面流速扩散比(diffusion ratio)或等价扩散比(equivalent diffusion ratio)进行关联.

对于平面直列叶栅,在叶栅进口流动均匀,在下游考虑尾流的位移厚度的排挤作用,于是有下面的连续方程:

$$sW_1\sin\beta_1 = sW_2\sin\beta_2\left(1 - \frac{\delta_2}{\sin\beta_2}\right) \quad (6\text{-}45)$$

式中:W_1 为叶栅进口均匀流速;W_2 为叶栅下游均匀流速.考虑到 $H_2=\delta_2/\theta_2$,得到上、下游流速比与相对动量厚度和形状系数之间的关系式:

$$\frac{W_1}{W_2} = \frac{\sin\beta_2}{\sin\beta_1}\left(1 - \frac{\theta_2}{l}\frac{\sigma H_2}{\sin\beta_2}\right) \tag{6-46}$$

吸力面上的最高流速为 $W_{\max}$,因为 $W_1/W_2 = (W_{\max}/W_2)(W_1/W_{\max})$,所以上式可表示为 $W_{\max}/W_2$ 与相对动量厚度和形状系数之间的关系式:

$$\frac{W_{\max}}{W_2} = \frac{W_{\max}}{W_1}\frac{\sin\beta_2}{\sin\beta_1}\left(1 - \frac{\theta_2}{l}\frac{\sigma H_2}{\sin\beta_2}\right) \tag{6-47}$$

这里 $W_{\max}/W_2$ 为吸力面扩散比. $W_{\max}/W_2$ 与尾流相对动量厚度和形状系数有关,而总压损失系数也与尾流相对动量厚度和形状系数有关,故 $W_{\max}/W_2$ 与 θ_2/l 和 ξ 息息相关.

计算 $W_{\max}/W_2$ 需要已知 $W_{\max}/W_1$,θ_2/l 和 H_2,这是很难做到的. 因此令 $\theta_2/l = 0$,同时利用 $W_{\max}/W_1$ 的试验数据拟合经验公式计算,采用下式计算扩散比:

$$D_{eq} = \frac{W_{\max}}{W_2} = \frac{W_{\max}}{W_1}\frac{\sin\beta_2}{\sin\beta_1} \tag{6-48}$$

因为在计算扩散比时利用了经验公式,所以该扩散比被称为等价扩散比,即是真实扩散比的近似值或替代值. 对于 NACA 65 和 C4 翼型的平面直列叶栅,在最小阻力系数(设计)工况下,有计算 $W_{\max}/W_1$ 的经验公式:

$$\frac{W_{\max}}{W_1} = 1.12 + 0.61\frac{\sin^2\beta_1}{\sigma}(\cot\beta_1 - \cot\beta_2) \tag{6-49}$$

于是有等价扩散比 D_{eq}^* 为

$$D_{eq}^* = \frac{\sin\beta_2}{\sin\beta_1}\left[1.12 + 0.61\frac{\sin^2\beta_1}{\sigma}(\cot\beta_1 - \cot\beta_2)\right] \tag{6-50}$$

在非最小阻力系数(设计)工况下,$W_{\max}/W_1$ 经验值与冲角的增值有关,可由下式表示:

$$\frac{W_{\max}}{W_1} = a(\Delta\beta - \Delta\beta^*)^b + 1.12 + 0.61\frac{\sin^2\beta_1}{\sigma}(\cot\beta_1 - \cot\beta_2) \tag{6-51}$$

相应地,等价扩散比 D_{eq} 计算公式为

$$D_{eq} = \frac{\sin\beta_2}{\sin\beta_1}\left[a(\Delta\beta - \Delta\beta^*)^b + 1.12 + 0.61\frac{\sin^2\beta_1}{\sigma}(\cot\beta_1 - \cot\beta_2)\right] \tag{6-52}$$

式中:$\Delta\beta^*$ 为最小阻力系数工况下的冲角;经验常数 a 与翼型类型有关,对于 NACA 65 翼型,$a = 0.0117$,而对于 C4 翼型,$a = 0.007$;常数 b 与翼型类型无关,$b = 1.43$.

在非最小阻力系数(设计)工况下,出口液流角往往未知. 这时需要根据最小阻力系数(设计)工况下的流动转向角、流动转向角随冲角的变化关系斜率、冲角的差及进口液流角近似计算. 计算公式为

$$\beta_2 = \beta_1 + \left[\theta^* + \frac{d\theta^*}{d\Delta\beta}(\Delta\beta - \Delta\beta^*)\right] \tag{6-53}$$

其中 θ^* 和 $d\theta^*/d\Delta\beta$ 分别为最小阻力系数(设计)工况下的流动转向角和转向角对冲角的斜率. $d\theta^*/d\Delta\beta$ 与叶栅稠度和进口液流角有关,对文献[87]的曲线进行拟合,得到下面的经验公式:

$$\frac{d\theta^*}{d\Delta\beta} = 0.9883\left(\frac{\beta_1}{90}\right)^{0.0319}\left\{1 - e^{-\left[19.2375\times\left(\frac{\beta_1}{90}\right)^2 - 7.7175\times\left(\frac{\beta_1}{90}\right) + 4.8825\right]\sigma/2}\right\}, \sigma \in [0,2] \tag{6-54}$$

此外,文献[89]还分别提出了叶栅尾流力系数、阻力系数及总压损失系数. 叶栅尾

流力系数定义为单位栅距尾流动量亏缺与叶栅进口速度头之比,即

$$C_w = \frac{\int_{-s/2}^{s/2} \rho w_m (W_2 - w) \mathrm{d}y}{\frac{1}{2}\rho W_1^2 l} \qquad (6\text{-}55)$$

式中:w 为尾流相对流速;w_m 为 w 的轴面分量.利用尾流动量方程和连续方程,文献[87]推导出下式,以便根据 C_w 的风洞试验数据计算叶片尾部相对动量厚度 θ_2/l:

$$\frac{\theta_2}{l} = C_w \left(\frac{\sin \beta_2}{\sin \beta_1}\right)^2 \left(1 - \frac{\theta_2}{l}\frac{\sigma H_2}{\sin \beta_2}\right)^2 \qquad (6\text{-}56)$$

已知叶栅阻力系数 $C_D\left[C_D = F_D / \left(\frac{1}{2}\rho W_1^2 l\right),\text{其中 } F_D \text{ 为单位叶片宽度的流动阻力}\right]$ 的风洞试验数据时,需要将 C_D 转化为总压损失系数 $\xi(\xi = \sigma C_D/\sin \beta_\infty)$,然后采用式(6-44)计算 θ_2/l.若已知 ξ 的风洞试验数据,则可直接采用式(6-44)计算 θ_2/l.在计算中,一般取 $H_2 = 1.08$.

结果表明:无论是在最小阻力系数工况还是在非最小阻力系数工况,θ_2/l 与 $W_{\max}/W_2$ 或 D_{eq} 均具有相关性,并且非最小阻力系数工况的 θ_2/l 值均高于最小阻力系数工况.当 $W_{\max}/W_2$ 或 $D_{eq} \geqslant 2$ 时,θ_2/l 快速增加,因此 $W_{\max}/W_2$ 或 $D_{eq} = 2$ 应该为叶片失速的判据.

文献[88]对叶片后方尾流边界层流动进行了解析分析,得到了 $W_{\max}/W_2$ 与 θ_2/l 的关联式(6-47),但其中包含参数 $W_{\max}/W_1$,无法实际应用.为此,文献[90,91]假设叶片吸力面和压力面边界层可以近似用式(6-33)表示的动量方程,然后从叶片头部到叶片尾部对该方程沿边界层的边缘积分,得到下面的表达式:

$$\theta_2 = \int_0^{x_2} \frac{c_f}{2} \mathrm{d}x - \int_0^{x_2} (H+2)\frac{\theta}{W}\frac{\mathrm{d}W}{\mathrm{d}x}\mathrm{d}x \qquad (6\text{-}57)$$

式中:c_f 为边界层局部阻力系数,$c_f = \tau/\left(\frac{1}{2}\rho W^2\right)$;$x_2$ 为叶片出口边长度坐标.假设吸力面和压力面的最高流速均出现在叶片进口边,并取弦长均值 $\overline{(H+2)(\theta/l)}$ 为常数,于是上式的积分近似为

$$\frac{\theta_2}{l} = \frac{C_{fp}}{2} + \frac{C_f}{2} + \overline{(H+2)_p (\theta/l)_p} \ln \frac{W_{\max p}}{W_2} + \overline{(H+2)(\theta/l)} \ln \frac{W_{\max}}{W_2} \qquad (6\text{-}58)$$

式中:C_{fp} 和 C_f 分别为压力面和吸力面平均阻力系数;$\overline{(H+2)_p (\theta/l)_p}$ 和 $\overline{(H+2)(\theta/l)}$ 分别为压力面和吸力面平均值;$W_{\max p}$ 和 $W_{\max}$ 分别为压力面和吸力面最高流速.由于叶片吸力面流速的减低对叶片尾流边界层动量厚度增加的贡献比压力面大,所以上式分成常数项和变化项两部分:

$$\frac{\theta_2}{l} = \varepsilon + \overline{(H+2)(\theta/l)} \ln \frac{W_{\max}}{W_2} \qquad (6\text{-}59)$$

其中

$$\varepsilon = \frac{1}{2}(C_{fp} + C_f) + \overline{(H+2)_p (\theta/l)_p} \ln \frac{W_{\max p}}{W_2} \qquad (6\text{-}60)$$

式中:ε 近似等于光滑平板边界层平均阻力系数,对紊流边界层,$\varepsilon \approx 0.004$.

弦长平均值 $\overline{(H+2)(\theta/l)}$ 可以近似用两个变量各自的弦长平均值来代替,即 $\overline{(H+2)(\theta/l)} \approx (\overline{H}+2)(\overline{\theta}/l)$.另外,为便于积分,$\overline{\theta}/l$ 近似表示成 θ_2/l 的分数,即 $\overline{\theta}/l =$

$f_\theta \theta_2/l$. 最后,式(6-58)简化为

$$\frac{\theta_2}{l} = \varepsilon + (\overline{H}+2)f_\theta \frac{\theta_2}{l} \ln \frac{W_{\max}}{W_2} \tag{6-61}$$

利用式(6-61),可以求相对动量厚度 θ_2/l 与吸力面流速扩散比 $W_{\max}/W_2$ 的解析关联式:

$$\frac{\theta_2}{l} = \frac{\varepsilon}{1-k_s \ln \frac{W_{\max}}{W_2}} \tag{6-62}$$

其中 $k_s = (\overline{H}+2)f_\theta$,由试验数据近似确定.

图 6-21 表示平面直列叶栅相对动量厚度 θ_2/l 与吸力面流速扩散比 $W_{\max}/W_2$ 的解析式(6-62)计算值与文献[74]试验值的对比. 在最小阻力系数工况, $\varepsilon = 0.004$ 和 $k_s = 1.16$,文献[88]给出 $k_s = 1.17$,该值在 $W_{\max}/W_2 \geqslant 2$ 区间误差较大. 在非最小阻力系数工况, $\varepsilon = 0.004$ 和 $k_s = 1.12$.

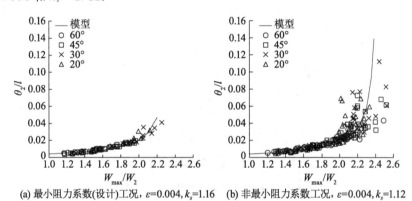

(a) 最小阻力系数(设计)工况, $\varepsilon=0.004, k_s=1.16$ (b) 非最小阻力系数工况, $\varepsilon=0.004, k_s=1.12$

图 6-21　相对动量厚度 θ_2/l 与吸力面流速扩散比 $W_{\max}/W_2$ 的
解析式计算值与平面直列叶栅试验值的对比[74]

文献[92]提出了采用二维有势流动和边界层动量厚度积分方程(6-33)分析二维直列叶栅水力损失,并应用于轴流叶轮水力性能预测的方法. 文献[93]的 Truckenbrodt 法用于求解紊流边界层动量厚度积分方程. 另外,当流体动力负荷极限参数 C 满足下式时,可判定叶片吸力面发生流动分离:

$$C = \frac{p_2 - p_{\min}}{p_0 - p_{\min}} \in [0.7, 0.8] \tag{6-63}$$

该式为 Ackeret 准则[94]. 流动分离发生以后,边界层计算停止. 虽然文献中给出了不同叶栅稠度下阻力系数和升力系数的关系等曲线,但没有试验验证.

试验表明:旋转轴流叶轮的水力损失往往比相同翼型的平面直列叶栅的风洞试验值高,特别是在轮缘处. 图 6-22 是文献[95]中汇总的 15 个轴流叶轮总压损失系数与扩散系数 D 的散点图. 由于翼型分别为 NACA 65 和双圆弧翼型,所以试验数据有些分散.

在轮毂和中间流面上,当 $D \leqslant 0.3$ 时,叶轮总压损失系数与平面直列叶栅相当;随着 D 的增加,叶轮总压损失系数最多为平面直列叶栅的 1.9 倍. 在轮缘流面,当 $D \leqslant 0.1$ 时,叶轮总压损失系数与平面直列叶栅大致相同;否则,随着 D 的增加,叶轮总压损失系

数快速增大,最多为平面直列叶栅的 7 倍.

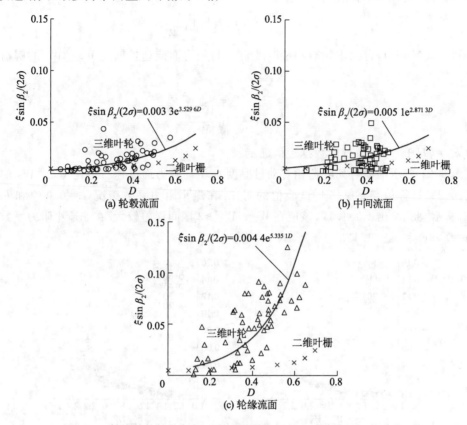

图 6-22 轴流叶轮扩散系数 D 与总压损失系数 ξ 试验值和回归曲线,
以及与平面直列叶栅试验值的对比[95]

轮缘处总压损失系数增大最大的原因是该处存在由泄漏涡引起的附加水力损失. 有关轮缘间隙、二次流和轮毂、轮缘边界层的水力损失计算等内容见第 7 章.

前面提到的文献[90,91]提出的平面直列叶栅总压损失计算方法已经编入文献[95]中的轴流压气机叶轮设计方法. 另外,文献[95]还提出公称冲角和落后角及非设计工况下落后角的计算方法,这些方法不及文献[66]的方法方便,需要多幅辅助曲线配合. 为了便于应用,对这些曲线进行了拟合分析. 对于 NACA 65 或 C4 翼型平面直列叶栅,最小阻力系数下的冲角可表示为

$$\Delta \beta_{2D}^* = \Delta \beta_{2D}^{t/l} + \frac{\mathrm{d}\Delta \beta_{2D}^*}{\mathrm{d}\theta_b}\theta_b \tag{6-64}$$

其中 $\Delta \beta_{2D}^{t/l}$ 为相同翼型剖面无拱度的最小阻力系数下的冲角,与翼型实际最大厚度比 t/l 和 10% 厚度比下的最小阻力冲角 $\Delta \beta_{2D}^{10}(\beta_1, \sigma)$ 有关,拟合后的经验公式为

$$\begin{cases} \Delta\beta_{2D}^{t/l} = K_s K_t\left(\dfrac{t}{l}\right)\Delta\beta_{2D}^{10}(\beta_1,\sigma) \\ F_t\left(\dfrac{t}{l}\right) = 446.479\,9\left(\dfrac{t}{l}\right)^3 - 150.052\,7\left(\dfrac{t}{l}\right)^2 + 20.761\,6\left(\dfrac{t}{l}\right) - 0.000\,4 \\ \Delta\beta_{2D}^{10}(\beta_1,\sigma) = a(\sigma)\left(\dfrac{\beta_1}{90}\right)^2 + b(\sigma)\left(\dfrac{\beta_1}{90}\right) + c(\sigma) \\ a(\sigma) = -1.227\,7\sigma - 0.701\,4,\; b(\sigma) = -4.954\,2\sigma + 1.186\,3,\; c(\sigma) = 6.154\,4\sigma - 0.470\,4 \end{cases}$$

(6-65)

式中：K_s 为翼型类型参数，对于 NACA 65 翼型，$K_s = 1$；对于 C4 翼型，$K_s = 1.1$。斜率 $\mathrm{d}\Delta\beta_{2D}^*/\mathrm{d}\theta_b$ 与进口相对液流角 β_1 和叶栅稠度 σ 有关，拟合后的经验公式为

$$\begin{cases} \dfrac{\mathrm{d}\Delta\beta_{2D}^*}{\mathrm{d}\theta_b} = a(\sigma)\left(\dfrac{\beta_1}{90}\right)^3 + b(\sigma)\left(\dfrac{\beta_1}{90}\right)^2 + c(\sigma)\left(\dfrac{\beta_1}{90}\right) + d(\sigma) \\ a(\sigma) = 0.428\,6\sigma^3 - 1.895\,7\sigma^2 + 2.619\,1\sigma - 0.512\,3 \\ b(\sigma) = -0.822\,3\sigma^3 + 3.748\,7\sigma^2 - 5.372\,7\sigma + 0.791\,3 \\ c(\sigma) = 0.436\,6\sigma^3 - 2.040\,8\sigma^2 + 2.851\,8\sigma + 0.346\,8 \\ d(\sigma) = -0.043\,8\sigma^3 + 0.187\,8\sigma^2 - 0.069\,6\sigma - 0.686\,1 \end{cases}$$

(6-66)

类似地，对于 NACA 65 或 C4 翼型二维直列叶栅，在最小阻力系数下，落后角可表示为

$$\delta_{2D}^* = \delta_{2D}^{*/l} + \dfrac{\mathrm{d}\delta_{2D}^*}{\mathrm{d}\theta_b}\theta_b \tag{6-67}$$

其中 $\delta_{2D}^{t/l}$ 为相同翼型剖面无拱度的最小阻力系数下的落后角，与翼型实际最大厚度比 t/l 和 10% 厚度比下的最小阻力系数下的落后角 $\delta_{2D}^{10}(\beta_1,\sigma)$ 有关，拟合后的经验公式为

$$\begin{cases} \delta_{2D}^{t/l} = K_s F_\delta\left(\dfrac{t}{l}\right)\delta_{2D}^{10}(\beta_1,\sigma) \\ F_\delta\left(\dfrac{t}{l}\right) = 235.86\left(\dfrac{t}{l}\right)^3 - 4.992\,4\left(\dfrac{t}{l}\right)^2 + 8.194\,7\left(\dfrac{t}{l}\right) + 0.001\,9 \\ \delta_{2D}^{10}(\beta_1,\sigma) = a(\sigma)\left(\dfrac{\beta_1}{90}\right)^2 + b(\sigma)\left(\dfrac{\beta_1}{90}\right) + c(\sigma) \\ a(\sigma) = 4.730\,2\sigma - 0.743\,1,\; b(\sigma) = 8.579\,3\sigma + 0.592\,5,\; c(\sigma) = 3.908\,2\sigma + 0.139\,1 \end{cases}$$

(6-68)

同样，对于 NACA 65 翼型，$K_s = 1$；对于 C4 翼型，$K_s = 1.1$。斜率 $\mathrm{d}\delta_{2D}^*/\mathrm{d}\theta_b$ 取决于进口相对液流角 β_1 和叶栅稠度 σ，拟合后的经验公式为

$$\begin{cases} \dfrac{\mathrm{d}\delta_{2D}^*}{\mathrm{d}\theta_b} = a(\sigma)\left(\dfrac{\beta_1}{90}\right)^2 + b(\sigma)\left(\dfrac{\beta_1}{90}\right) + c(\sigma) \\ a(\sigma) = -0.096\,2\sigma^4 + 0.587\,9\sigma^3 - 1.350\,5\sigma^2 + 1.364\,3\sigma - 0.202\,13 \\ b(\sigma) = 0.184\,4\sigma^4 - 1.096\,5\sigma^3 + 2.420\,5\sigma^2 - 2.310\,3\sigma + 0.251\,6 \\ c(\sigma) = -0.066\,4\sigma^3 + 0.343\,3\sigma^2 - 0.674\,1\sigma + 0.814\,9 \end{cases}$$

(6-69)

对于 NACA 65 或 C4 翼型二维直列叶栅，在未失速工况冲角范围内，落后角与冲角有关，可以近似为下面的线性关系式：

$$\delta_{2D} = \delta_{2D}^* + \dfrac{\mathrm{d}\delta_{2D}^*}{\mathrm{d}\Delta\beta}(\Delta\beta_{2D} - \Delta\beta_{2D}^*) \tag{6-70}$$

其中

$$\frac{\mathrm{d}\delta_{2\mathrm{D}}^*}{\mathrm{d}\Delta\beta}=0.988\ 3\left(\frac{\beta_1}{90}\right)^{0.031\ 9}\mathrm{e}^{-\left[19.237\ 5\left(\frac{\beta_1}{90}\right)^2-7.717\ 5\left(\frac{\beta_1}{90}\right)+4.882\ 5\right]\sigma/2},\sigma\in[0,2] \quad (6\text{-}71)$$

将式(6-64)和式(6-67)的冲角和落后角表达式代入式(6-28)的叶片拱度转向角、流动转向角、冲角和落后角的关联式：$\theta_b=\theta-\Delta\beta+\delta$，得到计算叶片拱度转向角的关系式：

$$\theta_b=\frac{\theta-(\Delta\beta_{2\mathrm{D}}^*-\delta_{2\mathrm{D}}^*)}{1+\dfrac{\mathrm{d}\Delta\beta_{2\mathrm{D}}^*}{\mathrm{d}\theta_b}-\dfrac{\mathrm{d}\delta_{2\mathrm{D}}^*}{\mathrm{d}\theta_b}} \quad (6\text{-}72)$$

试验表明，旋转轴流叶轮的最小阻力系数下的冲角 α_{R}^* 和落后角 δ_{R}^* 与二维平面直列叶栅有所不同[94]，两者之间的差值 $\Delta\beta_{\mathrm{R-2D}}^*$ 和 $\Delta\delta_{\mathrm{R-2D}}^*$ 分别用下式表示：

$$\begin{cases}\Delta\beta_{\mathrm{R-2D}}^*=\Delta\beta_{\mathrm{R}}^*-\Delta\beta_{2\mathrm{D}}^*=2.610\ 1\times10^{-4}\zeta^2+2.120\ 7\times10^{-2}\zeta-2.759\ 2\\ \Delta\delta_{\mathrm{R-2D}}^*=\delta_{\mathrm{R}}^*-\delta_{2\mathrm{D}}^*=7.172\ 1\times10^{-6}\zeta^3-6.191\ 5\times10^{-4}\zeta^2+1.509\ 1\times10^{-2}\zeta-0.553\ 8\end{cases}$$
$$(6\text{-}73)$$

式中：ζ 为从轮缘算起的叶片高度占总叶片高度的百分比，单位为%，即轮缘 $\zeta=0\%$，轮毂 $\zeta=100\%$. 于是，某一圆柱形流面上的旋转轴流叶轮的最小阻力系数下的冲角和落后角分别为

$$\begin{cases}\Delta\beta_{\mathrm{R}}^*=\Delta\beta_{\mathrm{R-2D}}^*+\Delta\beta_{2\mathrm{D}}^*=\Delta\beta_{\mathrm{R-2D}}^*+\Delta\beta_{2\mathrm{D}}^{*/l}+\dfrac{\mathrm{d}\Delta\beta_{2\mathrm{D}}^*}{\mathrm{d}\theta_b}\theta_b\\ \delta_{\mathrm{R}}^*=\delta_{\mathrm{R-2D}}^*+\delta_{2\mathrm{D}}^*=\delta_{\mathrm{R-2D}}^*+\delta_{2\mathrm{D}}^{*/l}+\dfrac{\mathrm{d}\delta_{2\mathrm{D}}^*}{\mathrm{d}\theta_b}\theta_b\end{cases} \quad (6\text{-}74)$$

相应地，轴流叶轮的叶片拱度转向角的关系式变为

$$\theta_b=\frac{\theta-(\Delta\beta_{2\mathrm{D}}^*+\Delta\beta_{\mathrm{R-2D}}^*-\delta_{2\mathrm{D}}^*-\Delta\delta_{\mathrm{R-2D}}^*)}{1+\dfrac{\mathrm{d}\Delta\beta_{2\mathrm{D}}^*}{\mathrm{d}\theta_b}-\dfrac{\mathrm{d}\delta_{2\mathrm{D}}^*}{\mathrm{d}\theta_b}} \quad (6\text{-}75)$$

同时，在未失速工况冲角范围内，轴流叶轮的落后角与冲角的关系式变为

$$\delta_{\mathrm{R}}=\delta_{\mathrm{R}}^*+\frac{\mathrm{d}\delta_{2\mathrm{D}}^*}{\mathrm{d}\Delta\beta}(\Delta\beta_{\mathrm{R}}-\Delta\beta_{\mathrm{R}}^*) \quad (6\text{-}76)$$

式(6-65)～式(6-76)是本书根据文献[95]的相关设计曲线的拟合结果整理出的经验公式，并对个别公式进行了订正.

除了式(6-30)可以计算流动落后角以外，文献[96]根据 RAF 6E 翼型设计轴流风机叶轮前、后流场试验数据，得到落后角 δ 与冲角 $\Delta\beta$ 和叶栅稠度 σ 之间的经验公式：

$$\delta=\frac{1}{\sigma}(0.525\Delta\beta+11.7) \quad (6\text{-}77)$$

该式是由 4 个流面测量数据拟合而成的，这些流面的位置分别位于相对半径（某一半径与叶轮半径之比）0.53，0.61，0.69 和 0.78 处. 与式(6-30)相比，式(6-77)中 δ 与 σ 成反比.

20 世纪 70 年代后，叶栅升力法有所发展. 文献[97]对圆弧翼组成的平面直列叶栅进行了一系列风洞试验，根据这些试验结果，提出了圆弧叶栅升力设计法，主要包括叶片拱度、转向角和公称冲角随入口相对液流角变化的地毯图. 文献[98]考虑了翼型厚度对冲角和转向角的影响，并对设计地毯图进行了加密. 文献[99]对文献[75]提出的

NACA 65 翼型平面直列叶栅设计地毯图从 60°入流角降低到 10°,扩大了设计范围. 主要方法是利用 Schlichting 奇点法计算不同冲角下的流动转向角,计算时将布置在翼弦上的点涡、点源(汇)分别表示成 Glaucrt 三角函数级数,然后由翼型拱度确定点涡线密度分布,由翼型厚度确定点源(汇)强度分布,计算控制点分别为 3/4,7/12 和 11/12 弦长处[100]. 文献[101,102]编写了叶栅升力法的 FORTRAN 计算机语言程序. 文献[103]采用 Schlichting 奇点法对原有 NACA 65 系列风洞试验进行了校正以考虑流面倾斜和轴面速度的变化,提出了升力系数、安放角等校正量曲线. 文献[104]采用 Schlichting 奇点法计算了不同冲角下 NACA 65 翼型平面直列叶栅的流动转向角,简化了文献[75]的设计图表,并实现了计算机程序化.

文献[105]对 NACA 65(12)10 翼型组成的平面直列叶栅进行了水洞水力和空化性能试验,然后利用文献[74]的地毯图进行了两个直径为 250 mm 的轴流叶轮水力设计,最后测量了配有这两个叶轮的轴流泵水力和空化性能试验. 文献[106]采用同样方法设计了另外 5 个轴流泵叶轮,并测量了泵水力和空化性能试验. 结果表明:轴流泵最高效率为 80%,叶片轴垂面投影为扇形的空化性能好于投影为矩形的. 图 6-23 为文献[104]观察到的叶轮 A 空化形态及相应的泵工况范围.

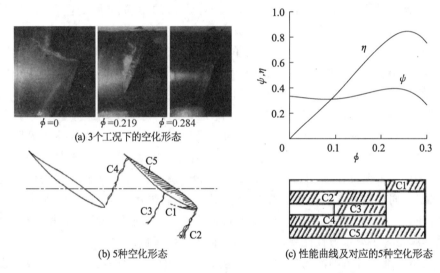

图 6-23 轴流叶轮空化形态及相应的泵工况范围[105]

文献[107]采用叶栅升力法设计了 NACA 6409 翼型组成的叶片数分别为 5,4 的两台轴流血泵. 试验表明:叶片数为 4 的叶轮扬程曲线无驼峰;在设计流量 6 L/min 和转速 22 000 r/min 条件下,扬程可达 128 mmHg,效率为 46.5%(最高效率为 82.6%).

3. 平面叶栅流体力学设计法

前面提到的风洞试验方法和轴流叶轮流动测量实际是利用试验方法求解孤立翼型或平面直列叶栅或轴流叶轮流动的近似解,得到的近似解用升力系数、阻力系数、流动转向角等参数曲线或关联式表示. 在已知过流部件和进口流动参数的条件下,求解绕过流部件流动近似解的过程,通常称为正问题. 根据现有过流部件流动近似解和已知运行工况条件,计算过流部件几何形状和尺寸的过程为设计过程,通常称为反问题.

除了试验方法,还可采用流体力学解析或数值计算直接求解平面叶栅流体运动方程得到叶栅水力性能,即正问题;同样,亦可采用流体力学解析或数值计算方法设计平面直列叶栅,即反问题.这种采用流体力学模型设计平面直列叶栅的方法本书称为流体力学设计法.根据方法所依赖的设计流动变量,可以把它分为4种:① 翼型表面速度法;② 叶片负荷法;③ 准三维法;④ 三维法.

翼型表面速度法是依据事先给定的叶栅稠度、栅距、上下游流动条件和翼型吸力面、压力面速度分布进行叶栅设计的反问题方法.根据叶栅绕流流动计算方法,该方法可细分为保角变换法、奇点法和有限元法等.保角变换法是利用复变函数单连通域保角变换设计平面直列叶栅的流体力学方法.流动模型为二维理想流体的流动,理论基础是复变函数中的 Riemann 定理,即任何单连通内部域都可以通过解析函数 $\zeta = f(z)$ 一对一以保角的方式映射到单位圆内部,而域的边界则映射到单位圆上.解析函数 $\zeta = f(z)$ 称为保角变换函数.由于叶栅翼型形状复杂,需要采用不同的保角变换函数进行多次变换,才能把叶栅变为单位圆.求解绕单位圆的流动,然后把流动解反映射到叶栅流动域,从而得到理想流体绕叶栅流的数值解,即正问题.如果给定叶栅弦长和稠度,上、下游流动条件及叶片吸力面和压力面的速度分布,就可以通过迭代算出叶片表面坐标,即反问题.

目前,有4种保角变换方法,即文献[108]提出的由笛卡尔变换函数(Cartesian mapping function)实现的实际叶栅到平板直列叶栅的变换,然后再到单位圆的两步法;文献[109]的实际叶栅到单个翼型,再到单位圆的两步法;文献[110,111]的由实际叶栅弦线组成平板直列叶栅到单位圆,实际翼型轮廓线到类似单位圆,最后再到单位圆的三步法;文献[112]的由实际叶栅到竖直排列单位圆栅的单步法.文献[113]将边界层的计算融入保角变换平面直列叶栅反问题设计中,通过优化翼型吸力面速度分布,控制翼型前半段速度的扩散,使设计的叶栅有稳定的前缘层流边界层和附着转捩边界层及无分离的紊流边界层.文献[114]提出了利用保角变换法进行多工况平面直列叶栅设计的反问题法.所谓多工况设计(multipoint inverse deign)就是事先把叶栅翼型表面划为不同区段,规定不同冲角对应的不同区段的速度剖面,然后采用文献[109]的保角变换法设计翼型,使各个冲角下的翼型各个区段速度剖面与事先给定的速度剖面相吻合.这种方法为设计满足多工况水力性能要求的叶栅提供了有益思路.

奇点是二维有势流动流场中存在的强度等于常数但速度或压力趋于无限大或无限小的点.奇点在流场中诱导流动的流函数或势函数满足二维有势流动 Laplace 方程.因此,从数学角度看,奇点实际代表了 Laplace 方程的非平凡解或特解(nontrivial solution).常见的奇点为点涡、源(汇).Laplace 方程为线性方程,其多个特解叠加后仍是它的解.沿某一方向流动的理想流体的均匀流也是 Laplace 方程的特解.若均匀流与点涡流叠加,则点涡将受到流动产生的侧向力,即升力的作用.若均匀流与点源叠加,则形成对称的钝头体绕流,流体对钝头体产生向着下游的推力.若均匀流与等强度的源和汇叠加,则形成封闭的钝头体绕流.

对于二维平面直列叶栅,可看作是均匀流与布置于翼型表面轮廓线上的点涡的叠加[115,116],或者是均匀流分别与布置于翼型骨线上的点涡及布置于翼型弦线上的点源(汇)的叠加[117],或者是均匀流分别与布置于翼型弦线上的点涡、点源(汇)的叠加[118],或者是均匀流与同时布置于翼型表面轮廓线上的点涡和点源(汇)的叠加[119],或者是均匀流与布置于翼型表面轮廓线上的点源(汇)及布置于翼型弦线上的点涡的叠加[120]. 这5种处理方式即是所谓的厚翼理论,其中点涡使流体流过叶栅以后发生转向,点源(汇)影响局部叶片表面速度分布.

文献[115,121-123]提出的叶栅设计反问题法属于均匀流与布置于翼型表面轮廓线上的点涡叠加的厚翼理论,需要给定均匀流上、下游流动条件及叶片吸力面和压力面的速度分布.这些方法仅仅是翼型表面坐标的计算方法有所不同,没有理论上的本质差别.

文献[118,124]提出的平面直列叶栅设计方法是均匀流与同时布置于翼型弦线上的点涡和点源(汇)绕流叠加的厚翼理论,需要给定上、下游均匀流动条件,翼型吸力面和压力面的速度分布及翼型厚度分布,而文献[120]的反问题方法则是均匀流与布置于翼型表面轮廓线上的点源(汇)及布置于翼型弦线上的点涡绕流叠加的厚翼理论,需要给定点涡强度和翼型厚度沿弦线的分布.

工程实际中,可以把平面直列叶栅绕流近似为均匀流与有拱度骨线绕流的叠加,而翼型厚度对流动的影响近似为流道内部流动的均匀排挤作用,即所谓的薄翼理论.文献[125]提出轴流泵二维平面直列叶栅可简化为均匀流动与布置于 1/4 弦长处的点涡和位于 1/2 弦长处的偶极子(doublet,距离很近的点源和点汇)的叠加,在 3/4 弦长处满足流动与弦线相切的条件,从而得到叶型安放角,并建立了升力系数与冲角、叶栅稠度和安放角之间的关联式.利用直列平板叶栅到单位圆的保角变换法考虑了翼型边界层对升力系数的不利影响,其中翼型边界层位移厚度的影响考虑成强度等于 $\overline{W}(\delta_2^*/2l)$ 沿翼弦均匀分布的源.考虑边界层的影响后,计算的升力系数与试验值吻合.

另一种薄翼理论是苏联学者提出的,广泛收录于我国泵教科书和技术手册中[126,127].主要思路是在均匀流场用布置在翼型骨线上强度连续变化的点涡来代替平面直列叶栅,点涡强度沿骨线的分布规律可以选择,其数学表达式中的若干系数由已知的绕翼型的环量确定.根据假设的骨线形状的不同,有 2 种奇点法:① 圆弧骨线法;② 任意曲线骨线法.

在圆弧骨线法中,研究者已经根据叶栅流动解,作出了两类曲线族供设计者使用.一类是以叶栅稠度倒数 t/l 为横坐标,以翼型安放角 β_b 为参数,以 $\Gamma_b/W_\infty l\theta_b$ 为纵坐标表示的曲线族.其中 Γ_b 为绕一个翼型的环量,θ_b 为圆弧骨线的曲率(转向)角,骨线的拱度与曲率角的关系为

$$f = \frac{l}{2}\frac{1-\cos\theta_b}{\sin\theta_b} \tag{6-78}$$

该曲线族主要用于确定骨线拱度.另一类是以骨线曲率角 θ_b 为横坐标,以叶栅稠度倒数 t/l 为参数,以冲角 $\Delta\beta$ 为纵坐标表示的曲线族,该曲线族主要用于计算 $\Delta\beta$. 得到冲角后,重新计算翼型安放角 $\beta_b = \beta_\infty + \Delta\beta$. 交替运用这两族曲线,直到翼型安放角 β_b 变化很小为止.骨线确定后,加厚骨线,就得到了叶片剖面[125].

在任意曲线骨线法中,先假设骨线为直线,在骨线上等距离选 7 个计算点或控制点.然后计算所有点涡在这些计算点的诱导速度,计算点的速度等于 $\vec{W}_\infty$ 与诱导速度的矢量和.合成后的速度应与骨线相切.根据该条件得到 7 个关于计算点流动角的线性方程.求解对应的线性方程组,可以得到 7 个计算点的流动角,从而得到新的叶片骨线.重

复上述过程,直到骨线形状变化很小为止.骨线形状确定后,用一定的厚度分布规律加厚骨线,就得到了翼型剖面[126].这种奇点法是通过点涡强度分布规律来控制叶片表面流速和叶片形状.但是可选择的点涡强度分布规律很少,不灵活,不容易控制叶片形状,所以其应用范围受到了限制.

文献[128-130]提出了依据给定的翼型表面速度分布设计叶栅的有限元法.首先,根据已知的叶栅稠度、栅距和上下游流动条件,生成一个初始叶栅,然后采用有限元法求解叶栅无黏性流动的势函数方程,给定的翼型表面速度作为自然边界条件(Dirichlet boundary condition)代入求解过程,求出翼型表面速度的切向和法向分速度.检查法向分速度值,如果其值为零,说明翼型表面是流线,初始翼型就是最终所设计的翼型;否则说明初始翼型表面不是流线,初始翼型不是最终的翼型,其轮廓线需要调整.调整方法为文献[128,129]提出的表面吐流模型(surface transpiration model).在该模型中,当前翼型轮廓线和新的翼型轮廓线组成的流管要满足一维流动连续性方程,其中当前轮廓线有法向速度,而新的轮廓线无法向速度,对于不可压流体,轮廓移动量由下式计算:

$$\begin{cases} W_{ni}\Delta l_i = W_{li+1}h_{i+1} - W_{li}h_i \\ h_i = \left(\dfrac{W_{li}}{W_{li+1}+W_{li}}\right)W_{ni}\Delta l_i \\ h_{i+1} = \left(1+\dfrac{W_{li}}{W_{li+1}+W_{li}}\right)W_{ni}\Delta l_i \end{cases} \quad (6\text{-}79)$$

式中:W_{ni}为i位于轮廓线上的单元棱边中点处的流动法向速度;Δl_i为该边的长度;W_{li},W_{li+1}分别为i单元和其相邻单元切向速度;h_i,h_{i+1}分别为i单元和其相邻单元轮廓线位移.根据轮廓线位移量,调整翼型表面坐标,重新划分网格,进行下一轮有限元流动分析;如此反复,直到轮廓线上单元的法向速度消失为止.

无论是保角变换法、奇点法还是有限元法都需要事先给定翼型吸力面和压力面的速度分布、叶栅稠度、栅距和上下游流动条件,然后算出叶片骨线形状和厚度.实践证明,在这3种方法中,翼型表面速度分布难于给定,无法保证翼型的骨线和厚度分布合理性.于是,20世纪60年代提出了叶片负荷法.所谓叶片负荷法就是事先给定叶片负荷和叶片厚度沿弦线的分布,然后计算出叶片骨线和形状.叶片负荷主要是指流动绝对速度的圆周分速度V_u或速度矩V_uR或环量Γ或叶片压力面与吸力面的静压力差Δp.

文献[131]提出了给定上下游流动条件、弦长、圆柱形回转S_1流面叶栅平分流量的中间相对流线形状、轴向相对速度及叶片厚度沿中间流线的变化规律设计叶栅翼型的方法,中间相对流线形状和准正交线见图6-24.首先根据中间流线形状和轴向速度分布计算周向速度,然后由二维理想流体连续性方程和动量方程求出两个速度沿周向的一、二阶偏导数,根据Taylor级数计算相对速度的圆周分布:

$$\begin{cases} W_u(y) = \overline{W}_u + \dfrac{\partial \overline{W}_u}{\partial y}(y-\overline{y}) + \dfrac{\partial^2 \overline{W}_u}{\partial y^2}\dfrac{(y-\overline{y})^2}{2} \\ W_a(y) = \overline{W}_a + \dfrac{\partial \overline{W}_a}{\partial y}(y-\overline{y}) + \dfrac{\partial^2 \overline{W}_a}{\partial y^2}\dfrac{(y-\overline{y})^2}{2} \end{cases} \quad (6\text{-}80)$$

式中:y为叶栅切向坐标,$y=R\theta$,其中R为圆柱形流面的半径,θ为圆周角坐标;带"—"的量为中间流线上的值,其中一、二阶偏导数分别为

$$\begin{cases} \dfrac{\partial \overline{W}_u}{\partial y} = \left(\dfrac{\mathrm{d}\overline{y}}{\mathrm{d}z}\dfrac{\mathrm{d}\overline{W}_u}{\mathrm{d}z} - \dfrac{\mathrm{d}\overline{W}_a}{\mathrm{d}z}\right)\left[1+\left(\dfrac{\mathrm{d}\overline{y}}{\mathrm{d}z}\right)^2\right]^{-1}, \dfrac{\partial \overline{W}_a}{\partial y} = \left(\dfrac{\mathrm{d}\overline{W}_u}{\mathrm{d}z} + \dfrac{\mathrm{d}\overline{y}}{\mathrm{d}z}\dfrac{\mathrm{d}\overline{W}_a}{\mathrm{d}z}\right)\left[1+\left(\dfrac{\mathrm{d}\overline{y}}{\mathrm{d}z}\right)^2\right]^{-1} \\ \dfrac{\partial^2 \overline{W}_u}{\partial y^2} = \left[\dfrac{\mathrm{d}\overline{y}}{\mathrm{d}z}\dfrac{\mathrm{d}}{\mathrm{d}z}\left(\dfrac{\partial \overline{W}_u}{\partial y}\right) - \dfrac{\mathrm{d}}{\mathrm{d}z}\left(\dfrac{\partial \overline{W}_a}{\partial y}\right)\right]\left[1+\left(\dfrac{\mathrm{d}\overline{y}}{\mathrm{d}z}\right)^2\right]^{-1}, \dfrac{\partial^2 \overline{W}_a}{\partial y^2} = \dfrac{\mathrm{d}}{\mathrm{d}z}\left(\dfrac{\partial \overline{W}_u}{\partial y}\right) - \dfrac{\mathrm{d}\overline{y}}{\mathrm{d}z}\dfrac{\mathrm{d}}{\mathrm{d}z}\left(\dfrac{\partial^2 \overline{W}_u}{\partial y^2}\right) \end{cases}$$

(6-81)

式中:z 为叶栅轴向坐标;$\mathrm{d}(\ )/\mathrm{d}z$ 为中间流线上的全导数.在每个 z 等于常数的准正交线上,中间流线两侧通过的流量为 $Q = \int_{\overline{y}}^{y} W_u \mathrm{d}y$.将中间流线两侧流动分别等于一个已知栅距所通过的流量的 $1/2$ 的 (z,y) 连接起来,就分别得到了翼型的吸力面和压力面.若得到的翼型厚度与给定的不一致,则调整中间形状和轴面速度,重复计算速度和流量,得到新的翼型.该过程重复几次,直到满意为止.该方法数学构思巧妙,推导简洁,是最早提出的采用平均流动参数设计平面叶栅的例子,只是叶型头部和尾部计算精度低一些.

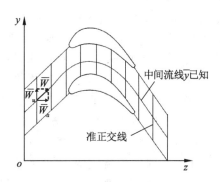

图 6-24 回转 S_1 流面叶栅平分流量的中间相对流线形状和准正交线

文献[132-134]提出了依据绝度速度圆周分速度和轴面速度设计轴流泵叶片的方法.主要特征是利用升力线理论(lifting-line theory)计算圆周分速度,然后结合已知的轴面速度,计算相对液流角,最后逐点积分计算叶片形状.

升力线理论是 Frederick W. Lanchester 于 1907 年和 Ludwig Prandtl 于 1918—1919 年各自独立提出的,现多称为 Lanchester-Prandtl 升力线理论.主要思路是把机翼简化为从前缘算起的位于 1/4 弦长处的集中涡线,涡线穿过整个机翼,并从翼梢漂向下游,形成马蹄涡,在机翼的上游和下游分别产生上洗(upwash)和下洗(downwash)作用及诱导阻力.

对于圆柱形壳体和圆柱形轮毂包围形成的轴流泵叶轮,把叶轮叶片考虑成一个径向布置的等强度涡线,然后计算涡线在叶轮内的诱导速度,最后结合已知的轴面速度,建立三角形,逐点积分得到叶片.遗憾的是,尽管是同一作者,但文献[132]和文献[133,134]的计算方法明显不同,令人费解.文献[135]对文献[132,133]计算的诱导速度进行了验算,但没有给出具体的诱导速度曲线,无法应用于实际,故不再赘述.

文献[136]提出了基于流线曲率法(streamline curvature method)的 S_1 流面二维叶栅设计方法.叶栅上下游流动条件、叶栅稠度、栅距、翼型表面压力差为已知量.首先,建立一个无厚度翼型的初始叶栅,采用流线曲率法求解二维理想流体速度梯度方程,得到流线.其次,按给定的压差 Δp 近似算出叶片吸力面和压力面的周向速度差 ΔW_y,即

$$\Delta p = \frac{1}{2}\rho(W_s^2 - W_p^2) \approx \rho \overline{W}(W_{sy} - W_{py}) \propto \Delta W_y \tag{6-82}$$

因为

$$\begin{cases} \frac{1}{2}\rho(W_s + W_p)(W_s - W_p) \approx \rho \overline{W}(W_s - W_p) \approx \rho \overline{W}[(W_{sz} - W_{pz}) + (W_{sy} - W_{py})] \\ W_{sz} \approx W_{pz}, \Delta W_y = W_{sy} - W_{py} \end{cases} \tag{6-83}$$

式中:W_s 和 W_p 分别为同一准正交线上叶片吸力面和压力面速度.然后,采用下式校正翼型骨线的斜率:

$$\left(\frac{dy}{dz}\right)_i^{j+1} = \frac{W_{yi}^j + (\Delta W_{yi} - \Delta W_{yi}^j)}{W_{zi}^j} \tag{6-84}$$

其中 i 表示位于翼型区域内的某个准正交线,上标 j 表示上一次流动计算结果,上标 $j+1$ 表示根据上一次计算结果推导的值.由 $(dy/dz)_i^{j+1}$ 值,可重新生成翼型骨线,重新计算流场,得到流线;由此重复,直到流线不再变化为止.最后,将叶片厚度加到骨线上,采用流线曲率法求解速度梯度方程,得到流线和叶片表面速度分布.

文献[137]提出了另一种基于流线曲率法的平面叶栅设计方法.该方法中,叶栅上下游流动条件、叶栅稠度、栅距、翼型表面压力差为已知量.像文献[138]一样,被求解量为圆周角坐标,而自变量为轴面流线长度坐标和两个叶片之间的流函数值,原来的一阶速度梯度方程变为关于圆周角的二阶椭圆型偏微分方程,提高了计算的稳定性.所不同的是计算域取法不同.文献[136,138]中,计算域为两个相邻叶片之间和其上、下游延伸的区域,叶片的吸力面和压力面分别位于流道的上、下两侧,属 H 形区域.而在文献[137]中,翼型位于两条流线之间,它们的间距刚好等于一个栅距,属 O 形区域.

为了得到叶片形状和尺寸,在文献[137]中,除了求解原有的关于圆周角坐标的流动控制方程外,在叶片表面,还需求解下面的动量方程:

$$\frac{d}{dm}\left(R^2 W_m \frac{d\theta}{dm}\right)^{j+1} = -\frac{1}{R\rho}\frac{\Delta p^j}{\Delta \theta^j} \tag{6-85}$$

式中:θ 和 m 分别为圆周角和轴面流线坐标;W_m 为叶片轴面速度;Δp^j 和 $\Delta \theta^j$ 分别为第 j 次迭代的叶片压力面与吸力面压力差和圆周角差,$\Delta p^j = j \times \Delta p/N$,其中 N 为迭代次数,$N = 20\,000 \sim 30\,000$;上标 $j+1$ 表示新的值.

文献[139-142]首先给定叶片表面压力差和厚度沿弦线的分布;然后根据 S_1 流面定常、可压、无黏性和理想气体状态方程偏微分流动方程,即强公式(strong formulation),提出积分方程形式的变分函数(variational function),即弱公式(weak formulation);接着取变分函数的变分并使其为零,对变分函数的变量,即流函数或圆周角引入形函数,进行有限元离散化;最后引入边界条件,对有限元线性方程组求解,得到叶栅流动的解.文献[141]还尝试过给定压力面形状和吸力面压力分布等混合或杂交问题(hybrid problem).需要指出,文献[139-142]提出的变分函数只是获得弱公式的一种方法,采用伽辽金法(Galerkin method)可得到同样的弱公式.

无独有偶,文献[143]从定常、无黏性流体的回转 S_1 流动控制方程出发,推导以流函数和势函数为自变量关于相对速度自然对数的二阶偏微分方程,以及液流角分别对流函数和势函数的一阶常微分方程.这样,就把原来的回转 S_1 流面的曲面叶栅物理域变为矩形计算域,叶片的吸力面和压力面分别为矩形计算域上、下两个长边的一部分.给定的叶片表面速度分布可以直接施加在这两个边界上,方便了反问题的求解.由液流角可积分出叶片圆周角,得到叶片弯曲规律.算例表明,这种叶片设计反问题对厚翼和薄翼均适用,是有效的设计方法[143].

文献[144,145]提出了已知叶栅上下游流动条件、叶栅稠度、栅距和平均周(切)向速度沿骨线变化的二维薄翼叶栅的理想流体流动的设计方法.主要思路是把翼型考虑成无厚度的骨线,叶栅流动分解成平均流和周期流.平均流可以认为是叶片无限多或一个叶片流道的周向平均值,仅与叶栅的轴向坐标有关.周期流是沿圆周方向叠加在平均流上的叶片之间的非均匀流,与轴向和周向坐标有关,叠加之后的速度为叶片之间的无黏性流动速度.平均流可以采用布置在骨线上的奇点分布来计算,当平均流动的周向速度沿骨线的分布已知时,可得到叶片骨线形状.周期性速度包括无旋和有旋两部分,无旋部分由势函数梯度表示,有旋部分由周期性函数和周向速度梯度的乘积计算.

文献[146]提出了基于Euler无黏性流体运动方程的二维薄翼叶栅的设计方法.同样,叶片被简化为无厚度的骨线,给定的平均周(切)向速度沿骨线的变化关系转化为与叶片骨线垂直的周期性叶片力,并作为源项直接施加在Euler无黏性流体运动方程右端.假定初始翼型后,求解Euler流体运动方程,然后按照速度与骨线相切的条件更新骨线,重新求解流场,由此反复,直到骨线不再变化为止.

文献[147,148]改进了文献[144-146]的二维薄翼叶栅的设计方法,在已知叶片两侧压力差分布和翼型厚度沿弦线的分布条件下,提出了二维叶栅的厚翼设计方法.主要思路是把翼型分解为沿叶片骨线的平均速度、吸力面和压力面上的两个强度不同的一系列点涡和从压力面到吸力面的周期性速度,其中叶片骨线每条准正交线上平均速度等于吸力面和压力面上的点涡强度之和.对于二维理想流体,主要被求解方程包括含有周期性速度和吸力面、压力面点涡强度梯度作为源项的关于势函数的类似于式(6-86)的Poisson方程,骨线斜率与骨线平均速度分量及叶片厚度沿轴向坐标变化率组成的用于生成骨线的一阶常微分方程,表示吸力面和压力面上的点涡强度之差沿轴向坐标变化率与吸力面、压力面速度及周向速度沿轴向坐标变化率之间关系的一阶常微分方程,以及平均周向速度、压力差、吸力面和压力面上的点涡强度组成的一阶常微分方程.该方法虽然数学方程严密,但是方程数目较多,编程比较复杂.

文献[149]提出了二维叶栅厚翼的设计方法,其中流体平均周向速度或速度矩为已知量.首先采用有限体积法求解初始叶栅内部Euler流体运动方程,方程中采用了文献[149]提出的把黏性作为体积力考虑的黏性总效应模型,然后求叶片吸力面和压力面表面速度,将两者平均,作为骨线处的平均速度,逐点积分新的叶片骨线,得到新的翼型;由此反复直到翼型几何形状不再变化为止.另外,把周向速度分布用5个控制点Bezier样条函数表示,采用模拟退火(simulated annealing)算法优化轴向速度分布使叶栅水力损失最小.值得指出的是,虽然方程中考虑了黏性,但是流体本身不是黏性的,所以在湿润固体表面不满足无滑移条件,叶片表面速度并不为零,无黏性流体条件下的叶片设计方法仍是有效的.

6.2.2 准三维流动理论与叶片设计方法

文献[151]将叶轮内部流动分解为相互依赖的两类相对流动流面 S_1, S_2 上的流动,然后推导了两个流面上的无黏性流体运动方程. 最后提出了求解正问题和反问题的流体力学方法. 在反问题中,首先要给定叶轮前、后盖板形状,叶片厚度,速度矩(V_uR)和相对速度比(W_u/W_a,即相对液流角的正切或余切,取决于液流角的定义)在轴面内的分布. 其次,生成平均S_{2m}流面(平分叶轮质量流量的S_2流面),作为叶片骨面. 然后,求解S_1,S_2流面流动,更新S_{2m}流面. 此过程反复,直至S_{2m}流面不再变化为止.

文献[152]首先规定V_uR在叶轮轴面内的分布,其次采用周向平均轴面速度和已知的速度矩生成一个S_2流面,作为叶片骨面,加厚骨面形成三维实体叶片,再次采用有限容积法求解叶轮内部三维不可压无黏性定常流动,利用新得到的轴面速度重新生成叶片,然后求解叶轮内部流动,此过程不断重复,直至叶片不再变化为止.

类似地,文献[153]亦首先规定V_uR在叶轮轴面内的分布,其次由平均轴面速度和已知的V_uR生成一个S_2流面,作为叶片骨面,加厚以后,形成三维实体叶片,再次求解叶轮内部轴对称无黏性不可压流动,利用新的轴面速度重新生成叶片,然后求解叶轮内部流动,此过程重复几次,直至叶片不再变化. 通过规定分流叶片的V_uR和厚度分布,文献[152]提出的设计方法适用于有分流叶片的叶轮.

文献[154]首先规定V_uR在叶轮轴面内的分布,然后由平均轴面速度和已知的V_uR生成一个S_2流面,作为叶片骨面,加厚以后,形成三维实体叶片,最后求解轴面流函数方程,重复上述过程,直到轴面流线不再变化为止.

以上4种叶片反问题实际上是利用S_2流面作为叶片骨面,然后按给定的叶片厚度加厚骨面而生成叶片的设计方法,称为S_2流面反问题.

文献[155]提出在给定叶轮出口理论扬程径向分布的前提下采用径向平衡方程计算叶轮出口轴面速度,据此划分回转S_1流面;然后分别给定每个流面上流体速度矩从叶轮进口到出口沿轴面流线的抛物线变化函数和轴面速度从叶轮进口到出口的线性变化规律,根据这两种信息计算叶片骨线安放角,随后积分出叶片骨线随圆周角的变化关系;将叶片骨线按选定翼型厚度分布规律加厚,得到叶片剖面;将这些不同流面上的剖面沿半径方向堆叠,就生成三维实体叶片. 这种叶片设计方法实际是以径向平衡方程为基础的简单的回转S_1流面反问题.

6.2.3 三维流动理论与叶片设计方法

20世纪70年代,美国麻省理工学院燃气轮机和等离子动力学实验室的McCune教授和英国剑桥大学工程系Whittle实验室的Hawthorne教授提出了分析高负荷轴流压气机(全压系数0.65以上)叶轮内部三维无黏性流动的流体力学解析方法. 该方法与现有的S_1,S_2流面流动理论有所不同. 直观地讲,该理论把叶轮内部流动看作轴对称流动与叶片引起的扰动流的叠加. 对于叶片比较短、数量比较多的透平机械,叶片扰动流可以近似为叶片之间具有锯齿形相对速度分布型式. 对于叶片数比较少、叶片比较长的轴流泵叶轮,锯齿形叶片扰动流可能并不是十分贴切,因此该理论能否适用于轴流泵叶轮还有待进一步验证.

对于三维、不可压、定常、无黏性流体,叶轮内部流动的速度和涡量满足涡量型式的Euler运动方程,即Lamb-Crocco方程[156]:

$$\vec{V} \times \vec{\Omega} = \nabla I \tag{6-86}$$

式中：$\vec{V}$ 为绝对速度；$\vec{\Omega}$ 为涡量或速度的旋度，$\vec{\Omega}=\nabla\times\vec{V}$；$I$ 为转子焓，$I=p/\rho+W^2/2-u^2/2$，其中 p 为流体静压力，W 为流体相对速度，u 为叶片圆周速度。若 $\nabla I=0$，即 $I=$ const，则流动的涡线与流线平行，称之为 Beltrami 流动。对于这种流动，其速度场可以分解为有势流动加一个涡扰动流动，即服从水动力学中的 Clebsch 于 1859 年提出的速度分解公式：

$$\vec{V}=\nabla\Phi+\lambda\nabla\chi \tag{6-87}$$

其中 $\nabla\Phi$ 为待求的势函数 Φ 引起的速度，λ 为流体的焓，χ 为待求的标量，涡线则是 $\lambda=$ const 和 $\chi=$ const 两个曲面的交线。对于轴流叶轮，λ 为流体速度矩，即 $\lambda=V_u R$；χ 为叶片圆周角间距，$\chi=\theta-f(R,z)=m2\pi/Z, m=0,\pm1,\pm2,\cdots,\pm\infty$，其中 Z 为叶片数，θ 为圆周角坐标，$f(R,z)$ 为叶片骨面形状函数。

式(6-87)的第一项为无旋量，取旋度以后为零，涡量仅集中在叶片骨面上，流场的涡量计算公式为

$$\vec{\Omega}=\nabla\times\vec{V}=(\nabla V_u R\times\nabla\chi)\delta(\chi) \tag{6-88}$$

式中：$\delta(\chi)$ 为周期性脉冲函数，$\delta(\chi)=\mathrm{Real}\sum_{n=-\infty}^{n=+\infty}\mathrm{e}^{\mathrm{i}nZ\chi}$，$\mathrm{i}=\sqrt{-1}$。对式(6-88)取周向平均，就得到了平均涡量的周向分量：

$$\vec{\overline{\Omega}}=\nabla\times\vec{\overline{V}}=\nabla\overline{V_u R}\times\nabla\chi \tag{6-89}$$

式中：$\overline{V},\overline{\Omega}$ 分别为周向平均速度和涡量。取圆周分量，有

$$\frac{\partial\overline{V}_R}{\partial z}-\frac{\partial\overline{V}_a}{\partial R}=\frac{\partial f}{\partial z}\frac{\partial\overline{V_u R}}{\partial R}-\frac{\partial f}{\partial R}\frac{\partial\overline{V_u R}}{\partial z} \tag{6-90}$$

根据轴对称流动的连续方程，定义流函数，将流函数代入之，就得到了轴对称流动的流函数方程。如果已知 $\overline{V_u R}$ 分布和叶片骨面形状 $f(R,z)$，就可以求出轴面速度场。

总涡量与平均涡量之差为残余涡量或叶片扰动引起的涡量，于是，有

$$\vec{\tilde{\Omega}}=\vec{\Omega}-\vec{\overline{\Omega}}=(\nabla\overline{V_u R}\times\nabla\chi)[\delta(\chi)-1]=(\nabla\overline{V_u R}\times\nabla\chi)S'(\chi) \tag{6-91}$$

式中：$S(\chi)$ 为锯齿函数，$S(\chi)=\mathrm{Real}\sum_{n=-\infty,\neq 0}^{n=+\infty}\mathrm{e}^{\mathrm{i}nZ\chi}/(\mathrm{i}nZ)$；$S'(\chi)$ 为 $S(\chi)$ 对 χ 的一阶导数。式(6-91)对应的 Clebsch 速度分解式为

$$\vec{v}=\nabla\phi-S(\chi)\nabla\overline{V_u R} \tag{6-92}$$

其中右侧第一项为扰动流无旋部分流动，第二项为扰动流有旋部分流动。对式(6-92)取散度，考虑到不可压流体连续性方程，$\nabla\cdot\vec{v}=0$，则有扰动流势函数方程：

$$\nabla^2\phi=S(\chi)\nabla^2\overline{V_u R}+(\nabla\chi\cdot\nabla\overline{V_u R})S'(\chi) \tag{6-93}$$

如果 $\overline{V_u R}$ 已知，在一定的边界条件下，就可以求出扰动流的势函数解，最后由式(6-92)算出扰流速度。扰流速度场和平均流动速度场叠加，便得到了总的速度场。

上述方法初期只用于计算轴流叶轮后方的尾流，如文献[157-160]。20世纪80年代初，文献[161,162]首次分别将之用于平面直列叶栅和轴流叶栅的叶片设计。设计中，要给定 $\overline{V_u R}$ 在叶轮轴面内的分布函数，同时在某一初始条件下积分按相对流速与叶片骨面相切条件得到的叶片骨面一阶常微分方程——叶片骨面生成方程。文献[163]采用文献[162]的方法设计了轴流泵叶轮，并对设计的叶轮进行了水力性能测量[164]。文献[165-167]将之推广到离心和混流叶轮型式，文献[166]的作者编写了该方法的计算机

软件——TURBOdesign1,并成立了名为 Advanced Design Technology 的公司,将该软件商业化.文献[168]采用该软件设计了轴流喷水泵的叶轮和导叶.

应该指出,虽然该方法算出的叶轮流场是三维的,但是设计过程中需要按给定的 $\overline{V}_u R$ 分布和周向平均的轴面速度生成叶片骨面,而扰动流场的周向平均值为零,所以扰动流场对叶片设计不起任何作用.故本质上,该方法最多具有准三维流动理论的设计精度.

6.2.4 Euler 流动方程反问题设计方法

文献[169,170]推导了适用于反问题的无黏性流体的 Euler 流体运动方程.与普通无黏性流体的 Euler 流体运动方程不同的是新推导的方程是以两个正交流面的各自流函数和两者交线长度为 3 个自变量的 Euler 流体运动方程.两个正交流面的交线长度坐标称为自然坐标.对于不可压流体,方程的因变量为静止坐标系的流体的绝对总压或旋转坐标系的相对总压函数,此推导的目的是把普通的直角或圆柱或球坐标系下的任意形状的物理流动区域变换到新正交坐标系下的长方体形求解域.因为流场的几何参数隐含在普通正交坐标系到新正交坐标系中,而不是直接出现在新坐标系下的流动控制方程中,所以求解反问题时新求解域的网格不用变动,特别适用于流场几何反问题求解.

文献[171]将该方法进行了数值计算实施,通过周向平均方法将方程推广至准三维流动,将分布式损失模型(distributed loss model)引入方程中,同时考虑了边界层的排挤位移.在分布式损失模型中,流体本身还是无黏性的,只是把一个经验的分布式摩擦力(distributed friction force)作为源项添加在流动控制方程的右端.设计实例包括给定的沿自然坐标的质量流量分布的圆环形扩散管设计、给定的沿自然坐标的凸面流体速度分布的二维透平入口流动设计和给定的沿自然坐标的轴面内的质量流量分布的准三维叶片流道设计.

需要指出,在该方法中,虽然求解域规则化和设计条件易于实施,但是物理域和求解域之间的偏微分方程形式的变换函数需要随求解迭代进程而不断更新.这样,实际就把求解流动控制方程的困难和计算量转嫁到求解域变换函数上了.另外,无黏性三维流动的两个正交流面在叶轮流场中是很难找到的,最多只能找到非正交的 S_1 和 S_2 流面.因此,与现有的 S_1 和 S_2 流面流动理论相比,这种流动理论没有明显的优越性.

6.2.5 三维有势流动理论

可以把轴流叶轮内部无黏性不可压流体的流动看作有势流动,按照给定的边界条件和初始条件,可以采用数值方法求出流动的势函数、速度和压力分布.常用的数值方法有升力面法(lifting-surface method)[172]、奇点分布法[173-175]和面元法(panel method,又称边界元法)[176-178].计算过程中,需要给定叶片下游尾涡面的形状,并考虑尾涡面两侧有势函数的跳跃.目前,这种流动理论还没有叶片反问题设计方法.

6.3 轴流泵叶片设计优化方法

在 6.2 节中,无论是平面直列叶栅流动理论和叶片设计方法,还是准三维和三维流动理论和叶片设计方法,都认为流体是无黏性的.因此,在设计过程中,无法计算出叶轮的水力损失,不能恰当评价叶轮设计方案,不能对叶轮几何参数和叶片形状进行优化设计.

轴流泵叶片设计优化需要3个要素:① 叶片形状控制参数化;② 黏性流动理论与叶片设计方法;③ 多参数优化算法.

6.3.1 叶片形状控制参数化

在叶片形状优化过程中,优化算法需要调节数量不多的参数来自动改变叶片形状,因此叶片形状控制参数化是必须的.非均匀有理基底样条(non-uniform rational basis spline,NURBS)是目前常用的叶片形状控制参数化方法[179-186].通过移动若干个控制点的位置,就能改变叶片形状,达到自动控制形状的目的.3个控制点的NURBS为Bezier样条.

6.3.2 黏性流动理论与叶片设计方法

黏性流动理论与叶片设计方法指的是采用黏性流体模型设计叶片的方法.目前主要有3类方法,第一类是仍采用无黏性流体模型设计叶片,但考虑二维边界层的流体黏性,即所谓的"黏性-无黏性组合方法",见文献[187].由于二维边界层流动理论仅适用于流动附着于湿润固体壁面的流动情形,根本无法适应更为复杂的流动情形,因此,该方法的应用范围很有限.

第二类是同样采用无黏性流体模型设计叶片,但利用CFD方法计算黏性流体的流场.因为CFD方法采用了比较复杂的紊流模型,所以可以适应比较复杂的流动状况,能够对所设计叶轮的水力性能进行比较正确的评价,特别是非设计工况下的性能.这是目前应用最多、最有前景的叶片设计方法,如文献[188-192]的平面直列叶栅,文献[193,194]的三维轴流泵叶轮等.

第三类是直接采用黏性流体模型设计叶片,流体在叶片表面要满足无滑移条件.这方面的研究只有稀少的文献发表,如文献[195]提出的给定叶片压力差分布,以二维层流流函数为自变量的平面叶栅反问题设计方法;文献[196]倡导的给定叶片表面压力差,以三维层流黏性流动为模型的轴流叶轮反问题设计方法.这类方法与实际应用尚有很大距离.

6.3.3 多参数优化算法

采用无黏性流体模型设计叶片,利用CFD方法计算黏性流体的流场,进而求出水力损失等与目标函数相关的性能参数,然后根据目标函数值调整叶片形状,由此反复,直到目标函数达到最小值,实现叶片设计的最优化.这种利用现有CFD技术的方法可能是未来10年最为有效的叶片设计方法,图6-25是这种方法的模块框图.

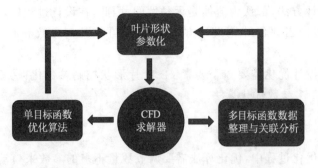

图 6-25 以 CFD 为核心的叶片形状优化框图

叶片形状参数化模块主要用于在既定叶片形状控制参数下叶片和计算域的生成. CFD 求解器模块主要用于计算网格的自动生成、流动模型、边界条件和求解器参数的设置, 以及流动计算的实施和计算结果的保存等. 单目标函数优化算法模块主要用于 CFD 计算结果的提取、目标函数值的计算和根据优化算法推定的新一轮叶片形状控制参数的生成等任务. 多目标函数数据整理与关联分析模块是针对多目标函数优化问题的, 主要功能是计算多个目标函数值, 并与叶片形状控制参数进行关联分析, 最后折中生成新一轮叶片形状控制参数.

文献[197]对流体机械叶片设计中使用的优化算法进行了详细介绍和评论. 本章试图对该问题进行简单明了的阐述.

叶片优化设计通常有 2 种策略, 即实际模型策略和代理模型策略. 实际模型策略就是以优化算法为核心, 它直接控制叶片的生成、CFD 求解、目标函数计算和设计变量/叶片形状控制参数的决策, 优化算法和 CFD 求解器实时联系, 直至得到最优解, 方可结束. 由于 CFD 求解本身费时, 优化时要算几百个方案, 工作站耗时一般要在一个星期以上, 所以这种策略仅适用于设计变量数不多于 5 个的情况.

代理模型(agent model)策略是首先采用实验设计的方法确定若干样本设计方案, 其次将样本方案逐个输入 CFD 求解器求解, 对计算结果处理后得到目标函数值, 再次对目标函数与设计变量进行回归分析, 建立目标函数的数学表达式, 然后采用优化算法对目标函数的数学表达式最小化, 得到最优设计方案, 最后把最优设计方案再送到 CFD 求解器求解, 得到最优性能参数和流场.

代理模型策略中, 优化过程和样本方案 CFD 计算过程是分开的, 不是实时的, 时间上有些滞后, 同时目标函数数学模型的建立也要花时间, 但是样本方案的数量比实际模型策略少很多, 一般为几十个. 因此, 总体上, 代理模型策略是省时的. 代理模型策略适用于设计变量数多于 5 个的单目标或多目标函数的叶片形状优化, 是目前较为实用的优化策略. 目前, ANSYS 软件——DesignXplorer 的优化方法使用了代理模型策略.

实际模型策略中采用的优化算法大多与目标函数对设计变量梯度有关. MATLAB 软件优化工具箱提供了不少有效的单目标函数优化算法, 如允许有约束条件的 Trust region 算法、Active set 算法、Interior point 算法、lsqnonlin 最小二乘算法. MATLAB 软件全局优化工具箱提供了 Global Search, Multistart, Pattern Search, Genetic Algorithm 和 Simulated Annealing 等算法. 另外, MATLAB 可以直接使用 DOS 命令调用 CFD 求解器. 充分利用 MATLAB 优化工具箱可能是完成叶片形状优化设计比较便捷的途径之一[198].

伴随方法(adjoint method)也是一种基于目标函数梯度的优化算法.伴随方法因不但需要求解流动控制方程而且还必须求解伴随方程而得名.所谓伴随方程是表达设计变量和流动参数之间关系的偏微分方程,由流动控制方程推出,最初由文献[199]提出,文献[200-202]对该方法有一定的拓展.伴随方程取决于设计变量和目标函数的选取,做到有广泛的通用性有一定困难.2012年以后,ANSYS Fluent 增加了一个离散型伴随方法求解器,其在轿车空调风道设计和液压阀设计中的应用分别见文献[203,204].

代理模型策略中,实验设计是关键步骤.其中最简单的实验设计方法是正交设计法,该方法在流体机械叶轮优化设计中已有很多应用例子.但是该方法实验方案比较少,得到目标函数的数学表达式有一定困难.拉丁超立方体设计(Latin hypercube design)是目前常用的实验设计方法,此方法给出的设计方案比较多,较多地反映了目标函数在设计空间的信息,据此可以得到目标函数的数学表达式.

建立目标函数与设计变量的数学表达式的方法包括:Surrogate模型、神经网络法(ANN)、多项式响应面法(polynomial response surface method)和Kriging模型.这些方法都属于数理统计中数据回归和相关分析的范畴,需要专用软件计算.对于多目标函数问题,优化解多达几百,有时多达上千,形成优化解群(Pareto-optimal solutions),如何处理这些解,从中得到实用的优化解是十分棘手的问题,也是数据挖掘(data mining)的重要课题.目前,通常采用数理统计方法对多目标函数优化解群进行甄别和筛选.主要工作包括设计变量的相互作用识别和设计变量对各个目标函数值影响的排序.主要方法有方差分析(analysis of variance, ANOVA)、主成分分析(principal component analysis, PCA)和独立成分分析(independent component analysis, ICA)等.

方差分析不但能够得到设计变量对各个目标函数值的影响次序,而且还能识别设计变量之间的相互作用[197].主成分分析或独立成分分析可以剔除对目标函数值影响小的那些设计变量,而保留对目标函数影响显著者[205,206].这样有助于设计者最后筛选出对各个目标函数值影响显著的设计变量,从而根据目标函数的期望权重值确定最终的最优设计方案.

文献[207]采用轮缘叶片弦长、安放角、最大厚度和轮毂叶片弦长、安放角等共5个轴流泵叶轮几何参数为设计变量;然后用5因素5水平正交表进行实验设计,共有25个设计方案.把这些方案一次送到CFD软件CFX中进行定常、三维紊流数值计算,分别提取出泵扬程、扭矩和效率.在ANSYS中进行方差分析,得到了设计变量对目标函数的影响程度和设计变量之间的相互作用.采用3~5次切比雪夫(Chebyshev)正交多项式对3个目标函数值进行拟合,得到由5个设计参数表示的3个响应面数学方程.对这些方程函数值最小化,得到最优设计方案,最后将之送到CFX中进行流动分析,验证最优方案.类似的工作见文献[208].

参考文献

[1] 何希杰,张勇.轴流泵的现状与发展.水泵技术,1998(6):29-33.

［2］施卫东,关醒凡.解台泵站轴流泵模型研究.农业工程学报,1998,14(2):165-168.

［3］邝复兴,许跃华.大型低扬程轴流泵的评述.排灌机械,2002,20(2):13-14.

［4］张光蓉,戴庆忠.我国轴流泵的发展与开发研究.东方电气评论,2004,18(1):4-9.

［5］关醒凡.新系列轴流泵模型试验研究成果报告.排灌机械,2005,23(4):1-5.

［6］冯旭松,关醒凡,井书光,等.南水北调灯泡贯流泵水力模型及装置研究开发与应用.南水北调与水利科技,2009,7(6):32-35.

［7］刘超.轴流泵系统技术创新与发展分析.农业机械学报,2015,46(6):49-59.

［8］後藤恭次.低揚程大容量ポンプ（大型排水機場用）.ターボ機械,1976,4(1):12-19.

［9］豊倉富太郎,武田裕久.大形斜流軸流ポンプの発展.ターボ機械,1997,25(1):10-15.

［10］Zakharov O V, Karelin V Y, Novoderezhkin R A, et al. Experience in the Operation of Large Axial-Flow Pumps on Main Canals. Hydrotechnical Construction, 1976, 10(8):777-782.

［11］Scheer D D, Huppert M C, Viteri F, et al. Liquid Rocket Engine Axial-Flow Turbopumps. NASA SP-8125, 1978:6-13.

［12］Yamazaki K, Umezu M, Koyanagi H, et al. Development of a Miniature Intraventricular Axial Flow Blood Pump. ASAIO Journal, 1993, 39(3):224-230.

［13］Mizuguchi K, Damm G A, Bozeman R J, et al. Development of the Baylor/NASA Axial Flow Ventricular Assist Device: In Vitro Performance and Systematic Hemolysis Test Results. Artificial Organs, 1994, 18(1):32-43.

［14］Kaplon R J, Oz M C, Kwiatkowski P A, et al. Miniature Axial Flow Pump for Ventricular Assistance in Children and Small Adults. Journal of Thoracic and Cardiovascular Surgery, 1996, 111(1):13-18.

［15］Untaroiu A, Throckmorton A L, Patel S M, et al. Numerical and Experimental Analysis of an Axial Flow Left Ventricular Assist Device: The Influence of the Diffuser on Overall Pump Performance. Artificial Organs, 2005, 29(7):581-591.

［16］Combes A. Mechanical Circulatory Support for End-Stage Heart Failure. Metabolism, 2017, 69:30-35.

［17］赤松映明.遠心血液ポンプと人工心臓.ターボ機械,1987,15(9):559-566.

［18］山崎健一,岡本英治,山本克之,他.心臓弁位置埋込型人工血液ポンプ(Valvo-Pump)の開発.人工臓器,1992,21(2):567-571.

［19］中谷武嗣,穴井博文,脇坂佳成,他.末梢静脈挿入右心軸流補助システムの実験的検討.人工臓器,1995,24(2):337-340.

［20］穴井博文,荒木賢二,中谷武嗣,他.軸流ポンプの溶血軽減へのアプローチ.人工臓器,1995,24(2):341-344.

［21］押川満雄,荒木賢二,穴井博文,他.冠動脈手術中の両心補助を目的とした小型心室内軸流ポンプの実験的検討.人工臓器,1996,25(2):39-42.

[22] 脇坂佳成,穴井博文,中谷武嗣,他.軸流ポンプの2段化が溶血に及ぼす影響の検討.人工臓器,1996,25(4):789-793.

[23] 荒木賢二,穴井博文,押川満雄,他.翼列理論に基づいた軸流式血液ポンプの設計製作手法.人工臓器,1997,26(2):304-308.

[24] 三田村好矩,川原幸洋,鈴木慶,他.心臓内埋込軸流型血液ポンプの開発.ライフサポート,1998,10(3):3-8.

[25] Song X W, Untaroiu A, Wood H G, et al. Design and Transient Computational Fluid Dynamics Study of a Continuous Axial Flow Ventricular Assist Device. ASIO Journal, 2004, 50(3):215-224.

[26] 矢野哲也,見藤步,三田村好矩,他.数值流体力学解析を用いた定常流血液ポンプの改良設計.生体医工学,2005,43(1):85-92.

[27] Li G R, Zhu X D. Development of the Functionally Total Artificial Heart Using an Artery Pump. ASIO Journal, 2007, 53(3):288-291.

[28] 住倉博仁,福長一義,舟久保昭夫,他.軸流血液ポンプ用エンクローズドインペラの提案とCFDを用いた工学的検証.ライフサポート,2008,20(1):9-16.

[29] 春日晃,住倉博仁,福長一義,他.CFDとMOGAを用いた軸流血液ポンプ用羽根形状に関する検討.ライフサポー(Supplement),2008,20(143):143.

[30] de Salis J, Cordner M, Birnov M. Multiphase Pumping Comes of Age. World Pumps, 1998(384):53-54.

[31] 马希金,陈山,齐学义.100-YQH油气混输泵的研制及试验研究.排灌机械,2002,20(3):3-6.

[32] 李清平,薛敦松,朱宏武,等.螺旋轴流式多相泵的设计与实验研究.工程热物理学报,2005,26(1):84-87.

[33] 余志毅,曹树良,彭国义.运用正反问题迭代法进行叶片式气液混输泵叶轮的水力设计.机械工程学报,2006,42(4):135-146.

[34] 苗长山,李增亮,李继志.混输泵扬程与流量特性曲线的理论分析.石油学报,2007,28(3):145-148.

[35] Ogorodnikov S P, Kozhevnikov N N, Kulakov A E. Submersible Axial-Flow Pumps for Dredges. Hydrotechnical Construction, 1995, 29(10): 574-577.

[36] Kirklin J K, Naftel D C, Kormos R L, et al. Fifth INTERMACS Annual Report: Risk Factor Analysis from more than 6 000 Mechanical Circulatory Support Patients. Journal of Heart and Lung Transplantation, 2013, 32(2): 141-156.

[37] Song X W, Throckmorton A L, Untaroiu A, et al. Axial Flow Blood Pumps. ASAIO Journal, 2003, 49(4): 355-364.

[38] 关醒凡,黄道见,刘厚林,等.南水北调大型轴流泵选型中值得注意的几个问题.水泵技术,2002(2):13-16.

[39] Ruden P. Investigations of Single-Stage Axial Fans. NACA TM-1062, 1944: 7-15.

[40] Numachi F. Aerofoil Theory of Propeller Turbines and Propeller Pumps with Special Reference to the Effects of Blade Interference upon the Lift and the Cavitation. Journal of JSME, 1928, 31(136): 530 – 583.

[41] Marks L S, Flint T. The Design and Performance of a High-Pressure Axial-Flow Fan. Transactions of ASME, 1935, 57:383 – 388.

[42] Spannhake W. Problems of Modern Pump and Turbine Design. Transactions of ASME, 1934, 56:225 – 248.

[43] O'Brien M, Folsom R G. Propeller Pumps. Transactions of ASME, 1935, 57:197 – 202.

[44] Wislicenus G F. A Study of the Theory of Axial-Flow Pumps. Transactions of ASME, 1945, 67:451 – 470.

[45] Stepanoff A J. Centrifugal and Axial Flow Pumps. New York: John Wiley & Sons, INC, 1957:138 – 160.

[46] Numachi F. On the Hydraulic Efficiency of Propeller Turbines and Propeller Pumps. Journal of JSME, 1929, 32(152): 483 – 493.

[47] 下山美徳. 軸流プロペラポンプ主要寸法の決定に就て. 日本機械学會論文集, 1936, 2(6): 31 – 38.

[48] 生井武文. プロペラポンプの理論と設計法. 日本機械学會論文集, 1957, 21(105): 383 – 386.

[49] 生井武文, 上田敏彦. 軸流送風機の理論と設計法(その1). 日本機械学會論文集, 1953, 19(81):61 – 66.

[50] 生井武文, 上田敏彦. 軸流送風機の理論と設計法(その2). 日本機械学會論文集, 1953, 19(81):66 – 71.

[51] 生井武文, 上田敏彦. 軸流送風機の理論と設計法(その3). 日本機械学會論文集, 1953, 19(81):71 – 78.

[52] 沼知福三郎. 二段プロペラポムプ就て. 日本機械学会誌, 1930, 33(160): 471 – 483.

[53] Wislicenus G F, Watson R M, Karassik I J. Cavitation Characteristics of Centrifugal Pumps Described by Similarity Considerations. Transactions of ASME, 1939, 61:17 – 24.

[54] Gongwer C A. A Theory of Cavitation Flow in Centrifugal-Pumps Impellers. Transactions of ASME, 1939, 63:29 – 40.

[55] Wislicenus G F. Critical Considerations on Cavitation Limits of Centrifugal and Axial-Flow Pumps. Transactions of ASME, 1956, 80:1707 – 1714.

[56] Hutton S P. Thin Aerofoil Theory and the Application of Analogous Methods to the Design of Kaplan Turbine Blades. Proceedings of IMechE, 1950, 163(1):81 – 97.

[57] Zaher M A, Ipenz M. Preliminary Determination of Basic Dimensions for an Axial Flow Pump. Proceedings of IMechE, Part E: Journal of Process

Mechanical Engineering, 2000, 214(3):173-183.
[58] 谢仕君. 轴流泵水力设计软件的研制. 东方电气评论,1994,8(3):189-190.
[59] 靳栓宝,工永生,杨琼方. 轴流式喷水泵设计及 CFD 性能分析与验证. 水泵技术,2009(5):19-23.
[60] Varchola M, Bielik T, Hlbocan P. Methodology of 3D Hydraulic Design of an Impeller of Axial Turbo Machine. Engineering Mechanics, 2013, 20(2):107-118.
[61] 彭敏,杨琼方,陈志敏,等. 轴流泵参数化设计及应力与模态特征分析. 计算力学学报,2016,33(1):121-126.
[62] 佘建国,耿立新,陈宁. 管道式水力叶轮的设计与性能分析. 江苏科技大学学报(自然科学版),2017,31(4):463-467.
[63] 赖真明,刘小兵,宋文武,等. 轴流式叶片的改进升力法设计与研究. 西华大学学报(自然科学版),2009,28(5):22-26.
[64] 村井等. 直線軸翼列の翼型の相互干渉の理論. 日本機械学會論文集,1951,17(58):52-56.
[65] 下山美徳. 減速流翼列の実験. 機械学會論文集,1937,3(13):334-344.
[66] Hay N, Metcalfe R, Reizes J A. A Simple Method for the Selection of Axial Fan Blade Profiles. Proceedings of IMechE, 1978, 192(2):269-275.
[67] Howell A R. Fluid Dynamics of Axial Compressors. Proceedings of IMechE, 1945, 153(1):441-452.
[68] Howell A R. Design of Axial Compressors. Proceedings of IMechE, 1945, 153(1):452-462.
[69] Carter A D S. Three-Dimensional-Flow Theories for Axial Compressors and Turbines. Proceedings of IMechE, 1948, 159(1):256-268.
[70] Carter A D S. Blade Profiles for Axial-flow Fans, Pumps, Compressors, etc. Proceedings of IMechE, 1961, 175(1):775-806.
[71] Howell A R, Bonham R P. Overall and Stage Characteristics of Axial-Flow Compressors. Proceedings of IMechE, 1950, 163(1):235-248.
[72] Kantrowitz A, Daum F L. Preliminary Experimental Investigation of Airfoils in Cascade. NACA Wartime Report, 1942:1-22.
[73] Bogdonoff S M, Bogdonoff H E. Blade Design Data for Axial-Flow Fans and Compressors. NACA Wartime Report L5F07a, 1945:1-22.
[74] Herrig L J, Emery J C, Erwin J R. Systematic Two-Dimensional Cascade Tests of NACA 65-Series Compressor Blades at Low Speeds. NACA RM L51G31, 1951:1-223.
[75] Felix A R. Summary of 65-Series Compressor-Blade Low-Speed Cascade Data by Use of the Carpet-Plotting Technique. NACA TN 3913, 1957:1-9.
[76] Emery J C. Low-Speed Cascade Investigation of Loaded Leading-Edge Compressor Blades. NACA RM L55J05, 1956:1-75.

[77] Felix A R, Emery J C. A Comparison of Typical National Gas Turbine Establishment and NACA Axial-Flow Compressor Blade Sections in Cascade at Low Speed. NACA TN 3937, 1957:1-46.

[78] Weske J R. An Investigation of the Aerodynamic Characteristic of a Rotating Axial-Flow Blade Grid. NACA TN 1128, 1947:1-19.

[79] Runckel J F, Davey R S. Pressure-Distribution Measurements on the Rotating Blades of a Single-Stage Axial-Flow Compressor. NACA TN 1189, 1947:1-19.

[80] Bogdonoff S M, Herrig L J. Performance of Axial-Flow Fan and Compressor Blades Designed for High Loadings. NACA TN 1201, 1947:1-13.

[81] Bogdonoff S M, Hess L J. Axial-Flow Fan and Compressor Blade Design Data at 52.5° Stagger and Further Verification of Cascade Data by Rotor Tests. NACA TN 1271, 1947:1-21.

[82] Mahoney J J, Dugan P D, Budinger R R, et al. Investigation of Blade-Row Flow Distributions in Axial-Flow-Compressor Stage Consisting of Guide Vanes and Rotor-Blade Row. NACA RM E50G12, 1951:1-54.

[83] Ashby G C. Comparison of Low-Speed Rotor and Cascade Performance for Medium-Camber NACA 65-(C_{10} A_{10}) 10 Compressor-Blade Sections over Wide Range of Rotor Blade-Setting Angles at Solidities of 1.0 and 0.5. NACA RM L54I13, 1954:1-40.

[84] Westphal W R, Godwin W R. Comparison of NACA 65-Sereis Compressor-Blade Pressure Distributions and Performance in a Rotor and in Cascades. NACA RM L51H20, 1951:1-53.

[85] Lieblein S, Schwenk F C, Broderick R. Diffusion Factor for Estimating Losses and Limiting Blade Loading in Axial-Low-Compressor Blade Elements. NACA RM E53D01, 1953:1-43.

[86] Savage M. Analysis of Aerodynamic Blade-Loading-Limit Parameters for NACA 65-($C_{lo}A_{10}$)10 Compressor-Blade. NACA RM L54L02a, 1955:1-32.

[87] Lieblein S, Roudebush W H. Theoretical Loss Relations for Low-Speed Two-Dimensional-Cascade Flow. NACA TN 3662, 1956:1-45.

[88] Lieblein S, Roudebush W H. Low-Speed Wake Characteristics of Two-Dimensional Cascade and Isolated Airfoil Sections. NACA TN 3771, 1956:1-48.

[89] Lieblein S. Analysis of Experimental Low-Speed Loss and Stall Characteristics of Two-Dimensional Compressor Blade Cascades. NACA E57A28, 1957:1-64.

[90] Lieblein S. Analytical Relation for Wake Momentum Thickness and Diffusion Ratio for Low-Speed Compressor Cascade Blades. NACA TN 4381, 1958:1-31.

[91] Lieblein S. Loss and Stall Analysis of Compressor Cascades. ASME Journal of Basic Engineering, 1959, 81(3):387-397.

[92] Schlichting H. Application Boundary-Layer Theory in Turbomachinery. ASME Journal of Basic Engineering, 1959, 81(4):543-551.

[93] Truckenbrodt E. A Method of Quadrature for Calculation of the Laminar and Turbulent Boundary Layer in Case of Plane and Rotationally Symmetrical Flow. NACA TM 1379, 1955:1-40.

[94] Ackeret J. Zum Entwurf dichtstehender Schaufelgitter. Schweizerische Bauzeitung, 1942, 120(9):103-108.

[95] Johnsen I A, Bullock R O. Aerodynamic Design of Axial-Flow Compressors. NASA SP-36, 1965.

[96] Hutton S P. Tip-Clearance and Other Three-Dimensional Effects in Axial Flow Fans. Zeitschrift für angewandte Mathematik und Physik ZAMP, 1958, 9(5/6):357-371.

[97] 生井武文，井上雅弘，金子賢二. 二次元減速翼列の研究：第7報，円弧翼の翼列性能. 日本機械学會論文集, 1974, 40(330):426-434.

[98] 生井武文，井上雅弘，金子賢二. 円弧翼翼列の設計法. ターボ機械, 1974, 2(2):177-182.

[99] 生井武文，井上雅弘，鎌田好久，他. NACA65系統圧縮機翼列カーペット線図の改善と拡張. ターボ機械, 1974, 2(5):444-450.

[100] Lewis R I, Pennington G A. Theoretical Investigation of Some Basic Assumptions of Schlichting's Singularity Method of Cascade Analysis. Aeronautical Research Council Current Papers CP No. 813, 1965:20.

[101] 生井武文，井上雅弘，鎌田好久，他. 電算機による軸流送風機の翼列の設計法（その1）. ターボ機械, 1974, 2(5):451-457.

[102] 生井武文，井上雅弘，鎌田好久，他. 電算機による軸流送風機の翼列の設計法（その2）. ターボ機械, 1974, 2(5):626-633.

[103] Inoue M, Ikui T, Kamada Y, et al. A Design of Axial-Flow Compressor Blades with Inclined Stream Surface and Varying Axial Velocity. Bulletin of JSME, 1979, 22(171):1190-1197.

[104] 田代光男，生井武文，井上雅弘，他. 減速翼列翼素線選定線図によるオフデザイン性能予測プログラムの開発. ターボ機械, 1983, 11(10):558-594.

[105] 近藤徹，中嶋幸敏，白本和晟. NACA 65系統翼のキャビテーション性能. ターボ機械, 1984, 12(6):333-340.

[106] 近藤徹，金澤康次，大庭英樹，他. NACA65系統翼を用いた軸流ポンプ羽根車のキャビテーション性能. ターボ機械, 1990, 18(8):442-449.

[107] 荒木賢二，穴井博文，押川満雄，他. 翼列理論に基づいた軸流式血液ポンプの設計製作手法. 人工臓器, 1997, 26(2):304-308.

[108] Mutterperl W. A Solution of the Direct and Inverse Potential Problems for Arbitrary Cascades of Airfoils. NACA ARR No. L4K22b, 1944:1-39.

[109] Lighthill M J. A Mathematical Method for Cascade Design. Aeronautical

Research Council R&M 2104, 1945.

[110] Garrick I E. On the Plane Potential Flow Past a Lattice of Arbitrary Airfoils. NACA Report No. 788, 1944:267-282.

[111] Hansen A G, Yohner P L. A Numerical Procedure for Designing Cascade Blades with Prescribed Velocity Distributions in Incompressible Potential Flow. NACA TN 2010, 1950:1-51.

[112] Goto A, Shirakura M, Enomoto H. Compressor Cascade Optimization Based on Inverse Boundary Layer Method and Inverse Cascade Method—1st Report: An Inverse Cascade Method for Incompressible Two-Dimensional Potential Flow. Bulletin of JSME, 1984, 27(226):653-659.

[113] Goto A, Shirakura M. Compressor Cascade Optimization Based on Inverse Boundary Layer Method and Inverse Cascade Method—2nd Report: An Inverse Cascade Method and Wind-Tunnel Tests of Optimized Compressor Cascade with High Loading. Bulletin of JSME, 1984, 27(229):1366-1377.

[114] Selig M S. Multipoint Inverse Design of an Infinite Cascade of Airfoils. AIAA Journal, 1994, 32(4):774-782.

[115] Goldstein A W, Jerison M. Isolated and Cascade Airfoils with Prescribed Velocity Distribution. NACA Report No. 869, 1947:201-215.

[116] 钱涵欣. 用积分方程法设计轴流泵叶轮. 清华大学学报(自然科学版), 1996, 36(8):60-65.

[117] Mellor G L. An Analysis of Axial Compressor Cascade Aerodynamics—Part Ⅰ. ASME Journal of Basic Engineering, 1959, 81(3):362-378.

[118] Fuzy O. Design of Straight Cascades of Slightly Curved Bladings by Means of Singularity Carrier Auxiliary Curve. Periodica Polytechnica Mechanical Engineering, 1966, 10(4):355-365.

[119] McFarland E R. Solution of Plane Cascade Flow Using Improved Surface Singularity Methods. ASME Journal of Engineering for Power, 1982, 104(3):668-674.

[120] Henriques J C C, da Silva M F, Estanqueiro A I, et al. Design of a New Urban Wind Turbine Airfoil Using a Pressure-Load Inverse Method. Renewable Energy, 2009, 34:2728-2734.

[121] Murugesan K, Railly J W. Pure Design Method for Aerofoils in Cascade. Journal of Mechanical Engineering Science, 1969, 11(5):454-467.

[122] Lewis R I. A Method for Inverse Aerofoil and Cascade Design by Surface Vorticity. ASME Paper 82-GT-154, 1982:1-10.

[123] 猪坂弘, 板東潔, 三宅裕. パネル法を利用した翼列の逆問題. 日本機械学会論文集B編, 1989, 55(515):1937-1942.

[124] Baddoo P J, Ayton L J. Potential Flow through a Cascade of Aerofoils: Di-

rect and Inverse Problems. Proceedings of Royal Society Series A, 2017, 474(2217):1-19.

[125] Linhardt H D. Application of Cascade Theories to Axial Flow Pumps. Pasadena:California Institute of Technology, 1960.

[126] 关醒凡. 泵的理论与设计. 北京:机械工业出版社,1987:316-322.

[127] 程良骏. 水轮机. 北京:机械工业出版社,1984:176-178.

[128] Cedar R D, Stow P. A Compatible Mixed Design and Analysis Finite Element Methods for the Design of Turbomachinery Blades. International Journal for Numerical Methods in Fluids, 1985, 5(4):331-345.

[129] Hart M, Whitehead D S. A Design Method for Two-Dimensional Cascades of Turbomachinery Blades. International Journal for Numerical Methods in Fluids, 1987, 7(12):1363-1381.

[130] Nicoud D, Le Bloa C, Jacquotte O P. A Finite Element Inverse Method for the Design of Turbomachinery Blades. ASME Paper 91-GT-80, 1991:1-10.

[131] Wu C H, Brown C A. A Method of Designing Turbomachine Blades with a Desirable Thickness Distribution for Compressible Flow along an Arbitrary Stream Filament of Revolution. NACA TN 2455, 1951:1-45.

[132] Morelli D A, Bowerman R D. Pressure Distributions on the Blade of an Axial-Flow Propeller Pump. Transactions of ASME, 1953, 75(8):1007-1013.

[133] Bowerman R D. The Design of Axial Flow Pumps. Transactions of ASME, 1956, 78(12):1723-1734.

[134] Bowerman R D. Investigation of Three-Dimensional Design Procedure for Axial Flow Pump Impellers. Pasadena:California Institute of Technology, 1955.

[135] Etter R J, Van Dyke P. Three-Dimensional Flow Field from a Radial Vortex Filament in a Cylindrical Annulus. NACA CR102560, 1960.

[136] McBride M W. The Design and Analysis of Turbomachinery in an Incompressible, Steady Flow Using the Streamline Curvature Method. Technical Memorandum of Applied Research Laboratory TM-79-33, Pennsylvania State University, 1979.

[137] Ma X. Numerical Solutions for Direct and Indirect (Design) Turbomachinery. Cincinnati:University of Cincinnati, 2006.

[138] Adallah S, Smith C F, McBride M W. Unified Equation of Motion (UEM) Approach as Applied to S1 Turbomachinery Problems. ASME Paper 87-GT-179, 1987:1-7.

[139] Liu G L, Yan S. A Unified Variable-Domain Variable Approach to Hybrid Problems of Compressible Blade-to-Blade Flow. ASME Paper 91-GT-169, 1991:1-7.

[140] Yao Z, Liu G L. Aerodynamic Design Method of Cascade Profiles Based on Load and Blade Thickness Distribution. Applied Mathematics and Mechanics, 2003, 24(8):886-892.

[141] Yao Z, Liu G L, Wu X J. Hybrid Design Methods of Cascade Profile Based on Variational Principles. Aircraft Engineering and Aerospace Technology, 2005, 77(3):228-235.

[142] Wu Z C. Inverse Design Problem for Optimizing Cascades. Aircraft Engineering and Aerospace Technology, 2006, 78(6):515-521.

[143] Bontaki E, Chviaropoulos P, Papailiou K D. An Inverse Inviscid Method for the Design of Quasi-Three-Dimensional Turbomachinery Cascades. ASME Journal of Turbomachinery, 1993, 115(1):121-127.

[144] Hawthorne W R, Wang C, Tan C S, et al. Theory of Blade Design for Large Deflection: Part I—Two-Dimensional Cascade. ASME Journal of Engineering for Gas Turbines and Power, 1984, 106(2):346-353.

[145] Dang T Q. Design of Turbomachinery Blading in Transonic Flows by the Circulation Method. ASME Journal of Turbomachinery, 1992, 141(1):141-146.

[146] Dang T, Isgro V. Euler-Based Inverse Method for Turbomachine Blades Part I: Two-Dimensional Cascades. AIAA Journal, 1995, 33(12):2309-2315.

[147] Jiang J, Dang T. Design Method for Turbomachine Blades with Finite Thickness by the Circulation Method. ASME Paper 94-GT-368, 1994:1-10.

[148] Jiang J, Dang T. Design Method for Turbomachine Blades with Finite Thickness by the Circulation Method. ASME Journal of Turbomachinery, 1997, 119(3):539-543.

[149] Tiow W T, Yiu K F C, Zangeneh M. Application of Simulated Annealing to Inverse Design of Transonic Turbomachinery Cascades. Proceedings of IMechE, Part A: Journal of Power and Energy, 2002, 216(1):59-73.

[150] Denton J D. The Use of a Distributed Body Force to Simulate Viscous Effects in 3D Flow Calculations. ASME Paper 86-Gt-144, 1986:1-8.

[151] Wu C H. A General Theory of Three-Dimensional Flow in Subsonic and Supersonic Turbomachines of Axial-, Radial-, and Mixed-Flow Types. NACA TN 2604, 1952:1-95.

[152] Soulis J V. Thin Turbomachinery Blade Design Using a Finite-Volume Method. International Journal for Numerical Methods in Engineering, 1985, 21(1):19-36.

[153] Luu S T, Viney B, Bencherif L. Turbomachine Blading with Splitter Blades Designed by Solving the Inverse Flow Field Problem. Journal de Physique III, 1992, 2(4):657-672.

[154] 马文昌,曹辉,宋少雷. 基于速度矩分布的喷水推进泵反设计及抗汽蚀性能分析. 江苏科技大学学报(自然科学版),2013,27(3):219-223.

[155] Jenkins R M, Moore D A. An Inverse Calculation Technique for Quasi-Three-Dimensional Turbomachinery Cascades. Applied Mathematics and Computation, 1993, 57(2/3):197-204.

[156] McCune J E. Three-Dimensional Flow in Highly-Loaded Axial Turbomachinery. Journal of Applied Mathematics and Physics, 1977, 28(5):865-878.

[157] Chen L T, McCune J E. Comparison of Three-Dimensional Quasi-Linear Large Swirl Theory with Measured Outflow from a High-Work Compressor Rotor. Gas Turbine & Plasma Dynamics Laboratory Report No. 128, Massachusetts Institute of Technology, 1975:1-73.

[158] McCune J E. The Effects of Trailing Vorticity on the Flow Through Highly Loaded Cascades. Journal of Fluid Mechanics, 1976, 74(4):721-740.

[159] Chen C S. Three-Dimensional Incompressible and Compressible Beltrami Flow Through a Highly-Loaded Isolated Rotor. Gas Turbine & Plasma Dynamics Laboratory Report No. 147, Massachusetts Institute of Technology, 1979:1-79.

[160] Tan C S. Vorticity Modelling of Blade Wakes Behind Isolated Annular Blade-Rows: Induced Disturbances in Swirling Flows. ASME Paper 80-GT-140, 1980:1-15.

[161] Dang T Q, McCune J E. A Two-Dimensional Design Method for Highly-Loaded Blades in Turbomachines. Gas Turbine & Plasma Dynamics Laboratory Report No. 173, Massachusetts Institute of Technology, 1983:1-125.

[162] Tan C S, Hawthorne W R, McCune J E, et al. Theory of Blade Design for Large Deflection: Part II—Annular Cascades. ASME Journal of Engineering for Gas Turbines and Power, 1984, 106(2):354-365.

[163] 三宅裕,板東潔,黒河通広. 有限ピッチアクチュエータダクト法による軸流動翼の三次元逆問題の解法. 日本機械学会論文集 B 編, 1988, 54(499):616-623.

[164] 板東潔,三宅裕,辻本公一. 有限ピッチアクチュエータダクト法による羽根車の三次元逆問題の解法:続報. 日本機械学会論文集 B 編, 1990, 56(523):751-756.

[165] Ghaly W S. A Design Method for Turbomachinery Blading in Three-Dimensional Flow. International Journal for Numerical Methods in Fluids, 1990, 10:179-197.

[166] Zangeneh M. A Compressible Three-Dimensional Design Method for Radial and Mixed Flow Turbomachinery Blades. International Journal for Numeri-

cal Methods in Fluids, 1991,13:599-624.

[167] Borges J E. A Proposed Through-Flow Inverse Method for the Design of Mixed-Flow Pumps. International Journal for Numerical Methods in Fluids, 1993, 17:1097-1114.

[168] 彭云龙,王永生,靳栓宝. 轴流式喷水推进泵的三元设计. 中南大学学报(自然科学版),2014,45(6):1812-1818.

[169] Keller J J. Inverse Euler Equations. Zeitschrift für Angewandte Mathematik und Physik-ZAMP, 1998, 49(3):363-383.

[170] Keller J J. Inverse Equations. Physics of Fluids, 1999, 11(3):513-519.

[171] Scascighini A, Troxler A, Jeltsch R. A Numerical Method for Inverse Design Based on the Inverse Euler Equations. International Journal for Numerical Method in Fluids, 2003, 41(4):339-355.

[172] 西山哲男,石川淳. 回転する環状翼列における循環の半径方向最適分布:ポテンシャル流れにおける厳密解と近似解. 日本機械学会論文集 B 編,1992,58(553):2750-2756.

[173] Howell R, Lakshminarayana B. Three-Dimensional Potential Flow and Effects of Blade Dihedral in Axial Flow Propeller Pumps. ASME Journal of Fluids Engineering, 1977,99(1):1167-1175.

[174] 水谷充,水谷寛,神元五郎. 特異点法による軸流型流体機械内の流れの研究. ターボ機械,1983,11(2):77-86.

[175] 西山哲男,倉西実. 軸流ポンプ羽根における環状翼列干渉効果. ターボ機械,1987,15(2):79-87.

[176] 三宅裕,板東潔,宮脇俊裕,他. パネル法を用いた軸流動翼の三次元流れ解析. 日本機械学会論文集 B 編,1984,50(457):2143-2153.

[177] Lee Y T, Jiang C W, Bein T W. A Pontential Flow Solution on Mrine Propeller and Axial Rotating Fan. AD-A198781, 1988:1-22.

[178] 陈运杰,刘超. 基于面元法的轴流泵叶轮敞水性能紊流数值分析. 河海大学学报(自然科学版),2010,38(4):369-372.

[179] Korakianitis T, Pantazopoulos G I. Improved Turbine-Blade Design Techniques Using 4th-Order Parametric-Spline Segments. Computer-Aided Design, 1993, 25(5):269-299.

[180] Miller P L, Oliver J H, Miller D P, et al. BladeCAD: An Interactive Geometric Design Tool for Turbomachinery Blades. NASA TM-107262, 1996:1-8.

[181] Corral R, Pastor G. A Parametric Design Tool for Cascades of Airfoils. ASME Paper 99-GT-73, 1999:1-12.

[182] Burguburu S, le Pape A. Improved Aerodynamic Design of Turbomachinery Bladings by Numerical Optimization. Aerospace Science and Technology, 2003, 7(4):277-287.

[183] Burguburu S, Toussaint C, Bonhomme C, et al. Numerical Optimization of Turbomachinery Bladings. ASME Journal of Turbomachinery, 2004, 126(1):91-100.

[184] Sieverding F, Ribi B, Casey M, et al. Design of Industrial Axial Compressor Blade Sections for Optimal Range and Performance. ASME Journal of Turbomachinery, 2004, 126(2):323-331.

[185] Koini G N, Sarakinos S S, Nikolos I K. A Software Tool for Parametric Design of Turbomachinery Blades. Advances in Engineering Software, 2009, 40(1):41-51.

[186] Sommer L, Bestle D. Curvature Driven Two-Dimensional Multi-Objective Optimization of Compressor Blade Sections. Aerospace Science and Technology, 2011, 15(4):334-342.

[187] Bohle M. An Inverse Design Method for Cascades for Low-Reynolds Number Flow. ISRN Applied Mathematics, 2012:1-18.

[188] Leonard O, Demeulenaere A. A Navier-Stokes Inverse Method Based on a Moving Blade Wall Strategy. ASME Paper 97-GT-416, 1997:1-10.

[189] Pierret S, Van den Braembussche R A. Turbomachinery Blade Design Using a Navier-Stokes Solver and Artificial Neural Network. ASME Journal of Turbomachinery, 1999, 121(2):326-332.

[190] Benini E, Toffolo A. A Parametric Method for Optimal Design of Two-Dimensional Cascades. Proceedings of IMechE, Part A: Journal of Power and Energy, 2001, 215(4):465-473.

[191] de Vito L, Van den Braembussche R A, Deconinck H. A Novel Two-Dimensional Viscous Inverse Design Method for Turbomachinery Blading. ASME Journal of Turbomachinery, 2003, 125(2):310-316.

[192] Fathi A, Shadaram A. Multi-Level Multi-Objective Multi-Point Optimization System for Axial Flow Compressor 2D Blade Design. Arabian Journal for Science and Engineering, 2013, 38(2):351-364.

[193] 石丽建, 汤方平, 雷翠翠, 等. 轴流泵叶片设计协同优化算法. 农业工程学报, 2014, 30(17):93-100.

[194] 陶然, 肖若富, 杨魏. 基于遗传算法的轴流泵优化设计. 排灌机械工程学报, 2018, 36(7):53-57.

[195] Butterweck M, Pozirski J. Inverse Method for Viscous Flow Design Using Stream-Function Coordinates. Acta Mechanics, 2013, 224(8):1801-1812.

[196] Mileshin V I, Orekhov I K, Shchipin S K, et al. New 3D Inverse Navier-Stokes Based Method Used to Design Turbomachinery Blade Rows. Proceedings of 2004 ASME Heat Transfer/Fluids Engineering Summer Conference, 2004:1-9.

[197] Li Z H, Zheng X Q. Review of Design Optimization Methods for Turboma-

chinery Aerodynamics. Progress in Aerospace Sciences, 2017, 90:1 – 23.

[198] Gallar L, Arias M, Pachidis V, et al. Stochastic Axial Compressor Variable Geometry Schedule Optimization. Aerospace Science and Technology, 2011, 15(5):366 – 374.

[199] Jameson A. Aerodynamic Design via Control Theory. Journal of Scientific Computing, 1988, 3(3):233 – 260.

[200] Jameson A, Martinelli L, Pierce N A. Optimum Aerodynamic Design Using the Navier-Stokes Equations. Theoretical and Computational Fluid Dynamics, 1998, 10(1 – 4):213 – 237.

[201] Iollo A, Ferlauto M, Zannetti L. An Aerodynamic Optimization Method Based on the Inverse Problem Adjoint Equations. Journal of Computational Physics, 2001, 173(10):87 – 115.

[202] Arens K, Rentrop P, Stoll S O, et al. An Adjoint Approach to Optimal Design of Turbine Blades. Applied Numerical Mathematics, 2005, 53(2 – 4):93 – 105.

[203] Tzanakis A. Duct Optimization Using CFD Software 'ANSYS Fluent Adjoint Solver'. Goteborg: Chalmers University of Technology, 2014:1 – 34.

[204] Petrovic M. Optimization of Hydraulic Parts Using Adjoint Optimization. Perspectives in Science, 2016, 7:337 – 340.

[205] Bui-Thanh T, Damodaran M, Willcox K. Aerodynamic Data Reconstruction and Inverse Design Using Proper Orthogonal Decomposition. AIAA Journal, 2004, 42(8):1505 – 1516.

[206] Ma Y, Engeda A, Cave M, et al. Improved Centrifugal Compressor Impeller Optimization with a Radial Basis Function Network and Principal Component Analysis. Proceedings of IMechE, Part C: Journal of Mechanical Engineering Science, 2010, 224(4):935 – 945.

[207] Jung I S, Jung W H, Baek S H, et al. Shape Optimization of Impeller Blades for a Bidirectional Axial Flow Pump Using Polynomial Surrogate Model. International Journal of Mechanical and Mechatronics Engineering, 2012, 6(6):1097 – 1103.

[208] Park H S, Miao F Q, Nguyen T T. Impeller Design for an Axial-Flow Pump Based on Multi-Objective Optimization. Indian Journal of Engineering & Material Sciences, 2018, 25:183 – 190.

第 7 章 轴流泵叶轮变环量简易反问题

7.1 轴流泵叶轮变环量

20 世纪 50 年代以前,轴流泵叶轮水力设计一般都按叶轮理论扬程沿半径方向等于常数的规则进行.对于图 7-1 所示的轴流泵叶轮某一圆柱形流面上的直列叶栅,在设计工况下,叶轮进口流动轴面速度均匀,没有预旋,即叶轮进口流体绝对速度圆周分速度 $V_{u1}=0$,因此,叶轮进口速度环量 $\Gamma_1=2\pi R V_{u1}=0$,其中 R 为流面的位置半径;叶轮出口速度环量 $\Gamma_2=2\pi R V_{u2}$,其中 V_{u2} 为叶轮出口处流体绝对速度圆周分速度.根据叶轮机械 Euler 方程,有叶轮理论扬程 H_{th} 与叶轮出口环量 Γ_2 之间的关系式:

$$H_{th}=\frac{uV_{u2}}{g}=\frac{\omega}{g}\frac{\Gamma_2}{2\pi} \tag{7-1}$$

式中:u 为半径 R 处叶片旋转速度,$u=\omega R$;ω 为叶轮旋转角速度;g 为重力加速度.如果 H_{th} 沿叶轮半径分布为常数,Γ_2 就为常数;反之亦然.这就是所谓的轴流泵等环量设计.

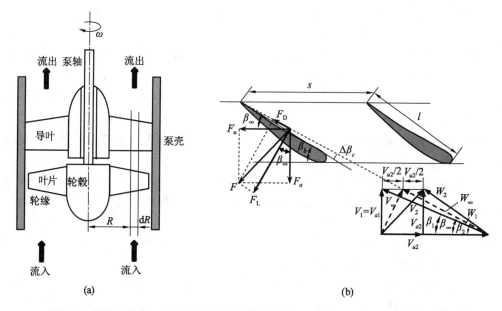

图 7-1 轴流泵简图,某一圆柱形流面上的叶栅展开示意图及进、出口速度三角形

1935 年,文献[1]发表了关于采用升力法进行轴流泵叶轮等环量水力设计的论文,文中推导了径向平衡方程,并利用方程计算了叶轮出口流体压力的径向分布.发现在等环量条件下,叶轮出口压力将按 R^{-2} 规律从轮缘到轮毂快速下降;若轮毂很小,则轮毂处流体压力会很低.

文献[2]于 1936 年发表了关于轴流泵叶轮水力设计,水力性能测试和叶轮进、出口流动测量等方面的论文.设计时,认为叶轮出口为等环量流动,参考等导程螺旋桨,将叶片设计成螺面,叶片轴垂面投影为扇形,叶片最大厚度按直径成反比变化,翼型为 Gottingen 428 和 419. 试验表明:叶轮出口环量和轴面速度沿半径是变化的,不是常数. 提出采用下面的半理论半经验公式来拟合圆周和轴面分速度:

$$\begin{cases} V_{m2} = V_{m1} + a_1\left(1 - \dfrac{R_t + R_h}{2R}\right) \\ V_{u2} = a_2 R + \dfrac{b_2}{R} \end{cases} \quad (7-2)$$

式中：V_{m1} 和 V_{m2} 分别为叶轮进、出口轴面速度, $V_{m1} = \text{const}$；R_h 和 R_t 分别为轮毂和轮缘半径；a_1, a_2 和 b_2 分别为拟合系数. 由于 V_{u2} 与 R 不成反比,所以叶轮出口流动不是自由涡(free-vortex).

文献[3]认为设计工况下轴流泵叶轮出口液体圆周分速度符合自由涡,但轴面速度是不均匀的线性分布,计算了设计工况的扬程和斜率,预测了轴流泵直线型扬程-流量曲线. 最后,列出了轴流泵叶轮内部轴对称理想流体运动方程,其中叶片对流体的作用力分别用 3 个单位质量力表示. 运动方程的流函数解由自变量为 R 的待求未知函数和 $V_{u2}(R)$ 表示,而流体作用于叶轮的轴向力和扭矩可由这两个函数沿叶片的积分表示.

文献[4]根据二维直列叶栅理论,推导了流体作用于叶轮上的轴向力,它等于文献[2]根据理想流体运动方程得出的由待求未知函数和 $V_{u2}(R)$ 表示的轴向力. 根据该等式和假设的沿半径呈二次多项式分布的 V_{m2},可得到上述待求未知函数和 $V_{u2}(R)$ 表达式. 这样给定不同的 $V_{u2}(R)$,就可以立即算出 V_{m2} 分布,做到两者一一对应. 初步探讨了轴流泵叶轮变环量设计的理论基础.

文献[5]推导了不可压流体在轴流叶轮后方的径向平衡方程(radial-equilibrium equation). 然后,规定了两种绝对速度的圆周分速度的径向分布,即常数或与半径成正比(强制涡). 最后采用径向平衡方程求解叶轮出口轴向速度,据此求出叶片安放角,进行叶片设计. 测量的叶轮后方总压、轴向速度和转向角基本与径向平衡方程预测的吻合. 叶轮水力效率包括在径向平衡方程中,但设计时令水力效率为 1. 推导的径向平衡方程实际为文献[6]的简化的径向平衡方程.

文献[6]推导了多级轴流压气机无黏性、轴对称、径向等熵、可压缩气体流动的通用径向平衡方程. 在叶轮或导叶中,由 3 个单位质量力代表叶片对流体的作用,在级间,3 个质量力为零. 给出了级间流动分析(正问题)和级间流型设计(反问题)的方法. 流型设计就是给定某个速度分量沿半径方向的变化规律,然后采用径向平衡方程和流量守恒方程求出其余的速度分量的径向分布. 另外,指出了简化的(无径向速度)径向平衡方程(simplified radial-equilibrium equation)可以用于级间的初始流型设计中. 但这些方法都没有考虑熵的径向变化. 文献[7]将测量的熵的径向变化规律纳入简化的径向平衡方程,使文献[6]的方法得到了完善.

文献[8]推导了轴流泵叶轮出口处流体简化的径向平衡方程. 取设计工况出口轴面速度、扬程、转速和轮缘半径作为参考量,对待求的非设计工况轴面速度、圆周分速度和径向平衡方程进行无量纲化. 求出了该方程关于无量纲轴面速度的通解表达式,其积分常数无法用解析法确定. 为此,提出了 3 个近似解,并对比较符合实际的第一种近似解进行了详细分析和讨论,包括无量纲轴面速度、圆周分速度和扬程,给出了不同流量下叶轮出口出现回流的半径位置. 这是最早关于轴流泵叶轮出口流动的典型应用数学分析.但是,文中假设设计工况叶轮出口扬程沿径向均匀分布,否则就没有无量纲轴面速度的通解表达式;另外,文中也没有考虑水力损失沿叶轮出口的径向分布.

文献[9]将设计工况的扬程和速度分量作为参考,结合滑移系数由叶轮机械 Euler 方程计算叶轮理论扬程和叶轮出口圆周分速度,然后利用文献[7]简化的径向平衡方程计算叶轮出口轴面速度,但没有给出具体实例.

采用简化的径向平衡方程,文献[10]预测了轴流泵和轴流压缩机叶轮的压头-流量、效率-流量曲线,探讨了3种叶轮出口总压损失系数径向分布形式,即常数型、轮缘轮毂对称型和轮缘高轮毂平坦型对轴面速度剖面的影响.

1958—1970年间,美国太空署(NASA)刘易斯研究中心(Lewis Research Center)对液体推进剂火箭系统用轴流泵叶轮进行了大规模研究,设计了轮毂比变化范围为 0.40～0.90 的 12 种双圆弧翼(double-circular-arc blade section)轴流叶轮.所谓双圆弧翼就是吸力面和压力面及骨线都是单个圆弧的翼型,即由两个不同心、半径相异的圆相交得出的中心角小于180°的那部分圆缺,见图7-2.这种翼型头、尾薄,中间厚,呈双刃刀片形,适用于安放角(弦线与圆周速度反方向的夹角)比较小,空化性能要求较高的场合或跨音速轴流压缩机或风扇.双圆弧翼型组成的直列叶栅风洞试验数据归纳图、表和关联式见文献[11].

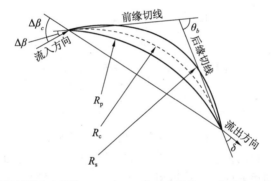

图 7-2 双圆弧翼剖面定义图(R_c,R_p 和 R_s 分别为骨线、压力面和吸力面的圆弧半径)

研究中,给出了变环量(扬程系数)径向分布,然后采用简化的径向平衡方程,考虑文献[11]提出的总压损失系数的径向分布,计算出叶轮出口流动,得到叶片进出口角、翼弦安放角、叶轮水力效率和扬程系数,提出了所谓轴流泵叶轮水力设计叶片单元法(blade-element method),即翼素法.有关叶轮设计方法、试验结果详见文献[12-17]. 中期试验结果归纳见文献[18],后期数据库建设见文献[19],叶轮水力设计 FORTRAN 计算机程序见文献[20,21],总压损失系数和落后角关联式可行性尝试研究见文献[22].

文献[23]测量了一台轴流泵的水力性能和最优、3个小流量工况下的叶轮前、后总压和速度分布,并利用简化的径向平衡方程求出了叶轮出口轴面速度分布.径向平衡方程中包含叶轮理论扬程和叶轮水力损失,其中各个流面上的理论扬程由叶栅升力系数、阻力系数和无穷远来流速度计算.各个流面的叶栅升力系数和阻力系数随流量或冲角的变化关系是试凑的,以便使计算的叶轮出口速度和总压分布与测量值吻合.

通过试验,文献[24]认为等环量设计使叶片安放角从轮毂到轮缘发生很大变化,叶片扭曲严重,因此应增大轮缘处的叶片安放角和减小轮毂处的叶片安放角,以保证叶片实际出口轴面速度 V_m = const、角动量 $V_u R$ = const. 因此,提出了两个修正系数 K_1, K_2,对均匀流场进行修正,即

$$\begin{cases} V_{m2} = K_1 4Q/[\pi(D_t^2 - d_h^2)] \\ V_{u2} = K_2 g H_{th}/u = K_2 g H_{th}/(R\omega) \end{cases} \quad (7-3)$$

其中 K_1, K_2 的变化规律见图 7-3, Q 和 H_{th} 分别为叶轮的理论流量和扬程, D_t 和 d_h 分别为轮缘和轮毂直径, u 和 ω 分别为叶片圆周速度和角速度, R 为某一流面位置半径, g 为重力加速度. 设计表明,按推荐的修正系数修正速度分布规律以后,再采用孤立翼型升力法设计出的叶片会减少叶片的扭曲,改善翼型的工作条件. K_2 的引入实际使叶轮出口出现了变环量.

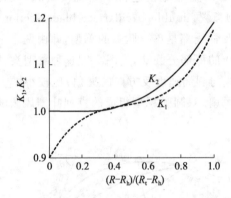

图 7-3　轴面速度、圆周分速度的修正系数 K_1, K_2 的径向分布

文献[25]推荐了 K_1, K_2 随半径变化的抛物线曲线,并成功用于潜水轴流泵叶片的升力法设计中,也取得了较好的效果.

文献[26-33]首先给定环量沿半径方向的分布,然后由简化的径向平衡方程和连续方程求出叶轮出口轴面速度 V_m,将进口均匀流场和出口非均匀流场进行叠加,得到合成速度 $\vec{W}_\infty$,最后利用前面的孤立翼型升力法或平面直列叶栅奇点法设计叶片. 很明显,这里是通过修正环量,即理论扬程的径向分布来调整叶轮出口流场的. 由于没有考虑水力损失,不能计算叶轮出口实际扬程的径向分布,无法判断给定的变环量分布是否合理或是最佳的.

文献[34]在简化的径向平衡方程中考虑了总压损失系数的径向分布,根据现有轴流叶轮后方试验流动测量结果对测量的总压损失系数径向分布进行了模型化. 然后,利用现有的变环量(理论扬程系数)分布,计算出叶轮出口流场、水力效率、实际扬程和叶片角度.

文献[35]提出了轴流风扇叶轮出口幂函数变环量径向分布,并利用简化的径向平衡方程求出叶轮出口轴面速度、叶片出口角和压头系数. 文献[36]按照 1.2,1.4 和 1.6 幂次分布,设计了 3 个轴流风扇叶轮,试验证明:按 1.6 幂次分布设计的叶轮有较好的气动性能. 文献[37]采用 CFD 方法分别计算了等环量和变环量轴流泵叶轮,结果表明:变环量叶轮水力性能比等环量叶轮稍好,但空化性能并不如意,扬程随轮缘间隙增大而迅速下降.

文献[38]提出了轴流泵叶轮出口线性变化的速度矩,其中轮毂和轮缘处的速度矩

分别比中间流面低和高 16.5%. 文献[39]测量了南水北调工程用某高效轴流泵叶轮出口速度,发现环量沿径向呈现非线性分布,在叶片宽/高度中部近似为常数,靠近轮毂处环量约降低至中部的 4/5,靠近轮缘处约增大至中部的 1.2 倍,出口轴面速度呈现抛物线分布,最高速度出现在叶片宽度中部.

文献[40]给出 4 种 K_2 分布曲线,然后采用简化的径向平衡方程计算叶轮出口轴面速度分布和液流角,进行叶片几何造型,最后采用 CFD 程序计算设计的 4 个叶轮内部三维、定常、不可压紊流流动,得到了叶轮水力性能曲线. 结果证明:适当减低(30%~50%)轮毂处的环量和增加(50%)轮缘处的环量对提高泵效率是有利的.

本章试图依据现有轴流叶轮出口流动总压损失系数的径向分布试验数据,提出数学模型;然后将之代入简化的径向平衡方程中,结合给定的变环量径向分布规律,沿径向积分该方程;使算出的叶轮出口轴面速度满足已知的叶轮流量,得到轴面速度,叶轮产生的实际扬程和水力效率,叶片进、出口角和安放角;选定某一翼型,如双圆弧翼,按叶片进、出口角和安放角进行叶片造型. 因设计过程中没有改变叶片骨线形状,所以称之为简易反问题.

7.2 变环量简易反问题

7.2.1 轴流泵叶轮水力损失模型

目前,对旋转轴流叶轮的出口总压损失系数做了许多测量,图 7-4 是文献[41]中汇总的 15 个轴流叶轮总压损失系数 ξ 与扩散系数 D 的散点图. 图中还画出了平面直列叶栅风洞试验数据. 由于翼型分别为 NACA 65 和双圆弧翼型,所以试验数据有些分散. 这里的轴流叶轮叶片吸力面扩散系数 D 的表达式为

$$D = \left(1 - \frac{W_2}{W_1}\right) + \frac{W_{u1} - W_{u2}}{2\sigma W_1} \tag{7-4}$$

式中:W_1 和 W_2 分别为叶轮进、出口流体相对速度;W_{u1} 和 W_{u2} 分别为叶轮进、出口相对速度的圆周分速度. 对于静止平面直列叶栅,相对流速为绝对流速. σ 为叶栅稠度,$\sigma = l/s$,其中 l 为翼弦长度,s 为翼型栅距. 总压损失系数 ξ 定义为叶轮进、出口总压损失与进口相对速度头之比,即 $\xi = \Delta p_t / \left(\frac{1}{2}\rho W_1^2\right)$,$\Delta p_t$ 为总压损失.

在轮毂和中间流面上,当 $D \leqslant 0.3$ 时,叶轮总压损失系数与平面直列叶栅相当;随着 D 的增加,叶轮总压损失系数最多为平面直列叶栅的 1.9 倍. 在轮缘流面,当 $D \leqslant 0.1$ 时,叶轮总压损失系数与平面直列叶栅大致相同;否则,随着 D 的增加,叶轮总压损失系数快速增加,最多为平面直列叶栅的 7 倍. 对图 7-4 中试验数据点进行拟合,得到的经验公式为

$$\xi = \begin{cases} 0.003\,3 \dfrac{2\sigma}{\sin\beta_2} \mathrm{e}^{3.529\,6D} & (\text{轮毂}) \\ 0.005\,1 \dfrac{2\sigma}{\sin\beta_2} \mathrm{e}^{2.871\,3D} & (\text{中间}) \\ 0.004\,4 \dfrac{2\sigma}{\sin\beta_2} \mathrm{e}^{5.335\,1D} & (\text{轮缘}) \end{cases} \tag{7-5}$$

轮缘处总压损失系数增大的原因是该处存在由泄漏涡引起的附加水力损失. 轮缘间隙对轴流叶轮性能的影响最早于 1905 年在汽轮机设计中受到关注，Betz 于 1925 年采用二维直列叶栅的升力线理论分析了 Kaplan 转轮轮缘间隙的诱导阻力损失[42]. 轮缘间隙对轴流叶轮性能影响的试验较早见于 1937—1941 年[43,44]，比较透彻的流体力学分析见于 1954 年[42,45]. 从 20 世纪 50 年代开始，该现象一直是流体机械领域比较重要的研究问题. 目前的主要关注点是如何提出更为合理的轮缘间隙几何结构[46]、叶片展向弯曲 (bow 或 dihedral)、掠 (sweep)[47] 和间隙的主动控制方法[48]，以提高轴流叶轮的水力性能和改善失速特性[49].

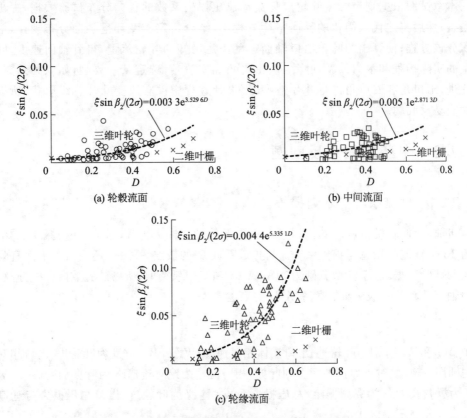

图 7-4　轴流叶轮扩散系数 D 与总压损失系数 ξ 试验值和回归曲线，
以及与平面直列叶栅试验值的对比[41]

图 7-5 表示目前已经掌握的轴流叶轮轮缘流动结构. 文献[45]通过在泵壳注射邻苯二甲酸二丁酯与煤油混合制成的示踪粒子，观察到了轴流叶轮轮缘处由叶片压力面到吸力面的间隙射流，并且射流的起始位置与流量有关，见图 7-5a. 当流量系数 ϕ（轴面流速与叶轮圆周速度之比）较小时，射流的起始位置在叶片的头部，然后随着流量的增加，射流的起始位置逐渐后移. 同时，对轴流叶轮发生空化的泄漏涡位置进行了流体力学建模.

图 7-5b 是文献[50]根据 20 世纪 60 年代以前的静止直列叶栅和旋转轴流叶轮流动测量数据绘制的轴流叶轮内部流动图谱. 图中的流谱包括流道内的二次流涡、叶片尾部的尾涡、轮缘间隙泄漏涡及叶片压力面的刮起涡. 二次流涡主要是由轮毂、轮缘壳体边

界层和不均来流引起的.泄漏涡主要是由叶顶间隙射流卷起引起的.图 7-5c 是文献[51]分析旋转轴流叶轮后方热线测量结果后,得到的轮缘间隙附近的流动结构示意图.图中的马蹄涡是由轮缘壳体边界层和不均来流引起的,并没有图 7-5b 所示的二次流涡.图 7-5d 是根据静止平面直列叶栅的油膜可视化结果给出的[52].除了泄漏涡外,间隙内还有 2 个次生涡,即分离涡和二次涡.

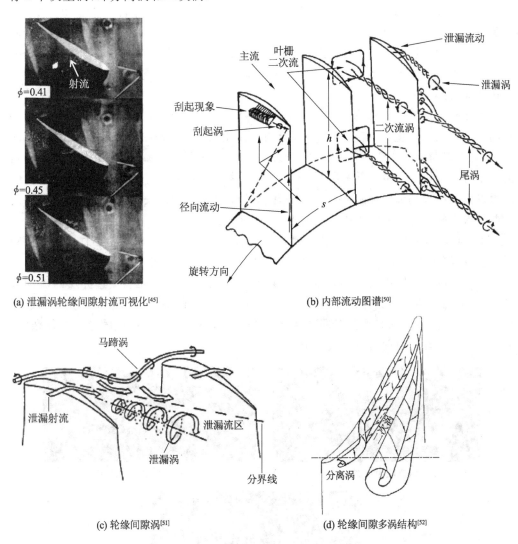

图 7-5　轴流叶轮轮缘和内部流动图谱示意图

文献[53]将轮缘间隙流分为平行于间隙的通流和垂直于间隙的横流.首先推导了间隙横流的非定常、不可压二维理想流体模型方程,通流为速度等于常数的通过叶栅的平均流动.然后在叶片前缘释放点涡,采用涡方法求解横流流动方程,得到了不同时刻的涡心位置.计算发现,间隙大小不影响泄漏涡在叶片流道中的轨迹,但影响叶片后方轨迹的方向.

根据 CFD 计算结果,泄漏涡主要是由间隙射流和主流之间的剪切层卷起形成的,其涡线与叶片吸力面边界层相连[54].这与文献[45]提出的涡线在射流作用下卷起二维流动模型计算结果一致.同时,泄漏涡强度的衰减取决于吸力面和轮壳边界层形成涡的涡量和泄漏涡自身涡量的黏性扩散[55].泄漏涡在吸力面的起始位置在15%~65%的弦长位置,取决于轮缘间隙大小和叶轮转速;间隙越小,位置越靠近叶片头部.泄漏涡的起始位置与轮壳上最小静压力位置吻合[54].计算的涡心轨迹与文献[55]的涡心可视化结果吻合.

轮缘泄漏涡对轴流叶轮水力性能的影响主要有3种说法,即泄漏流不做功模型[57]、间隙射流混合损失模型[45,58-61]和诱导阻力模型[62,63].泄漏流不做功模型认为轮缘泄漏流直接从叶顶流过,叶轮对此部分流体不做功,仅表现为容积损失[57];间隙射流混合损失模型认为射流喷出间隙后与叶片吸力面附近的主流发生了混合损失[45,58-62],即射流的速度头完全消失.

诱导阻力模型[63,64]认为当流体在轮缘间隙时,由于受叶片的作用减小,因此流体流过间隙后得到的能量少.与叶片其他部分的流体相比,该部分流体表现为流动转向角的减小,即出口角的减小或环量的减低,对外表现为泵扬程的下降.叶片端部流动出口角的减小可以看作是环量减低的结果,反之亦然.这与机翼端部存在的诱导阻力相当,因此可以借鉴机翼端部诱导阻力计算方法计算轮缘间隙水力损失.文献[65]总结了采用后两种损失模型计算间隙水力损失的各种经验公式.

图7-6表示文献[66]采用烟雾流动可视化方法得到的轴流叶轮轮缘边界层形貌和尺度,其中测量工况为 $\phi=0.5$($\phi=0.7$ 为设计工况),轮缘间隙分别为3%,5.1%和9.2%的叶片弦长.图中白色部分流体为凝结的油蒸汽,表示轮壳表面边界层的流动范围.该图虽然不能显示具体流动结构,但是由图仍能看出间隙尺度远小于轮壳表面边界层厚度,轮缘间隙流动似乎仅仅是边界层流动的一部分.因此,轮缘间隙流动是复杂的,其流动损失机理是目前尚未解决的难题[67].

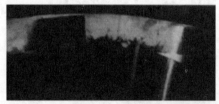
(a) 轮缘间隙为3%的叶片弦长

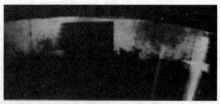
(b) 轮缘间隙为5.1%的叶片弦长

(c) 轮缘间隙为9.2%的叶片弦长

图7-6 轴流叶轮轮缘边界层流动可视化照片[66]

目前,轴流叶轮的轮缘水力损失分为间隙水力损失、二次流损失和边界层水力损失,三者总称为叶片端部壁面损失(end-wall loss).间隙水力损失前面已经提及.二次流损失是由上游来流沿叶片宽度的不均匀性或科氏力引起的,边界层水力损失是叶片之间的轮壳表面与边界层流体摩擦引起的.二次流是叠加在主流上的横向流动,而边界层是仅靠轮壳附近的低速流体流动,轮缘间隙和叶片表面压差会引起轮壳边界层的横向流动.早期的二次流流动理论是无黏性和线性的,建立了叶栅出口断面二次流流函数与来流沿叶片宽度不均匀性引起的主流流向涡量的 Poisson 方程.求解该方程可得到二次流的流线分布、流动出口角和升力的变化及产生的诱导阻力系数,具体数值计算方法见文献[67-70].这里所谓的线性是指二次流引起的流向涡漂向下游的对流速度实际为不考虑二次流时计算的主流速度.

一般采用边界层动量积分方法计算轮壳表面边界层流动.该方法并不考虑进口来流沿叶片宽度的不均匀性,而是直接对主流和横流方向的边界层流动方程沿边界层的法向进行积分,得到类似于平板边界层动量厚度方程,即 von Karman 方程的主流和横流边界层动量积分方程;然后补充边界层速度剖面分布、剪切力与动量雷诺数关系经验公式使方程组封闭;最后采用差分法沿主流方向求解动量积分方程[68-74].

文献[75]推导了轮壳和轮毂表面边界层动量积分方程,特别是考虑了叶片力和轮缘间隙对边界层的影响,即提出了叶片力亏缺厚度(blade force-defect thickness)的概念和将轮缘间隙射流考虑成动量积分方程的源或汇的思想.文献[76]对该方法进行了完善,提出了叶片力亏缺厚度模型和轮缘间隙动量厚度模型.文献[77]将轮缘间隙处的边界层边缘考虑成可沿主流方向释放涡量,涡量大小由无黏性主流计算结果确定的环量和间隙决定.

文献[78]将二次流计算与轮壳、轮毂表面边界层计算相结合,即采用文献[79]的二次流计算方法计算二次流,得到横向边界层速度剖面,然后采用文献[76]的计算方法计算轮壳、轮毂表面边界层流动,但没有考虑轮缘间隙.

边界层计算依赖于已知的无黏性主流信息,因此需要事先对轴流叶轮进行无黏性流动计算.目前,随着 CFD 技术的发展,黏性流动的数值计算已经很普遍,已经很少进行无黏性流动计算分析,除非在叶轮的初始设计阶段.这时边界层计算多用于叶轮的水力性能初略预测和设计方案初选[62,80].

因轮缘间隙不但影响间隙的水力损失,而且还影响二次流和轮壳表面边界层等水力损失,故轴流叶轮总效率随轮缘间隙的变化可单纯用间隙进行关联分析.对文献[81]所列的现有不同间隙下轴流叶轮总效率试验值与相对间隙 τ/h 进行关联分析,得到效率变化值 $\Delta \eta$ 的关联式:

$$\Delta \eta = 0.1663 \Delta(\tau/h)(\tau/h)^{-0.5268} \tag{7-6}$$

其中 h 为轴流叶轮叶片径向高(宽)度,τ 为轮缘间隙,$\Delta(\tau/h)$ 表示 τ/h 的变化值,$\Delta \eta$ 与 τ/h 的相关系数为 0.56.

综上所述,轴流叶轮总压(水力)损失系数计算是复杂的.在叶轮水力设计初始阶段,进行这样的计算是不适宜的,需要寻找比较简洁的经验计算方法.

文献[82]提出了单一倾斜热线周期采用样技术来测量旋转轴流叶轮后方周期性非定常流动.文献[83]采用该技术对等环量 NACA 65 翼型轴流叶轮后方的周期性流动进行了详细的测量,根据测量的速度分量计算了 3 个方向的涡量.根据涡量等高线,提出了图 7-7a 所示的叶轮内部涡系、尾流和边界层结构.文献[84]测量了另一台等环量 NACA 65 翼型轴流叶轮后方的周期性流动;测量中,轮缘间隙分别为 $\tau=0.5,1,2,3$ 和 5 mm,得到的叶轮出口总压损失系数的径向分布见图 7-7b.

由图 7-7 可见,总压损失系数总体上沿径向呈"盆"形分布,盆边的高低取决于轮缘间隙. 盆边出现在轮缘和轮毂附近,盆底出现在流道宽度中部. 轮缘间隙越大,轮缘、轮毂附近的最大总压损失系数越高. 轮毂附近的最大总压损失系数约为轮缘处的 1/2. 流道宽度中部的总压损失系数基本为常数,与间隙大小无关,接近静止平面叶栅总压损失系数理论计算值. 最高总压损失系数为泄漏涡的涡心,其位置十分靠近轮缘;但间隙越大,泄漏涡越强,位置离轮缘越远. 图中的最大总压损失系数 ξ_{max} 与相对轮缘间隙 τ/R_t 的关系可近似表示为

$$\xi_{max} = 0.0455\left(\frac{\tau}{R_t}\right)^3 - 0.1659\left(\frac{\tau}{R_t}\right)^2 + 0.2411\left(\frac{\tau}{R_t}\right) + 0.0832 \tag{7-7}$$

式中: τ/R_t 为相对轮缘间隙,单位为%; R_t 为叶轮轮缘半径, $R_t = 0.5 D_t$,其中 D_t 为轮缘或叶轮直径.

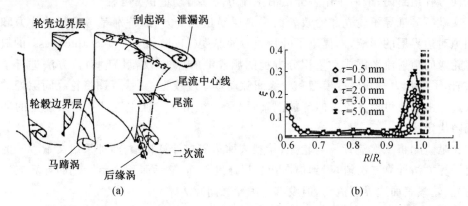

图 7-7 轴流叶轮内部涡系、尾流和边界层示意图[83],以及设计工况下 5 种轮缘间隙下总压损失系数 ξ 的径向分布(点划线表示静止平面直列叶栅总压损失系数经验公式计算值,虚线表示间隙增大以后轮壳的位置)[84]

总压损失系数迅速下降部分的曲线与系数近似常数部分的曲线的交接点也与间隙大小有关;间隙越大,交接点越远离轮缘,交接点半径 R_L 可以近似表示为

$$\frac{1 - R_L/R_t}{1 - R_h/R_t} = 0.0464\left(\frac{\tau}{R_t}\right) + 0.1043 \tag{7-8}$$

式中: R_h 为轮毂半径, $R_h = 0.5 d_h$,其中 d_h 为轮毂直径.

如果已知相对间隙 τ/R_t,就可以由式(7-7)和式(7-8)计算出最大总压损失系数 ξ_{max} 和两条总压损失系数曲线交接点的半径 R_L. 一般轴流叶轮轮缘间隙都比较小(单边间隙 $\approx R_t/500$ mm),故可忽略轮毂附近总压损失系数的升高,最高总压损失系数可近似认为是发生在轮缘处,于是近似将图 7-7b 的试验曲线简化为图 7-8 所示的分段曲线. 在区间 $R \in [R_L, R_t]$,认为总压损失系数 ξ 近似与 R/R_t 按线性规律变化:

$$\xi = \xi_L + \frac{\xi_{max} - \xi_L}{1 - R_L/R_t}(R/R_t - R_L/R_t) \tag{7-9}$$

而区间 $R \in [R_h, R_L]$ 内的总压损失系数 ξ 则由平面直列叶栅总压损失经验公式预测.

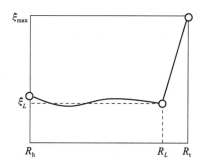

图 7-8 两段总压损失系数分布曲线示意图

研究表明:平面直列叶栅总压损失系数与翼型尾部边界层动量损失厚度 θ_2/l 和形状因子 H_2 有关.不过,一般 $H_2=1.08$,而 θ_2/l 与吸力面的最高表面速度 $W_{\max}$ 与叶栅出口速度 W_2 之比有较好的相关性.因此,平面直列叶栅总压损失系数与 $W_{\max}/W_2$ 有关.在轴流叶轮水力设计阶段,$W_{\max}/W_2$ 无法计算,因此只好利用现有平面直列叶栅风洞试验数据进行估算.在最小阻力系数工况下,吸力面的最高表面速度 $W_{\max}$ 与叶栅进口速度 W_1 之比的经验关系式为[85]

$$\frac{W_{\max}}{W_1} = 1.12 + 0.61 \frac{\sin^2 \beta_1}{\sigma}(\cot \beta_1 - \cot \beta_2) \tag{7-10}$$

式中:β_1,β_2 分别为叶栅进、出口相对液流角(相对速度与圆周速度反方向的夹角).因为叶栅进、出口轴面速度相等,$W_1 \sin \beta_1 = W_2 \sin \beta_2$,所以式(7-10)可用叶栅出口速度 W_2 表示:

$$\frac{W_{\max}}{W_2} = \left(\frac{W_1}{W_2}\right)\left(\frac{W_{\max}}{W_1}\right) = \frac{\sin \beta_2}{\sin \beta_1}\left[1.12 + 0.61 \frac{\sin^2 \beta_1}{\sigma}(\cot \beta_1 - \cot \beta_2)\right] \tag{7-11}$$

该式是根据现有平面直列叶栅风洞试验数据估算的,可认为等价于叶栅实际的 $W_{\max}/W_2$,称为等价扩散比(equivalent diffusion ratio),记为 D_{eq}^*:

$$D_{eq}^* = \frac{\sin \beta_2}{\sin \beta_1}\left[1.12 + 0.61 \frac{\sin^2 \beta_1}{\sigma}(\cot \beta_1 - \cot \beta_2)\right] \tag{7-12}$$

该参数反映了翼型吸力面表面速度的降低程度,代表了叶栅流道的扩散度.在非最小阻力系数工况下,等价扩散比与冲角有关,即

$$D_{eq} = \frac{\sin \beta_2}{\sin \beta_1}\left[1.12 + a(\Delta\beta - \Delta\beta^*)^{1.43} + 0.61 \frac{\sin^2 \beta_1}{\sigma}(\cot \beta_1 - \cot \beta_2)\right] \tag{7-13}$$

式中:a 为与翼型类型有关的拟合系数,对 NACA 65(A_{10})翼型,$a=0.0117$,而对 C4 圆弧骨线翼型,$a=0.007$;$\Delta\beta^*$ 为最小阻力系数工况下的冲角;$\Delta\beta$ 为非最小阻力系数工况下的冲角.叶栅总压损失系数的经验关系式为

$$\begin{cases} \dfrac{\theta_2}{l} = \dfrac{0.004}{1 - 1.17\ln D_{eq}}, H_2 = 1.08 \\ \xi = \dfrac{2\dfrac{\theta_2}{l}\dfrac{\sigma}{\sin \beta_2}\left(\dfrac{\sin \beta_1}{\sin \beta_2}\right)^2\left(\dfrac{2H_2}{3H_2-1}\right)}{\left(1 - \dfrac{\theta_2}{l}\dfrac{\sigma H_2}{\sin \beta_2}\right)^2} \approx 2\dfrac{\theta_2}{l}\dfrac{\sigma}{\sin \beta_2}\left(\dfrac{\sin \beta_1}{\sin \beta_2}\right)^2 \end{cases} \tag{7-14}$$

式(7-13)和式(7-14)为文献[85,86]给出的等价扩散比和平面直列叶栅总压损失系数的经验关系式.

在翼型头部，由于设计冲角与最小阻力系数工况下的冲角不一致，可能会发生冲击水力损失.冲击水力损失 ξ_i 与冲角差 $\Delta\beta - \Delta\beta^*$ 有关，即[87]

$$\xi_i = \begin{cases} 1-\cos^2(\Delta\beta-\Delta\beta^*), & \Delta\beta-\Delta\beta^* < 0 \\ 1-\cos^3(\Delta\beta-\Delta\beta^*), & \Delta\beta-\Delta\beta^* \geqslant 0 \end{cases} \quad (7\text{-}15)$$

其中 $\Delta\beta^* = -4° \sim +8°$，这里取 $\Delta\beta^* = -4°$，否则可按第 6 章给出的经验关系式计算，或者查阅文献[88]，但数据不够充分.求出 ξ 和 ξ_i 以后，两者之和为区间 $R \in [R_h, R_L]$ 内的总压损失系数.

7.2.2 简化的径向平衡方程

对于图 7-9 所示的轴流泵叶轮，在泵轴线建立圆柱坐标系 (R,θ,z)，叶轮外壳和轮毂分别为长的圆柱面.在叶轮前方，流体轴面速度径向分布均匀，无径向速度，流体沿圆柱面流入叶轮.流经叶轮时，受到叶片推力作用，流体产生径向速度，轴面流线移向半径大的位置，形成喇叭面.流体流出叶轮以后，轴面速度径向分布不再均匀，但径向速度逐渐消失，逐渐恢复到沿半径较大的圆柱面上的流动.

在叶轮后方，叶片对流体的作用消失，因此，可认为叶轮后方为定常理想流体的轴对称流动.这时图 7-9 点 2 处的 Euler 流体运动方程为

$$\begin{cases} \dfrac{\partial}{\partial R}(RV_{R2}) + \dfrac{\partial}{\partial z}(RV_{a2}) = 0 \\ V_{R2}\dfrac{\partial V_{R2}}{\partial R} + V_{R2}\dfrac{\partial V_{R2}}{\partial z} - \dfrac{V_{u2}^2}{R} = -\dfrac{1}{\rho}\dfrac{\partial p_2}{\partial R} \\ V_{R2}\dfrac{\partial V_{u2}}{\partial R} + V_{a2}\dfrac{\partial V_{u2}}{\partial z} + \dfrac{V_{u2}V_{R2}}{R} = 0 \\ V_{R2}\dfrac{\partial V_{a2}}{\partial R} + V_{a2}\dfrac{\partial V_{a2}}{\partial z} = -\dfrac{1}{\rho}\dfrac{\partial p_2}{\partial z} \end{cases} \quad (7\text{-}16)$$

式中：ρ 为流体密度；V_{R2}，V_{u2} 和 V_{a2} 分别为点 2 处流体绝对速度的径向、周向和轴向分速度；p_2 为流体静压力.其中，第一式为流体连续方程，第二至四式分别为径向、周向和轴向力平衡方程.因为 $V_{R2} = 0$，所以式(7-16)简化为

$$\begin{cases} \dfrac{\partial}{\partial z}(RV_{a2}) = 0 \\ -\dfrac{V_{u2}^2}{R} = -\dfrac{1}{\rho}\dfrac{\partial p_2}{\partial R} \\ V_{a2}\dfrac{\partial V_{a2}}{\partial z} = -\dfrac{1}{\rho}\dfrac{\partial p_2}{\partial z} \end{cases} \quad (7\text{-}17)$$

根据第一式，V_{a2} 至多为 R 的函数，即 $V_{a2} = V_{a2}(R)$.由第三式可知，p_2 至多为 R 的函数，即 $p_2 = p_2(R)$.于是最终演化为下面简化的径向平衡方程：

$$\dfrac{V_{u2}^2}{R} = \dfrac{1}{\rho}\dfrac{\mathrm{d}p_2}{\mathrm{d}R} \quad (7\text{-}18)$$

积分形式的流体连续方程为

$$Q = 2\pi \int_{R_h}^{R_t} RV_{a2}\,\mathrm{d}R \quad (7\text{-}19)$$

其中 Q 为通过轴流叶轮的流量，m^3/s.

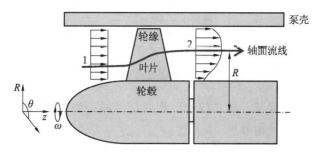

图 7-9 轴流泵叶轮前、后轴面速度分布和流体流过叶轮时的轴面流线示意图

在叶轮进口点 1 处,亦存在类似于式(7-18)的简化的径向平衡方程和类似于式(7-19)的连续方程,即

$$\frac{V_{u1}^2}{R} = \frac{1}{\rho}\frac{\mathrm{d}p_1}{\mathrm{d}R} \tag{7-20}$$

和

$$Q = 2\pi \int_{R_h}^{R_t} R V_{a1} \mathrm{d}R \tag{7-21}$$

在设计工况下,流体无预旋,由式(7-20)得出叶轮进口压力 $p_1 = \text{const}$;由于轴向速度均匀分布,式(7-21)亦自动满足. 因此,进口总能头 H_1 亦为常数.

在图 7-9 所示的轴面流线上,流体经过叶轮后,机械能增加. 点 1 和点 2 之间的 Bernoulli 方程为

$$\left(\frac{p_2}{\rho g} + \frac{V_{a2}^2}{2g} + \frac{V_{u2}^2}{2g}\right) - H_1 = H \tag{7-22}$$

式中:H 为流面上的叶轮实际扬程,$H = H_{\text{th}} - h_\mathrm{f}$,其中 h_f 为流面上的叶轮水力损失. 对式(7-22)求关于 R 的导数,得到 $\mathrm{d}p_2/\mathrm{d}R$ 的表达式:

$$\frac{1}{\rho}\frac{\mathrm{d}p_2}{\mathrm{d}R} + \frac{\mathrm{d}V_{a2}^2}{2\mathrm{d}R} + \frac{\mathrm{d}V_{u2}^2}{2\mathrm{d}R} = \frac{\mathrm{d}}{\mathrm{d}R}(gH) \tag{7-23}$$

合并式(7-18)、式(7-23),整理后,有

$$\frac{\mathrm{d}V_{a2}^2}{\mathrm{d}R} = 2\frac{\mathrm{d}}{\mathrm{d}R}(gH) - 2\left(\frac{\mathrm{d}V_{u2}^2}{\mathrm{d}R} + \frac{V_{u2}^2}{R}\right) \tag{7-24}$$

因为

$$\frac{\mathrm{d}V_{u2}^2}{\mathrm{d}R} + \frac{V_{u2}^2}{R} = \frac{V_{u2}}{R}\left(R\frac{\mathrm{d}V_{u2}}{\mathrm{d}R} + V_{u2}\right) = \frac{V_{u2}}{R}\frac{\mathrm{d}}{\mathrm{d}R}(RV_{u2}) \tag{7-25}$$

故式(7-24)可整理为

$$\frac{\mathrm{d}V_{a2}^2}{\mathrm{d}R} = 2\frac{\mathrm{d}}{\mathrm{d}R}(gH) - 2\frac{V_{u2}}{R}\frac{\mathrm{d}}{\mathrm{d}R}(RV_{u2}) \tag{7-26}$$

利用叶轮圆周速度 u_t($u_\mathrm{t} = \omega R_\mathrm{t}$)对轴向速度 V_{a2}、叶轮理论扬程 H_{th} 和实际扬程 H 无量纲化,得到叶轮出口轴向速度系数 φ_2、理论扬程系数 ψ_{th} 和实际扬程系数 ψ:

$$\begin{cases} \varphi_2 = V_{a2}/u_\mathrm{t} \\ \psi_{\text{th}} = gH_{\text{th}}/u_\mathrm{t}^2 \\ \psi = gH/u_\mathrm{t}^2 \end{cases} \tag{7-27}$$

在叶轮进口无旋条件下,叶轮理论扬程 H_{th} 为

$$H_{\mathrm{th}} = \frac{uV_{u2}}{g} = \frac{\psi_{\mathrm{th}} u_t^2}{g} \tag{7-28}$$

其中 u 为流面上的叶片圆周速度，$u=\omega R$，于是

$$V_{u2} = \frac{\psi_{\mathrm{th}} u_t}{u/u_t} = u_t \frac{\psi_{\mathrm{th}}}{r} \tag{7-29}$$

式中：r 为相对半径，$r = R/R_t$. 将式(7-27)和式(7-29)中的无量纲参数代入式(7-26)，得到无量纲简化的径向平衡方程：

$$\begin{cases} \dfrac{\mathrm{d}\varphi_2^2}{\mathrm{d}r} = 2\dfrac{\mathrm{d}\psi}{\mathrm{d}r} - 2\dfrac{\psi_{\mathrm{th}}}{r}\dfrac{\mathrm{d}\psi_{\mathrm{th}}}{\mathrm{d}r} \\ \psi = \psi_{\mathrm{th}} - \dfrac{1}{2}(\xi + \xi_i)w_1^2 \end{cases} \tag{7-30}$$

式中：w_1 为无量纲叶轮进口相对速度，$w_1 = W_1/u_t$. 如果不考虑水力损失，式(7-30)与文献[26-33]中的简化的径向平衡方程相同.

对连续方程式(7-19)无量纲化，得到无量纲连续方程：

$$\varphi_1(1-r_h^2) = 2\int_{r_h}^1 r\varphi_2 \mathrm{d}r \tag{7-31}$$

式中：φ_1 为叶轮进口轴向速度系数，$\varphi_1 = V_{a1}/u_t$，其中 V_{a1} 为叶轮进口轴向速度；r_h 为轮毂半径与轮缘半径之比，$r_h = R_h/R_t$，等于轮毂比 $v = d_h/D_t$，其中 d_h 和 D_t 分别为轮毂和轮缘直径.

对不同流面上的叶轮理论扬程和实际扬程进行流量平均，得到叶轮平均理论扬程系数 $\bar{\psi}_{\mathrm{th}}$、平均实际扬程系数 $\bar{\psi}$ 及叶轮平均水力效率 $\bar{\eta}_h$，以便评价叶轮水力性能，这些平均水力参数表示为

$$\begin{cases} \bar{\psi}_{\mathrm{th}} = \dfrac{2}{(1-r_h^2)\varphi_1} \int_{r_h}^1 \psi_{\mathrm{th}} r\varphi_2 \mathrm{d}r \\ \bar{\psi} = \dfrac{2}{(1-r_h^2)\varphi_1} \int_{r_h}^1 \psi r\varphi_2 \mathrm{d}r \\ \bar{\eta}_h = \dfrac{\bar{\psi}}{\bar{\psi}_{\mathrm{th}}} \end{cases} \tag{7-32}$$

7.2.3 叶片角度计算方法

图 7-10 表示某一流面上的回转叶栅展开成平面直列叶栅以后的几何尺寸和叶栅进、出口速度三角形及叶片角度定义. 当已知进口轴向速度或其速度系数时，根据进口速度三角形，可得到进口相对液流角和无量纲进口相对速度：

$$\begin{cases} \beta_1 = \arctan\dfrac{V_{a1}}{u} = \arctan\dfrac{\varphi_1}{r} \\ w_1 = \dfrac{W_1}{u_t} = \dfrac{\varphi_1}{\sin\beta_1} \end{cases} \tag{7-33}$$

给定叶轮出口理论扬程（环量）径向分布以后，算出绝对速度圆周分速度 V_{u2}；然后通过求解简化的径向平衡方程(7-30)和连续方程(7-31)，得到轴向速度 V_{a2}. 最后可根据出口速度三角形算出叶轮出口相对液流角和无量纲相对速度：

$$\begin{cases} V_{u2} = \dfrac{gH_{\text{th}}}{u} = \dfrac{\psi_{\text{th}} u_t^2}{u} \\ v_{u2} = \dfrac{V_{u2}}{u_t} = \dfrac{\psi_{\text{th}}}{r} \\ w_{u2} = \dfrac{W_{u2}}{u_t} = \dfrac{u - V_{u2}}{u_t} = r - v_{u2} \\ \beta_2 = \arctan \dfrac{V_{a2}}{W_{u2}} = \arctan \dfrac{\varphi_2}{w_{u2}} \\ w_2 = \dfrac{\varphi_2}{\sin \beta_2} \end{cases} \qquad (7\text{-}34)$$

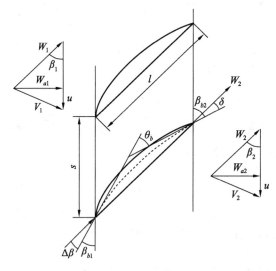

图 7-10　平面直列叶栅进、出口速度三角形和叶片角度定义

叶片角度包括叶片进、出口安放角 β_{b1}，β_{b2}，叶片骨线转向角 θ_b 和叶片翼弦安放角 β_s。根据图 7-10，可由进、出口角 β_1，β_2，冲角 $\Delta\beta$ 和落后角 δ 分别计算 β_{b1}，β_{b2}，θ_b 和 β_s，具体表达式为

$$\begin{cases} \beta_{b1} = \beta_1 + \Delta\beta \\ \beta_{b2} = \beta_2 + \delta \\ \theta_b = \beta_{b2} - \beta_{b1} \\ \beta_s = \dfrac{1}{2}(\beta_{b1} + \beta_{b2}) \end{cases} \qquad (7\text{-}35)$$

其中，对于圆弧、椭圆型骨线翼型，β_s 计算式是准确的；对于其他骨线翼型，该计算式是近似的。

在叶片尾缘，流体惯性和黏性使得出口相对液流角小于叶片出口安放角，后者对前者的差值即为流动落后角 (deviation angle) δ[89]。落后角可近似由 Constant 公式估算。轴向速度比 V_{ar} (axial velocity ratio) ($V_{ar} = V_{a2}/V_{a1}$) 也影响到落后角[90]，考虑 V_{ar} 以后，Constant 公式变为

$$\delta = \dfrac{m\theta_b}{\sqrt{\sigma}} - 10° \times \dfrac{\pi}{180°}(V_{ar} - 1) \qquad (7\text{-}36)$$

其中 m 为经验常数，$m=0.26$，第一项实际是不考虑 V_{ar}，即 $V_{ar}=1$ 的情形，该项亦可采用第 6 章中的相关经验公式计算。下面给出 Carter 的经验公式，Carter 认为叶片弦线安放角 β_s 也影响落后角，式(7-36)中的常数 0.26 应该由一个与 β_s 有关的参数 m 所取代，并分别给出了圆弧和抛物线型骨线翼型的 $m-\beta_s$ 曲线[41]。对 2 条曲线进行拟合，得到 m 经验关系式为

$$m = \begin{cases} -0.142\,0\ln\beta_s + 0.851\,6 \\ -0.177\,3\ln\beta_s + 0.926\,2 \end{cases} \quad (7\text{-}37)$$

其中第一、二式分别对应圆弧、抛物线型骨线翼型。由于 m 隐含 β_s，而 β_s 又与 β_1，β_2 和 δ 有关，所以落后角计算需要几次迭代。

选定翼型类型后，在不改变原翼型骨线形状的前提下，根据上述公式计算的不同流面上的叶片角度和翼型剖面的几何重心，就可以进行叶片几何造型，生成三维实体叶片。这里把不改变原有翼型骨线形状的反问题称为简单反问题。第 6 章中提到的孤立翼型升力法和叶栅翼型升力法都属这类反问题。

7.2.4 径向平衡方程的求解方法

上述简单反问题设计方法的核心是求出每个流面上的出口速度三角形，以便计算叶片安放角和骨线转向角。为此，必须给定叶轮出口环量（理论扬程或理论扬程系数）的径向分布，以及由简单的径向平衡方程(7-30)和连续方程(7-31)计算出 φ_2。φ_2 需同时满足这两个方程，因此，必须迭代求解，具体过程如下：

(1) 给定叶轮轴面投影图、流量、叶片数、轮缘间隙 τ、σ 的径向分布、$\Delta\beta$ 的径向分布、ψ_{th} 的径向分布，分奇数个(15 个以上)流面；

(2) 令 $\varphi_2=\varphi_1$；

(3) 计算 ξ，ξ_i，ψ，叶轮平均水力参数和各个叶片角度；

(4) 采用三次样条函数法积分式(7-30)，得到新的 φ_2 分布；

(5) 采用梯形公式积分式(7-31)，检查进出口流量是否守恒；

(6) 若不守恒，则采用二分法重新设置轮毂流面上的 φ_2 值，返回到第(3)步；否则，说明计算已经收敛，φ_2 即为所求。

本章采用的是理想流体模型。虽然计算过程中考虑了实际黏性流体所产生的水力损失，但这只是一种黏性效果对流动参数的简单修正，并没有模拟黏性流动在叶轮后方的流动；也就是说，计算过程中流动本身是无黏性的，不满足黏性流体固体壁面无滑移条件，因此轮毂流面上的 φ_2 值并不为 0。

7.3 计算实例及讨论

7.3.1 已知数据

为了验证上述叶片设计方法的可行性，本节将提供 2 个算例。第一个算例是取自文献[12]的轴流泵叶轮，该泵叶轮设计参数见表 7-1。给定的理论扬程系数为 ψ_{th}：

$$\psi_{th} = \begin{cases} 0.508r - 0.003\,6 & r \in [0.8, 0.9] \\ 0.690r - 0.167\,4 & r \in [0.9, 1.0] \end{cases} \quad (7\text{-}38)$$

第二个算例取自文献[26]的轴流泵叶轮,该泵叶轮设计参数见表7-1.设计中,文献[26]认为叶轮前后轴向速度径向分布均匀并且相等,即 $\varphi_1 = \varphi_2$,另外,还提出了环量分布系数.环量分布系数是某一流面上的环量 $\Gamma_2(R)$ 与所有流面的环量平均值 Γ_{2m} 之比,即

$$\begin{cases} k(R) = \Gamma_2(R)/\Gamma_{2m} \\ \Gamma_{2m} = \dfrac{2\pi g H_{thm}}{\omega} \end{cases} \quad (7\text{-}39)$$

式中:H_{thm} 为轴流泵平均理论扬程,$H_{thm} = H/\eta_h$,其中 H 为轴流泵设计扬程,η_h 为轴流泵水力效率.变环量 $\Gamma_2(R)$ 分布条件下叶轮产生的水力功率应等于等环量 Γ_{2m} 条件下的水力功率,利用扬程与环量的关系式(7-1),于是水力功率平衡式为

$$\rho g \int_{R_h}^{R_t} 2\pi R \left[\dfrac{Q}{\pi(R_t^2 - R_h^2)} \right] \left[\dfrac{\omega}{g} \dfrac{\Gamma_2(R)}{2\pi} \right] dR = \rho g \left(\dfrac{\omega}{g} \dfrac{\Gamma_{2m}}{2\pi} \right) Q \quad (7\text{-}40)$$

其中左侧的第一个方括号中为轴向速度,第二个方括号中为变扬程,右侧括号中为等扬程.化简后,上式变为环量分布系数的约束条件[26]:

$$\dfrac{2}{R_t^2 - R_h^2} \int_{R_h}^{R_t} R k(R) dR = 1 \quad (7\text{-}41)$$

该式表明:$k(R)$ 分布函数可能是多样的,但其必须满足上式,使所设计的叶轮的水力功率等于等环量叶轮水力功率.$k(R)$ 与理论扬程系数存在下面的关系:

$$\psi_{th} = \dfrac{g H_{th}}{u_t^2} = k(R) \dfrac{g H_{thm}}{u_t^2} \quad (7\text{-}42)$$

利用式(7-42),由环量分布系数计算理论扬程系数,拟合以后,得到理论扬程系数 ψ_{th} 的分布式为

$$\psi_{th} = 0.068\,84 - 0.223\,13r + 0.825\,11r^2 - 0.616\,07r^3 + 0.052\,79r^7 \quad (7\text{-}43)$$

表 7-1 轴流泵叶轮已知数据

算例	r	$\Delta\beta/(°)$	σ	φ_1	其他参数	文献
1	0.80	1.7	1.25	0.446	双圆弧翼,$R_t=114.3$ mm,$r_h=0.8$, $Z=19$,$\tau=0.406$ mm,$\tau/R_t=0.336\%$	[12]
	0.85	3.4	1.18	0.446		
	0.90	5.1	1.11	0.446		
	0.95	4.8	1.05	0.446		
	1.00	3.5	1.00	0.446		
2	0.4	1.3	1.31	0.379	NACA 66,$R_t=227.5$ mm,$r_h=0.35$, $Z=6$,$\tau=0.5$ mm,$\tau/R_t=0.220\%$	[26]
	0.5	1.1	1.22	0.379		
	0.7	0.9	1.03	0.379		
	0.9	0.7	0.84	0.379		
	1.0	0.6	0.74	0.379		

7.3.2 计算结果与讨论

图7-11表示算例1中出口液流角 β_2、轴向速度系数 φ_2、实际扬程系数 ψ、总压损失系数 ξ 和翼弦安放角 β_s 的计算值与文献[12]设计结果的对比.由于所用的总压损失系数的差别,所以本章计算值与文献[12]有所不同,特别是在 $r=0.95$ 流面上.这表明:本章

计算方法对总压损失系数大小和径向分布是敏感的,并依赖于总压损失系数分布.因此,如何获得准确的轴流泵叶轮总压损失系数的径向分布是轴流叶轮水力设计的重要课题.

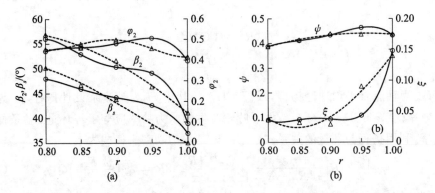

图 7-11　出口液流角 β_2、轴向速度系数 φ_2、实际扬程系数 ψ、总压损失系数 ξ 和翼弦安放角 β_s 的对比（虚线—文献[12],实线—本章计算值）

图 7-12 表示算例 2 中轴向速度系数 φ_2 与文献[26]的对比.在文献[26]的单独翼型升力法中,认为叶轮前后轴向速度相等,径向分布均匀,但环量沿径向是变化的,设计中也没有考虑叶轮总压损失.因此,本章计算中也忽略了总压损失.很明显,根据简化的径向平衡方程算出的 φ_2 沿径向是变化的,特别是在轮毂处,φ_2 有很大的落差.

另外,图 7-12 中还画出了给定的理论扬程系数 ψ_{th} 分布.由图可见,φ_2 与 ψ_{th} 有相仿的径向分布形状.因此,在不计叶轮总压损失的情形下,给定的理论扬程系数 ψ_{th} 分布形式通过简化的径向平衡方程就可以完全控制叶轮出口轴向速度的径向分布规律,进而控制叶片径向扭曲规律.这为轴流泵叶轮叶片水力设计优化提供了便利.

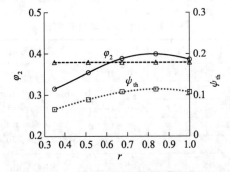

图 7-12　轴向速度系数 φ_2 的对比（虚线—文献[26],实线—本章计算值）

参考文献

[1] O'Brien M, Folsom R G. Propeller Pumps. Transactions of ASEM, 1935, 57: 197-202.

[2] 鬼頭史城. 軸流ポンプの性能に就て. 機械学會論文集, 1936, 2(6):

161-170.

[3] 鬼頭史城. 軸流ポンプの特性曲線に就て. 機械学會論文集, 1936, 2(9): 472-476.

[4] 鬼頭史城. 軸流流體機械の特殊性能について: 第1報. 日本機械學會論文集, 1948, 14(48-3): 26-30.

[5] Kahane A. Investigation of Axial-Flow Fan and Compressor Rotors Designed for Three-Dimensional Flow. NACA TN-1652, 1948: 1-58.

[6] Wu C H. Application of Radial-Equilibrium Condition to Axial-Flow Compressor and Turbine Design. NACA TN-1795, 1949: 1-101.

[7] Hatch J E, Giamati C C, Jackson R J. Application of Radial-Equilibrium Condition to Axial-Flow Turbomachine Design Including Consideration of Change of Entropy with Radius Downstream of Bade Row. NACA RM E54A20, 1954: 1-52.

[8] 石原智男, 田原晴男. 軸流ポンブの特性について. 日本機械學會論文集, 1952, 18(66): 131-136.

[9] Toyokura T. Studies on the Characteristics of Axial-Flow Pumps—Part 2: Analytical Method of Determining the Discharge-Theoretical Head Characteristics. Bulletin of JSME, 1961, 4(14): 294-301.

[10] Serovy G K, Lysen J C. Prediction of Axial-Flow Turbomachine Performance by Blade-Element Methods. ASME Journal of Engineering for Power, 1963, 85(1): 1-6.

[11] Robbins W R, Jackson R J, Lieblein S. Aerodynamics Design of Axial-Flow Compressors Ⅶ-Blade-Element Flow in Annular Cascades. NACA RM E55G02, 1955: 1-62.

[12] Crouse J E, Soltis R F, Montgomery J C. Investigation of Performance of an Axial-Flow Pump Stage Designed by the Blade-Element Theory-Blade-Element Data. NASA TN D-1109, 1961: 1-66.

[13] Miller M J, Crouse J E. Design and Overall Performance of an Axial-Flow Pump Rotor with a Blade-Tip Diffusion Factor of 0.66. NASA TN D-3024, 1965: 1-17.

[14] Miller M J, Sandercock D M. Blade-Element Performance of Axial-Flow Pump Rotor with Blade Tip Diffusion Factor of 0.66. NASA TN D-3602, 1966: 1-33.

[15] Crouse J E, Sandercock D M. Blade-Element Performance of Two-Stage Axial-Flow Pump with Tandem-Row Inlet Stage. NASA TN D-3962, 1967: 1-61.

[16] Urasek D C. Design and Performance of a 0.9 Hub-Tip-Ratio Axial-Flow Pump Rotor with a Blade-Tip Diffusion Factor of 0.63, NASA TM X-2235, 1971: 1-32.

[17] Urasek D C. Design and Performance of an 0.8-Hub-Tip-Ratio Axial-Flow

Pump Rotor with a Blade-Tip Diffusion Factor of 0.55. NASA TM X-2485, 1972: 1-26.

[18] Miller M J, Crouse J E, Sandercock D M. Summary of Experimental Investigation of Three Axial-Flow Pump Rotors Tested in Water. ASME Journal of Engineering for Power, 1967, 89(4): 589-599.

[19] Miller M J, Okiishi T H, Serovy G K, et al. Summary of Design and Blade-Element Performance Data for 12 Axial-Flow Pump Rotor Configurations. NASA TN D-7074, 1973: 1-214.

[20] Kavanagh P, Miller M J. Axial-Flow Pump Design Digital Computer Program. NASA CR-111574, 1970: 1-71.

[21] Serovy G K, Okiishi T H, Kavanagh P, et al. Prediction of Overall and Blade-Element Performance for Axial-Flow Pump Configuration. NASA CR-2301, 1973: 1-245.

[22] Okiishi T H, Miller M J, Kavanagh P, et al. Axial-Flow Pump Blade-Element Loss and Deviation Angle Prediction. International Journal of Mechanical Sciences, 1975, 17(10): 633-641.

[23] 大嶋政夫. 軸流ポンプ羽根車を通る流れと軸スラスト. ターボ機械, 1976, 4(2): 102-109.

[24] 关醒凡. 关于研制高性能轴流泵模型叶片若干问题的探讨. 水泵技术, 1982(2): 25-32.

[25] 张玉新, 李剑锋, 陈招锋, 等. 潜水轴流泵的变环量、变轴面速度设计实践. 通用机械, 2014(7): 89-91.

[26] 金平仲, 王立祥, 洪亥生, 等. 喷水推进泵的设计. 水泵技术, 1976(1): 1-40.

[27] 曾松祥, 王立祥. 轴流泵的设计处理. 水泵技术, 1980(3): 24-37.

[28] 赵锦屏, 朱俊华. 轴流泵设计中环量分布规律的分析. 华中工学院学报, 1982, 10(2): 93-100.

[29] 张新. 轴流泵设计中的环量分布与轴面速度分布. 水泵技术, 1984(1): 35-39.

[30] 金平仲, 曾松祥, 沈奉海, 等. 轴流泵变环量设计方法. 水泵技术, 1985(2): 14-20.

[31] 郎继兴. 轴流泵与混流泵的任意回转流面设计理论. 流体工程, 1986, 14(5): 18-26.

[32] 郎继兴, 郎弘. 轴流泵轮轴面速度与环量最佳分布规律的初探. 流体工程, 1990, 18(12): 31-35.

[33] 陈林根. 轴流泵出口环量变化规律与几何参数一体化最优设计方法. 海军工程学院学报, 1992(1): 94-96.

[34] 李文广. 轴流泵叶片设计的通用径向平衡方程. 流体工程, 1992, 20(4): 33-38.

[35] Somlyódy L. Wirkung der Drallverteilung auf die Kenngrössen von Axialventilatoren. Periodica Polytechnica Mechanical Engineering, 1971, 15(3):

293-305.

[36] Vad J, Bencze F. Three-Dimensional Flow in Axial Flow Fans of Non-Free Vortex Design. International Journal of Heat and Fluid Flow, 1998, 19(6): 601-607.

[37] Vad J, Bencze F, Benigni H, et al. Comparative Investigation on Axial Flow Pump Rotors of Free Vortex and Non-Free Vortex Design. Periodica Polytechnica Mechanical Engineering, 2002, 46(2): 107-116.

[38] 李增亮,苗长山,刘凤仙,等.多相泵叶轮准三维可控速度矩设计.中国石油大学学报(自然科学版),2009,33(1):87-92.

[39] 张德胜,施卫东,李通通,等.轴流泵叶轮非线性环量数学模型建立与试验.农业机械学报,2013,44(1):58-61.

[40] 王志鹏,孙贵洋,杨爱玲,等.等环量修正因子对轴流泵性能的影响.科学技术与工程,2016,24(24):181-185.

[41] Johnsen I A, Bullock R O. Aerodynamic Design of Axial-Flow Compressors. NASA SP-36, 1965.

[42] Wu C H, Wu W. Analysis of Tip-Clearance Flow in Turbomachines. Polytechnic Institute of Brooklyn, Technical Report No. 1, 1954.

[43] Carter A D S. Three-Dimensional-Flow Theories for Axial Compressors and Turbines. Proceedings of IMechE, 1948, 159(1): 256-268.

[44] Meldahl A. The End Losses of Turbine Blades. Brown Boveri Review, 1941, 28(11): 356-361.

[45] Rains D A. Tip Clearance Flows in Axial Compressors and Pumps. Pasadena: California Institute of Technology, 1954.

[46] Mohan K, Guruprasad S A. Effect of Axial Non-Uniform Rotor Tip Clearance on the Performance of a High-Speed Axial Flow Compressor Stage. ASME Paper 94-GT-479, 1994: 1-8.

[47] Staubach J B, Sharma O P, Stetson G M. Reduction of Tip Clearance Losses Through 3-D Airfoil Designs. ASME Paper 96-TA-13, 1996: 1-12.

[48] Bae J W, Breuer K S, Tan C S. Active Control of Tip Clearance in Axial Compressors. ASME Journal of Turbomachinery, 2005, 127(2): 352-362.

[49] Liu Y B, Tan L, Wang B B. A Review of Tip Clearance in Propeller, Pump and Turbine. Energies, 2018, 11: 2202.

[50] Lakshminarayana B, Horlock J H. Review: Secondary Flows and Loss in Cascades and Axial-Flow Turbomachines. International Journal of Mechanical Sciences, 1963, 5(3): 287-307.

[51] 井上雅弘,九郎丸元雄,若原啓司,他.軸流回転翼列における翼先端すきま流れの構造.日本機械学会論文集B編,1988,54(498):435-441.

[52] Kang S, Hirsch Ch. Experimental Study on the Three Dimensional Flow within a Compressor Cascade with Tip Clearance: Part I—Velocity and Pres-

sure Fields. ASME Paper 92 – GT – 215, 1992: 1 – 8.

[53] Chen G T, Greizer E M, Tan C S, et al. Similarity Analysis of Compressor Tip Clearance Flow Structure. ASME Paper 90 – GT – 153, 1990: 1 – 11.

[54] Inoue M, Furukawa M, Saiki K, et al. Physical Explanations of Tip Leakage Flow Field in an Axial Compressor Rotor. ASME Paper 98 – GT – 91, 1998: 1 – 11.

[55] Lee Y T, Laurita M J, Feng J, et al. Characteristics of Tip-Clearance Flows of a Compressor Cascade and a Propulsion Pump. ASME Paper 97 – GT – 36, 1997: 1 – 11.

[56] Zierke W C, Farreil K J, Straka W A. Measurements of the Tip Clearance Flow for a High Reynolds Number Axial-Flow Rotor: Part 1—Flow Visualization. ASME Paper 94 – GT – 453, 1994, 1 – 9.

[57] Ruden P. Investigations of Single-Stage Axial Fans. NACA TM – 1062, 1944: 7 – 15.

[58] Yaras M I, Sjolander S A. Prediction of Tip-Leakage Losses in Axial Turbines. ASME Paper 90 – GT – 154, 1990: 1 – 10.

[59] Nikolos I K, Douvikas D I, Papailiou K D. A Method for the Calculation of the Tip Clearance Flow Effects in Axial Flow Compressors. ASME Paper 93 – GT– 150, 1993: 1 – 13.

[60] Storer J A, Cumpsty N A. An Approximate Analysis and Prediction Method for Tip Clearance Loss in Axial Compressors. ASME Paper 93 – GT – 140, 1993: 1 – 10.

[61] Denton J D. Loss Mechanisms in Turbomachines. ASME Journal of Turbomachinery, 1993, 115(4): 621 – 656.

[62] Banjac M, Petrovic M V, Wiedermann A. Secondary Flows, Endwell Effects, and Stall Detection in Axial Compressor Design. ASME Journal of Turbomachinery, 2015, 137(5): 051004 – 1 – 12.

[63] Lakshminarayana B, Horlock J H. Leakage and Secondary Flows in Compressor Cascades. ARC R&M 3483, 1967: 1 – 58.

[64] Lakshminarayana B. Methods of Predicting the Tip Clearance Effects in Axial Flow Turbomachinery. ASME Journal of Basic Engineering, 1970, 92(3): 467 – 480.

[65] Huber J, Fottner L. Influence of Tip-Clearance, Aspect Ratio, Blade Loading, and Inlet Boundary Layer on Secondary Losses in Compressor Cascades. ASME Paper 96 – GT – 505, 1996: 1 – 10.

[66] Phillips W R C, Head M R. Flow Visualization in the Tip Region of a Rotating Blade Row. International Journal of Mechanical Sciences, 1980, 22(8): 495 – 521.

[67] Horlock J H. Annulus Wall Boundary Layers in Axial Compressor Stages.

ASME Journal of Basic Engineering, 1963, 85(1): 55-62.

[68] Horlock J H, Lakshminarayana B. Secondary Flows: Theory, Experiment, and Application in Turbomachinery Aerodynamics. Annual Review of Fluid Mechanics, 1973, 5: 247-280.

[69] Glyman D R, Marsh H. Secondary in Annular Cascades. International Journal of Heat and Fluid Flow, 1980, 2(1): 29-33.

[70] Moor R W, Richardson D L. A Study of the End Wall Boundary Layer in an Axial Compressor Blade Row. Gas Turbine Laboratory Report No. 33, Massachusetts Institute of Technology, 1955: 1-19.

[71] Railly J W, Howard J H G. Velocity Profile Development in Axial-Flow Compressors. Journal of Mechanical Engineering Science, 1962, 4(2): 166-176.

[72] Gregory-Smith D G. An Investigation of Annulus Wall Boundary Layers in Axial Flow Turbomachines. ASME Journal of Engineering for Power, 1970, 92(4): 369-376.

[73] Horlock J H, Hoadley D. Calculation of the Annulus Wall Boundary Layers in Axial Flow Turbomachines. Aeronautical Research Council Current Papers No. 1196, 1972: 1-14.

[74] Kang S, Liu F J, Wang Z Q. A Method for Calculating Axial Turbomachinery End Wall Turbulent Boundary Layers. ASME Paper 89-GT-15, 1989: 1-7.

[75] Mellor G L, Wood G M. An Axial Compressor End-Wall Boundary Layer Theory. ASME Journal of Basic Engineering, 1971, 93(2): 301-314.

[76] Hirsch Ch. End-Wall Boundary Layers in Axial Compressors. ASME Journal of Engineering for Power, 1974, 92(4): 413-426.

[77] Dunham J. A New Approach to Predicting Annulus Wall Boundary Layers in Axial Compressors. Proceedings of IMechE, Part C: Journal of Mechanical Engineering Science, 1993, 207(6): 413-425.

[78] Sockol P M. End-Wall Boundary Layer Prediction for Axial Compressors. NASA TM-78928, 1978: 1-15.

[79] Horlock J H. Cross Flows in Bounded Three-Dimensional Turbulent Boundary Layers. Journal of Mechanical Engineering Sciences, 1973, 15(4): 274-284.

[80] Tuccillo R. Analysis of the Influence of the End-Wall Boundary Layer Growth on the Performance of Multistage Compressors. International Journal of Turbo and Jet Engines, 1989, 5(1-4):119-133.

[81] Moyle I N. Analysis of Efficiency Sensitivity Associated with Tip Clearance in Axial Flow Compressors. ASME Paper 88-GT-216, 1988:1-7.

[82] 九郎丸元雄,井上雅弘,檜垣隆夫,他. 周期的多点抽出法による羽根車後

方の三次元流れ場の計測. 日本機械学会論文集 B 編, 1982, 48(427): 408-417.

[83] 井上雅弘, 九郎丸元雄, 下野園均. 軸流回転翼列における渦度の生成と減衰. 日本機械学会論文集 B 編, 1983, 49(439): 570-577.

[84] 井上雅弘, 九郎丸元雄, 福原稔, 他. 軸流回転翼列における翼先端漏れ流れの実験的研究. 日本機械学会論文集 B 編, 1985, 51(468): 2545-2553.

[85] Lieblein S, Roudebush W H. Theoretical Loss Relations for Low-Speed Two-Dimensional-Cascade Flow. NACA TN 3662, 1956: 1-45.

[86] Lieblein S. Loss and Stall Analysis of Compressor Cascades. ASME Journal of Basic Engineering, 1959, 81(3): 387-397.

[87] Glassman A J. Turbine Design and Application. NASA SP-290, 1972: 243-246.

[88] Taylor W E, Murrin T A, Colombo R M. Systematic Two-Dimensional Cascade Tests, Volume 1—Double Circular-Arc Hydrofoils. NASA CR-72498, 1969: 257-264.

[89] Miller M J. Estimation of Deviation Angle for Axial-Flow Compressor Bade Sections Using Inviscid-Flow Solutions. NASA TN D-7549, 1974: 1-40.

[90] Pollard D, Gostelow J P. Some Experiments at Low Speed on Compressor Cascades. ASME Journal of Engineering for Power, 1967, 89(3): 427-436.

第 8 章 轴流泵叶轮直径的优化

8.1 卧式双吸轴流泵

根据第 6 章可知,轴流泵主要用于农田排灌、热电厂冷却水循环、城市给排水和化工流程中.目前轴流泵口径已达 4.5 m 以上,但其结构型式比较单一.最常见的轴流泵结构型式有立式和单级卧式悬臂式 2 种,如图 8-1 所示.对于立式轴流泵,无论是共座式还是分座式,都存在 3 个缺点:① 只有拆除排出弯管,才能吊装转子,安装、检修麻烦;② 轴较长,转子摆动大,可靠性差;③ 要求泵房高度较高.因此,探讨轴流泵新型结构型式,对中、小型轴流泵的设计、制造、安装和运行具有十分重要的意义.

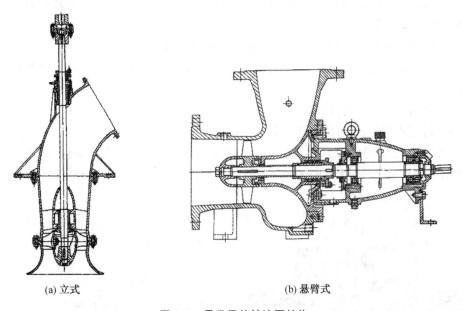

(a) 立式 (b) 悬臂式

图 8-1 最常见的轴流泵结构

中开式泵结构型式是目前最成熟的离心泵结构型式之一,其中双吸离心泵是最突出的代表,见图 8-2.这种结构型式的主要特征是:① 2 个叶轮背靠背位于轴的中间;② 转子两端由滚动或滑动轴承支撑;③ 液体从各自的吸入口流入叶轮,从各自的排出口排出叶轮,流入压出室,最后从压出室出口流出泵外.

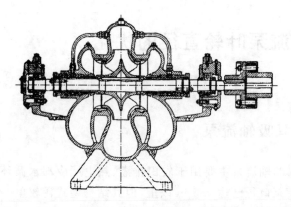

图 8-2 中开式双吸离心泵

与单级悬臂卧式、单级立式泵相比,单级双吸卧式中开泵结构的主要优点如下:

(1) 在相同空化余量条件下,可以提高转速 1.4 倍,叶轮直径缩小 71%。

(2) 在相同汽蚀比转速和转速条件下,可以减小空化余量 63%,降低泵的安装高度,减少土石方开挖量。

(3) 转子挠度小,摆动幅度也小,轴封寿命长,泵可靠性高。

(4) 不拆动吸入或排出管,只要打开泵盖就可以吊入和吊出转子,安装和检修十分方便。

(5) 轴向力自动抵消,轴承寿命长。

(6) 与立式泵相比,可以显著降低泵房高度。

由此可见,如果在轴流泵中采用上述中开式结构,就会有许多显著优点。于是文献[1]提出了轴流泵结构设计的新概念,将轴流泵设计成单级、卧式双吸式,得到了图 8-3 所示的新型轴流泵结构型式。

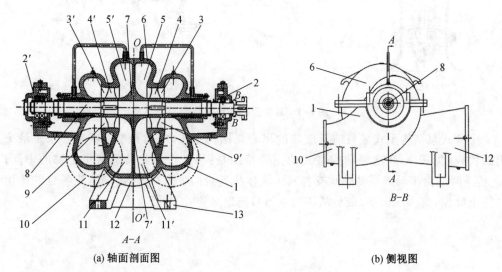

(a) 轴面剖面图　　　　　　　　　　(b) 侧视图

1—吸入室和下蜗壳;2,2′—轴承;3,3′—上叶轮室;4,4′—轴流叶轮;5,5′—上蜗室;6—上蜗壳;7,7′—隔板;8—泵轴;9,9′—下叶轮室;10—吸入管;11,11′—下蜗室;12—排出管;13—泵脚

图 8-3 卧式、中开、双吸轴流泵

一般轴流泵的吸入室为喇叭管.这种结构无法在中开式泵结构中实现,因此将吸入室设计成半螺旋形.轴流泵叶轮轴向尺寸较长,如果两个吸入室共用一个吸入管,那么泵体尺寸较大,不利于铸造和焊接.因此,两个吸入室各有一个吸入管.叶轮为分体式,背靠背布置.叶轮之间用隔墙将叶轮出口流动隔开,并将之导入压出室.压出室为整体铸造或焊接件.中间用隔墙将压出室断面一分为二,并在压出室出口附近两股流动汇合.其他附件,如轴承体、填料密封和联轴器等都可选用泵行业标准件.

现有机械加工水平和常规机械工程材料就可以满足该泵的生产需要,不受地域和气候等特殊条件的限制.该泵的设计参数为:流量 600 m³/h,扬程 3 m,转速 1 450 r/min,效率 65%～70%.本章和后面 3 章将仅仅围绕该泵水力设计而展开.

在该新型双吸式轴流泵研发中,碰到的第一个问题是如何确定叶轮直径,其中既要计算轴流泵叶轮直径,又要估算空化余量,同时也要考虑来流预旋影响.文献[2]解决了这个问题.其主要思路是先给出估算轴流泵空化余量的公式,然后在已知流量、扬程、水力效率、轮缘叶栅稠度、轮毂比和来流预旋速度矩等条件下,改变轴面速度,计算空化余量和叶轮直径,分别得到空化余量、叶轮直径与轴面速度的关系曲线,进一步得到空化余量与叶轮直径的关系曲线,最后根据该曲线得到合理的叶轮直径和空化余量.本章给出其主要过程.

8.2　现有轴流泵叶轮直径和必需空化余量计算方法

通常,离心泵叶轮进口直径由必需空化余量(NPSHr)决定,叶轮出口直径由设计扬程决定.轴流泵叶轮是一种进、出口直径相等的特殊叶轮,因此轴流泵叶轮直径应该由空化余量和扬程共同决定.

8.2.1　叶轮直径计算方法

目前,有 4 种计算轴流泵叶轮直径的方法,包括轴面/向速度法、流量常数法、扬程常数法和叶轮圆周速度系数法.轴面速度法是先由经验公式计算轴面速度的变化范围,并在该范围内选择某个值;然后选定轮毂比;最后根据流量、过流断面面积和轴面速度的关系式计算出叶轮直径.轴向速度通常由鲁德涅夫(Rudenev)公式计算[3]:

$$V_{a1}=(0.06\sim0.08)\sqrt[3]{Qn^2} \tag{8-1}$$

式中:Q 为轴流泵设计流量,对于双吸叶轮,Q 减半;n 为泵的转速.于是叶轮直径为

$$D_t=\sqrt{\frac{4Q}{\pi(1-\upsilon)V_{a1}}} \tag{8-2}$$

式中:υ 为叶轮轮毂比,$\upsilon=d_h/D_t$,其中 d_h 为轮毂直径;V_{a1} 为轴向速度.

对于几何相似或同一台轴流泵,在设计或最优工况下,泵的流量、扬程分别与叶轮转速和直径近似满足泵相似律:$Q/(nD_t^3)=$ 常数和 $H/(n^2D_t^2)=$ 常数.于是,可事先根据现有轴流泵水力性能参数和叶轮几何参数分别计算这两个常数,然后统计出这两个常数与比转速的关系曲线,最后利用这些常数计算出叶轮直径.依照此思路,文献[3]提出了计算叶轮直径的流量常数法和扬程常数法,即

$$\begin{cases} Q = K_Q \left(\dfrac{n}{60}\right) D_t^3 \\ H = K_H \left(\dfrac{n}{60}\right)^2 D_t^2 \\ n_s = \dfrac{3.65 n \sqrt{Q}}{H^{3/4}} = \dfrac{219 \sqrt{K_Q}}{K_H^{3/4}} \end{cases} \quad (8\text{-}3)$$

式中：K_Q，K_H 分别为流量常数和扬程常数．理论上，这两个常数满足比转速定义式，分别与之 0.5 和 $-4/3$ 次幂成正比．将文献[3]所列的 28 台轴流泵 K_Q，K_H 值按比转速画在一起，进行统计分析，结果示于图 8-4 中．

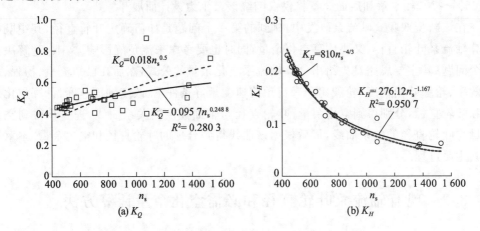

图 8-4　28 台轴流泵流量常数和扬程常数及拟合曲线[3]

K_Q 数据比较分散，拟合出的经验公式的相关系数很小（$R^2 = 0.28$），仅大致与比转速的 0.25 次幂成正比．若次幂取为理论值 0.5，则 K_Q 应为图 8-4a 中的虚线．很明显，两曲线存在较大差距．

K_H 数据比较集中，拟合出的经验公式的相关系数很大（$R^2 = 0.95$），大致与比转速的 -1.17 次幂成正比，次幂十分接近理论值 $-4/3$．若次幂取为理论值 $-4/3$，则得到图 8-4b 中虚线所示的 K_H 曲线．该曲线与直接拟合的实线曲线已经十分接近．因此扬程常数法计算的叶轮直径比流量常数法计算的更为准确．推荐的扬程常数法经验公式为

$$K_H = 276.12 n_s^{-1.167} \text{ 或 } K_H = 810 n_s^{-4/3} \quad (8\text{-}4)$$

叶轮圆周速度系数法是利用叶轮圆周速度系数和扬程计算叶轮直径．定义叶轮圆周速度系数为

$$K_u = u_t / \sqrt{2gH} \quad (8\text{-}5)$$

式中：u_t 为叶轮轮缘圆周速度；H 为泵设计扬程；K_u 为叶轮圆周速度系数，与轴流泵比转速 n_s 有关，由现有的轴流泵数据通过统计回归得到，是已知的．于是由式(8-5)可以计算出叶轮圆周速度 u_t．最后由下式计算出叶轮直径：

$$D_t = \dfrac{60 u_t}{\pi n} \quad (8\text{-}6)$$

目前，有 3 种圆周速度系数 K_u 经验关系式．它们分别由 Troskolanski、刘会海和何希杰提出，分别由下式的第一、二和三表达式表示[4]：

$$\begin{cases} K_u = n_s/584 + 0.8 \\ K_u = (0.23 - 3.8 \times 10^{-6} n_s) n_s^{2/3} \\ K_u = 0.596 (n_s/100)^{0.61} \end{cases} \tag{8-7}$$

图 8-5 给出了这 3 个公式计算的圆周速度系数 K_u 随比转速 n_s 的变化曲线. 何希杰公式计算结果与 Troskolanski 公式很接近,刘会海公式计算结果比这 2 个公式都小得多. 叶轮圆周速度系数法与扬程常数法理论上是相同的,只是表达形式略有不同. 以上计算叶轮直径的方法均没有考虑 NPSHr.

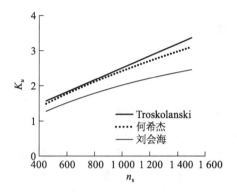

图 8-5 3 种叶轮圆周速度系数曲线的对比

8.2.2 NPSHr 计算方法

多数情况下,在轴流泵设计阶段,其 NPSHr 是未知的. 这就要求设计者在设计开始阶段就要对空化余量心中有数,并在后续的叶栅设计中加以保证. 目前估算轴流泵 NPSHr 的方法有 4 种. 第一种是利用 Thomas 汽蚀系数和扬程计算;第二种是利用选定的汽蚀比转速计算;第三种是利用经验公式计算;第四种是利用翼型空化系数计算. 这 4 种方法计算空化余量时皆与叶轮直径无关. 前 3 种方法详见文献[5].

在第一种方法中,根据 Thomas 汽蚀系数与比转速的经验关系式及设计扬程计算 NPSHr,即

$$\text{NPSHr} = \left(\frac{n_s^{3/4}}{4\ 630}\right) H \tag{8-8}$$

在第二种方法中,根据给定的汽蚀比转速 C 计算 NPSHr,即

$$\text{NPSHr} = \left(\frac{5.62 n \sqrt{Q}}{C}\right)^{4/3} \tag{8-9}$$

文献[5]认为 $C \in [800, 1\ 100]$.

在第三种方法中,利用经验公式计算 NPSHr,即

$$\text{NPSHr} = \left[\left(\frac{n}{100}\right)^2 \frac{Q}{(1-v^2)m}\right]^{2/3} \tag{8-10}$$

式中:m 为经验系数,$m \approx 2.4$. 该式稍加变换后,可以得到

$$\text{NPSHr} = \left(\frac{5.62 n \sqrt{Q}}{C}\right)^{4/3} \tag{8-11}$$

其中 $C = 562 \sqrt{(1-v^2)m} \approx 871 \sqrt{1-v^2}$. 这相当于考虑了轮毂比对汽蚀比转速的影响.

在第四种方法中,利用翼型水洞试验空化系数或最大压降系数的经验公式计算 NPSHr,经验公式中包括了升力系数、翼型拱度和相对厚度等信息,即[3,6]

$$\text{NPSHr} = C_{b\infty} \frac{W_\infty^2}{2g} \tag{8-12}$$

式中:$C_{b\infty}$ 为翼型空化系数;W_∞ 为翼型上游平均(无穷远)来流速度,见第 6 章.

综上所述,现有轴流泵叶轮直径计算和 NPSHr 估算基本上是相互独立的.然而,对于轴流泵叶轮,两者是相互关联、密不可分的,因此两者应该同时计算.

8.3 叶轮直径优化方法

8.3.1 NPSHr 计算

从 20 世纪 50 年代开始,对轴流泵叶轮内部空化进行了可视化观察和 NPSHr 测量[7-10].图 8-6 为文献[7]拍摄的最优工况下空化系数 C_b 分别为 0.73,0.62,0.50 和 0.42 时,轮缘间隙为 0.254 mm 情形下,叶片背面空化区形貌和发展过程,这里空化系数 $C_b = 2(p_1 - p_v)/(\rho W_1^2)$,其中 p_1, W_1 分别为叶轮入口液体压力和相对速度,p_v 为输送温度下被输送液体的饱和蒸汽压.由图可见,当空化系数比较大的时候,空化出现在轮缘处叶片头部附近的叶片背面.随着空化系数的减小,空化区变厚,并向叶片尾部扩张.当空化系数小于 0.50 以后,叶片端部出现白色条带,表现出间隙泄漏涡空化形态.

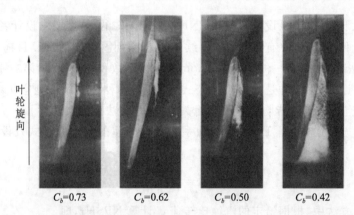

图 8-6 最优工况下空化系数分别为 0.73,0.62,0.50 和 0.42,轮缘间隙为 0.254 mm 情况下,轴流泵叶片背面空化区形貌和发展过程[7]

文献[11]测量了不同间隙、转速下轮缘间隙泄漏涡空化区的空气浓度、旋转角速度、涡核尺寸等参数.当相对间隙小于 0.15(轮缘间隙与轮缘叶片最大厚度之比)时,间隙泄漏涡空化形态与间隙无关;否则,空化形态依赖于轮缘间隙.另外,还建立了轮缘间隙泄漏涡空化区 Rankine 涡模型.Rankine 涡是黏性流体中的旋涡模型,包括核心区的强制涡和外部自由涡两部分①.

---

① William J. M. Rankine(1820—1872),苏格兰机械工程师,对土木工程、物理和数学均有贡献,于 1850—1860 年提出蒸汽机热力循环理论.

文献[12,13]建立了预测轮缘间隙泄漏涡发生空化的模型,并采用LDV(激光测速计)测量结果和他人试验结果对模型进行了验证.该模型包括了升力系数、相对间隙、入口相对速度、轮缘速度和雷诺数等参数,最高空化数发生在相对间隙0.2(轮缘间隙与轮缘叶片最大厚度之比)处[13].

文献[14]测量了不同间隙下轮缘间隙空化初生时的空化系数,重点考察了不同轮缘间隙形状及叶片前、后掠对初生空化系数的影响,试验采用的间隙形状和叶片形状见图8-7a,b.研究表明,叶片压力面与间隙端面的棱边倒圆和叶片前掠可推迟轮缘间隙泄漏涡空化的发生,其他间隙形状和叶片后掠不利于推迟间隙泄漏涡空化的发生,见图8-7c,d.

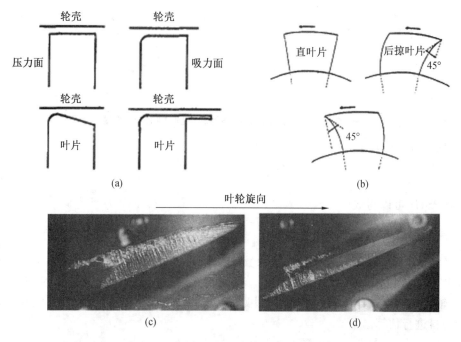

图8-7 叶片轴面图、叶片轴垂面投影图,以及叶片后掠、前掠情况下轮缘间隙空化形态[14]

最近,文献[15]采用高速摄影法观察了轮缘间隙泄漏涡空化的动态形态,文献[16]采用CFD方法计算了轮缘间隙泄漏涡的动态变化.

由上述试验可知,随着装置空化余量的降低,轮缘处最先发生空化.这是因为轴流泵轮缘叶片圆周速度最高,液体相对速度也最高,所以该处最容易发生空化,NPSHr也最大.因此取该处的叶栅内部流动作为研究对象,见图8-8.假设工作液体为理想流体,流动是定常的.在叶片吸力面流线点K发生了空泡.流线上点1与点K之间液体相对运动Bernoulli方程为

$$\frac{p_1}{\rho}+\frac{1}{2}W_1^2-\frac{1}{2}u_{t1}^2=\frac{p_K}{\rho}+\frac{1}{2}W_K^2-\frac{1}{2}u_{tK}^2 \tag{8-13}$$

因为是圆柱形叶栅,所以圆周速度$u_{t1}=u_{tK}$.发生空化时,压力p_K最小,并等于液体汽化压力p_V,即$p_K=p_V$;这时,相对速度W_K最大,$W_K=W_{max}$.因此上式可以写成

$$\frac{p_1}{\rho}+\frac{1}{2}W_1^2=\frac{p_V}{\rho}+\frac{1}{2}W_{max}^2 \tag{8-14}$$

空化余量 NPSHr 的定义是

$$\text{NPSHr} = \left(\frac{p_1}{\rho g} + \frac{V_1^2}{2g}\right) - \frac{p_V}{\rho g} = \frac{p_1 - p_V}{\rho g} + \frac{V_1^2}{2g} \quad (8\text{-}15)$$

式中：V_1 为入口液体绝对速度．

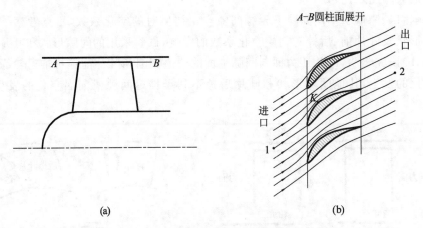

图 8-8　轴流泵叶轮轴面图和轮缘圆柱叶栅展开图

根据式(8-14)，上式中的压力差可以表示为

$$\frac{p_1 - p_V}{\rho g} = \frac{W_{\max}^2 - W_1^2}{2g} \quad (8\text{-}16)$$

于是 NPSHr 可以写成

$$\text{NPSHr} = \frac{W_{\max}^2 - W_1^2}{2g} + \frac{V_1^2}{2g} = \left[\left(\frac{W_{\max}}{W_1}\right)^2 - 1\right]\frac{W_1^2}{2g} + \frac{V_1^2}{2g} = C_{b1}\frac{W_1^2}{2g} + \frac{V_1^2}{2g} \quad (8\text{-}17)$$

式中：C_{b1} 为叶栅最大压降系数或空化系数，$C_{b1} = (W_{\max}/W_1)^2 - 1$，$C_{b1}$ 仅依赖于最高相对速度 $W_{\max}$ 与入口相对速度 W_1 之比 $W_{\max}/W_1$，因此，获得 $W_{\max}/W_1$ 是计算 NPSHr 的关键．在轴流泵初始设计阶段，叶栅尚未设计，无法准确计算 $W_{\max}/W_1$，所以只能利用现有试验资料进行估算．

8.3.2　最高相对速度比的计算

文献[17]对美国 NACA 65(A_{10}) 和英国 C4 系列翼型组成的平面直列叶栅风洞试验数据进行了总结分析，提出了吸力面流体最高相对速度与叶栅入口处相对速度之比的经验公式．在最小阻力系数工况下该式表示为

$$\frac{W_{\max}}{W_1} = 1.12 + 0.61\frac{\sin^2\beta}{\sigma_t}(\cot\beta_1 - \cot\beta_2) \quad (8\text{-}18)$$

式中：β_1 为入口相对液流角（相对速度与叶片圆周速度反方向的夹角）；β_2 为出口相对液流角；σ_t 为轮缘叶栅稠度．式中的第一项表示叶片厚度对 $W_{\max}/W_1$ 的贡献，第二项表示叶片流体动力负荷的影响．这里，选最小阻力系数工况作为轴流泵的设计工况．

根据液体进出口速度三角形，有下面关系式：

$$\begin{cases} \cot\beta_1 = \dfrac{u_t - V_{u1}}{V_{a1}} \\ \cot\beta_2 = \dfrac{u_t - V_{u2}}{V_{a2}} \end{cases} \quad (8\text{-}19)$$

式中:V_{u1}为入口处液体绝对速度圆周分量;V_{u2}为出口处液体绝对速度圆周分量. 对圆柱形叶栅,进、出口轴面速度相等,即$V_{a1}=V_{a2}$,于是$\cot\beta_1-\cot\beta_2=(V_{u2}-V_{u1})/V_{a1}$. 将之代入式(8-18),得

$$\frac{W_{\max}}{W_1}=1.12+0.61\frac{\sin^2\beta_1}{\sigma_t}\frac{(V_{u2}-V_{u1})u_t}{V_{a1}u_t} \qquad (8\text{-}20)$$

对轮缘叶栅,有叶轮机械的Euler方程:

$$H_{th}=\frac{1}{g}(V_{u2}-V_{u1})u_t \qquad (8\text{-}21)$$

式中:H_{th}为叶轮理论扬程,这里认为水力效率η_h沿径向分布近似为常数,于是$H_{th}=H/\eta_h$,其中H为轴流泵的设计扬程. 于是,式(8-18)变为

$$\frac{W_{\max}}{W_1}=1.12+0.61\frac{\sin^2\beta_1}{\sigma_t}\frac{gH_{th}}{V_{a1}u_t} \qquad (8\text{-}22)$$

考虑到$\sin\beta_1=V_{a1}/W_1$,于是上式可写成

$$\frac{W_{\max}}{W_1}=1.12+0.61\frac{V_{a1}}{W_1^2 u_t}\frac{gH_{th}}{\sigma_t} \qquad (8\text{-}23)$$

利用关系式$W_1^2=(u_t-V_{u1})^2+V_{a1}^2$,式(8-18)最终写成

$$\frac{W_{\max}}{W_1}=1.12+0.61\frac{V_{a1}}{[(u_t-V_{u1})^2+V_{a1}^2]u_t}\frac{gH_{th}}{\sigma_t} \qquad (8\text{-}24)$$

由此可见,速度分量V_{a1}与V_{u1}、圆周速度u(当转速一定时,为叶轮直径)、理论扬程H_{th}(叶片表面流体动力负荷)和轮缘叶栅稠度σ_t均影响最高相对速度比,从而也影响NPSHr. 如果已知这些量,就可以计算空化余量NPSHr. 这时,叶轮直径与空化余量直接发生了关联,这是与8.2节提到的现有轴流泵叶轮直径计算方法的不同之处.

8.3.3 叶轮直径的优化过程

计划研制的新型水平、中开、双吸式轴流泵设计参数:$Q=600\text{ m}^3/\text{h}$,$H=3\text{ m}$,$n=1\,450\text{ r/min}$,单个叶轮的设计流量$Q=300\text{ m}^3/\text{h}$,$n_s=670$. 设计时,在一定范围内改变水力效率、轮毂比、轮缘叶栅稠度和预旋速度矩,得到叶轮直径和NPSHr随这些参数的变化曲线,然后取NPSHr最小值所对应的叶轮直径、轮毂比、轮缘叶栅稠度、预旋速度矩和水力效率为最优设计值. 叶轮直径和NPSHr分别由式(8-2)和式(8-17)计算.

首先选取水力效率$\eta_h \in [0.75, 0.95]$. 按图8-9选取轮毂比v[18],图中的2条曲线分别为v的上、下限. 作为对比,图中还画出了作者根据文献[3]所列的14台现有轴流泵轮毂比数据(图中符号所示)拟合的经验公式:

$$v=0.878\,2\mathrm{e}^{-8.519\,5\times10^{-4}n_s} \qquad (8\text{-}25)$$

绝对速度圆周分速度V_{u1}与叶轮前方来流绝对速度的预旋速度矩有关. 半螺旋形吸入室产生的预旋速度矩可由下式计算:

$$K_1=(0.055\sim0.080)\sqrt[3]{Q^2 n} \qquad (8\text{-}26)$$

式中:$K_1=V_{u1}D_t/2$,为叶轮进口预旋速度矩. 给定K_1以后,可以计算$V_{u1}=2K_1/D_t$. 由预旋角γ判断K_1合理取值. 一般情况下,$\gamma\leqslant30°$. 在图8-10所示的进口速度三角形中,表示了预旋角γ.

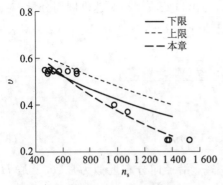
图 8-9　轮毂比与比转速的关系曲线

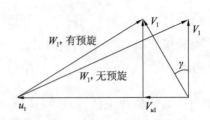
图 8-10　叶轮进口速度三角形

轮缘叶栅稠度 σ_t 与叶片数有关，可根据叶片数按表 8-1 选取轮缘叶栅稠度 σ_t[18]．在本章计算中，叶片数为 4，σ_t 在 $0.8\sim 0.9$ 范围内变化．

表 8-1　轮缘叶栅稠度与叶片数的关系

叶片数 Z	3	4	5
叶栅稠度 σ_t	0.70	0.80	0.85

将前面提出的一系列公式编写成计算机程序，然后改变已知数据进行计算．计算时，水力效率、轮毂比、轮缘叶栅稠度和预旋速度矩的取值分别为 $\eta_h=0.75, 0.85$ 和 0.95，$\sigma_t=0.80, 0.85$ 和 0.90，$K_1=0, 0.05, 0.10, 0.15, 0.20$ 和 0.25，$\upsilon=0.50, 0.53$ 和 0.56．

图 8-11 表示预旋速度矩 $K_1=0$ 时，不同水力效率、轮缘叶栅稠度和轮毂比条件下，NPSHr 与轴向速度 V_{a1} 的关系曲线．由图可见，当 $V_{a1}\in[3,4]\mathrm{m/s}$ 时，NPSHr 存在最小值．当水力效率、轮缘叶栅稠度和轮毂比给定时，存在使 NPSHr 出现最小值的轴向速度．如果设计叶轮时采用该速度，可使 NPSHr 最小．

图 8-12 表示预旋速度矩 $K_1=0$ 时，不同轮毂比条件下，叶轮直径 D_t 与轴向速度 V_{a1} 的关系曲线．由图可见，随着轴向速度的增加，叶轮直径连续下降．仅轮毂比对叶轮直径影响较大．轮毂比越小，直径越小．由于水力效率和轮缘叶栅稠度不出现在计算叶轮直径的公式(8-2)中，所以它们对叶轮直径无影响，不同水力效率和轮缘叶栅稠度下的叶轮直径曲线重合，没有画出．

图 8-13 表示在 $\eta_h=0.85$，$\sigma_t=0.85$ 和 $\upsilon=0.53$ 条件下，预旋速度矩 K_1 变化时，NPSHr 和叶轮直径 D_t 分别与轴向速度 V_{a1} 的关系曲线．K_1 对 NPSHr 影响很大．K_1 值越大，NPSHr 越小，增加 K_1 有利于降低 NPSHr．无论 K_1 为何值，都存在使 NPSHr 出现最小值的轴向速度 V_{a1} 值．

预旋速度矩 K_1 不出现在计算叶轮直径的公式(8-2)中，所以它对叶轮直径 D_t 无影响，没有画出．

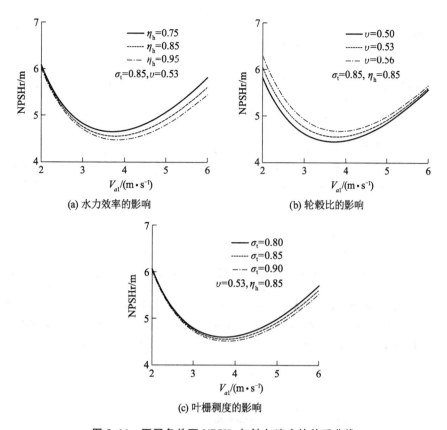

图 8-11 不同条件下 NPSHr 与轴向速度的关系曲线

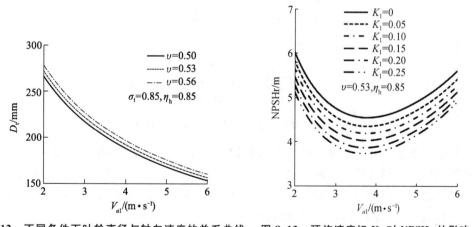

图 8-12 不同条件下叶轮直径与轴向速度的关系曲线　　图 8-13 预旋速度矩 K_1 对 NPSHr 的影响

图 8-14 表示在 $\eta_h=0.85$，$\sigma_t=0.85$ 和 $\upsilon=0.53$ 条件下，预旋速度矩 K_1 变化时，预旋角 γ 和速度比 V_{u1}/u_t 分别与轴向速度 V_{a1} 的关系曲线。K_1 值越大，预旋角 γ 越大。γ 随 V_{a1} 的增加而下降；V_{u1}/u_t 随 V_{a1} 的增加而升高。为保证 $\gamma \leqslant 30°$，需要 $K_1 \leqslant 0.20$，这时 $V_{u1}/u_t \leqslant 0.2$。

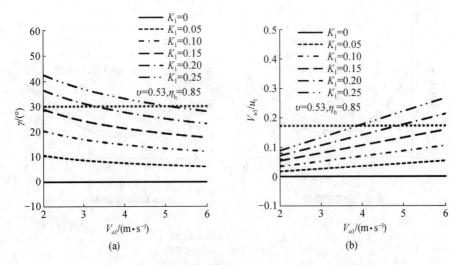

图 8-14 预旋速度矩 K_1 对预旋角 γ 和速度比 V_{a1}/u_t 的影响

图 8-15 表示在 $\eta_h=0.85$，$\sigma_t=0.85$ 和 $v=0.53$ 条件下，预旋速度矩 $K_1=0$，0.10 和 0.20 时，NPSHr 与 D_t 的关系曲线. 由图可见，存在使 NPSHr 出现最小值的叶轮直径 D_t. 这表明，当来流预旋速度矩一定时，可以找到一个使必需空化余量达到最小值的叶轮直径.

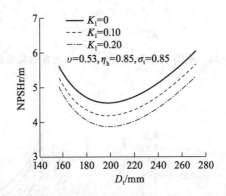

图 8-15 3 种预旋速度矩条件下 NPSHr 与叶轮直径的关系曲线

取使必需空化余量出现最小值的叶轮直径作为其设计值. 表 8-2 列出了本章方法计算的叶轮直径和轮毂直径与前面提到的现有 5 种叶轮直径计算公式的对比情况. 本章计算值与 Troskolanski 公式计算结果很接近，与何希杰公式、式(8-3) K_Q 和 K_H 计算式较接近. 刘会海公式似乎计算值过小.

表 8-2 不同方法计算的叶轮直径对比

直径	本章	Troskolanski	何希杰	式(8-3),K_Q	式(8-3),K_H	刘会海
D_t/mm	197.2	196.8	192.2	192.5	192.2	163.5
d_h/mm	104.5	104.3	101.9	102.0	101.9	86.7

注：计算 d_h 时，取 $v=0.53$.

表 8-3 列出了本章计算的最小 NPSHr 与前面提到的 NPSHr 预测公式预测值. 本

章 $K_1=0$ 结果与式(8-11)计算值较接近. $K_1=0.10$ 结果与式(8-8)基本吻合.式(8-9)预测的 NPSHr 值范围过大.

表 8-3 不同方法计算的 NPSHr 比较

计算值	本章		式(8-8)	式(8-9)	式(8-11)
	$K_1=0$	$K_1=0.10$			
NPSHr/m	4.55	4.22	3.8	2.76~4.21	4.69

图 8-16 画出了 $K_1=0,0.10$ 和 0.20 条件下,汽蚀系数 $2g\text{NPSHr}/u_t^2$ 与汽蚀比转速 C 的关系曲线.图中的临界曲线是文献[19]根据大量轴流泵试验数据统计得出的,临界曲线将 $2g\text{NPSHr}/u_t^2-C$ 平面分成两部分,上方是设计可行域,下方是设计困难域.如果所设计的轴流泵的 $2g\text{NPSHr}/u_t^2$ 落到临界曲线的上方,那么 NPSHr 就容易达到,设计时就不需要特别考虑 NPSHr;否则,设计时就需要考虑 NPSHr,并加以校核.

如果所设计的轴流泵的 $2g\text{NPSHr}/u_t^2$ 落到临界曲线的下方,设计叶栅时就越不容易满足要求的 NPSHr,并且离临界曲线越远,设计越困难.图 8-16 中的 3 个点是本章计算的最小 NPSHr 所对应的最高 C 数据点.尽管最小 NPSHr 所对应的汽蚀系数 $2g\text{NPSHr}/u_t^2$ 数据点落在了设计困难域,但它们与各自临界点的距离较近,设计时还是较容易满足 NPSHr 的.

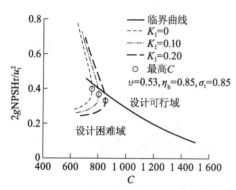

图 8-16 汽蚀系数与汽蚀比转速的关系曲线

参考文献

[1] 李文广,周太勇,毛玲.一种新型轴流泵.中国专利:CN1346938A,2002:1-3.
[2] 李文广.一种确定轴流泵叶轮直径和汽蚀余量的方法.水泵技术,2005(2):8-13.
[3] 金平仲,王立祥,洪亥生,等.喷水推进泵的设计.水泵技术,1976(1):1-40.
[4] 何希杰,杨文,李平双.轴流泵叶轮圆周速度系数的回归分析.水泵技术,2002(5):26-28.

[5] 中国农业机械化科学研究院. 叶片泵设计手册. 北京：机械工业出版社, 1983: 262-263.

[6] 曾松祥, 王立祥. 轴流泵的设计处理. 水泵技术, 1980(3): 24-37.

[7] Guinard P, Fuller T, Acosta A J. An Experimental Study of Axial Flow Pump Cavitation. Hydrodynamics Laboratory Report No. E-19, 1953: 1-19.

[8] Horie C, Kawaguchi K. Cavitation Tests on an Axial Flow Pump. Bulletin of JSME, 1959, 2(5): 187-195.

[9] Mitchell A B. An Experimental Investigation of Cavitation Inception in the Rotor Blade Tip Region of an Axial Flow Pump. ARC Technical Report CP No. 527, 1961: 1-13.

[10] 近藤徹, 金澤康次, 大庭英樹, 他. NACA65系統翼を用いた軸流ポンプ羽根車のキャビテーション性能. ターボ機械, 1990, 18(8): 442-449.

[11] Shuba B H. An Investigation of Tip-Wall Vortex Cavitation in an Axial-Flow Pump. AD-A134357, 1983: 1-104.

[12] Farrell K J. An Investigation of End-Wall Vortex Cavitation in a High Reynolds Number Axial-Flow Pump. AD-A211426, 1989: 1-165.

[13] Farrell K J, Billet M L. A Correlation of Leakage Vortex Cavitation in Axial-Flow Pumps. ASME Journal of Fluids Engineering, 1994, 116(3): 551-557.

[14] Laborde R, Chantrel P, Mory M. Tip Clearance and Tip Vortex Cavitation in an Axial Flow Pump. ASME Journal of Fluids Engineering, 1997, 119(3): 680-685.

[15] 张德胜, 邵佩佩, 施卫东, 等. 轴流泵叶顶泄漏涡流体动力学特性数值模拟. 农业机械学报, 2014, 45(3): 72-82.

[16] 沈熙, 张德胜, 刘安, 等. 轴流泵叶顶泄漏涡与垂直涡空化特性. 农业工程学报, 2018, 34(12): 87-94.

[17] Lieblein S. Loss and Stall Analysis of Compressor Cascades. ASME Journal of Basic Engineering, 1959, 84(3): 387-397.

[18] 关醒凡. 关于研制高性能轴流泵模型叶片若干问题的探讨. 水泵技术, 1982(2): 25-32.

[19] 金平仲, 曾松祥, 沈奉海, 等. 轴流泵的变环量设计方法. 水泵技术, 1985(2): 14-20.

第 9 章 变环量对叶片设计的影响

第 7 章提出了依赖于叶轮出口流体环量/理论扬程系数分布和简化的径向平衡方程的简化反问题. 在第 8 章提出了叶轮直径的优化方法,并确定了中开式双吸轴流泵叶轮直径、轮毂比和叶栅稠度等关键几何参数.

本章将利用第 7 章提出的叶片设计方法对该叶轮的叶片进行初步设计,重点考察变环量径向分布形式对叶片角度、叶轮水力损失、扩散系数和必需空化余量的影响,为叶片设计优化提供思路.

在第 7 章中,简化的径向平衡方程包括总压损失系数. 结果表明,叶片角度对总压损失系数很灵敏. 为了单独考虑变环量对叶片角度的影响,没有考虑冲角和落后角,同时将总压损失系数从径向平衡方程中去除,但包括在叶轮水力损失计算中. 另外,第 6 章的径向平衡方程是无量纲的,不便于叶片设计时使用. 为此,对相关方程重新进行了推导.

叶轮出口速度环量是设计控制参数,表示为 $\varGamma = 2\pi V_{u2} R$,它与叶轮出口处速度矩 $V_{u2} R$ 仅差系数 2π. 因 $V_{u2} R$ 的径向分布等价于环量的径向分布,故本章通过规定 $V_{u2} R$ 径向分布规律来计算绝对速度圆周分速度 V_{u2}.

首先,考察幂函数变环量分布对轴流叶轮叶片设计的影响,将常用的抛物线分布作为参照[1]. 其次,考察不同抛物线分布对叶片设计的影响[2].

9.1 幂函数变环量分布

9.1.1 积分形式的流动基本方程组

假设轴流泵叶轮内部相对流动是定常的,液体是理想流体. 在叶轮前、后,液体在不同半径的圆柱形流面上流动,见图 9-1. 叶轮入口液体轴向速度等于常数,入口速度矩 $K_1 = V_{u1} R$ 为常数,自动满足径向平衡方程. 叶轮出口液体轴向速度沿半径是变化的,出口速度矩 $V_{u2} R$ 沿半径也是变化的,但变化形式可以根据实际情况提出相应的模型.

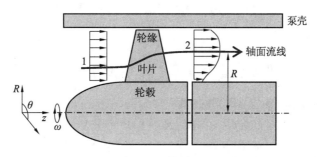

图 9-1 轴流泵叶轮前、后轴面速度分布和流体流过叶轮时的轴面流线示意图

虽然假设液体是理想流体,但是液体黏性引起的水力损失在水力效率中得到反映,并包括在流动基本方程中.由于叶轮出口流动参数沿半径是变化的,所以流动基本方程组写成了积分形式.

1. 连续方程

叶轮入口前、后的液体质量守恒,由于液体是不可压流体,所以连续方程为

$$Q = \int_{R_h}^{R_t} 2\pi V_{a1} R \mathrm{d}R = \int_{R_h}^{R_t} 2\pi V_{a2} R \mathrm{d}R \tag{9-1}$$

式中:V_{a1} 为叶轮入口轴面速度;V_{a2} 为叶轮出口轴面速度;R_h 为叶轮轮毂半径;R_t 为叶轮轮缘半径,即叶轮半径.

2. 能量方程

能量方程就是积分形式的叶轮机械 Euler 方程,相当于流体动量矩方程.对轴流泵叶轮来说,该方程为

$$g\overline{H}_{th}Q = \int_{R_h}^{R_t} 2\pi u V_{u2} V_{a2} R \mathrm{d}R - \int_{R_h}^{R_t} 2\pi u K_1 V_{a1} \mathrm{d}R \tag{9-2}$$

式中:$\overline{H}_{th}$ 为叶轮平均理论扬程,$\overline{H}_{th} = H/\eta_h$,其中 η_h 为轴流泵(叶轮和静止过流部件)平均水力效率;V_{u2} 为叶轮出口液体绝对速度圆周分速度;u 为圆周速度,$u = R\omega$,其中 ω 为叶轮旋转角速度.这里,认为 K_1 为常数.

3. 简化的径向平衡方程

在叶轮出口处,液体旋转引起向心加速度会引起静压力在半径方向的变化.由于假设叶轮前、后流面都是圆柱面,所以径向平衡方程有最简单的形式:

$$\frac{V_{u2}^2}{R} = \frac{1}{\rho} \frac{\mathrm{d}p_2}{\mathrm{d}R} \tag{9-3}$$

式中:ρ 为液体密度;p_2 为叶轮出口液体静压力.

在某一流面上,有叶轮机械 Euler 方程:

$$H_{th} = \frac{1}{g}(R\omega V_{u2} - R\omega V_{u1}) = \frac{1}{g}(\omega V_{u2} R - \omega K_1) \tag{9-4}$$

式中:H_{th} 为流面上的液体理论扬程;V_{u1} 为叶轮入口液体绝对速度圆周分速度.

假设叶轮入口流动是有势的,于是 $K_1 =$ 常数,叶轮入口能量 $p_1/(\rho g) + V_1^2/(2g) =$ 常数,这里 p_1 为叶轮入口液体静压力,V_1 为叶轮入口液体绝对速度.液体理论扬程又可以表示为

$$H_{th} = \left(\frac{p_2}{\rho g} + \frac{V_{a2}^2 + V_{u2}^2}{2g}\right) - \left(\frac{p_1}{\rho g} + \frac{V_1^2}{2g}\right) \tag{9-5}$$

合并式(9-4)、式(9-5),有

$$\frac{p_2}{\rho} + \frac{V_{a2}^2 + V_{u2}^2}{2} - \frac{p_1}{\rho} - \frac{V_1^2}{2} = \omega V_{u2} R - \omega K_1 \tag{9-6}$$

将上式对 R 求导,得到 $\mathrm{d}p_2/(\rho \mathrm{d}R)$ 表达式:

$$\frac{1}{\rho} \frac{\mathrm{d}p_2}{\mathrm{d}R} = \omega \frac{\mathrm{d}V_{u2}R}{\mathrm{d}R} - \frac{1}{2} \frac{\mathrm{d}(V_{a2}^2 + V_{u2}^2)}{\mathrm{d}R} \tag{9-7}$$

将之代入式(9-3),得到由 V_{a2},V_{u2} 表示的简化的径向平衡方程:

$$\frac{\mathrm{d}V_{a2}^2}{\mathrm{d}R} = 2 \frac{\mathrm{d}V_{u2}R}{\mathrm{d}R} \left(\omega - \frac{V_{u2}}{R}\right) \tag{9-8}$$

当叶轮出口速度矩 $V_{u2}R$ 已知时,由该式可以计算叶轮出口轴向速度:

$$V_{a2} = \sqrt{\int_{R_h}^{R} 2\frac{\mathrm{d}V_{u2}R}{\mathrm{d}R}\left(\omega - \frac{V_{u2}}{R}\right)\mathrm{d}R + V_{a2h}} \tag{9-9}$$

式中:$R \in [R_h, R_t]$;V_{a2h} 为轮毂处的轴向速度.

将 V_{a2} 代入连续方程中,得到计算 V_{a2h} 的公式:

$$V_{a2h} = \frac{Q - 2\pi \int_{R_h}^{R_t} R \sqrt{\int_{R_h}^{R} 2\frac{\mathrm{d}V_{u2}R}{\mathrm{d}R}\left(\omega - \frac{V_{u2}}{R}\right)\mathrm{d}R} \,\mathrm{d}R}{\pi(R_t^2 - R_h^2)} \tag{9-10}$$

该式和式(9-9)是由已知的出口速度矩 $V_{u2}R$ 计算出口轴向速度 V_{a2} 的表达式.

9.1.2 叶轮出口变环量分布函数

目前,有 2 类变环量分布函数:一类是幂函数;另一类是抛物线或二次多项式函数.

1. 幂函数

假设叶轮出口速度矩或环量 $V_{u2}R$ 与半径 R 的变化关系为

$$V_{u2}R^m - V_{u1}R = V_{u2}R^m - K_1 = \kappa \tag{9-11}$$

式中:m 为 R 的幂,$m \in [-1, 1]$,需事先给定;κ 为待定常数.本章中,将改变 m 值,考察其对叶片设计的影响.

由 $V_{u2}R$ 函数计算出 V_{u2},$\mathrm{d}V_{u2}R/\mathrm{d}R$,即

$$\begin{cases} V_{u2} = \dfrac{\kappa + K_1}{R^m} \\ \dfrac{\mathrm{d}V_{u2}R}{\mathrm{d}R} = -\dfrac{(m-1)(\kappa + K_1)}{R^m} \end{cases} \tag{9-12}$$

将该式代入能量方程式(9-2)中,得到计算待定常数 κ 的公式:

$$\kappa = \frac{gQ\overline{H}_{th} + \int_{R_h}^{R_t} 2\pi K_1 \, u(V_{a1} - V_{a2}/R^{m-1})\mathrm{d}R}{\int_{R_h}^{R_t} \dfrac{2\pi u V_{a2}}{R^{m-1}}\mathrm{d}R} \tag{9-13}$$

由此可见,叶轮出口速度矩函数式(9-12)中的待定常数 κ 是由能量方程式(9-2)计算的.当平均水力效率给定时,有 3 个未知数,即 V_{u2},V_{a2} 和 V_{a2h},现在已经得到了计算它们的 3 个方程,求解问题是封闭的.

2. 二次多项式函数

文献[3,4]最早提出环量 Γ 的二次多项式函数.因为环量 Γ 与速度矩是等价的,仅差系数 2π,因此写成速度矩形式:

$$V_{u2}R = \kappa F(r) \tag{9-14}$$

式中:κ 为待定系数;$F(r)$ 为二次多项式函数,$F(r) = a_2 r^2 + a_1 r + a_0$,为第 7 章中的环量分布系数,其中 $r = R/R_t$,a_2,a_1 和 a_0 为拟合系数.图 9-2 为文献[4]提出的离散的环量分布规律和二次多项式拟合公式计算值的对比,其中拟合系数 $a_2 = -2.058\,33$,$a_1 = 3.462\,02$ 和 $a_0 = -0.365\,786$.

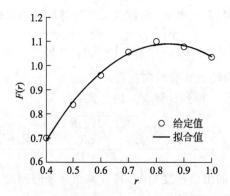

图 9-2 文献[4]提出的离散的环量分布点和拟合公式计算值的对比

由 $V_{u2}R$ 函数式(9-14)可得到 V_{u2},$dV_{u2}R/dR$ 表达式：

$$\begin{cases} V_{u2} = \dfrac{\kappa F(r)}{R} \\ \dfrac{dV_{u2}R}{dR} = \dfrac{\kappa F'(r)}{R_t} \end{cases} \quad (9\text{-}15)$$

式中：$F'(r) = dF/dR = 2a_2 r + a_1$。

同样将该式代入能量方程(9-2)中，可得到下面计算待定常数 κ 的公式：

$$\kappa = \dfrac{gQ\overline{H}_{th} + \int_{R_h}^{R_t} 2\pi u K_1 V_{a1} dR}{\int_{R_h}^{R_t} 2\pi u F(\zeta) V_{a2} dR} \quad (9\text{-}16)$$

9.1.3 叶片角度近似计算

叶轮进口和出口相对液流角分别为

$$\begin{cases} \beta_1 = \arctan \dfrac{V_{a1}}{u - V_{u1}} \\ \beta_2 = \arctan \dfrac{V_{a2}}{u - V_{u2}} \end{cases} \quad (9\text{-}17)$$

暂不考虑冲角和液流落后角，则 β_1,β_2 近似为叶片进口、出口角。叶片翼弦安放角近似为

$$\beta_s = \dfrac{1}{2}(\beta_1 + \beta_2) \quad (9\text{-}18)$$

定义轮毂流面上的叶片翼弦安放角 β_{sh} 和轮缘流面上的叶片翼弦安放角 β_{st} 之差为叶片扭角，即 $\beta_{sh} - \beta_{st}$，它反映了叶片的扭曲程度。

9.1.4 叶轮水力损失计算

为评价叶轮出口环量分布规律的好坏，需要计算叶轮水力损失。一般的做法是：将叶片头部冲击损失、叶片表面摩擦损失、二次流损失、轮毂和轮缘环形边界层摩擦损失分开计算，然后汇成总的水力损失。但是在叶片尚未设计出来之前，这些水力损失是无法准确计算的。因此，这里借用图 9-3 所示的不同叶片高度处总压损失关联参数与叶栅扩散系数的关系曲线。由图可见，离轮缘越近，总压损失关联参数越大。这些曲线由文献

[5]给出,总压损失关联参数定义为 $\xi_D = \xi \sin\beta_2/(2\sigma)$,其中 σ 为叶栅稠度,β_2 为出口相对液流角,ξ 为总压(扬程)相对损失系数,定义为

$$\xi = \frac{H_{th2} - H_2}{\dfrac{W_1^2}{2g}} = \frac{\Delta H}{\dfrac{W_1^2}{2g}} \quad (9\text{-}19)$$

式中:H_{th2} 为叶轮出口理论总能头;H_2 为叶轮出口实际总能头;ΔH 为总能头损失;W_1 为叶片进口液体相对速度. 于是得出总能头损失 ΔH 为

$$\Delta H = \xi \frac{W_1^2}{2g} = \frac{2\xi_D \sigma}{\sin\beta_2} \frac{W_1^2}{2g} \quad (9\text{-}20)$$

叶栅扩散系数 D 定义为

$$D = 1 - \frac{W_2}{W_1} + \frac{W_{u1} - W_{u2}}{2\sigma W_1} \quad (9\text{-}21)$$

式中:W_2 为叶轮出口液体相对速度.

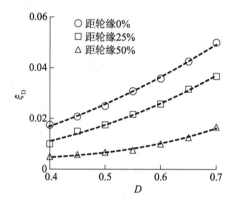

图 9-3 距轮缘 0%,25% 和 50% 处 3 个流面上的总压损失关联参数 ξ_D 与叶栅扩散系数 D 的关系曲线[5]

在图 9-3 中,当流面距轮缘大于 50% 时,总压损失关联参数与 50% 处的相同. 当流面距轮缘小于 50% 时,总压损失关联参数由相邻曲线进行线性插值计算. 对图中的 3 条曲线进行拟合,并编入程序,以便计算水力损失.

计算出各个流面上的水力损失之后,就可以得到各个流面上的叶栅水力效率:

$$\eta_{hR} = 1 - \frac{\Delta H}{H_{th}} \quad (9\text{-}22)$$

叶轮平均水力效率为

$$\overline{\eta}_{hR} = \frac{\int_{R_h}^{R_t} 2\pi R \eta_{hR} V_{a2} \, dR}{Q} \quad (9\text{-}23)$$

假设其他过流部件的水力效率为 0.9,则轴流泵总的水力效率为 $\overline{\eta}_h = \overline{\eta}_{hR} - (1 - 0.9) = \overline{\eta}_{hR} - 0.1$. 将该值与给定的 η_h 比较,并用 $\overline{\eta}_h$ 取代 η_h 重新计算理论扬程.

9.1.5 必需空化余量估算

某一流面上,叶栅的空化余量可以写成

$$\mathrm{NPSHr} = \frac{W_1^2}{2g}\left[\left(\frac{W_{\max}}{W_1}\right)^2 - 1\right] + \frac{V_1^2}{2g} \tag{9-24}$$

式中:$W_{\max}/W_1$ 为叶片吸力面最高相对速度 $W_{\max}$ 与入口相对速度 W_1 之比,由现有风洞试验数据估算,并利用关系式 $W_1^2 = (u - V_{u1})^2 + V_{a1}^2$,则 $W_{\max}/W_1$ 表达式为

$$\frac{W_{\max}}{W_1} = 1.12 + 0.61 \frac{V_{a1}}{[(u-V_{u1})^2 + V_{a1}^2]u} \frac{gH_{\mathrm{th}}}{\sigma} \tag{9-25}$$

由此可见,速度分量 V_{m1} 与 V_{u1}、圆周速度 u(当转速一定时,为叶轮直径)、理论扬程 H_{th}(叶片表面流体动力负荷)和叶栅稠度 σ 均影响最高相对速度比,从而也影响必需空化余量. 如果已知这些量,就可以计算必需空化余量 NPSHr,详见第 8 章.

9.1.6 计算方法与结果

待求解方程主要包括式(9-9)、式(9-10)和式(9-13),其中的 2 个定积分需要采用 Simpson 梯形公式近似计算. 另外,平均水力效率 $\bar{\eta}_h$ 和轮毂轴向速度 V_{a2h} 需要迭代计算. 计算过程由 3 步组成:

第一步,给出流量、转速、轮毂与轮缘直径、液体进口速度矩、平均水力效率、叶栅稠度沿半径的分布规律,在流道中划分出奇数个圆柱形流面.

第二步,计算理论扬程,选定液体叶轮出口速度矩分布规律,令 $V_{a2} = V_{a1}$,由计算 κ 值的公式计算 κ 值,计算 V_{a2h} 和 V_{a2},更新 κ,直到它收敛为止.

第三步,计算叶片角度,估算水力损失,更新平均水力效率,回到第二步,直到平均水力效率收敛为止. 最后,对计算结果进行评价.

根据第 8 章,计划研制的双吸轴流泵单个叶轮设计流量 $Q = 300$ m³/s,扬程 $H = 3$ m,转速 $n = 1\,450$ r/min. 取入口液体速度矩 $K_1 = 0.15$ m²/s. 叶轮轮缘直径 $D_t = 2R_t = 197$ mm,叶轮轮毂直径 $d_h = 2R_h = 104$ mm. 轮缘流面上的叶栅稠度 $\sigma_t = 0.85$,轮毂流面上的叶栅稠度 $\sigma_h = 1.15$,按线性插值计算两者之间流面的叶栅稠度. 平均水力效率 $\eta_h = 0.84$. 取 9 个圆柱形流面. 暂取幂 $m = -1.00, -0.75, -0.50, -0.25, 0, 0.25, 0.50, 0.75$ 和 1.00.

图 9-4 表示不同速度矩分布情况下,绝对速度的轴向速度 V_{a2} 和圆周速度 V_{u2} 沿叶片高度的变化曲线. 这里叶片高度取为相对值,即 $\zeta = (R - R_h)/(R_t - R_h)$. 当 $m = 1.00$ 时,出口流动为自由涡,轴向速度是均匀的. 当 $m = -1.00$ 时,出口流动为强制涡,轴向速度分布最不均匀. 由自由涡变到强制涡,轮毂处的轴向速度 V_{a2} 不断下降,轮缘处的不断上升,轴向速度 V_{a2} 沿叶片分布越来越不均匀. 当 $m < 0.25$ 时,轮毂处的轴向速度已经是负值,即轴向流动出现倒流. 设计时应避免出现这种情况. 因此,要求幂的合理取值范围为 $m \in [0.25, 1.00]$. 图中抛物线速度矩对应的轴向速度分布与其他形式分布有所不同.

当 m 值减小时,轮毂处的圆周速度 V_{u2} 不断迅速下降,轮缘处的不断缓慢上升,圆周速度 V_{u2} 沿叶片高度分布越来越均匀.

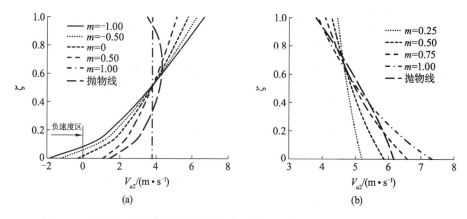

图 9-4　叶轮出口绝对速度的轴向速度和圆周分速度沿叶片高度的变化曲线

图 9-5 表示叶轮各个流面上的叶栅扩散系数 D 和水力效率 η_{hR} 沿叶片高度的变化曲线. m 值对轮毂附近的扩散系数 D 影响较大,当 $D>0.6$ 时,容易引起流动分离,据此要求 $m\leqslant 0.50$. m 值对轮缘附近的水力效率影响较大,为了获得较高的水力效率,要求 $m\in[0.25,0.75]$.

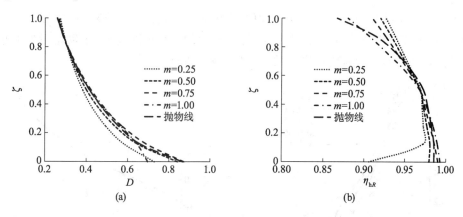

图 9-5　叶轮叶栅扩散系数和叶轮水力效率沿叶片高度的变化曲线

图 9-6 表示理论扬程 H_{th} 和必需空化余量 NPSHr 沿叶片高度的变化曲线. 当 m 值减小时,轮毂处的理论扬程 H_{th} 不断下降,轮缘处的不断缓慢上升, H_{th} 沿叶片高度分布越来越不均匀. NPSHr 在轮缘处最大;另外, m 值变化仅对轮毂附近的 NPSHr 影响较大,对轮缘附近的影响较小,轮缘处的 NPSHr 最大相对变化量仅约为 5%. 根据轮缘处 NPSHr 的变化, m 应该介于 0.50~1.00 之间. 图中抛物线分布对应的 NPSHr 分布在轮缘处也有较小的值,因此,这种分布规律对降低 NPSHr 是有利的.

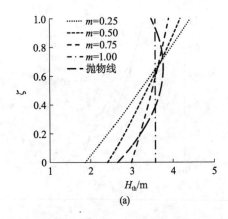
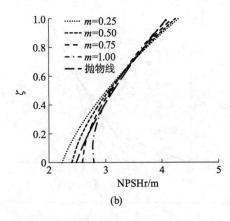

图 9-6　理论扬程和必需空化余量沿叶片高度的变化曲线

图 9-7 表示叶片安放角 β_s 沿叶片高度的变化. m 值对轮毂处的叶片安放角影响最大,对轮缘处的影响较小. 当 $m \leqslant 0.50$ 时,轮毂处的 β_s 值迅速减低. 为避免过大的 β_s,m 值应大于 0.50,但要小于 1.00. 抛物线分布规律可以显著降低叶片扭角,但也不能避免出现拐点.

图 9-8 表示叶片扭角 $\beta_{sh}-\beta_{st}$ 随 m 值的变化曲线. 随着 m 值的减小,扭角 $\beta_{sh}-\beta_{st}$ 不断地变小. 从减小扭角的角度看,小的 m 值是有利的. 但 m 值过小,导致轮毂处的轴向速度过低,理论扬程过小,轮毂水力效率过低,是不利的.

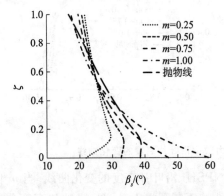

图 9-7　叶片安放角沿叶片高度的变化曲线　　图 9-8　叶片扭角 $\beta_{sh}-\beta_{st}$ 随 m 值的变化曲线

综上所述,当出口速度矩/环量采用幂函数时,m 应介于 0.50~0.75 之间. 这时,液体绝对速度圆周分速度、轴向速度、理论扬程、扩散系数、水力效率、必需空化余量、叶片安放角和扭角等参数沿叶片高度的变化都比较协调、合理.

9.2　抛物线变环量分布

在 9.1 节中,文献[4]推荐的抛物线型变环量分布作为参考,出现在计算结果中. 除了轮毂处的扩散系数、轴向速度和叶片安放角分布不是很理想之外,其他方面还是满意的. 为了进一步了解和优化抛物线变环量分布,本节将改变抛物线函数的 3 个定义参数,考察它们对叶轮出口参数和叶片角度的影响. 计算方法和流动模型与 9.1 节完全相同.

9.2.1 4种抛物线分布函数

4种抛物线型液体速度矩$V_{u2}R$分布函数$F(\zeta)$见图9-9a。分布1的特征是抛物线最低点位于轮毂处。分布2的特征是抛物线最高点位于轮缘处。分布3的特征是抛物线最高点位于流道中部某处。该分布函数最初是文献[3,4]提出的离散点形式的分布规律。后来，文献[6-10]对这些离散点进行了二次多项式拟合。这种分布的主要意图是适当降低轮缘叶栅的流体动力负荷，使叶轮有较好的空化性能。分布4的特征是抛物线最高点位于轮缘外侧。

图9-9a中的横坐标是无量纲变量$\zeta=(R-R_h)/(R_t-R_h)$，其中R_t为轮缘半径，R_h为轮毂半径。该变量可表示为$\zeta=(r-v)/(1-v)$，其中半径比$r=R/R_t$，轮毂比$v=R_h/R_t$。式(9-14)是按半径比r表示的二次多项式关系。由于r与ζ是线性关系，所以以ζ作为自变量与r是等价的。叶轮出口液体速度矩的函数形式表示为

$$V_{u2}R=\kappa F(\zeta) \tag{9-26}$$

式中：κ为速度矩分布常数；$F(\zeta)$为速度矩分布函数，$F(\zeta)=a_2\zeta^2+a_1\zeta+a_0$，其中$a_2$，$a_1$和$a_0$为待定系数。

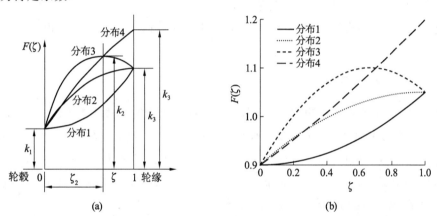

图 9-9 4种抛物线型速度矩分布定义和给定的4种分布函数曲线

对于分布1，$F(\zeta)$应满足条件

$$\begin{cases} F(\zeta)|_{\zeta=0}=k_1=a_0 \\ F'(\zeta)|_{\zeta=0}=0=a_1 \\ F(\zeta)|_{\zeta=1}=k_3=a_2+a_1+a_0 \end{cases} \tag{9-27}$$

其中$F'(\zeta)=\mathrm{d}F/\mathrm{d}\zeta=2a_2\zeta+a_1$。

对于分布2，$F(\zeta)$应满足条件

$$\begin{cases} F(\zeta)|_{\zeta=0}=k_1=a_0 \\ F'(\zeta)|_{\zeta=1}=0=2a_2+a_1 \\ F(\zeta)|_{\zeta=1}=k_3=a_2+a_1+a_0 \end{cases} \tag{9-28}$$

对于分布3和分布4，$F(\zeta)$应满足条件

$$\begin{cases} F(\zeta)|_{\zeta=0}=k_1=a_0 \\ F(\zeta)|_{\zeta=\lambda_2}=k_2=a_2\zeta_2^2+a_1\zeta_2+a_0 \\ F(\zeta)|_{\zeta=1}=k_3=a_2+a_1+a_0 \end{cases} \tag{9-29}$$

通过已知的 k_1, k_2, k_3 和 λ_2, 求出这些待定系数, 就得到了 $F(\zeta)$ 分布规律, 这些系数见表 9-1.

表 9-1 速度矩分布函数系数

系数	分布 1	分布 2	分布 3,4
a_2	$k_3 - k_1$	$-(k_3 - k_1)$	$-\dfrac{\zeta_2 k_3 - k_2 - k_1(\zeta_2 - 1)}{\zeta_2(\zeta_2 - 1)}$
a_1	0	$2(k_3 - k_1)$	$\dfrac{\zeta_2^2 k_3 - k_2 - k_1(\zeta_2^2 - 1)}{\zeta_2(\zeta_2 - 1)}$
a_0	k_1	k_1	k_1

给定的 4 种速度矩分布函数见图 9-9b. 对分布 1 和 2, $k_1 = 0.9$, $k_3 = 1.05$. 对分布 3, $k_1 = 0.9$, $k_2 = 1.1$, $k_3 = 1.05$, $\zeta_2 = 0.7$. 对分布 4, $k_1 = 0.9$, $k_2 = 1.1$, $k_3 = 1.2$, $\zeta_2 = 0.7$. 分布 1 单调升高, 曲线斜率先逐渐增大; 分布 2 单调升高, 曲线斜率先逐渐减小; 分布 3 先单调升高到最大值, 然后单调下降, 曲线斜率先逐渐增大, 再逐渐减小; 分布 4 单调升高, 曲线斜率变化不大, 但 k_3 值比其他都大.

除此之外, 流动模型、计算方法和叶轮设计已知数据与 9.1 节完全相同, 此处不再赘述.

9.2.2 叶轮出口速度

图 9-10 表示 4 种速度矩 $V_{u2}R$ 分布函数对应的圆周分速度 V_{u2}、轴向速度 V_{a2} 沿叶片相对高度的变化曲线. 分布 1 和 4 所对应的 V_{u2} 分布规律相近, 但分布 1 的 V_{u2} 曲线变化比分布 4 缓慢. 分布 2 和 3 所对应的 V_{u2} 分布曲线增长比分布 1 和 4 慢. 分布 3 降低了轮缘和轮毂处的 V_{u2} 值. 分布 4 降低了轮毂处的 V_{u2} 值, 提高了轮缘处的 V_{u2} 值 (大约 13%). 因此, $V_{u2}R$ 抛物线分布形式对 V_{u2} 影响较大.

同样, 4 种分布函数对轴向速度 V_{a2} 分布的影响也较大. 分布 1, 2 和 4 所对应的轴向速度 V_{a2} 分布曲线由轮毂到轮缘单调增大, 速度最小值在轮毂处, 最大值在轮缘处. 分布 3 的轴面速度最大值在流道内部, 最小值在轮毂处.

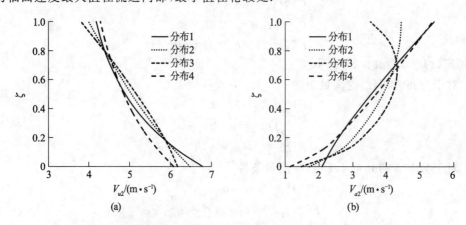

图 9-10 叶轮出口圆周分速度 V_{u2} 和轴向速度 V_{a2} 沿叶片高度的分布

9.2.3 扩散系数和水力效率

图 9-11 表示叶轮各个流面上的扩散系数 D、水力效率 η_{hR} 沿叶片高度的变化曲线. 总体上,D 在轮缘流面上最小,在轮毂处最大,D 随 λ 的增加而减小. 4 种分布对应的扩散系数曲线变化很小,因此,给定的速度矩分布形式对扩散系数影响很小.

值得注意的是,轮毂处的 D 值都大于边界层动量厚度急剧增长所对应的临界扩散系数 0.6. 这样容易使轮毂处的边界层分离,流动状况恶化,性能下降. 因此,应该适度减小轮毂处的扩散系数,适当增大轮缘处的扩散系数,使扩散系数沿叶片高度分布尽量均匀.

水力效率 η_{hR} 沿叶片高度也是变化的,轮缘处的水力效率均低于轮毂处. 分布 2 和 3,特别是分布 3 对应较低的水力效率.

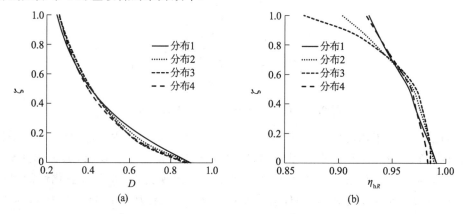

图 9-11　叶栅扩散系数 D 和叶轮水力效率 η_{hR} 沿叶片高度的分布

9.2.4 理论扬程和必需空化余量

图 9-12 表示叶轮各个流面上的理论扬程 H_{th}、必需空化余量 NPSHr 沿叶片高度的变化曲线. 分布 1,2 和 4 所对应的 H_{th} 随 ζ 的增加而增高,轮缘处的 H_{th} 比轮毂处大. 对分布 3,同样,轮缘处的 H_{th} 比轮毂处大,但 H_{th} 的最大值位于 $\zeta=0.6$ 附近.

NPSHr 也随 ζ 的增加而增大,轮缘处的 NPSHr 大约是轮毂处的 1.6 倍. 4 种不同分布引起的 NPSHr 变化很小. 分布 3 所对应的 NPSHr 大约比分布 1 和 4 小 5%.

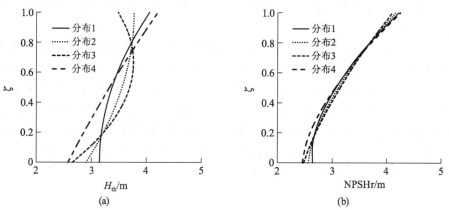

图 9-12　叶轮理论扬程 H_{th} 和必需空化余量 NPSHr 沿叶片高度的分布

9.2.5 叶片安放角的变化

图 9-13 表示叶片安放角 β_s 沿叶片高度的分布. $V_{u2}R$ 分布形式对轮毂处的叶片安放角影响最大,对轮缘处的影响较小.分布 1,2 所对应的叶片扭角比分布 3,4 大.但分布 3 所对应的 β_s 在 $\zeta=0.12$ 附近出现拐点,而分布 4 所对应的 β_s 变化单调减小.

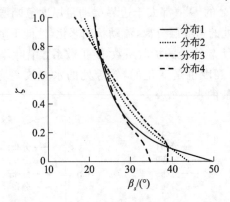

图 9-13　叶片安放角 β_s 沿叶片高度的分布

由此可见,当采用抛物线函数规定出口速度矩径向变化规律时,分布 3 和 4 是比较好的分布函数,分布 1 和 2 不够理想.如果对轴流泵空化性能有要求,那么选择分布 3 是有利的.但这时要注意叶根附近叶片安放角可能出现拐点.如果对空化性能没有要求,那么选择分布 4 是有利的.这时液体流动扩散系数、水力效率、叶片安放角、叶片扭角等参数沿叶片高度的变化都比较协调、合理.

9.2.6 叶片安放角的调整

对于分布 3,有 4 个调控参数来调整分布曲线形状.图 9-14a 表示 $k_2=1.1, k_3=1.05, \zeta_2=0.7$ 情况下,k_1 变化时,叶片安放角 β_s 沿叶片高度分布曲线.k_1 变化对轮毂处及其附近的 β_s 影响较大,$\zeta>0.5$ 部分影响较小.k_1 越小,β_s 越容易出现拐点.

图 9-14b 表示 $k_1=0.9, k_3=1.01, \zeta_2=0.7$ 情况下,k_2 变化时,β_s 沿叶片高度分布曲线.k_2 变化对整个 β_s 分布都有较大影响,k_2 越大,β_s 越容易出现拐点.当 k_2,k_3 和 ζ_2 一定时,k_1 的最大值由求解 V_{a2} 时被开方数不小于 0 的条件决定;k_1 的最小值由 β_s 分布不出现拐点的条件决定.

图 9-14c 表示 $k_1=0.9, k_2=1.1, \zeta_2=0.7$ 情况下,k_3 变化时,叶片安放角 β_s 沿叶片高度分布曲线.k_3 变化对轮毂和轮缘处的 β_s 都有影响.k_3 越大,β_s 曲线越陡.当 k_1,k_2 和 ζ_2 一定时,k_3 的最大值等于 k_2;k_3 的最小值由求解 V_{a2} 时被开方数不小于 0 的条件决定.

图 9-14d 表示 $k_1=0.9, k_2=1.1, k_3=1.05$ 时,ζ_2 变化以后,β_s 沿叶片高度分布曲线.ζ_2 变化仅对 $\zeta\in[0,0.12]$ 部分的 β_s 有较大影响,对其他部分影响很小.因此调整 ζ_2 是徒劳无益的.当 k_1,k_2 和 k_3 一定时,ζ_2 的最小值由曲线不出现拐点的条件决定;ζ_2 的最大值由求解 V_{a2} 时被开方数不小于 0 的条件决定.

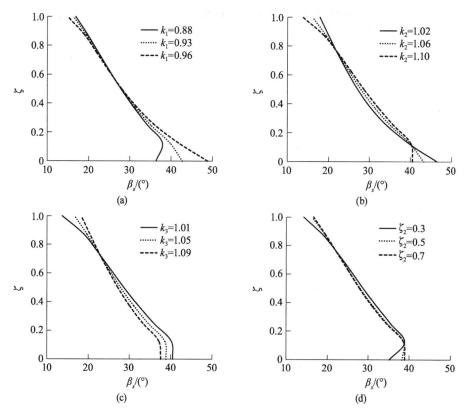

图 9-14 抛物线参数变化对叶片安放角 β_s 沿叶片高度分布的影响

参考文献

[1] 李文广,苏发章,黎义斌,等. 轴流泵叶片设计中叶轮出口液体速度矩分布. 兰州理工大学学报,2005,31(3):54-58.

[2] 李文广,苏发章,黎义斌,等. 轴流泵叶轮出口速度矩采用不同的二次多项式分布规律时的特性研究. 水泵技术,2004(1):3-9.

[3] 金平仲,王立祥,洪亥生,等. 喷水推进泵的设计. 水泵技术,1976(1):1-40.

[4] 曾松祥,王立祥. 轴流泵的设计处理. 水泵技术,1980(3):24-37.

[5] Miller M J, Crouse J E. Design and Overall Performance of Axial-flow Pump Rotor with a Blade-Tip Diffusion Factor of 0.66. NASA TN D-3024,1965.

[6] 赵锦屏,朱俊华. 轴流泵设计中环量分布规律的分析. 华中工学院学报,1982,10(2):93-100.

[7] 张新. 轴流泵设计中的环量分布与轴面速度分布. 水泵技术,1984(1):35-39.

[8] 郎继兴. 轴流泵与混流泵的任意回转流面设计理论. 流体工程,1986(5):18-26.

[9] 郎继兴,郎弘. 轴流泵轮轴面速度与环量最佳分布规律的初探. 流体工程, 1990(12):31-35.

[10] Lin W L, Mo G B. Non-Constant Distribution of Axial Velocity for Axial-Flow Pump. Proceedings of International Conference on Pumps and Systems, 1992:373-380.

第 10 章 轴流泵叶轮设计优化

第 7 章提出了基于简化的径向平衡方程的轴流泵叶轮变环量设计简单反问题,第 8 章建立了计算叶轮直径的优化方法,第 9 章依据简化的径向平衡方程的简单反问题,讨论了幂函数和抛物线变环量径向分布对叶片设计角度的影响,特别探讨了抛物线分布函数中 3 个参数对叶片角度径向分布的作用. 为了突出变环量分布的影响,没有考虑叶片前缘设计冲角和叶片后缘落后角.

另外,简化的径向平衡方程仅适用于离叶片前缘和后缘充分远的流场以至于叶片对流场的影响可以忽略不计[1-3]. 因此,由径向平衡方程计算的轴向速度实际上是离叶片后缘充分远位置的流体速度. 该速度与叶片后缘处的轴向速度有所不同,据此计算的相对液流角及后续叶片安放角也不够准确.

还有,在第 9 章中,必需空化余量 NPSHr 的计算是依据现有平面直列叶栅风洞试验数据的经验公式,故 NPSHr 预测值可能与设计的具体轴流泵叶轮叶栅有所不同. 因此,NPSHr 计算方法有待完善.

考虑到以上 3 点不足,本章提出一种优化轴流泵叶轮 NPSHr 的方法. 首先,利用现有的平面直列叶栅风洞试验数据确定一个使 NPSHr 出现最小值的叶轮直径. 然后,调整叶轮出口流体速度矩/环量使 NPSHr 出现最小值,进行第二次优化.

在第二次优化过程中,叶轮出口流体速度矩由含有两个待定参数的抛物线函数表示. 改变两个参数,利用径向平衡方程和激盘(actuator disk/disc)理论确定叶片前缘和后缘的轴向速度和流动进、出口角,考虑冲角和落后角后,计算叶片进、出口角和安放角. 采用二维奇点法计算叶片表面流体相对速度、压力分布和 NPSHr,建立由速度矩分布函数的两个参数表示的 NPSHr 响应面. 依据响应面,确定 NPSHr 最小值所对应的两个参数值,最后由这两个参数值重新进行叶片设计,得到的设计方案即为最优设计方案. 文献[4,5]对该方法进行过介绍,但由于篇幅的限制,有些细节不得不忽略. 为此,本章将进行详细的补充和说明.

10.1 轴流叶轮激盘流动理论

10.1.1 轴流叶轮激盘流动理论的概念

文献[6]对图 10-1 所示的单个轴流叶轮引起的流动,推导了叶片数无限多、轴对称、定常、不可压、无黏性流体的完整的流函数方程和求解方法,其中采用一个体积力代替叶片对流体的作用. 流函数方程的右端含有速度矩和总压对流函数的偏导数,带有非线性,无法得到用贝塞尔函数(Bessel function)①表示的流函数方程的解析解,为此需要

---

① Friedrich W. Bessel(1784—1846),德国天文学家和数学家,对恒星距离进行了第一次认证测量(1841 年),并将物理学中使用的一系列数学函数系统化.

对右端的偏导数项进行线性化处理,即把右端项变为已知量.其主要做法是把流函数看作 3 个不同流函数的叠加:第一个流函数是叶轮进口流动引起的,与叶片无关,仅取决于叶轮进口速度分布,这个流函数很容易得到;第二个流函数代表的是离叶轮出口较远处由径向平衡方程决定的流动,也是容易求得的;第三个流函数是指由叶片旋转引起的径向速度而导致的流动,该函数仅在叶片区域附近存在,否则为 0.

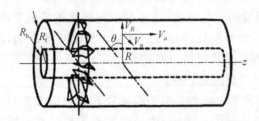

图 10-1 孤立轴流叶轮流场速度分量

第三个流函数的方程解可以表示为位于叶片轴向长度中点宽度很窄的不同振幅脉冲函数与一个被积函数的径向积分.被积函数是第三个流函数的流函数方程右端项与不同阶次贝塞尔函数组合乘以一个指数函数求和的积.指数为贝塞尔特征数与某一点到叶片轴向长度中点轴向距离的积.叶片轴向长度中点为第三个流函数的流函数方程右端项的不连续点,在该点,跳跃量为流函数方程右端项.当远离该点时,流函数逐渐减小,最后变为 0.因此,第三个流函数求解实际变为无限长圆环域内的格林函数问题.

从数学角度看,叶片轴向长度中点处为不连续环形面.从物理角度看,叶栅好像是轴向缩短了,变成了这个环形圆盘.这种把轴流叶轮轴对称流动分解为 3 个流函数的叠加,其中一个流函数的解析解由位于叶片轴向长度中点的不同振幅脉冲函数与一个被积函数的径向积分表示的求解方法称为轴流叶轮激盘流动理论.此外,文献[6]还给出了具体计算方法和实例,并将计算方法推广到圆锥形轴面形状叶轮,展示了作者在应用数学方面的智慧和境界.

文献[6]的流函数方程和求解过程过于复杂,文献[7-9]对流函数方程和激盘流动理论分别进行了简化.文献[7]忽略了文献[6]中的流函数方程中的叶片体积力,得到图 10-1 所示的圆柱坐标系下不可压、定常、无黏性流体的轴面流动流函数方程:

$$\frac{\partial^2 \psi}{\partial R^2} - \frac{1}{R}\frac{\partial \psi}{\partial R} + \frac{\partial^2 \psi}{\partial z^2} = (\omega R^2 - V_u R)\frac{dV_u R}{d\psi} + R^2 \frac{dI_1}{d\psi} \quad (10\text{-}1)$$

式中:ψ 为根据轴面流动连续方程 $\partial(RV_R)/\partial R + \partial(RV_a)/\partial z = 0$ 定义的流函数,即

$$\begin{cases} \partial \psi/\partial R = -RV_a \\ \partial \psi/\partial z = RV_R \end{cases} \quad (10\text{-}2)$$

其中 V_R, V_u, V_a 分别为流体绝对速度的径向、圆周和轴向分速度;$d/d\psi$ 为沿轴面流线方向的全导数,可由径向、轴向偏导数和相应的速度分量来表示:

$$\frac{d}{d\psi} = \frac{1}{R(V_R^2 + V_a^2)}\left(V_R \frac{\partial}{\partial z} - V_a \frac{\partial}{\partial R}\right) \quad (10\text{-}3)$$

式中:I_1 为叶轮上游相对总压或转子焓,$I_1 = H_1 - \omega V_{u1} R = p_1/\rho + W_1^2/2 - \omega^2 R^2/2$,其中 p_1, V_{u1}, W_1 分别为叶轮上游静压力、绝对速度预旋速度和相对速度,ω 为叶轮旋转角速度.

可以采用分离变量法求解偏微分方程(10-1),即把一个偏微分方程拆成两个常微分方程,然后分别求出两个常微分方程的解析解,最后按边界条件确定解析解中的若干常数,从而得到完整的偏微分方程的解析解. 这时流函数可表示为一个以 R 为自变量的函数与另一个以 z 为自变量的函数的乘积. 若方程(10-1)的右端项完全是 R 的函数,则分离后的以 R 为自变量关于待求函数的二阶常微分方程为贝塞尔常微分方程,其解可由贝塞尔函数表示,而另一个以 z 为自变量的函数的常微分方程为普通线性常微分方程,其解为指数函数.

一般地,偏微分方程(10-1)右端第二项中的 I_1 或为常数,或为 R 的函数,不需要处理. 第一项需要线性化和降维处理,即令 $V_R=0, \partial V_u R/\partial z=0$,于是,$\mathrm{d}V_u R/\mathrm{d}\psi \approx (1/RV_{a1}^2)(-V_{a1}\partial V_u R/\partial R) = -\partial V_u R/(V_{a1}\partial R)$,其中 V_{a1} 为叶轮上游轴向速度. 这时轴面流动流函数方程变为

$$\frac{\partial^2 \psi}{\partial R^2} - \frac{1}{R}\frac{\partial \psi}{\partial R} + \frac{\partial^2 \psi}{\partial z^2} = \frac{(\omega R^2 - V_u R)}{V_{a1} R}\frac{\partial V_u R}{\partial R} + R^2 \frac{\mathrm{d}I_1}{\mathrm{d}\psi} \tag{10-4}$$

于是,该方程的通解可表示为

$$\psi = \sum_n c_n R[J_1(\varepsilon_n R)Y_1(\varepsilon_n R_\mathrm{h}) - J_1(\varepsilon_n R_\mathrm{h})Y_1(\varepsilon_n R)]\mathrm{e}^{-\varepsilon_n|z-z_0|} \tag{10-5}$$

式中:c_n 为待定系数;z_0 为激盘所放的位置;J_1 和 Y_1 分别为第一类和第二类贝塞尔函数;ε_n 为超越方程的特征根或特征数.

$$J_1(\varepsilon_n R_\mathrm{t})Y_1(\varepsilon_n R_\mathrm{h}) - J_1(\varepsilon_n R_\mathrm{h})Y_1(\varepsilon_n R_\mathrm{t}) = 0 \tag{10-6}$$

特别地,圆盘上游和下游的流函数分别表示为

$$\psi = \begin{cases} \psi^- + \sum_n c_n^- R[J_1(\varepsilon_n R)Y_1(\varepsilon_n R_\mathrm{h}) - J_1(\varepsilon_n R_\mathrm{h})Y_1(\varepsilon_n R)]\mathrm{e}^{-\varepsilon_n|z-z_0|}, & z < z_0 \\ \psi^+ + \sum_n c_n^+ R[J_1(\varepsilon_n R)Y_1(\varepsilon_n R_\mathrm{h}) - J_1(\varepsilon_n R_\mathrm{h})Y_1(\varepsilon_n R)]\mathrm{e}^{-\varepsilon_n|z-z_0|}, & z > z_0 \end{cases} \tag{10-7}$$

式中:ψ^- 和 ψ^+ 分别为叶片上游和下游流函数,由简化的径向平衡方程计算,并且满足轮毂和轮缘流面上叶片上游和下游流函数相等的条件;c_n^- 和 c_n^+ 分别为上游和下游流场待定系数,由 z_0 处上游和下游的流函数相等及 $\partial \psi/\partial z=0$ 条件确定.

文献[8]提出了另一种简化方法. 其主要论点是轴面流线与圆柱形流线的偏离及径向速度本身都比较小,以至于轴向涡量的轴向偏导数趋于0,据此,得到轴向和径向扰动速度分别满足二阶偏微分方程. 采用分离变量法求解该方程,将得到贝塞尔函数和指数函数表示的解析解.

第7章已经给出了圆柱坐标系下无叶片体积力的轴对称、不可压、定常、无黏性流体运动的 Euler 方程. 将静压力由总压和速度头表示,$p/\rho = H - (V_R^2 + V_u^2 + V_a^2)/2$,然后代入 Euler 流体运动方程,得到含有总压的运动方程:

$$\begin{cases} \dfrac{V_u}{R}\dfrac{\partial V_u R}{\partial R} - V_a\left(\dfrac{\partial V_R}{\partial z} - \dfrac{\partial V_a}{\partial R}\right) = \dfrac{\partial H}{\partial R} \\ -V_a\dfrac{\partial V_u}{\partial z} - \dfrac{V_R}{R}\dfrac{\partial V_u R}{\partial R} = 0 \\ V_a\left(\dfrac{\partial V_R}{\partial z} - \dfrac{\partial V_a}{\partial R}\right) + V_u\dfrac{\partial V_u}{\partial z} = \dfrac{\partial H}{\partial z} \end{cases} \tag{10-8}$$

第一式乘以 $-V_a$，第二式乘以 V_R，然后两者相加，有

$$V_R\left(\frac{\partial H}{\partial R}-V_a\frac{\partial H}{\partial z}\right)=(V_R^2+V_a^2)\left(\frac{\partial V_R}{\partial z}-\frac{\partial V_a}{\partial R}\right)+\frac{V_u}{R}\left(V_R\frac{\partial V_u R}{\partial R}-V_a\frac{\partial V_u R}{\partial z}\right) \quad (10\text{-}9)$$

根据式(10-3)，式(10-9)变为简洁的形式：

$$\frac{\mathrm{d}H}{\mathrm{d}\psi}=\frac{1}{R}\left(\frac{\partial V_R}{\partial z}-\frac{\partial V_a}{\partial R}\right)+\frac{V_u}{R}\frac{\mathrm{d}V_u R}{\mathrm{d}\psi}=\frac{\Omega_u}{R}+\frac{V_u}{R}\frac{\mathrm{d}V_u R}{\mathrm{d}\psi} \quad (10\text{-}10)$$

式中：Ω_u 为圆周方向的涡量，$\Omega_u=\partial V_R/\partial z-\partial V_a/\partial R$. 利用总压与相对总压的关系式 $H=I+\omega R V_u$，上式变为

$$\frac{\Omega_u}{R}=\frac{1}{R}\left(\frac{\partial V_R}{\partial z}-\frac{\partial V_a}{\partial R}\right)=\left(\frac{V_u}{R}-\omega\right)\frac{\mathrm{d}V_u R}{\mathrm{d}\psi}+\frac{\mathrm{d}I}{\mathrm{d}\psi} \quad (10\text{-}11)$$

若把式(10-2)定义的流函数代入上式，则式(10-11)就变为流函数方程.

$$\frac{\partial^2\psi}{\partial R^2}-\frac{1}{R}\frac{\partial\psi}{\partial R}+\frac{\partial^2\psi}{\partial z^2}=\frac{(\omega R^2-V_u R)}{V_{a1}R}\frac{\partial V_u R}{\partial R}+R^2\frac{\mathrm{d}I}{\mathrm{d}\psi} \quad (10\text{-}4a)$$

对于定常、不可压、无黏性流体流动，流体相对总压沿流线守恒，即 $I=I_1$，故该方程与方程(10-4)一致.

对 Euler 流体运动方程取旋度，得到涡量运动方程，对于定常、不可压、无黏性的流体，该方程的矢量形式为[10]

$$(\vec{V}\cdot\nabla)\vec{\Omega}-(\vec{\Omega}\cdot\nabla)\vec{V}=0 \quad (10\text{-}12)$$

展开括号中的算子，考虑轴对称性，有

$$\left(V_R\frac{\partial}{\partial R}+V_a\frac{\partial}{\partial z}\right)\vec{\Omega}-\left(\Omega_R\frac{\partial}{\partial R}+\Omega_a\frac{\partial}{\partial z}\right)\vec{V}=0 \quad (10\text{-}13)$$

式中：Ω_R，Ω_a 分别为径向和轴向涡量，表示为 $\Omega_R=-\partial V_u/\partial z$，$\Omega_a=\partial V_u R/(R\partial R)$. 取方程(10-13)圆周方向的涡方程，有

$$V_R\frac{\partial\Omega_u}{\partial R}+V_a\frac{\partial\Omega_u}{\partial z}-\Omega_R\frac{\partial V_u}{\partial R}-\Omega_a\frac{\partial V_u}{\partial z}=0 \quad (10\text{-}14)$$

把 Ω_R 和 Ω_a 替换为速度梯度表达式，

$$V_R\frac{\partial\Omega_u}{\partial R}+V_a\frac{\partial\Omega_u}{\partial z}+\frac{\partial V_u}{\partial z}\frac{\partial V_u}{\partial R}-\frac{\partial V_u R}{R\partial R}\frac{\partial V_u}{\partial z}=0 \quad (10\text{-}15)$$

展开最后一项整理后有

$$V_R\frac{\partial\Omega_u}{\partial R}+V_a\frac{\partial\Omega_u}{\partial z}-\frac{V_u}{R}\frac{\partial V_u}{\partial z}=0 \quad (10\text{-}16)$$

将式中的 $-\partial V_u/\partial z$ 换回 Ω_R，有

$$V_R\frac{\partial\Omega_u}{\partial R}+V_a\frac{\partial\Omega_u}{\partial z}+\Omega_R\frac{\partial V_u}{\partial z}=0 \quad (10\text{-}17)$$

运动方程(10-8)第二式可以写成涡量的形式，即

$$\Omega_R V_a-V_R\Omega_a=0 \quad (10\text{-}18)$$

根据文献[11]，轴流叶轮流体流动的轴向涡量 Ω_a 和径向速度 V_R 都是接近 0 的小量，即 $\Omega_a\approx 0$，$V_R\approx 0$，因 V_a 是有限值，故由式(10-18)得到 $\Omega_R\approx 0$，将 $\Omega_a\approx 0$，$V_R\approx 0$ 和 $\Omega_R\approx 0$ 代入式(10-17)，推出 $\partial\Omega_u/\partial z\approx 0$，即

$$\frac{\partial\Omega_u}{\partial z}=\frac{\partial}{\partial z}\left(\frac{\partial V_R}{\partial z}-\frac{\partial V_a}{\partial R}\right)=0 \quad (10\text{-}19)$$

将轴流叶轮流体流动的径向和轴向速度分量进行线性化处理.采用简化的径向平衡方程,可以得到径向和轴向两个速度分量$(0,\bar{V}_a)$,具体方法见第7,9章.于是,可将实际的两个速度分量看作这两个已知速度分量分别与两个小的扰动速度(V'_R,V'_a)的叠加,也就是说,

$$\begin{cases} V_R = 0 + V'_R \\ V_a = \bar{V}_a + V'_a \end{cases} \quad (10\text{-}20)$$

将式(10-20)代入$\partial(RV_R)/\partial R + \partial(RV_a)/\partial z = 0$,得到扰动速度应满足的连续方程:

$$\frac{\partial(RV'_R)}{\partial R} + \frac{\partial(RV'_a)}{\partial z} = 0 \quad (10\text{-}21)$$

类似地,将式(10-20)代入涡量方程(10-19)中,得到扰动速度应满足的涡量方程:

$$\frac{\partial}{\partial z}\left(\frac{\partial V'_R}{\partial z} - \frac{\partial V'_a}{\partial R}\right) = 0 \quad (10\text{-}22)$$

根据式(10-22),被微分函数最多是R的函数.考虑到离叶片较远处两个扰动速度逐渐均匀化并趋于0,因此微分函数应该在流场中等于0,即

$$\left(\frac{\partial V'_R}{\partial z} - \frac{\partial V'_a}{\partial R}\right) = 0 \quad (10\text{-}23)$$

方程(10-21)和方程(10-23)表明扰动速度场为有势流动场,其流函数或势函数满足Laplace方程,可以采用分离变量求解.或者对两个方程分别取偏微分,然后消去某个速度分量,得到另一个速度分量的二阶偏微分方程.

V'_R速度分量满足的二阶偏微分方程是

$$\frac{\partial^2 V'_R}{\partial R^2} + \frac{1}{R}\frac{\partial V'_R}{\partial R} - \frac{V'_R}{R^2} + \frac{\partial^2 V'_R}{\partial z^2} = 0 \quad (10\text{-}24)$$

V'_a速度分量满足的二阶偏微分方程是

$$\frac{\partial^2 V'_a}{\partial R^2} + \frac{1}{R}\frac{\partial V'_a}{\partial R} + \frac{\partial^2 V'_a}{\partial z^2} = 0 \quad (10\text{-}25)$$

这两个偏微分方程都可以采用分离变量法求解,解析解的函数形式与式(10-5)完全相同,求解其中的一个速度分量的解以后,就可利用连续方程(10-21)求解另一个速度分量,具体的过程详见文献[8].对于大部分轴流叶轮,取类似于式(10-6)的超越方程的一阶特征根就足够精确了,这时激盘上游和下游的扰动速度分量分别为

$$V'_a = \begin{cases} \dfrac{1}{2}(\bar{V}_{a2} - \bar{V}_{a1})e^{-\varepsilon_1|z-z_0|}, & z < z_0 \\ -\dfrac{1}{2}(\bar{V}_{a2} - \bar{V}_{a1})e^{-\varepsilon_1|z-z_0|}, & z > z_0 \end{cases} \quad (10\text{-}26)$$

式中:$\bar{V}_{a1}$和$\bar{V}_{a2}$分别为叶片上游和下游已知的轴向速度,$\bar{V}_{a1}$可以给定为均匀值,$\bar{V}_{a2}$由简化的径向平衡方程计算;ε_1为超越方程的一阶特征根,其值与叶轮轮毂比有关,见表10-1;z_0为激盘位置.

表10-1 一阶特征根与叶轮径向尺寸的关系

R_h/R_t	0.3	0.4	0.5	0.6	0.7	0.8	0.9	1.0
$(R_t - R_h)\varepsilon_1$	3.2935	3.2330	3.1967	3.1731	3.1567	3.1480	3.1435	3.1416

最后,轴流叶轮内部、上游和下游的轴向速度可以表示为

$$V_a = \begin{cases} \bar{V}_{a1} + \frac{1}{2}(\bar{V}_{a2} - \bar{V}_{a1})e^{-\epsilon_1|z-z_0|}, & z < z_0 \\ \bar{V}_{a2} - \frac{1}{2}(\bar{V}_{a2} - \bar{V}_{a1})e^{-\epsilon_1|z-z_0|}, & z > z_0 \end{cases} \tag{10-27}$$

根据轴向速度就可以画出轴面流线.如果 z 值分别选在叶片前缘和后缘,就可算出这些位置的轴向速度,从而准确算出这些位置的液流角.

与文献[7]相比,文献[8]的简化方法具有通用性,只要有叶轮轴面尺寸,就可算出扰动速度,而不必像文献[7]那样求解每个轴流叶轮的流函数方程,因此得到了学术界和产业界的认可.

类似的工作见于文献[9],此外,该文献还讨论了激盘分别放在叶尾缘和叶片压力中心位置对速度的影响.叶片压力中心一般位于离叶片前缘40%~50%弦长的位置.当叶片径向高度与轴向长度之比大于3时,激盘放在叶尾缘的计算结果与试验值对比是令人满意的.反之,该比值小于3时,激盘放在叶尾缘会引起较大误差.激盘放在叶片压力中心是比较好的方法.

文献[12]讨论了利用激盘理论设计轴流叶轮叶片问题.分别在自由涡和多级等反作用度条件下,计算叶片进、出口流速和角度,发现激盘方法和径向平衡方程方法得到的轴向速度和叶片径向变化规律差别比较大.计算时,激盘位于离叶片前缘1/3弦长处.

文献[13,14]将圆柱形轮毂和轮缘的轴流叶轮的不可压、无黏性激盘理论推广至圆锥形轮毂、圆柱形和圆锥形轮缘的轴流叶轮.

文献[15]分别假设轴向涡量 Ω_u 为常数和线性径向分布,然后利用径向平衡方程计算轴向流速,之后利用激盘理论修正轴向流速,这些轴向流速分别可以用线性和抛物线方程表示.预测的轴流叶轮压头与实测值比较吻合.计算时,叶轮激盘位于离叶片前缘2/3弦长处,导叶激盘位于离叶片前缘1/3弦长处.

文献[16]拓展了激盘理论,并将之用于研究叶片弯(dihedral)、掠(sweep)对叶栅流体力学性能的影响.对于轴流叶轮,叶片的弯由叶片表面与轮毂表面的夹角——弯曲角来表示;对于离心叶轮,叶片的弯主要由叶片工作面或背面与前、后盖板的夹角表示.90°夹角表示叶片表面垂直于轮毂面,叶片没有弯曲,有利于铸造工艺.叶片的掠是指叶片前缘线或后缘线与来流方向的夹角——掠角.90°夹角表示叶片前缘或后缘线垂直于来流方向,有利于消除沿叶片宽度的二次流.拓展的内容包括有限厚度的激盘流动模型、激盘后方尾涡的计算方法、考虑叶片掠角的激盘模型.激盘模型计算的扰动速度径向分布与有限差分结果比较一致.

文献[17]还将激盘理论用于计算轴流叶轮的轴向平均流动,然后叠加一个叶片之间周期性变化的锯齿形叶片扰动流,采用傅里叶法求解锯齿形扰动流所对应的流函数,最后将轴向平均流和锯齿形绕流叠加,得到叶轮内部和后方非均匀流动.

文献[18,19]在自由涡条件下将不可压、无黏性流体流动的激盘理论推广到可压、无黏性流体的轴流叶轮流动中.这时激盘变为径向变强度的源,以模拟密度变化引起的速度改变.

文献[20]总结了1970年以前适用于不同过流部件的各种激盘流动理论,读者可自

行查阅,此处不再赘述.

10.1.2 轴流叶轮激盘理论解的特性

图 10-2a 表示轴流泵叶轮轴面内离叶轮前、后比较远轴向位置处轴向速度分布和一条轴面流线示意图. 在点 1,2,流动满足简单的径向平衡方程,点 $1',2'$ 分别是轴面流线与叶片前缘和后缘的交点,两者之间的轴向距离近似为该流面上的叶片轴向长度 l_a. 激盘放置于 z_0 位置,点 $1',2'$ 的轴向坐标分别为 z_1',z_2'. 文献[21]测量了轴流叶轮前、后轴面流动,然后采用激盘理论预测了轴面流动;当激盘位于靠近叶片轴向中心线时,激盘理论预测的扰动速度已足够准确. 因此,本章将激盘放置于叶片轴向中心线,即位于 $l_a/2$ 处.

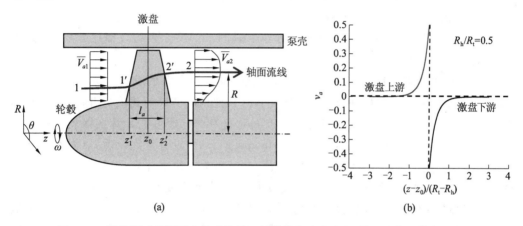

图 10-2 轴流泵叶轮轴面内离叶轮较远处的轴向速度分布、轴面流线和激盘位置,以及无量纲扰动速度 v_a 沿无量纲轴向距离的衰减曲线

图 10-2b 为无量纲扰动速度 v_a 沿无量纲轴向距离 $(z-z_0)/(R_t-R_h)$ 的衰减曲线,其中 $v_a = V_a'/\frac{1}{2}(V_{a2}-V_{a1})$. 当 $(z-z_0)/(R_t-R_h) \in [-1,1]$ 时,v_a 才有较大的变化,否则 $v_a \approx 0$. 在激盘所在的位置 z_0 处,v_a 不连续,产生的跳跃量为 1,即轴向速度跳跃量为 $V_{a2}-V_{a1}$.

为了便于应用,将表 10-1 中的变量 $(R_t-R_h)\varepsilon_1$ 用 k 表示,于是 $\varepsilon_1 = k/(R_t-R_h)$,将 ε_1 的表达式代入式(10-27),得到激盘理论计算轴向速度分布的公式:

$$V_a = \begin{cases} \overline{V}_{a1} + \frac{1}{2}(\overline{V}_{a2}-\overline{V}_{a1})\mathrm{e}^{-k\frac{|z-z_0|}{R_t-R_h}}, & z<z_0 \\ \overline{V}_{a2} - \frac{1}{2}(\overline{V}_{a2}-\overline{V}_{a1})\mathrm{e}^{-k\frac{|z-z_0|}{R_t-R_h}}, & z>z_0 \end{cases} \quad (10\text{-}28)$$

对于任意轮毂比 R_h/R_t,可根据表 10-1 的数据,由线性插值的方法计算出 k,然后代入式(10-28).

计算出 V_a 以后,采用轴对称流函数公式计算叶轮轴面内的不同轴向、径向位置处的流函数值:

$$\psi = 2\pi \int_{R_h}^{R} R V_a \mathrm{d}R \quad (10\text{-}29)$$

可采用梯形积分公式近似估算式中的积分. 然后,根据已算好的离散的流函数-半径关系,反插出指定流函数值所对应的半径位置,把不同轴向位置的相同流函数值所对应的半径端点连接起来,就得到了轴面流线.也可把计算的离散数据输入绘图软件,如 Tecplot 或 Excel 等进行流线等值线绘图.为了清楚起见,可以采用流量对流函数进行无量纲化,得到在 0~1 范围内变化的无量纲流函数 ψ/Q.

10.2 叶片表面速度计算方法

第 8 章中计算 NPSHr 时,采用由平面直列叶栅风洞试验数据得到的经验公式近似预测翼型吸力面最高流速与叶栅入口流速之比,该方法对设计过程中翼型几何参数的变化不敏感;为此,本章采用二维涡元法计算叶片表面速度分布.这种方法最初由弗雷德霍尔①提出,是一种基于边界积分方程的方法,即目前所谓的边界元法.边界积分形式上类似于弗雷德霍尔积分方程(Fredholm integral equation),所以文献[22,23]称之为弗雷德霍尔积分方程法.

传统上,平面直列叶栅可以采用二维奇点法,即二维点涡法或涡片法(vortex panel method)[24].如果将点涡对自身诱导的速度和对其他点涡诱导的速度分开表达,弗雷德霍尔积分方程法和二维点涡法是相同的.点涡对自身诱导速度的计算实际就是去掉奇点或者求诱导速度的柯西主值(Cauchy principal value).没有奇点以后,点涡和诱导速度计算(控制)点可以重合.如果不去掉奇点,点涡和诱导速度计算点必须分开放置,计算单元也不能过密,否则点涡的诱导速度过大,导致点涡强度计算不够准确.

在离心泵和轴流泵叶轮内部黏性流体流动中,雷诺数一般在 $10^5 \sim 10^6$ 范围内,数值是有限的,因此在湿润的固体壁面上会形成有一定厚度的边界层,见图 10-3a.在边界层内,流体速度从壁面上的零迅速增加至边界层外侧的核心区流动速度,产生很大的速度梯度,从而产生平行于壁面但垂直于核心区速度的涡量.在正交曲线 $n-l$ 坐标系下,该涡量表示为 $\Omega = -\partial W_s/\partial n$,$W_s$ 为沿壁面的流体速度,n 为壁面法向坐标,l 为壁面切向坐标,涡量沿顺时针转动时为正涡量,反之为负涡量,涡量的单位为 rad/s.

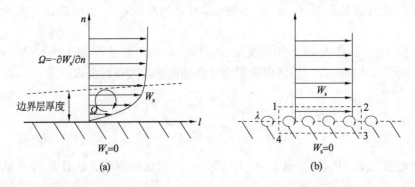

图 10-3 黏性流体流动在湿润固体壁面形成的边界层和涡量,以及无黏性流体流动中固体壁面的束缚涡层

对于层流边界层,边界层厚度与雷诺数的 0.5 次方成反比;对于紊流边界层,边界

---

① Erik I. Fredholm(1866—1927)是瑞典数学家,他对积分方程和算子理论的研究预示了希尔伯特空间理论.

层厚度与雷诺数的 0.2 次方成反比.对于无黏性流体流动,因为黏度为 0,所以雷诺数为无穷大,于是边界层厚度趋于 0,流动核心区直接和固体面接触,速度不再为 0,而为有限值.这时边界层的涡量被压缩进壁面,变为附着在固体壁面上的涡层,涡层的线密度由 λ 表示,单位为 m/s,见图 10-3b.涡强度的单位为 m^2/s,与速度环量的单位相同.

取图 10-3b 所示的无限薄矩形积分线路 1234.在 23,41 积分线段上,尽管流体速度值是有限的,但这两段的长度无限短,所以这两段的速度乘以长度之积为 0,即速度环量为 0.在 34 线段上,由于线段在固体边界内部,所以流体速度为 0,于是此线段的速度环量为 0.根据斯托克斯定理(Stokes theorem),$W_s\Delta l=\lambda\Delta l$,$\Delta l$ 为线段 12 的长度,于是有 $W_s=\lambda$.这表明,对无黏性的理想流体,叶片表面速度等于壁面上的束缚涡线密度.如果求出了线密度,就得到了叶片表面速度分布.反之,如果给定叶片表面速度分布,就可算出对应叶片形状.

这种把固体壁面考虑成束缚涡求解固体有势流动绕流的方法可追溯到 20 世纪初出版的 Korn 所编写的《有势理论教科书》一书和后来普朗特所著的《空气翼型理论》著作中.他们认为,可以把翼型用静止的流体所替代,流体的压力等于前驻点滞止压力,翼型的轮廓线为涡层,涡层产生速度跳跃,跳跃量为叶片表面速度.

Fredholm 积分方程是 Fredholm 于 1900 年提出的含有未知被积函数的定积分的积分方程,表示为

$$\begin{cases}\int_a^b E_1(x,l)\lambda(l)\mathrm{d}l = g_1(x) \\ \lambda(x) - \gamma\int_a^b E_2(x,l)\lambda(l)\mathrm{d}l = g_2(x)\end{cases} \tag{10-30}$$

第一、二式分别为第一、二类 Fredholm 积分方程,$\lambda(x)$ 为待求的未知函数,γ 为已知的参数,$E_1(x,l)$ 和 $E_2(x,l)$ 分别是核(kernel)函数,是已知的和有界的,即 $\int_a^b\int_a^b |E_1(x,l)|^2 \mathrm{d}x\mathrm{d}l<+\infty$,$\int_a^b\int_a^b |E_2(x,l)|^2 \mathrm{d}x\mathrm{d}l<+\infty$,对同一个问题,第一、二类 Fredholm 积分方程和核函数是不同的;$g_1(x)$ 和 $g_2(x)$ 是已知的函数.在第一类积分方程中,未知函数只出现在定积分中,但在第二类积分方程中,未知函数也存在于其他项中.

当 $E_1(x,l)$,$E_2(x,l)$,$g_1(x)$ 和 $g_2(x)$ 在区间 $[a,b]$ 上连续时,可以把区间离散为 N 个离散点,即 $x=l_1,l_2,l_3,\cdots,l_N$,对应得到未知函数 $\lambda(l_j)$,$j=1,2,3,\cdots,N$.然后把定积分改成求和以近似逼近原来的定积分,得到的线性方程组为

$$\begin{cases}\sum_{j=1}^N E_1(l_i,l_j)\lambda(l_j)\Delta s_j = g_1(l_i) \\ \lambda(l_i) - \gamma\sum_{j=1}^N E_2(l_i,l_j)\lambda(l_j)\Delta l_j = g_2(l_i)\end{cases} \tag{10-31}$$

式中:$i=1,2,3,\cdots,N$;Δl_j 为离散点间距.求解该方程组,就得到了 Fredholm 积分方程的近似解或数值解.

对于理想流体的平面直列叶栅有势流动,根据流函数,可分别得到第一类和第二类 Fredholm 积分方程,选择其中的一个求解即可,因为两者将给出相同的结果.

文献[23]给出了求解平面直列叶栅有势流动的第二类 Fredholm 积分方程的数值

方法. 图 10-4 为理想流体平面直列叶栅绕流示意图,图中已知叶栅上、下游流体相对液流角 β_1, β_2 和轴向速度 V_a. 根据这些信息. 可计算出上、下游相对速度 W_1, W_2, 周向速度 W_{u1}, W_{u2}, 以及无穷远来流相对速度 W_∞ 和液流角 β_∞, 即

$$\begin{cases} W_1 = V_a/\sin\beta_1, W_{u1} = V_a/\tan\beta_1 \\ W_2 = V_a/\sin\beta_2, W_{u2} = V_a/\tan\beta_2 \\ W_{u\infty} = (W_{u1}+W_{u2})/2, W_\infty = \sqrt{V_a^2+W_{u\infty}^2}, \beta_\infty = \arctan(V_a/W_{u\infty}) \end{cases} \quad (10\text{-}32)$$

最后,理想流体的平面直列叶栅绕流可以看作无穷远均匀来流 (W_∞, β_∞) 与布置在翼型轮廓线上的线密度为 $\lambda(l)$ 的涡层引起的扰动流动的叠加, l 为从翼型前缘算起的轮廓线长度. 叠加后的流函数方程为

$$\psi(z,y) = W_\infty (y\sin\beta_\infty - z\cos\beta_\infty) + \frac{1}{2\pi}\oint \lambda(\xi,\eta)\ln\frac{1}{\sqrt{\cosh\frac{2\pi}{s}(z-\xi)-\cos\frac{2\pi}{s}(y-\eta)}}\mathrm{d}l$$

$$(10\text{-}33)$$

式中: l 为横坐标 ξ 和纵坐标 η 的函数; s 为栅距. 该函数是以 s 为周期的周期性函数,故定积分为沿一个翼型轮廓线顺时针积分.

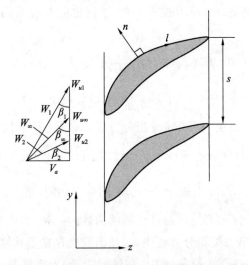

图 10-4 理想流体平面直列叶栅绕流示意图

在翼型轮廓线上的正交曲线坐标系 n-l 中,翼型表面法向和切向流速分别为

$$\begin{cases} W_n = \frac{\partial\psi}{\partial l} = \frac{\partial\psi}{\partial z}\frac{\mathrm{d}z}{\mathrm{d}l} + \frac{\partial\psi}{\partial y}\frac{\mathrm{d}y}{\mathrm{d}l} \\ W_s = -\frac{\partial\psi}{\partial n} = -\left(\frac{\partial\psi}{\partial z}\frac{\mathrm{d}z}{\mathrm{d}n} + \frac{\partial\psi}{\partial y}\frac{\mathrm{d}y}{\mathrm{d}n}\right) \end{cases} \quad (10\text{-}34)$$

于是,求式 (10-33) 的切向偏导数,并注意到理想流体需要满足流速与固体壁面相切的条件,即 $W_n = 0$, 有

$$0 = W_\infty\left(\frac{\mathrm{d}y}{\mathrm{d}l}\sin\beta_\infty - \frac{\mathrm{d}z}{\mathrm{d}l}\cos\beta_\infty\right) + \frac{1}{2\pi}\oint\lambda(\xi,\eta)\frac{\partial}{\partial l}\ln\frac{1}{\sqrt{\cosh\frac{2\pi}{s}(z-\xi)-\cos\frac{2\pi}{s}(y-\eta)}}\mathrm{d}l$$

$$(10\text{-}35)$$

化简后,得到

$$\frac{1}{2s}\oint\lambda(\xi,\eta)\frac{\frac{\mathrm{d}z}{\mathrm{d}l}\sinh\frac{2\pi}{s}(z-\xi)+\frac{\mathrm{d}y}{\mathrm{d}l}\sin\frac{2\pi}{s}(y-\eta)}{\cosh\frac{2\pi}{s}(z-\xi)-\cos\frac{2\pi}{s}(y-\eta)}\mathrm{d}s=-W_\infty\left(\frac{\mathrm{d}y}{\mathrm{d}l}\sin\beta_\infty-\frac{\mathrm{d}z}{\mathrm{d}l}\cos\beta_\infty\right)$$

(10-36)

该式为第一类 Fredholm 积分方程,写成标准形式为

$$\begin{cases}\oint E_1(z,y,\xi,\eta)\lambda(\xi,\eta)\mathrm{d}s=-2sW_\infty\left(\frac{\mathrm{d}y}{\mathrm{d}l}\sin\beta_\infty-\frac{\mathrm{d}z}{\mathrm{d}l}\cos\beta_\infty\right)\\ E_1(z,y,\xi,\eta)=\frac{\frac{\mathrm{d}z}{\mathrm{d}l}\sinh\frac{2\pi}{s}(z-\xi)+\frac{\mathrm{d}y}{\mathrm{d}l}\sin\frac{2\pi}{s}(y-\eta)}{\cosh\frac{2\pi}{s}(z-\xi)-\cos\frac{2\pi}{s}(y-\eta)}\end{cases}$$

(10-37)

类似地,对式(10-33)求法向偏导数,有

$$-W_s=W_\infty\left(\frac{\mathrm{d}y}{\mathrm{d}n}\sin\beta_\infty-\frac{\mathrm{d}z}{\mathrm{d}n}\cos\beta_\infty\right)+\frac{1}{2\pi}\oint\lambda(\xi,\eta)\frac{\partial}{\partial n}\ln\frac{1}{\sqrt{\cosh\frac{2\pi}{s}(z-\xi)-\cos\frac{2\pi}{s}(y-\eta)}}\mathrm{d}l$$

(10-38)

化简后,有

$$-W_s=W_\infty\left(\frac{\mathrm{d}y}{\mathrm{d}n}\sin\beta_\infty-\frac{\mathrm{d}z}{\mathrm{d}n}\cos\beta_\infty\right)-\frac{1}{2s}\oint\lambda(\xi,\eta)\frac{\frac{\mathrm{d}z}{\mathrm{d}n}\sinh\frac{2\pi}{s}(z-\xi)+\frac{\mathrm{d}y}{\mathrm{d}n}\sin\frac{2\pi}{s}(y-\eta)}{\cosh\frac{2\pi}{s}(z-\xi)-\cos\frac{2\pi}{s}(y-\eta)}\mathrm{d}l$$

(10-39)

在翼型表面上,流体速度等于束缚涡线密度 λ 的一半[23],$\lambda/2=W_s$,故上式变为

$$\frac{\lambda(z,y)}{2}-\frac{1}{2s}\oint\lambda(\xi,\eta)\frac{\frac{\mathrm{d}z}{\mathrm{d}n}\sinh\frac{2\pi}{s}(z-\xi)+\frac{\mathrm{d}y}{\mathrm{d}n}\sin\frac{2\pi}{s}(y-\eta)}{\cosh\frac{2\pi}{s}(z-\xi)-\cos\frac{2\pi}{s}(y-\eta)}\mathrm{d}l$$

$$=-W_\infty\left(\frac{\mathrm{d}y}{\mathrm{d}n}\sin\beta_\infty-\frac{\mathrm{d}z}{\mathrm{d}n}\cos\beta_\infty\right)$$

(10-40)

考虑到坐标系 n-l 的正交性,有 $\mathrm{d}z/\mathrm{d}n=\mathrm{d}y/\mathrm{d}l$ 和 $\mathrm{d}y/\mathrm{d}n=-\mathrm{d}z/\mathrm{d}l$.将之代入上式,并写成标准第二类 Fredholm 积分方程的形式:

$$\begin{cases}\lambda(z,y)-\frac{1}{\pi}\oint E_2(z,y,\xi,\eta)\lambda(\xi,\eta)\mathrm{d}s=2W_\infty\left(\frac{\mathrm{d}z}{\mathrm{d}l}\sin\beta_\infty+\frac{\mathrm{d}y}{\mathrm{d}l}\cos\beta_\infty\right)\\ E_2(z,y,\xi,\eta)=\frac{\pi}{s}\frac{\frac{\mathrm{d}y}{\mathrm{d}l}\sinh\frac{2\pi}{s}(z-\xi)-\frac{\mathrm{d}z}{\mathrm{d}l}\sin\frac{2\pi}{s}(y-\eta)}{\cosh\frac{2\pi}{s}(z-\xi)-\cos\frac{2\pi}{s}(y-\eta)}\end{cases}$$

(10-41)

求解方程(10-37)或方程(10-41)时,需要把光滑的翼型轮廓线从前缘点开始,经过后缘点,再回到前缘点分成用若干离散点隔开.然后用折线连接这些点,形成封闭折线翼型.在每个折线上,积分点(ξ,η)定义在折线中点.$\lambda(z,y)$在折线上为常数,可以定义在中点上,亦可以定义在折线的一个端点上.

在每个控制点 (z,y) 上 $\lambda(z,y)$ 需要满足积分方程,而方程中的定积分要扫过整个翼型折线轮廓线. 如果控制点 (z,y) 布置在折线的一个端点上,控制点 (z,y) 和积分点就不重合,核函数 $E_1(z,y,\xi,\eta),E_2(z,y,\xi,\eta)$ 的分母不为 0,不存在奇异性,不需要对核函数进行任何处理. 第 2～4 章中所用的积分方法就属于这种情况.

本章中,将采用控制点 (z,y) 和积分点 (ξ,η) 同时定义在折线的中点的积分方法,这时当控制点和积分点落在同一折线时,$E_1(z,y,\xi,\eta),E_2(z,y,\xi,\eta)$ 的分母为 0,出现了奇异性,幸运的是它们的分子也是 0,出现了"0/0"不定式. 于是可采用洛必达法则(L'Hopital's rule)去除之.

对 $E_1(z,y,\xi,\eta),E_2(z,y,\xi,\eta)$ 的分子和分母取两次导数,然后取极限,得到当控制点和积分点落在同一折线时的核函数表达式:

$$\begin{cases} E_1(z,y,\xi,\eta) = \dfrac{\dfrac{d^2 z}{d l^2}\dfrac{dz}{dl} + \dfrac{d^2 y}{d l^2}\dfrac{dy}{dl}}{\left(\dfrac{dz}{dl}\right)^2 + \left(\dfrac{dy}{dl}\right)^2} \\ \\ E_2(z,y,\xi,\eta) = \dfrac{\pi}{s}\dfrac{\dfrac{d^2 y}{d l^2}\dfrac{dz}{dl} - \dfrac{dy}{dl}\dfrac{d^2 z}{d l^2}}{\left(\dfrac{dz}{dl}\right)^2 + \left(\dfrac{dy}{dl}\right)^2} \end{cases} \quad (10\text{-}42)$$

其中积分点 (ξ,η) 趋向于控制点 (z,y).

对于平面直列叶栅,在叶片后缘点,要满足 Kutta-Joukowski 条件,以便产生绕叶片的环量 Γ(见图 10-5). 为此,在包括叶片后缘点的 2 个单元/折线的中点处的叶片表面速度应该相等,对应的涡线密度应该大小相等、旋向相反,即

$$\lambda(te) = -\lambda(te+1) \quad (10\text{-}43)$$

把该条件代入离散线性方程(10-31)后,方程系数矩阵第 te 和 $te+1$ 列要合并,右端向量第 te 和 $te+1$ 行也要合并,最后系数矩阵从 $N\times N$ 维降低到 $(N-1)\times(N-1)$ 维,右端向量由 $N\times 1$ 维降低到 $(N-1)\times 1$ 维.

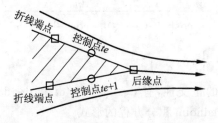

图 10-5 叶片后缘处的 Kutta-Joukowski 条件

文献[25]提出了一种实施 Kutta-Joukowski 条件的方法. 为了方便,将方程(10-42)写成文献[25]采用的形式:

$$-\frac{1}{2}\lambda(z,y) + \frac{1}{2\pi}\oint E_2(z,y,\xi,\eta)\lambda(\xi,\eta)dl = -W_\infty\left(\frac{dz}{dl}\sin\beta_\infty + \frac{dy}{dl}\cos\beta_\infty\right) \quad (10\text{-}44)$$

将第二项写成求和形式,并把第一项合并进去,最后,得到离散的积分方程:

$$\sum_{j=1}^{N} E(z_i,y_i,\xi_j,\eta_j)\lambda(\xi_j,\eta_j)\Delta l_j = -W_\infty\left(\frac{dz}{dl}\sin\beta_\infty + \frac{dy}{dl}\cos\beta_\infty\right) \quad (10\text{-}45)$$

其中 $E(z_i,y_i,\xi_j,\eta_j)=-\frac{1}{2}\lambda(z_i,y_i)+\frac{1}{2\pi}E_2(z_i,y_i,\xi_j,\eta_j)\Delta l_j$. 因为叶片的环量与涡线密度存在如下关系：

$$\sum_{j=1}^{N}\lambda(\xi_j,\eta_j)\Delta l_j = \Gamma \tag{10-46}$$

将式(10-45)和式(10-46)合并，有

$$\sum_{j=1}^{N}[E(z_i,y_i,\xi_j,\eta_j)+\Delta l_j]\lambda(\xi_j,\eta_j) = -W_\infty\left(\frac{\mathrm{d}z}{\mathrm{d}l}\sin\beta_\infty + \frac{\mathrm{d}y}{\mathrm{d}l}\cos\beta_\infty\right) + \Gamma \tag{10-47}$$

方程(10-47)左侧系数矩阵仅取决于翼型几何形状和尺寸，因此可以给定不同的右端向量，然后求出对应的涡线密度分布，最后将它们叠加得到绕叶栅的实际流动。对于平面直列叶栅，有 3 种线性独立的流动。第一种线性独立的流动是纯轴向流动，即 $W_\infty\sin\beta_\infty=1, W_\infty\cos\beta_\infty=\Gamma=0$，

$$\sum_{j=1}^{N}[E(z_i,y_i,\xi_j,\eta_j)+\Delta l_j]\lambda_1(\xi_j,\eta_j) = -\mathrm{d}z/\mathrm{d}l \tag{10-48}$$

第二种线性独立的流动是纯周向流动，即 $W_\infty\cos\beta_\infty=1, W_\infty\sin\beta_\infty=\Gamma=0$，

$$\sum_{j=1}^{N}[E(z_i,y_i,\xi_j,\eta_j)+\Delta l_j]\lambda_2(\xi_j,\eta_j) = -\mathrm{d}y/\mathrm{d}l \tag{10-49}$$

第三种线性独立的流动是纯环量绕流，即 $\Gamma=1, W_\infty\sin\beta_\infty=W_\infty\cos\beta_\infty=0$，

$$\sum_{j=1}^{N}[E(z_i,y_i,\xi_j,\eta_j)+\Delta l_j]\lambda_3(\xi_j,\eta_j) = 1 \tag{10-50}$$

第一和第三种线性独立流动叠加以后，满足 Kutta-Joukowski 条件，式(10-43)的环量 Γ_{13} 由下式计算：

$$\begin{cases}\lambda_{13}(te)=-\lambda_{13}(te+1)\\ \lambda_{13}(te)=\lambda_1(te)+\Gamma_{13}\lambda_3(te)\\ \lambda_{13}(te+1)=\lambda_1(te+1)+\Gamma_{13}\lambda_3(te+1)\end{cases} \tag{10-51}$$

式中：λ_{13} 为第一和第三种线性独立流动叠加后的涡线密度；λ_1 和 λ_3 分别为第一和第三种线性独立流动对应的涡线密度。从式(10-51)得到环量 Γ_{13}：

$$\Gamma_{13}=-\frac{\lambda_1(te)+\lambda_1(te+1)}{\lambda_3(te)+\lambda_3(te+1)} \tag{10-52}$$

类似地，可以得到第二和第三种线性独立流动叠加以后，满足 Kutta-Joukowski 条件的环量 Γ_{23}：

$$\Gamma_{23}=-\frac{\lambda_2(te)+\lambda_2(te+1)}{\lambda_3(te)+\lambda_3(te+1)} \tag{10-53}$$

式中：λ_2 为第二种线性独立流动对应的涡线密度。于是，可采用线性叠加法求出任意无穷远来流下叶片表面速度：

$$V_s(l_i)=W_\infty\sin\beta_\infty[\lambda_1(l_i)+\Gamma_{13}\lambda_3(l_i)]+W_\infty\cos\beta_\infty[\lambda_2(l_i)+\Gamma_{23}\lambda_3(l_i)] \tag{10-54}$$

对应的总环量为

$$\Gamma=W_\infty\sin\beta_\infty\Gamma_{13}+W_\infty\cos\beta_\infty\Gamma_{23} \tag{10-55}$$

算出总环量以后，就可以计算叶栅产生的扬程或出口相对液流角等参数，考察所设

计的叶栅是否达到了水力设计要求。计算时，轴向速度 V_a、进口相对速度 W_1 和液流角 β_1 不变，出口相对速度 W_2 和液流角 β_2 可由下式计算：

$$W_{u2}=W_{u1}-\Gamma/s, W_2=\sqrt{V_a^2+W_{u2}^2}, \beta_2=\arctan(V_a/W_{u2}) \tag{10-56}$$

文献[25]也提出了计算出口相对液流角 β_2 的公式，虽然公式与式(10-56)形式上有所不同，但计算结果是一样的。

附录列出了上述厚翼第二类 Fredholm 积分方程法计算平面直列叶栅理想流体流动的 Visual Basic 5.0 计算机程序。

需要指出，第 2~4 章采用二维奇点法中，点涡直接放在了叶片骨线上，积分点放在了折线/单元的中点，而控制点放在了单元的一个端点上，满足理想流体速度与骨线相切条件，属第一类 Fredholm 积分方程法。

10.3 变环量和叶片骨线模型

10.3.1 变环量模型

当采用简化的径向平衡方程和激盘理论计算轴面流动时，需要事先知道叶轮出口处流体速度环量或速度矩的径向分布规律。第 9 章考察了幂函数和抛物线分布中的参数对叶轮出口流动参数、理论扬程、NPSHr、叶片安放角和扭角的影响。另外，还调整了抛物线分布函数的 3 个参数，以便消除叶片扭角径向分布曲线的拐点。结果表明，除了扭角径向分布曲线易出现拐点外，抛物线分布函数还是比较令人满意的。因此，本章继续采用此类函数描述速度矩径向分布。为了减少调整参数，对分布函数增加一个约束，即分布曲线与坐标轴围成的面积等于 1。抛物线型叶轮出口流体速度矩是无量纲参数 ζ 的函数：

$$\begin{cases} V_{u2}R = \kappa f(\zeta) \\ \int_0^1 f(\zeta)\,\mathrm{d}\zeta = 1 \end{cases} \tag{10-57}$$

式中：$\zeta=(R-R_h)/(R_t-R_h)$，其中 R_h 和 R_t 分别为叶轮轮毂和轮缘的半径；$f(\zeta)$ 为抛物线函数，$f(\zeta)=a\zeta^2+b\zeta+c$。

如果给出图 10-6 所示的 2 个已知量 k_1 和 k_3，就可以求出分布函数的 3 个系数所满足的线性方程：

$$\begin{cases} (a\zeta^2+b\zeta+c)\big|_{\zeta=0}=k_1 \\ (a\zeta^2+b\zeta+c)\big|_{\zeta=1}=k_3 \\ \left(\frac{1}{3}a\zeta^2+\frac{1}{2}b\zeta^2+c\zeta\right)\zeta\big|_{\zeta=1} - \left(\frac{1}{3}a\zeta^2+\frac{1}{2}b\zeta^2+c\zeta\right)\big|_{\zeta=0}=1 \end{cases} \tag{10-58}$$

求解该方程，就得到了 3 个系数的表达式：

$$\begin{cases} a=-3(2-k_1-k_3) \\ b=2(3-k_3-2k_1) \\ c=k_1 \end{cases} \tag{10-59}$$

所以,只要给定参数 k_1 和 k_3,就能得到速度矩分布函数,因此 $f(\zeta)$ 完全由 k_1 和 k_3 所控制.

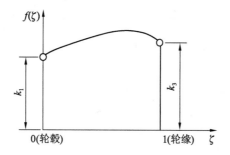

图 10-6　由无量纲参数表示的速度矩分布函数

式(10-57)中的常数 κ 由叶轮机械 Euler 方程计算,详见第 9 章,κ 的表达式为

$$\kappa = \frac{gQH_{\text{th}} + \int_{R_{\text{h}}}^{R_{\text{t}}} 2\pi u K_1 V_{a1} \mathrm{d}R}{\int_{R_{\text{h}}}^{R_{\text{t}}} 2\pi u (a\zeta^2 + b\zeta + c) V_{a2} \mathrm{d}R} \tag{10-60}$$

式中:Q 和 H_{th} 分别为叶轮通过的流量和产生的理论扬程;K_1 为已知的叶轮入口速度矩;u 为叶轮圆周速度;V_{a1} 和 V_{a2} 分别为叶轮进、出口流体轴向速度.于是,规定 k_1 和 k_3 以后,就可立即得到 $V_{u2}R$ 的分布规律.

10.3.2　叶片骨线与厚度

图 10-7a 表示叶片骨线,进、出口角和翼弦安放角示意图.这些角度是根据进、出口相对液流角,设计冲角和落后角计算的,是已知的,骨线的轴向长度也是已知的.叶片角度包括叶片进、出口安放角 β_{b1},β_{b2},叶片骨线转向角 θ_b 和叶片翼弦安放角 β_s.可由进、出口角 β_1,β_2,冲角 α 和落后角 δ 分别计算 β_{b1},β_{b2},θ_b 和 β_s,即

$$\begin{cases} \beta_{b1} = \beta_1 + \alpha \\ \beta_{b2} = \beta_2 + \delta \\ \theta_b = \beta_{b2} - \beta_{b1} \\ \beta_s = \dfrac{1}{2}(\beta_{b1} + \beta_{b2}) \end{cases} \tag{10-61}$$

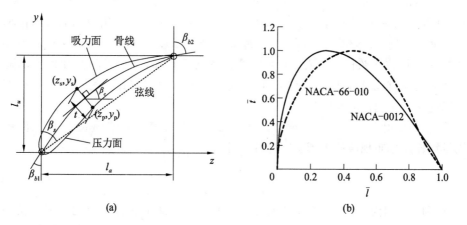

图 10-7　叶片骨线,进、出口角和翼弦安放角示意图,以及 2 种翼型无量纲厚度 $\bar{t}$ 分布规律的比较

在叶片尾缘处流动落后角 δ 可近似由 Constant 公式估算[26]：

$$\delta = \frac{m\theta_b}{\sqrt{\sigma}} - 10° \times \frac{\pi}{180°}(V_{a2}/V_{a1} - 1) \tag{10-62}$$

式中：m 为经验常数，$m = 0.26$. 设计工况下的冲角由文献[27]提出的经验公式计算：

$$\Delta\beta = 6.5° - 0.19\theta_b/\sigma \tag{10-63}$$

本章中，规定叶片骨线的周向坐标 y 随轴向坐标 z 按三次多项式规律变化，即

$$y = az^3 + bz^2 + cz \tag{10-64}$$

并满足下面的进、出口角，翼弦和出口端点条件：

$$\begin{cases} \left.\dfrac{\mathrm{d}y}{\mathrm{d}z}\right|_{z=0} = 3az^2 + 2bz + c\Big|_{z=0} = \tan(90 - \beta_{b1}) = \cot\beta_{b1} \\ \left.\dfrac{\mathrm{d}y}{\mathrm{d}z}\right|_{z=l_a} = 3az^2 + 2bz + c\Big|_{z=l_a} = \tan(90 - \beta_{b2}) = \cot\beta_{b2} \\ l_u = al_a^3 + bl_a^2 + cl_a \end{cases} \tag{10-65}$$

式中：β_{b1} 和 β_{b2} 分别为叶片进口和出口角；l_a 为骨线轴向长度；l_u 为骨线周向长度. 化简式 (10-65) 后，变为

$$\begin{cases} c = \cot\beta_{b1} \\ 3al_a^2 + 2bl_a + c = \cot\beta_{b2} \\ al_a^2 + bl_a + c = l_u/l_a = \cot\beta_s \end{cases} \tag{10-66}$$

求解该线性方程，得到系数 a, b, c 和周向长度 l_u，即

$$\begin{cases} a = (\cot\beta_{b1} - 2\cot\beta_s + \cot\beta_{b2})/l_a^2 \\ b = (-2\cot\beta_{b1} + 3\cot\beta_s - \cot\beta_{b2})/l_a \\ c = \cot\beta_{b1} \\ l_u = l_a\cot\beta_s \end{cases} \tag{10-67}$$

求出骨线解析几何方程后，需要计算骨线从头到尾的弧长，以便按已知的翼型厚度变化规律按弧长比例加厚叶片，弧长的计算公式为

$$l_{c2} = \int_0^{l_a} \sqrt{1 + (\mathrm{d}y/\mathrm{d}z)^2}\,\mathrm{d}z = \int_0^{l_a} \sqrt{1 + (3az^2 + 2bz + c)^2}\,\mathrm{d}z \tag{10-68}$$

可采用梯形积分公式近似计算弧长.

图 10-7b 表示 NACA-0012 和 NACA-66-010 翼型的无量纲厚度分布规律，具体相对厚度值 $\bar{t}$ 和相对位置坐标 $\bar{l}$ 见附录的程序. 这两种厚度变化规律都可用作轴流泵叶片厚度分布规律. NACA-66-010 翼型的最大厚度位于弦长 50% 处，而 NACA-0012 翼型的则位于弦长 30% 处. 最大厚度位置向后移动，有利于降低叶片头部附近的流体动力负荷，自然地，NACA-66-010 翼型的厚度分布规律会有较小的 NPSHr，因此本章选该分布规律加厚叶片.

首先，给定叶片实际最大厚度 $t_{\max}$，然后由 $t_{\max}$ 和计算的骨线弧长 l_{c2} 按比例将已知的无量纲厚度分布规律放大到实际叶片尺寸，即

$$\begin{cases} l_c = \bar{l} \times l_{c2} \\ t = t_{\max} \times (\bar{t}/\bar{l}) \end{cases} \tag{10-69}$$

式中：l_c 和 t 分别为 $\bar{l}$ 和 $\bar{t}$ 所对应的实际叶片的骨线位置和厚度；$\bar{l}$ 为无量纲弦长. 其次，求出 l_c 处骨线与 z 轴的夹角 β_c，$\beta_c = \arctan(\mathrm{d}y/\mathrm{d}z)$. 最后，按下式计算叶片压力面和吸

力面坐标:

$$\begin{cases} z_p = z + 0.5t\sin\beta_c, y_p = y - 0.5t\cos\beta_c \\ z_s = z - 0.5t\sin\beta_c, y_s = y + 0.5t\cos\beta_c \end{cases} \quad (10\text{-}70)$$

其中(z_p, y_p)为压力面坐标,(z_s, y_s)为吸力面坐标.这些坐标值将用于叶轮流动分析和叶片机加工制图生成.

需要指出,t_{max}由事先给定的轮缘和轮毂处的最大叶片厚度t_{maxt}和t_{maxh}按线性插值计算.

10.4 优化方法与结果

本章主要采用三步法进行轴流泵叶轮的水力设计优化.第一步是对叶轮直径进行优化,使设计的叶轮有较小的 NPSHr,这部分内容详见第 8 章.第二步是对叶轮出口变环量的径向分布函数进行优化,使 NPSHr 进一步降低.第三步是采用 CFD 方法对所设计的叶轮进行三维、定常、紊流、不可压单相流和空化流数值计算,得到叶轮的内部流动、水力性能和 NPSHr,以便对优化的叶轮进行验证.

在第二步优化过程中,主要步骤包括:① NPSHr 响应面生成;② 最优叶片设计.响应面生成是在一定范围内改变速度矩/变环量分布函数的两个参数 k_1 和 k_3.然后,在若干个圆柱形流面上,采用简化的径向平衡方程和激盘理论准确计算叶片进、出口角.其次,采用三次多项式生成叶片骨线,按选定的叶片厚度分布规律加厚骨线,形成叶片剖面.再次,采用二维涡元法计算叶片表面流动参数,得到 NPSHr.最后,将得到的 NPSHr 和 k_1,k_3数据输入 Tecplot 软件生成 NPSHr 关于 k_1 和 k_3 的响应面/等高线图.该过程实际就是进行多次叶片设计.所谓最优叶片设计就是根据响应面,选择最小 NPSHr 所对应的 k_1 和 k_3 值,使变环量分布最优化;然后,根据选择的 k_1 和 k_3 值,重新进行一次叶片设计.最后,把这些叶片剖面叠加起来形成三维实体叶片,供 CFD 数值计算使用.

需要指出,简化的径向平衡方程计算的是离叶轮无限远处的轴面流动,因此必须采用激盘理论计算叶轮附近的流动.两个流场的叠加,形成真实的轴面流动,并据此计算叶片前、后流体相对流动角.用最优冲角和流动落后角修正流动角,得到叶片进、出口角和叶片弦线的安放角.因为激盘理论、最优冲角和流动落后角取决于叶片几何尺寸,所以叶片角度计算是一个迭代过程.计算表明,迭代 4 次就足够精确了.一旦计算收敛,就可以建立叶片骨线,进而生成叶片剖面,从而利用二维涡元法计算叶片表面流动参数,估算 NPSHr.

根据上述方法,编写了 Visual Basic 5.0 轴流泵叶轮水力设计计算机程序.程序共有 3 个模块,即叶片角度(Blade Angles)、叶片剖面(Blade Profiles)和流动分析(Flow Analysis),见图 10-8.叶片角度模块下又有速度矩/变环量分布系数设置和叶片角度计算子模块.叶片角度计算子模块完成简化的径向平衡方程和激盘理论的求解,冲角、落后角和叶片角度计算等功能.叶片剖面模块完成叶片剖面选择、翼型生成.流动分析模块完成叶片表面流动和 NPSHr 计算.

轴流泵叶轮设计工况性能参数与第 8,9 章的完全相同,即 $Q=300 \text{ m}^3/\text{h}$,$H=3 \text{ m}$,$n=1\,450 \text{ r/min}$.设计时,选择水力效率 $\eta_h=0.85$,轮缘叶栅稠度 $\sigma_t=0.85$,轮毂叶栅稠

度 $\sigma_h = 1.1$,叶轮进口流体预旋系数 $K_1 = 0, 0.05, 0.10, 0.15$ 和 $0.20 \text{ m}^2/\text{s}$,轮毂比 $v = 0.53$. 图 10-9 为 NPSHr 随叶轮直径 D_t 的变化曲线. 对于给定的叶轮入口速度矩 K_1,存在使 NPSHr 出现最小值的叶轮直径. 该最小直径似乎与 K_1 值无关. 当 $K_1 = 0.15 \text{ m}^2/\text{s}$ 时,最优的叶轮直径为 197 mm,相应的 NPSHr 为 4.0 m,这是第一次优化的结果.

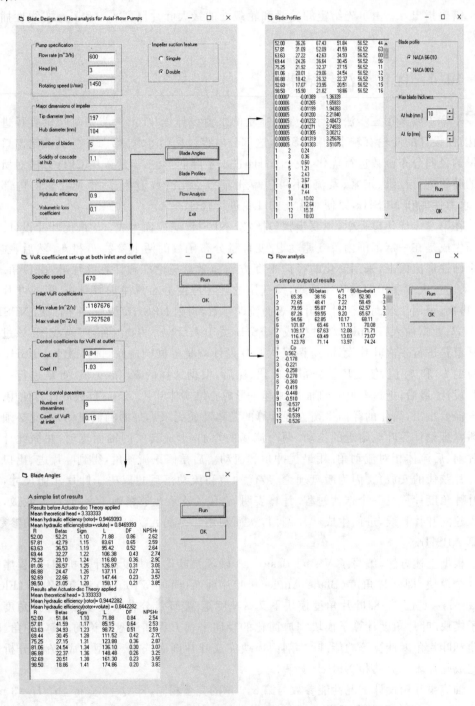

图 10-8　Visual Basic 5.0 轴流泵叶轮水力设计程序界面图

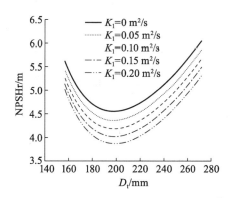

图 10-9 当 $K_1=0,0.05,0.10,0.15$ 和 $0.20\ \mathrm{m^2/s}$, $\eta_h=0.85$, $\sigma_t=0.85$, $\sigma_h=1.1$ 和 $v=0.53$ 时，NPSHr 随叶轮直径的变化曲线

图 10-10 给出了由 k_1 和 k_3 表示的 NPSHr 响应面/等高线图，图中的数字表示 NPSHr 的数值．由图可见，与 k_1 相比，参数 k_3 对 NPSHr 有更为显著的影响，即 NPSHr 有沿水平方向的狭长谷带．当 k_3 趋向于 1 时，NPSHr 迅速增大．在图中标出的最优区，NPSHr 小于 2.5 m．与第一次优化相比，NPSHr 至少下降 37.5%．如果取 $k_1=0.94$，$k_3=1.03$，那么最低的 NPSHr 为 2.01 m．

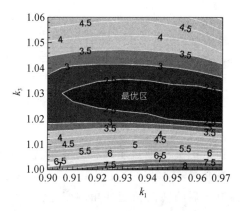

图 10-10 由 k_1 和 k_3 表示的 NPSHr 响应面

图 10-11a 表示轮毂、中间和轮缘流面上叶片表面压力系数 C_p 的分布曲线．压力系数定义为 $C_p=1-W^2/W_1^2$，W 为叶片表面相对流速，W_1 为叶轮进口相对流速．在设计过程中，选择了正冲角，所以最高压力系数均出现在叶片压力面上．轮毂流面叶片表面压力系数与其他两个流面有显著不同，特别是吸力面的压力系数偏低．在图 10-11b 所示的三维实体叶片表面压力系数等值线中，最低压力系数确实发生在轮毂附近的叶片吸力面上．

本章采用了二维涡元法，没有考虑轴面速度沿轴线的变化，不能够精确地反映复杂的轮毂处的流动，可能夸大了压力系数．但是无论如何，轮毂流面上的压力面压力系数与吸力面压力系数之差值（流体动力负荷）总是高于其他流面，因此失速可能最先发生在轮毂流面上．

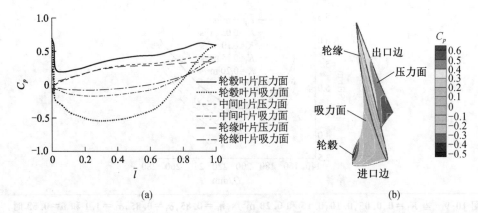

图 10-11 轮毂、中间和轮缘流面上叶片表面压力系数分布曲线,以及叶片表面压力系数等高线

图 10-12 表示设计工况下叶轮轴面流线的形状. 图中的数字表示流函数的相对数值 ψ/Q. 由图可见,叶轮轮毂处的流线稀疏,且形状与圆柱面有较大差异. 这表明,轮毂附近的流体轴面速度比流场其他地方的低. 尽管采用了圆柱形的轮毂,但是也不能保证轮毂附近的流面是圆柱面. 因此有必要探讨合理的轮毂形状,以保证轴面流场的均匀性.

图 10-12 叶轮轴面流线分布

本章借用了文献[27]提出的关于轴流压缩机叶轮最优冲角的公式,即式(10-63). 该公式计算的设计工况的冲角基本为 5°左右. 图 10-13 表示平面直列叶栅风洞测量的总压损失系数和流动经过叶栅后的转向角随冲角的变化情况[28]. 如果把轴流泵叶栅和该叶栅进行类比,就会发现设计工况(5°冲角)已经接近"盆形"损失系数曲线的"盆边",对应的流动转向角已经达到最大值.

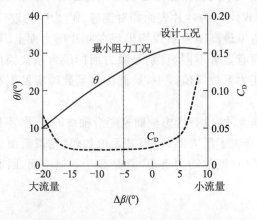

图 10-13 平面直列叶栅风洞测量的总压损失系数和流动转向角与冲角的关系曲线[28]

当流量减小(冲角增加)时,流动损失剧烈增加,流动转向角减小,泵扬程下降,水力效率降低,轴功率增大.因此采用正冲角对泵小流量工况是不利的.

当流量增加(冲角减小)时,流动损失变化不大,尽管流动转向角减小,泵扬程下降,但水力效率变化不大,轴功率变化小.因此采用正冲角对泵大流量工况是有利的.

图 10-14 表示单纯采用简化的径向平衡方程计算的叶片安放角和经过激盘流动理论修正的安放角径向变化曲线.两种情形下的曲线都是光滑的,也不存在拐点.但经过激盘流动理论修正的安放角随着半径的增加而变小;与单纯采用径向平衡方程的情形相比,在轮缘处安放角最多减小约 2°.

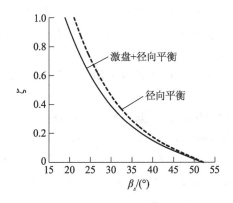

图 10-14 激盘流动理论对叶片安放角的影响

图 10-14 所示的叶片轮毂在轮缘的扭角为 33°.该值有些偏大,不过可以通过调整冲角的径向分布来减小扭角,这实际是冲角最佳分布问题.

应该指出,轴流泵叶轮内部实际是复杂的三维流动,特别是在轮毂和轮缘处.这与本章简化的二维流动有很大的差异,因此本章提出的设计方法还有一定的局限性.在第 11 章,将对设计的叶轮进行三维单相流和空化紊流 CFD 数值计算,以确定设计方法的合理性和有效性.

参考文献

[1] Eckert B, Korbacher G. The Flow Through Axial Turbine Stages of Large Radial Blade Length. NACA TM-1118, 1947: 1-26.

[2] Kahane A. Investigation of Axial-Flow Fan and Compressor Rotors Designed for Three-Dimensional Flow. NACA TN-1652, 1948: 1-58.

[3] Wu C H. Application of Radial-Equilibrium Condition to Axial-Flow Compressor and Turbine Design. NACA TN-1795, 1949: 1-101.

[4] 李文广. 轴流泵必需汽蚀余量的优化方法. 水泵技术, 2008(1): 5-10.

[5] Li W G. NPSHr Optimization of Axial-Flow Pumps. ASME Journal of Fluids Engineering, 2008, 130(7): 074504-1-4.

[6] Marble F E, Michelson I. Analytical Investigation of Some Three-Dimensional Flow Problems in Turbomachines. NACA TN-2614, 1952: 1-109.

[7] Mikhail S. Three-Dimensional Flow in Axial Pumps and Fans. Proceedings of IMechE, 1958, 172(1): 973-986.

[8] Hawthorne W R, Horlock J H. Actuator Disc Theory of the Incompressible Flow in Axial Compressors. Proceedings of IMechE, 1962, 176(30): 789-803.

[9] Horlock J H. Some Actuator-Disc Theories for the Flow of Air Through an Axial Turbo-Machine. ARC RM-3030, 1952: 1-31.

[10] Currie I G. Fundamental Mechanics of Fluids. 2nd Edition. New York: McGraw-Hill Inc, 1993: 55-56.

[11] Ruden P. Investigations of Single-Stage Axial Fans. NACA TM-1062, 1944: 1-33.

[12] Carmichael A D, Horlock J H. Actuator Disc Theories Applied to the Design of Axial Compressors. ARC CP-315, 1957: 1-14.

[13] Lewis R I, Horlock J H. Non-Uniform Three-Dimensional and Swirling Flows Through Diverging Ducts and Turbo-Machines. International Journal of Mechanical Sciences, 1961, 3(3): 176-196.

[14] Lewis R I. Flow of Incompressible Fluids Through Axial Turbo-Machines with Tapered Annulus Walls. International Journal of Mechanical Sciences, 1964, 6(1): 51-75.

[15] Lewis R I. Approximate Actuator-Disc Analysis for Axial-Flow Pumps and Fans. Proceedings of a Symposium on Pump Design, Testing and Operation, 1965: 197-217.

[16] Lewis R I, Hill J M. The Influence of Sweep and Dihedral in Turbomachinery Blade Rows. Journal of Mechanical Engineering Science, 1971, 13(4): 266-285.

[17] Chen L T, McCune J E. Comparison of Three Dimensional Quasi-Linear Large Swirl Theory with Measured Outflow from a High-Work Compressor Rotor. Gas Turbine Laboratory Report No. 128, Massachusetts Institute of Technology, USA, 1975: 1-73.

[18] Hawthorne W R, Ringrose J. Actuator Disc Theory of the Compressible Flow in Free-Vortex Turbo-Machinery. Proceedings of IMechE, 1963, 178(9): 1-13.

[19] Lewis R I. Development of Actuator Disc Theory for Compressible Flow Through Turbomachines. International Journal of Mechanical Sciences, 1995, 37(10): 1051-1066.

[20] Horlock J H. Actuator Disk Theory. New York: McGraw-Hill Inc, 1978.

[21] Horlock J H, Deverson E C. An Experimental to Determine the Position of

an Equivalent Actuator Disc Replacing a Blade Row of a Turbomachine. ARC CP-426, 1952: 1-31.

[22] Martensen E. Berecbnung der Druckverteilung an Gitterprofllen in ebener Potentialstr6mung mit einer Predbolmscben Integralgleicbung. Archive for Rational Mechanics and Analysis, 1959, 3(1): 235-270.

[23] Martensen E. The Calculation of the Pressure Distribution on a Cascade of Thick Airfoils by Means of Fredholm Integral Equations of the Second Kind. NASA TT F-702, 1971: 1-56.

[24] 猪坂弘, 板東潔, 三宅裕. パネル法を利用した翼列の逆問題. 日本機械学会論文集 B 編, 1989, 55(515):1937-1942.

[25] Lewis R I. Turbomachinery Performance Analysis. New York: John Wiley & Sons Inc, 1996: 258-264.

[26] Pollard D, Gostelow J P. Some Experiments at Low Speed on Compressor Cascades. ASME Journal of Engineering for Power, 1967, 89(3):427-436.

[27] Carter A D S. The Calculation of Optimum Incidences for Aerofoils. ARC CP-646, 1963: 1-8.

[28] Howell A R. Fluid Dynamics of Axial Compressors. Proceedings of IMechE, 1945, 153: 441-452.

第 11 章 轴流泵叶轮性能分析

在第 8 章中,提出了一种轴流泵叶轮必需空化余量(NPSHr)的优化方法. 在该方法中,先利用现有的二维叶栅风洞试验数据得到一个使必需空化余量出现最小值的叶轮直径,进行第一次优化. 在第 10 章中,通过两个参数,调整叶轮出口流体速度矩(环量)分布使必需空化余量再次出现最小值,进行第二次优化. 根据该已经确定的速度矩沿径向的分布,利用径向平衡方程和激盘理论确定叶片进、出口角和叶片形状. 采用二维涡元法计算叶片表面流体速度、压力分布和空化余量. 结果表明,在第一次优化的基础上,第二次优化使必需空化余量下降了 37.5%,取得了较明显的效果.

为了进一步确认优化结果,本章采用 CFD 程序 Fluent6.0.12 对必需空化余量优化后的叶轮的水力和空化性能及流动进行详细的数值计算和深入的分析. 为了便于对比,本章还分析了一个出口速度矩等于常数,即自由涡叶轮的内部流动和水力性能. 计算过程中,分别采用逐渐关阀和开阀 2 种流量调节方法. 对 2 个叶轮的性能曲线、进出口流动、轮缘间隙流动、叶片表面流动参数及空化性能进行了对比分析. 结果表明,与普通的自由涡叶轮相比,出口变速度矩叶轮必需空化余量有较明显的降低,小流量工况下效率有较大提高,性能曲线不稳定和发生滞后现象的流量减小.

另外,发现叶轮背面流态简单而稳定,工作面流态复杂而不稳定. 在小流量工况下,工作面流动出现失速. 失速后,叶片工作面表面压力降低,势扬程下降多,但动扬程变化不大. 2 个叶轮的扬程曲线都存在不稳定段,不稳定段存在滞后,并形成了滞环. 在同一流量下,滞环的两个分支上,叶片工作面的流态不同. 在轴流泵叶轮水力设计中应重点控制工作面的流动分布.

11.1 计算模型与方法

轴流泵的叶轮设计流量 $Q=300$ m³/h,扬程 $H=3$ m,转速 $n=1\ 450$ r/min,比转速 $n_s=670$,叶轮轮缘半径 $R_t=98.5$ mm、叶轮轮毂半径 $R_h=52$ mm,叶轮圆周速度 $u_t=14.96$ m/s,流量系数 $\phi=Q/[\pi(R_t^2-R_h^2)u_t]=0.26$,扬程系数 $\psi=gH/u_t^2=0.13$,叶片数为 5,轮缘间隙 $\tau=0.5$ mm. 叶片方法设计在第 8,10 章中进行了详细阐述. 这里仅简要说明:首先,在若干个圆柱形流面上,采用径向平衡方程和激盘理论准确计算叶片进、出口角. 然后,采用三次多项式生成叶片骨线. 选定 NACA-66-010 翼型的厚度分布规律加厚骨线,形成叶片剖面. 最后,把这些叶片剖面叠加起来形成三维实体叶片. 表 11-1 列出了叶轮 A,B 叶片几何参数和设计工况下的冲角,其中叶轮 A 为普通自由涡叶轮,叶轮 B 为必需空化余量优化后的变环量叶轮.

表 11-1　叶轮 A 和 B 叶片几何参数及冲角

参数	流面	叶轮	
		A	B
弦长 l/mm	轮毂	71.88	71.88
	中间	140.84	123.88
	轮缘	211.43	174.88
最大厚度 t/mm	轮毂	10	10
	中间	8	8
	轮缘	6	6
稠度 l/s	轮毂	1.10	1.10
	中间	1.49	1.31
	轮缘	1.71	1.41
安放角 β_s/(°)	轮毂	62.04	51.84
	中间	26.80	27.25
	轮缘	17.48	18.86
冲角 $\Delta\beta$/(°)	轮毂	−0.4	2.4
	中间	5.4	5.2
	轮缘	6.1	5.8

图 11-1 表示由 Gambit 软件生成的叶轮 A 和 B 的 1/5 流道模型.模型由进出口、轮毂面、轮缘面、叶片工作面、背面、端面及两个轴对称面组成.轮缘间隙 $\tau=0.5$ mm,相对间隙(间隙/叶片高度的百分比)$e=1.09\%$.轮缘附近厚度为 0.5 mm 的圆柱层内的网格为六面体,其余部分为四面体.叶轮 A 的网格单元数为 83 万,叶轮 B 的为 73 万.这时流动数值计算结果与网格单元数无关.

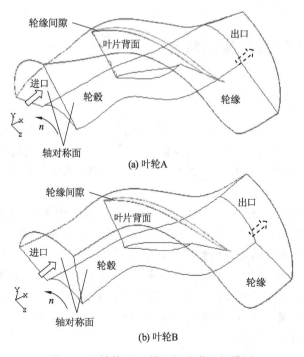

(a) 叶轮A

(b) 叶轮B

图 11-1　叶轮 A,B 的 1/5 流道几何模型

叶轮内部的三维、不可压、定常、紊流流动计算由 Fluent6.0.12 完成. 流体是温度为 20 ℃的水,其密度 $\rho=998.1$ kg/m³、动力黏度 $\mu=1.003\times10^{-3}$ Pa·s. 采用标准 k-ε 模型计算紊流引起的紊流涡黏性. 选择非平衡型壁面函数来考虑固体壁面对流动的影响. 离散流动连续性方程、时均 N-S 方程及 k,ε 方程的方法为 SIMPLE. 采用多重参考系 (MRF)考虑流体的旋转作用. 在轮毂面、轮缘面、叶片工作面、背面和端面(叶梢)满足速度无滑移条件. 在出口满足给定的压力,在两个轴对称面上满足流动周期性条件,收敛误差为 1×10^{-4}.

在计算域进口设置速度边界条件. 在设计的轴流泵叶轮前方装有可以使流体产生环量的半螺旋吸入室,因此叶轮进口的流体带有预旋. 由于缺少半螺旋蜗壳出口速度分布试验数据,所以这里假设计算域进口处流体的径向分速度 V_{R1} 为 0、轴向分速度 V_{a1} 均匀及周向分速度 V_{u1} 符合自由涡规律,速度分量数值由下式表示:

$$\begin{cases} V_{R1}=0 \\ V_{a1}=\dfrac{Q}{\pi(R_t^2-R_h^2)} \\ V_{u1}=K_1/R \end{cases} \quad (11\text{-}1)$$

其中 K_1 是叶轮进口某一点处速度矩,与流量有关. 假设速度矩 K_1 与流量成正比,于是可根据已知的设计工况的速度矩 K_{1D} 来计算某具体流量下的周向分速度 V_{ui},即

$$K_1=K_{1D}\dfrac{Q}{Q_D} \quad (11\text{-}2)$$

根据文献[1]或第 10 章,取 $K_{1D}=0.15$ m²/s. 在某一工况下,可在 Fluent 速度边界条件对话框中直接输入分速度 V_{R1} 和 V_{a1} 的值. 对于分速度 V_{u1},需事先生成该工况下的 V_{u1} 沿径向分布的数据文件,然后用 profile 命令调入该文件,最后在边界条件对话框中选中它. 计算工况点的数量为 12~14 个.

11.2 水力性能与流动特征

11.2.1 性能曲线与滞后现象

图 11-2a,b 分别表示叶轮 A 和 B 的扬程、轴功率随流量的变化曲线. 在设计工况,2 个叶轮的扬程分别比设计扬程 3 m 高出 1.1 m 和 1.4 m. 当流量高于 200 m³/h 时,叶轮 A 的扬程和轴功率分别比叶轮 B 高 0.8 m 和 0.8 kW. 当流量低于 200 m³/h 时,2 个叶轮的扬程和轴功率比较接近.

图 11-2c 表示叶轮 A 和 B 的水力效率 η_h 随流量的变化曲线. 这里,计算水力效率时,只考虑了叶型的水力损失. 在流量 200~350 m³/h 范围内,叶轮 B 的水力效率均高于叶轮 A. 这表明叶轮 B 的叶片形状优于叶轮 A.

图 11-2d 也表示叶轮 A 和 B 的水力效率 η_h 随流量的变化曲线. 这里,计算水力效率时,考虑了叶型和轮缘间隙水力损失. 在设计工况附近,叶轮 A 的水力效率比叶轮 B 低 1%~2%. 在小流量工况,叶轮 A 的水力效率比叶轮 B 低 5%;在大流量工况,叶轮 A 的水力效率比叶轮 B 高 2%~10%.

图 11-2c 的水力效率比图 11-2d 的水力效率最高高出 9%. 这 9% 的水力损失是由

叶梢间隙、轮毂和轮壳(机匣)的摩擦损失造成的,其中轮壳摩擦损失占 2/3. 这是因为轮缘内表面附近流体速度最高,轮壳的内表面面积也最大.

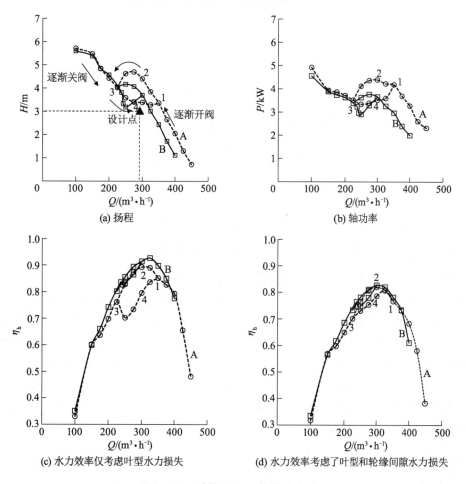

图 11-2 叶轮 A 和 B 的性能曲线

图 11-2 中给出了采用 2 种流量调节计算方法得到的性能曲线. 一种方法是从大流量算到小流量,即把一个收敛的大流量的流动解作为下一个小流量流动计算的初始值,依此类推,直到计算到足够小的流量. 这种方法与泵性能试验中逐渐关闭出口阀的情况类似. 另一种方法是从小流量算到大流量,即把一个收敛的小流量的流动解作为下一个大流量流动计算的初始值,依此逐个计算,直到计算到足够大的流量. 该方法类似于泵性能试验中逐渐开启出口阀的情况. 由图可见,2 种计算方法得到的性能在某个流量范围内并不重合,出现了滞后现象(hysteresis),并形成滞环 1—2—3—4—1. 在滞后现象发生的流量范围内,扬程曲线存在正斜率,出现了不稳定的扬程曲线段.

叶轮 A 的滞后区宽度明显宽于叶轮 B. 对于叶轮 A,滞后区位于 225～350 m³/h 流量范围内;对于叶轮 B,滞后区位于 225～300 m³/h 范围内. 叶轮 A 的滞环大,扬程曲线不稳定段覆盖了设计工况点. 叶轮 B 的滞环小,扬程曲线不稳定段位于设计工况左侧,不稳定区域减小. 也就是说,叶轮 A 的不稳定性能曲线范围比叶轮 B 宽.

图 11-3 表示叶轮 A 和 B 的流体减速系数(retardation factor)随流量的变化曲线.

减速系数 RF 定义为叶轮出口平均相对速度与进口平均相对速度之比[2].文献[2]认为当减速系数下降到 0.5 时,就发生失速.比较图 11-2a 和图 11-3,发现 CFD 预测的完全失速点 3 基本吻合.根据图 11-3,叶轮 B 的失速工况点流量比叶轮 A 低 15 m³/h.

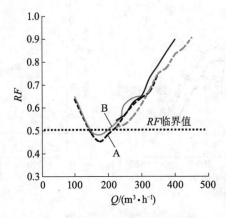

图 11-3　叶轮 A 和 B 的减速系数随流量的变化曲线

图 11-4 表示叶轮 A 和 B 的势扬程 H_p 和动扬程 H_V 随流量的变化关系.在相同流量下,叶轮 A 的势扬程和动扬程均比叶轮 B 高.对于叶轮 A,势扬程平均占总扬程的 41%;对于叶轮 B,势扬程平均占总扬程的 47%.也就是说,叶轮 A,B 的反作用度(reaction degree)分别为 0.41 和 0.47.这表明,轴流泵叶轮是以产生动扬程为主的叶轮.与叶轮 B 相比,叶轮 A 的动扬程较高,在后面扩压部件中流体的水力损失将增加.值得注意的是,动扬程与计算方式(逐渐关阀或开阀)无关,而势扬程与之紧密相关.因此,扬程曲线出现不稳定主要是由势扬程变化引起的,与动扬程无关.失速或出现滞环将主要引起势扬程,即叶片表面压力的变化.

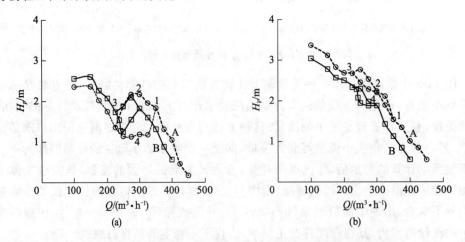

图 11-4　叶轮 A 和 B 的势扬程 H_p 和动扬程 H_V 随流量的变化曲线

为了显示出现滞环时叶轮内部流动的差异,分别给出了 $Q=300$ m³/h 时采用逐渐关阀(图 11-2a 的点 2)和逐渐开阀(图 11-2a 的点 4)方式计算的叶轮 A 绝对和相对速度及压力分布.图 11-5 表示轴向速度在轴面内的分布及轮缘间隙内的相对速度矢量.很明显,轴向速度在叶片内部分布很不均匀,特别是在逐渐开阀法计算的工况(点 4).在

2个工况点 2 和 4,叶片后半部分都存在负的轴向速度.在逐渐关阀法计算的工况(点2),叶片前半部分的工作面和背面压力差较小,驱动流体跨过轮缘间隙的动力不够强,结果流体微团需要流过较长距离才能跨过间隙,流体速度方向与叶片工作面的夹角为锐角,速度在轴向的分速度为正值.在叶片后半部分,叶片工作面和背面压力差较大,驱动流体跨过轮缘间隙的动力变强,结果流体微团流过很短的距离就跨过了间隙,流体速度方向与叶片工作面的夹角约 45°,速度在轴向的分速度为负值.在逐渐开阀法计算的工况(点 4),流体速度方向与叶片工作面的夹角约 90°,负速度分量变大.

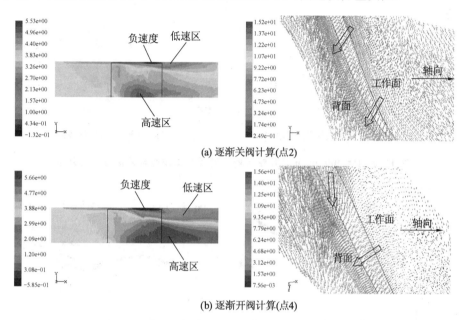

图 11-5　$Q=300 \text{ m}^3/\text{h}$ 时叶轮 A 轴向速度在轴面内的分布及轮缘间隙内的相对速度矢量

图 11-6 表示分别采用逐渐关阀和逐渐开阀计算方法得到的 $Q=300 \text{ m}^3/\text{h}$ 时的叶轮 A 叶片背面和工作面附近相对速度分布.对叶片背面,2 种方法得到的相对速度分布极为相似.但对叶片工作面,逐渐开阀方法计算(点 4)的相对速度在叶片后半部分靠近轮缘处有明显的低速区,即失速区.其长度约为叶片长度的 60%,宽度为叶片宽度的 30%.失速后的流体流到叶片背面.

图 11-7 表示 $Q=300 \text{ m}^3/\text{h}$ 时分别采用逐渐关阀和逐渐开阀方法得到的叶轮 A 轮缘($R=98$ mm)、中间($R=75$ mm)和轮毂($R=52$ mm)流面上的叶片背面和工作面的压力系数 C_p 沿叶片的分布情况.图中,x 为叶片轴向坐标,l_a 为叶片轴向长度.压力系数定义为流体当地压力 p 与叶轮进口平均压力 p_1 之差除以速度头 $\rho u_t^2/2$,即

$$C_p = \frac{2(p-p_1)}{\rho u_t^2} \tag{11-3}$$

很明显,逐渐开阀法计算(点 4)的压力系数曲线所围面积小于逐渐关阀法计算(点 2)的压力系数曲线所围面积,即逐渐开阀法计算(点 4)的叶片表面压力差低于逐渐关阀法计算(点 2)的压力差.这将导致叶轮的势扬程降低.为了明确起见,后面讨论的结果都是采用逐渐关阀法计算的.

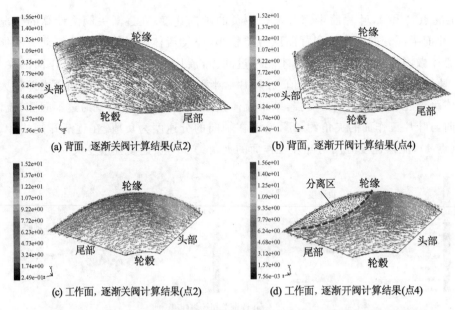

图 11-6　$Q=300 \text{ m}^3/\text{h}$ 时叶轮 A 叶片背面和工作面附近相对速度分布

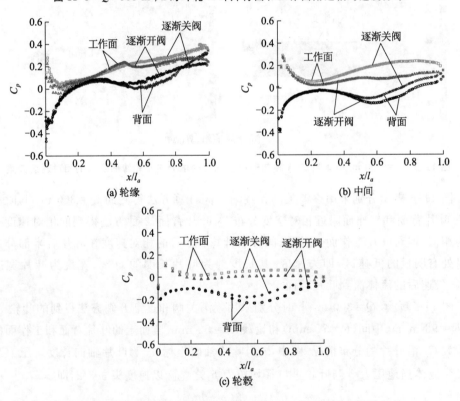

图 11-7　$Q=300 \text{ m}^3/\text{h}$ 时叶轮 A 叶片背面和工作面的压力系数分布

11.2.2　叶轮进出口流动

图 11-8 表示设计工况下叶轮 A 和 B 进口和出口处单位流体能量 H_{th1}，H_{th2} 沿径向（叶高）的分布情况，其中纵坐标 $\zeta=(R-R_\text{h})/(R_\text{t}-R_\text{h})$. 图中标出了叶轮设计时指定的进、

出口能量分布.在叶轮进口处,流体能量分布几乎是均匀的.但是在叶轮出口处,流体能量分布极不均匀,特别是在叶轮 A 的轮缘附近,流体能量大幅度增大.流体能量达到最大值.对于叶轮 B,设计时适当地减小了轮毂处的流体速度环量,同时增加了轮缘处的速度环量,使冲角沿径向分布比较均匀(见表 11-1),于是出口处流体能量分布比叶轮 A 均匀.

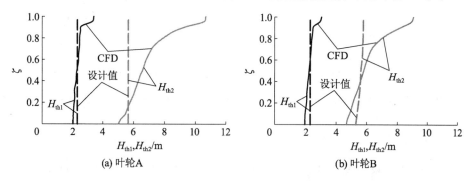

图 11-8　设计工况下叶轮进口和出口处单位流体能量 H_{th1},H_{th2} 沿径向的分布

图 11-9 表示设计工况下叶轮 A 和 B 进、出口处流体轴向速度沿径向的分布,其中给出了叶轮设计时计算的进、出口轴向速度.在叶轮进口,除轮缘、轮毂附近受边界层的影响速度剖面有一些亏缺外,其余部分速度几乎为常数.在轮缘附近,叶轮 A 的轴向速度比叶轮 B 略低.在叶轮出口处,叶轮 A 和 B 的轴向速度分别在 75% 和 80% 叶片宽度内基本是均匀的.在轮缘附近,轴向速度有较大的亏缺,特别是叶轮 A.

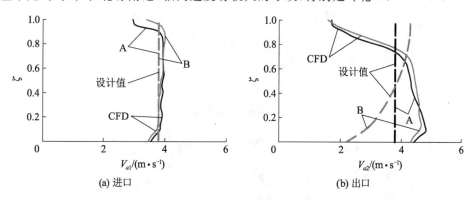

图 11-9　设计工况下叶轮进口和出口处轴向速度 V_{a1},V_{a2} 沿径向的分布

在设计中,为降低轮缘流面上的叶片流体动力负荷,加大了叶片长度(见表 11-1),于是叶片阻碍了流体从轮缘附近流过.叶轮 B 轮缘处的叶片长度比叶轮 A 短 36 mm,所以减轻了对流体的阻碍,使轮缘附近的轴向速度有所提高.总体上,叶轮 B 的轴向速度沿径向分布比叶轮 A 稍均匀些.值得注意的是,CFD 给出的黏性流体轴向速度分布与设计时计算的理想流体速度分布有很大差异.

图 11-10 表示小流量($Q=225$ m³/h)工况下叶轮 A 和 B 进、出口处单位流体能量和轴向速度沿径向的分布情况.除了轮缘处叶轮 A 的能头略高于叶轮 B 外,其余部分几乎相同.根据图 11-2a,当 $Q=225$ m³/h 时,叶轮 A 与 B 的扬程几乎相等.因此,2 个叶轮能头分布情况与之吻合.叶轮 A 和 B 的进口轴向速度分布基本吻合,出口轴向速度为"S"形.与设计工况相比,出口轴向速度沿径向分布更不均匀.

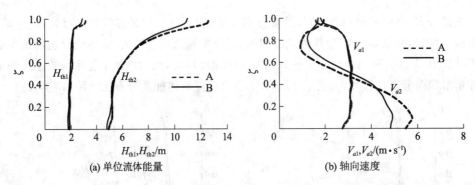

(a) 单位流体能量　　　　　　　　(b) 轴向速度

图 11-10　小流量($Q=225$ m³/h)工况下叶轮进、出口处单位流体能量和轴向速度沿径向的分布

11.2.3　轴面与轮缘间隙流动

图 11-11 表示设计流量($Q=300$ m³/h)和小流量($Q=225$ m³/h)工况下叶轮 B 轴面内的轴向速度等值线(左)及轮缘间隙内相对速度矢量分布(右). 为便于对比, 也画出了叶轮 A 小流量工况的速度等值线和相对速度矢量. 对于叶轮 B, 随着流体向叶片出口流去, 轴向速度变得越来越不均匀. 在叶轮轮缘附近, 轴向速度最低; 在轮毂附近, 轴向速度最高. 在设计工况下, 冲角较小, 间隙内流体速度方向与叶片工作面的夹角约为 45°. 在小流量工况下, 冲角增大, 间隙内流体速度方向与叶片工作面的夹角约为 70°.

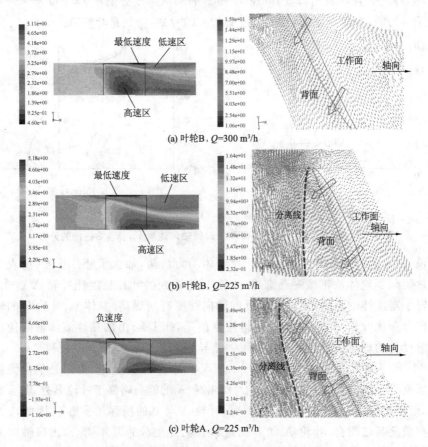

(a) 叶轮B, $Q=300$ m³/h

(b) 叶轮B, $Q=225$ m³/h

(c) 叶轮A, $Q=225$ m³/h

图 11-11　叶轮 A 和 B 的轴向速度在轴面内的分布及叶片轮缘间隙内的相对速度矢量分布

对于叶轮 A,当流量减小到 225 m³/h 时,冲角增大,叶片前半部分的叶片工作面和背面压力差变大,使流体微团流过很短的距离就跨过了间隙,形成射流,间隙内流体速度方向与叶片工作面的夹角变为 90°,速度在轴向的分速度为负值.这个负的分速度是促使叶片流动产生失速、叶轮入口产生回流和扬程曲线出现不稳定段的关键因素.

文献[3]的油膜流谱试验表明,小流量工况下叶片前方的轮壳(机匣)上有一条沿圆周走向的分离线,这条分离线是来流与轮缘间隙的射流汇合而形成的,见图 11-12.这表明,本节揭示的间隙流态与现有试验观察结果是一致的.

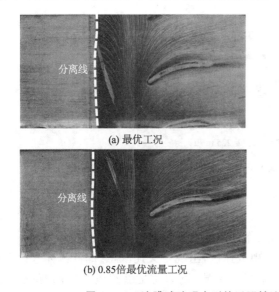
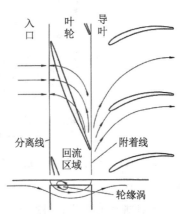

图 11-12　油膜试验观察到的透明轴流泵泵体上的流动迹线[3]

叶轮 B 的轴向速度分布明显比叶轮 A 均匀,轮缘处的轴向速度趋近于负速度.跨轮缘间隙的流动方向与叶片工作面的夹角小于 90°.这表明,叶轮 B 的间隙流动减弱,推迟了失速的产生,减小了间隙的水力损失.这些因素都有利于提高叶轮水力性能.图 11-2 的性能曲线也确实表明叶轮 B 的性能比叶轮 A 优越.

11.2.4　相对速度分布与叶片表面压力系数分布

图 11-13 是叶轮 B 在设计流量($Q=300$ m³/h)和小流量($Q=225$ m³/h)工况下叶片背面相对速度矢量分布,为了便于对比,图中还给出了叶轮 A 小流量工况的相对速度矢量.该叶轮设计工况的速度矢量见图 11-6a.很明显,无论是在设计工况还是在小流量工况,除了轮毂附近很小的区域外,相对速度方向几乎光顺地沿圆周方向分布,无明显的径向流动.叶轮 A 在小流量工况在轮毂附近的叶片头部存在范围不大的径向流动,即二次流.

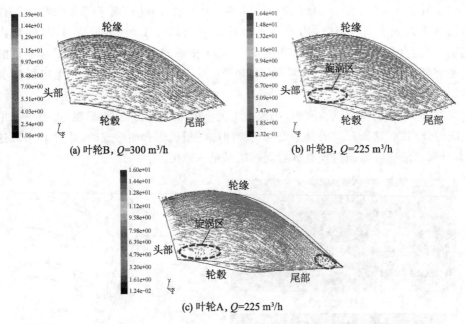

图 11-13　叶轮 A 和 B 在设计流量和小流量工况下叶片背面相对速度矢量分布

图 11-14 是叶轮 B 在设计流量($Q=300\ m^3/h$)和小流量($Q=225\ m^3/h$)工况下叶片工作面相对速度矢量分布,图中还画出了叶轮 A 小流量工况的结果.该叶轮设计工况的速度矢量见图 11-6c.在设计工况下,工作面的相对速度方向是沿圆周方向的,不存在径向流动.但在小流量工况,轮缘附近出现低速区,出现了失速区,这部分流体直接翻过轮缘间隙流到了下一个流道中.在轮毂附近的区域,流动还是沿圆周方向的.在小流量工况,叶轮 A 的工作面低速区比叶轮 B 的大.

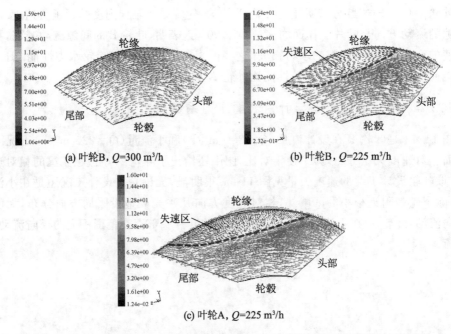

图 11-14　叶轮 A 和 B 在设计流量和小流量工况下叶片工作面相对速度矢量分布

根据图 11-13 和图 11-14,对轴流泵叶轮来说,工作面的流动复杂、不稳定,背面的流动简单、稳定. 在水力设计中,应重点控制工作面的流动.

图 11-15 表示设计流量($Q=300$ m³/h)和小流量($Q=225$ m³/h)工况下,叶轮 A 和 B 的轮缘、中间和轮毂流面上叶片背面和工作面的压力系数分布. 总体上,叶轮 A 的叶片工作面(背面)压力系数高(低)于叶轮 B,也就是说,叶轮 A 的压力差高于叶轮 B. 当 $Q=225$ m³/h 时,由于轮缘附近的叶片后半部分已经失速(见图 11-14b,c),所以压力系数比 $Q=300$ m³/h 时的低,其中轮缘和中间圆柱面上的压力系数明显减小,导致扬程下降. 这与图 11-2a 的扬程曲线和图 11-4a 的势扬程曲线吻合.

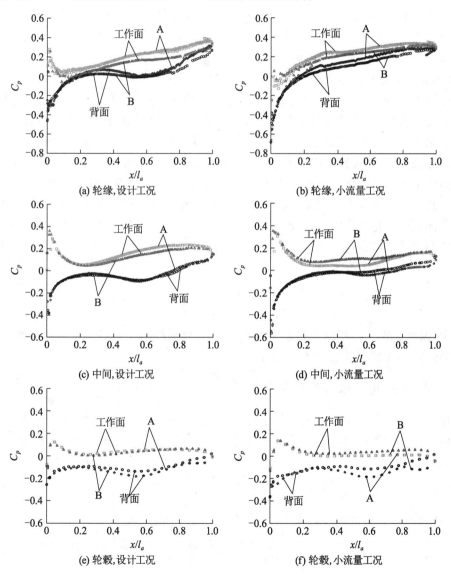

图 11-15 设计流量($Q=300$ m³/h)和小流量($Q=225$ m³/h)工况下叶轮 A 和 B 的轮缘、中间和轮毂流面上叶片背面和工作面的压力系数分布

11.3 空化性能

11.3.1 空化模型选取

为了进一步确认设计的有效性,在设计工况下分别对 2 个叶轮的空化性能进行了计算.为了检验空化模型的可靠性,分别采用 Fluent6.0.12 和 Fluent6.2.16 中的空化模型对置于水洞中的 NACA 4412 和 NACA 66 翼型的空化流动进行了计算.Fluent6.0.12 中的空化模型为文献[4]于 2001 年提出的 Schnerr 和 Sauer 模型,其中单位体积内空化核的数量 n_b、初始空化核直径 d_b 和液体饱和汽化压力 p_V 为模型参数.Fluent6.2.16 中的空化模型为文献[5]于 2002 年提出的全空化模型,其中非凝结气体浓度、液体表面张力和液体饱和汽化压力为模型参数.

计算表明,Fluent6.2.16 中的空化模型收敛性比较差,特别是当空化数较小时,根本无法得到收敛解.尽管该模型中考虑了液体表面张力和液体中非可溶性气体的浓度,以及空化团向下游的对流和扩散特性,但是液体中空化核的初始浓度并没有考虑.

研究表明,对于某种液体来说,空化核的初始浓度(液体中外来物或杂质的浓度)在空化的初生和发展过程中起着至关重要的作用[6],所以该模型可能与空化发生的实际情况不符,于是,本章采用 Fluent6.0.12 的空化模型.在模型中,空化核的初始浓度取决于单位体积内空化核的数量 n_b 和气泡的初始直径 d_b.如果认为初始气泡为球形,那么空化核的初始浓度 α_b 为

$$\alpha_b = \frac{\frac{\pi}{6} d_b^3 n_b}{1 + \frac{\pi}{6} d_b^3 n_b} \tag{11-4}$$

计算中,选取文献[7]中的水洞试验数据 $n_b = 8 \times 10^9$ 个$/m^3$,$d_b = 40\ \mu m$,则初始浓度 $\alpha_b = 0.0268\%$.水温 20 ℃时的汽化压力 $p_V = 2333.15$ Pa.

11.3.2 空化余量和空穴形状

图 11-16 表示设计工况下 2 个叶轮的扬程随空化余量的变化情况.图中标出了扬程下降 3%时叶轮 A 和 B 的必需空化余量 NPSHr 和对应的空化系数 C_b.空化系数 C_b 由下式表示[6]:

$$C_b = \frac{2g\text{NPSHr}}{u_t^2} - \left(\frac{V_1}{u_t}\right)^2 \tag{11-5}$$

式中:V_1 为叶轮入口流体绝对速度;u_t 为轮缘速度;g 为重力加速度.

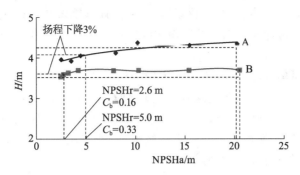

图 11-16 设计工况下叶轮 A 和 B 的扬程随空化余量的变化曲线

很明显,叶轮 A 的必需空化余量比叶轮 B 高得多,并且随空化余量下降的速度比叶轮 B 快得多. 图 11-17a 和图 11-17c 分别表示扬程下降 3% 时叶轮 A 和 B 流道内空化后汽体的体积浓度. 该浓度分布近似表示了空化发生的部位和长度. 在设计工况下,叶片处于正冲角,所以空穴发生在叶片的背面. 叶轮 A 的性能对空化的发生特别敏感.

在图 11-17a 中,叶轮 A 仅在叶轮轮缘附近产生了范围较小的空穴,但扬程已经下降了 3%. 对叶轮 B,扬程下降 3% 时,叶片背面、轮缘和轮毂处的空穴体积浓度都有一定程度的发展. 对比图 11-17b 和图 11-17c,在相同空化系数 $C_b = 0.16$ 条件下,叶轮 A 的空穴长度比叶轮 B 长 70%(轮缘处),同时在叶片的尾部还存在空穴,这时扬程已经下降了 9%. 这表明,叶轮 A 的空化性能比叶轮 B 差.

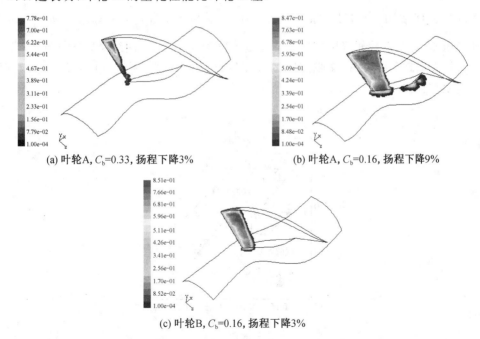

(a) 叶轮A, $C_b = 0.33$, 扬程下降3%　　　(b) 叶轮A, $C_b = 0.16$, 扬程下降9%

(c) 叶轮B, $C_b = 0.16$, 扬程下降3%

图 11-17 叶轮 A 和 B 流道内空化后汽体的体积浓度分布

根据图 11-15a,轮缘处叶轮 A 的压力面压力系数明显高于叶轮 B,而吸力面压力系数明显低于叶轮 B,所以叶轮 A 叶片的流体动力负荷明显高于叶轮 B. 这可能是叶轮 A 对空化特别敏感而导致空化性能不佳的根本原因.

本章的 CFD 计算结果很好地验证了前一章提出的空化余量优化结果,说明提出的优化方法是有效的.需要指出,当空化系数减小时,计算就发散,与文献[8]类似,无法算出空化断裂工况.这可能与所采用的四面体网格和Fluent的空化模型有关,需要进一步探讨.

通常,与轴流风扇叶轮一样,为了加大轮缘处流体通过的流量,轴流泵叶栅稠度沿半径方向是递减的,于是造成了轮缘处的轴向速度比毂处的高,这就容易使小流量工况轮毂处出现回流.在文献[1]中,为了降低轮缘处叶片表面流体压力差,提高NPSHr,叶栅稠度沿半径方向是递增的,于是,在轮缘附近,轴向速度较低,在轮毂附近较高,这与现有的轴流泵叶轮设计思想有所不同.

11.4 滞后的控制与泵运行范围

在本章中,分别采用逐渐关阀和开阀2种方法对性能曲线进行了计算,得到了轴流叶轮性能曲线出现滞后的现象和相应的滞环.除了高比转速蜗壳离心泵[9]和导叶离心泵[10,11]以外,有关通过CFD数值计算得到和分析扬程-流量曲线出现滞后现象的研究成果目前不多[12,13].

文献[14]于20世纪50年代测量到轴流叶轮扬程/压头-流量曲线出现滞后的情形.叶轮叶片数为5,翼型为RAF6E,轮毂比为1/3,叶轮直径为304.8 mm,比转速为1 009,叶片几何径向变化服从自由涡规律.试验表明,滞后现象的出现与叶轮间隙大小有关.图11-18表明,当相对间隙$e=0.5\%$时,叶轮压头系数$\psi\left[\psi=\Delta p/\left(\dfrac{1}{2}\rho u_t^2\right),\Delta p\right.$为叶轮静压差,$u_t$为叶轮轮缘圆周速度$]$-流量系数$\phi(\phi=V_a/u_t)$曲线滞后现象明显;当$e=4.5\%$时,滞后现象消失.在文献[15]的轴流风机试验中,当$e=1\%,1.67\%,3.33\%$时,滞后现象都存在.

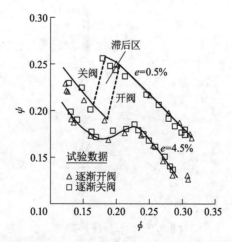

图11-18　2种轮缘间隙下轴流叶轮压头系数-流量系数试验曲线[14]

在滞后区,扬程曲线的斜率为正值,属不稳定的扬程曲线范围.文献[14]认为,不稳定扬程曲线的出现与轮缘处叶片表面流体旋转失速(rotating stall)有关.当轮缘间隙较小时,失速是突然发生的,并产生噪声,扬程曲线出现滞后.随着间隙的增大,失速工况点向大流量移动,滞后现象逐渐消失,但是正斜率并不消失.

另外,滞后现象还与叶栅扩散系数(diffusion factor)有关.图 11-19 为文献[16]研制 Mark 15 火箭液氢输送轴流泵设计的 4 种轴流泵叶轮和导叶.4 种叶轮,即 A,B,C 和 D 的轮毂流面扩散系数分别为 0.58,0.64,0.68 和 0.72,叶片均为美国太空署(NASA)研制的双圆弧叶型(背面和工作面均为圆弧),轮毂比为 0.865,比转速为 257.图 11-20 为这 4 种叶轮和导叶分别组成的 4 个 4 级轴流泵扬程系数与流量系数的试验曲线.随着扩散系数的增加,滞环宽度增大,滞后现象变得严重.在滞环的左侧,扬程系数一直随流量系数的减小而降低,扬程曲线一直处于不稳定状态.这种变化趋势与图 11-18 明显不同.

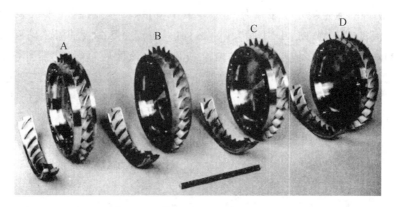

图 11-19 4 种扩散系数不同的轴流叶轮和导叶[16]

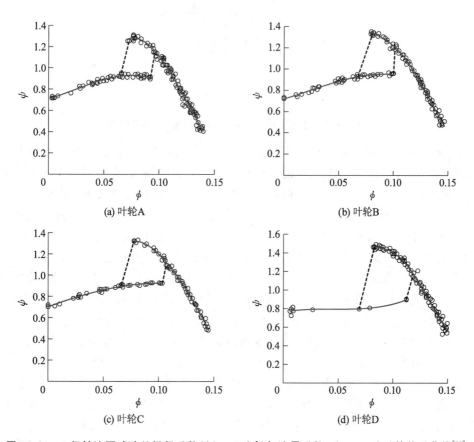

图 11-20 4 级轴流泵试验总扬程系数 $\psi(\psi=gH/u_t^2)$ 与流量系数 $\phi(\phi=V_{a1}/u_t)$ 的关系曲线[16]

本章中,当 $e=1.09\%$ 时,扬程曲线出现了明显的滞后现象.参照文献[17]的试验结果,对图 11-2a 所示的滞后现象可作如下解释:当开阀时,图 11-2a 中扬程出现峰值的点为最后一个不失速的工况,点 3 是开始出现完全失速的工况.扬程峰值点与点 3 之间分别是常规的旋转失速(一个失速团)或间歇性失速工况(旋转失速和完全失速随机交替发生).完全失速以后,扬程曲线斜率为负,转化为稳定曲线.当开阀时,完全失速的工况起始点已经推迟到了点 4.发生推迟的原因,即出现滞后的流体力学原因目前尚不清楚.

试验表明,多级带孔叶片(串列叶栅)轴流泵扬程曲线在小流量工况出现滞后现象[18].滞后出现的流量规定了轴流泵运行的最小流量,即喘振流量.轴流泵运行时流量必须在喘振流量的右侧.图 11-21 是文献[18]中不同转速下多级轴流泵扬程-流量曲线.其中滞环的左侧为失速区或喘振区,轴流泵应避免在该区域运行.在滞环区,文献[18]称之为双稳定区(bi-stable region),流动处于失速的临界状态,因此轴流泵也应避免在该区域运行.在滞环的右侧,已经离开了失速区,扬程曲线基本随流量增加而下降,是轴流泵可运行区域.

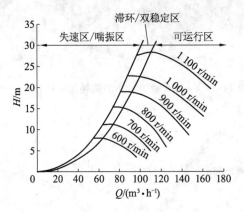

图 11-21　多级轴流泵不同转速下的扬程-流量曲线

目前,消除轴流叶轮扬程曲线不稳定段的方法都是围绕如何控制和阻止叶片前半部分轮缘间隙射流的.如文献[19]的轮缘叶顶的边界层吹排法,文献[20]的安装于叶片前方的防旋环、文献[21]的安装于叶轮前方吸入喇叭口上的径向筋板和文献[22]的射流环(见图 11-22),以及文献[23-27]的开在泵轮壳上的沿圆周均匀分布并靠近叶片前部的一定长度的沟槽等(见图 11-23).这些措施的目的是消除小流量失速工况下,轮缘出现的与叶轮同向旋转,但流向吸入管的流体绝对速度的圆周分速度.

在叶片内置防旋环中,直叶片布置于防旋环与轮毂之间.在失速工况下,流体从防旋环与泵体之间的间隙流出,然后沿防旋环流回叶轮,防旋环内的直叶片可以消除流体的圆周分速度.在正常工况下,流体从防旋环与泵体之间的间隙流入叶轮内.内置叶片防旋环能改善扬程的不稳定程度,但不能彻底消除扬程不稳定现象,同时略引起非失速正常工况下扬程的下降[20].

在叶片外置防旋环中,周向弯曲叶片布置于防旋环与泵体之间.在失速工况下,流体从防旋环与泵体之间的叶栅流出,圆周速度分量被消除,然后沿防旋环与轮毂之间的空腔流回叶轮.在正常工况下,流体从防旋环与泵体之间的叶栅流入叶轮内,但产生了与叶轮转向相反的绝对速度圆周分速度,有提高扬程的作用.叶片外置防旋环能彻底消除扬程不稳定现象,也能提高其他工况下泵的水力性能[20].

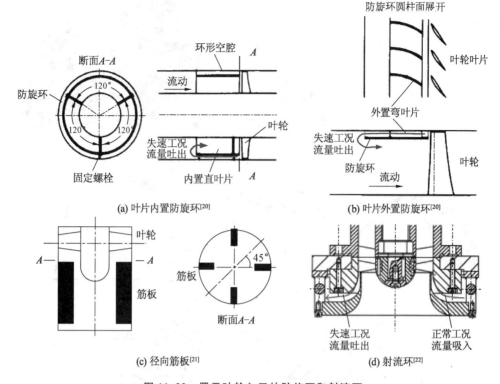

图 11-22　置于叶轮入口的防旋环和射流环

在失速工况下,流体从射流环流到泵外,排除了带圆周分速度流体对叶轮扬程的影响.在正常工况,流体从射流环流入叶轮.射流环能改善扬程的不稳定程度,也能小幅度提高其他工况下的轴流泵水力性能,但不能彻底消除扬程不稳定现象[22].

在图 11-23a 中,花键型沟槽加工在叶轮入口泵体壁面内侧,一部分与叶片前半部分重叠.在图 11-23b 中,在叶轮进口轮缘处放置一个节流环,花键型沟槽加工在节流环上.在图 11-23c 中,花键型沟槽加工在叶轮入口泵体壁面内侧,但离叶轮进口有一段距离.这些沟槽的作用是增加泵体壁面粗糙度,消除轮缘附近回流流体绝对速度的圆周分速度.节流环有阻止回流区向吸入管上游延伸的作用,与加工在圆柱面上的沟槽相比,有较好的消除失速负作用的效果.

进口泵体沟槽可以彻底消除扬程不稳定现象,但仅能提高小流量失速工况轴流泵的水力性能.在非失速正常工况下,沟槽会增加泵内部流动水力损失,降低泵效率(1‰～2‰)[23].

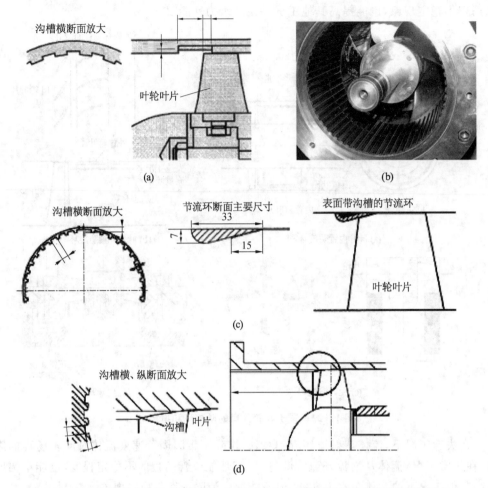

图 11-23 在泵体上靠近叶片轮缘入口处加工出来的矩形断面沟槽(图中带箭头的尺寸为关键尺寸)[23-26]

最后,采用对旋(contra-rotating)轴流泵可以完全消除扬程不稳定现象. 对旋轴流泵是 21 世纪初日本学者受船用对旋螺旋桨[28]启发而提出的新型轴流泵结构. 实际上最早的关于多级对旋轴流压缩机的设计和试验发表于 1942 年[29]. 对旋轴流泵有 2 个转向完全相反的叶轮,简称前轮和后轮,并且两轮之间没有导叶. 根据驱动方式的差别,对旋轴流泵有图 11-24 所示的 2 种结构. 第一种是前、后两轮分别由一台特殊交流电动机的定子和转子通过套筒轴和实心轴驱动. 该驱动方式由文献[30]提出,特殊交流电动机的定子是活动的,当定子有交流电通过时,交流电诱导的旋转磁场使定子和转子之间的扭矩大小相等、方向相反,因此两者按相反的方向旋转. 两者转速与同步转速之间仅差滑差率. 虽然这种驱动方式结构紧凑,但前、后轮的转速完全由两者的工况决定,外界无法控制.

第二种是前、后两轮分别由各自的驱动轴独立驱动,文献[31-41]中的轴流泵皆采用这种驱动方式. 该驱动方式结构笨重,两轮转速不可调.

日本电业社机械公司将对旋轴流泵产业化,生产了图 11-24c 所示的品名为 V-Acro、口径为 300 mm 的立式对旋轴流泵[40]. 该泵的设计流量为 14 m³/min,单级扬程为 4.8 m,

两轮转速同为 1 000 r/min,比转速为 542.在泵的上部安装减速比为 1∶1.5 的减速机,其中的两个输出轴分别与外侧的套筒轴和内侧的实心轴相连,以便驱动后轮和前轮.套筒轴和实心轴之间的环形空间充满 32 号透平油来润滑两者之间的轴承.

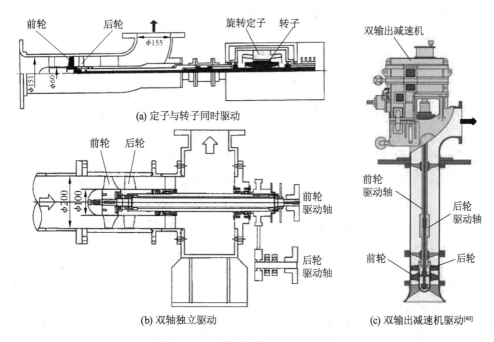

图 11-24　对旋轴流泵叶轮驱动型式

图 11-25 是根据文献[40]的试验数据绘制的该泵的性能曲线.为了对比,还画出了比转速(566)相近的混流泵的性能曲线.由图可见,对旋轴流泵的扬程不稳定现象消失了.文献[30]的试验表明,在小流量工况下,由于进口出现回流,前轮的扬程曲线是有不稳定现象的,但后轮进口从不出现回流,其扬程曲线始终没有不稳定现象,所以两级合起来的总扬程没有不稳定现象.

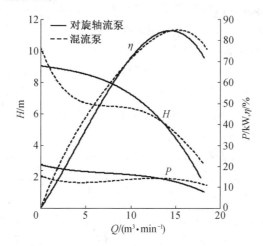

图 11-25　立式对旋轴流泵和混流泵性能曲线对比

对旋轴流泵能否消除扬程不稳定性取决于前、后轮的叶片水力设计和转速控制.一一般情况下,后轮叶片弦长比前轮叶片长,见图 11-26a,以减轻叶片压力负荷,避免叶片表面流动分离,以便在小流量工况维持较高的扬程,消除扬程不稳定性,文献[30]的试验结果证实了这一点.图 11-26b 是后轮叶片弦长比前轮叶片短的情况.这时,叶片压力负荷高,在小流量工况下,容易引起流动分离,后轮产生的扬程小,无法消除扬程不稳定性.文献[32,34,35,41]采用的就是这种水力设计方案,结果无法消除扬程不稳定现象.

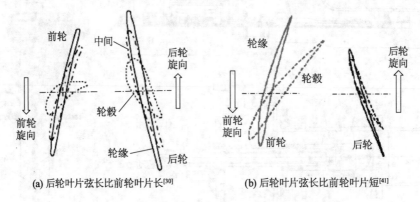

(a) 后轮叶片弦长比前轮叶片长[30]　　(b) 后轮叶片弦长比前轮叶片短[41]

图 11-26　2 种对旋轴流泵前、后叶轮水力设计方案对比

另外,文献[31,42]试图通过单独调整后轮和调整前、后两轮的转速来消除小流量工况扬程不稳定现象,遗憾的是这种方法无法完全消除扬程不稳定性,而且该方法将增加泵制造成本.因此,要想彻底消除对旋轴流泵扬程不稳定现象,就必须从前、后叶轮水力设计上着手.

参考文献

[1] 李文广. 轴流泵必需汽蚀余量的优化方法. 水泵技术,2008(1):5-10.

[2] Scheer D D, Huppert M C, Viteri F, et al. Liquid Rocket Engine Axial-Flow Turbopumps. NASA SP-8125,1978:19-20.

[3] Bross S, Brodersen S, Saathoff H, et al. Experimental and Theoretical Investigation of the Tip Clearance Flow in an Axial Flow Pump. Proceedings of the 2nd European Conference on Turbomachinery-Fluid Dynamics and Thermodynamics,1997:357-364.

[4] Schnerr G H, Sauer J. Physical and Numerical Modeling of Unsteady Cavitation Dynamics. Proceedings of the 4th International Conference on Multiphase Flow, 2001.

[5] Singhal A K, Athavale M M, Li H, et al. Mathematical Basis and Validation of the Full Cavitation Model. ASME Journal of Fluids Engineering, 2002, 124(3):617-624.

[6] Brennen C E. Hydrodynamics of Pumps. Oxford:Oxford University Press,

1994: 77-83.

[7] Kubota A, Kato H, Yamaguchi H. A New Modelling of Cavitating Flows: A Numerical Study of Unsteady Cavitation on a Hydrofoil Section. Journal of Fluid Mechanics, 1992, 240: 59-96.

[8] Dupont P, Okamura T. Cavitating Flow Calculations in Industry. International Journal of Rotating Machinery, 2003, 9: 163-170.

[9] Kaupert K A, Holbein P, Staubli T. A First Analysis of Flow Field Hysteresis in a Pump Impeller. ASME Journal of Fluids Engineering, 1996, 118(4): 685-691.

[10] Iino M, Tanaka K, Miyagawa K, et al. Numerical Analysis of 3D Internal Flow with Unstable Phenomena in a Centrifugal Pump. Proceedings of the 7th Asian International Conference on Fluid Machinery, 2003: 1-8.

[11] Braun O, Avellan F, Dupont P. Unsteady Numerical Simulations of the Flow Related to the Unstable Energy-Discharge Characteristic of a Medium Specific Speed Double Suction Pump. Proceedings of the FEDSM2007, 2007: 1-7.

[12] Li W G. Verifying Performance of Axial-Flow Pump Impeller with Low NPSHr by Using CFD. Engineering Computations, 2011, 28(5): 557-577.

[13] 李文广. 轴流泵扬程曲线滞后现象的CFD解析. 水泵技术, 2010(6): 12-17.

[14] Hutton S P. Three-Dimensional Motion in Axial-Flow Impellers. Proceedings of IMechE, 1956, 170: 863-873.

[15] Tanaka S, Murata S. On the Partial Flow Rate Performance of Axial-Flow Compressor and Rotating Stall (1st Report, Influences of Hub-Tip Ratio and Stators). Bulletin of JSME, 1975, 18(117): 256-263.

[16] Huppert M C, Rothe K. Axial Pumps for Propulsion Systems, Fluid Mechanics, Acoustics and Design of Turbomachinery—Part II. NASA SP-304, 1974: 629-654.

[17] Tanaka S, Murata S. On the Partial Flow Rate Performance of Axial-Flow Compressor and Rotating Stall (2nd Report, Influences of Impeller Load and a Study of the Mechanism of Unsteady Performances). Bulletin of JSME, 1975, 18(117): 264-271.

[18] Sheets H E, Brancart C P. A Multi-Stage Slotted Blade Axial Flow Pump. ASME Journal of Engineering for Power, 1966, 88(2): 105-110.

[19] Koch C C. Experimental Evaluation of Outer Case Blowing or Bleeding of Single Stage Axial Flow Compressor. Part VI—Final Report. NASA CR-54592, 1970: 19-20.

[20] Tanaka S, Murata S. On the Partial Flow Rate Performance of Axial-Flow Compressor and Rotating Stall (3rd Report, On the Devices for Improving the Unsteady Performances and Stall Condition). Bulletin of JSME, 1975,

18(125)：1277-1284.

[21] 杨华,孙丹丹,汤方平,等.叶轮进口挡板改善轴流泵非稳定工况性能研究.农业机械学报,2012,43(11):138-141.

[22] Flores P P, Kosyna G, Wulff D. Suppression of Performance Curve Instability of an Axial-Flow Pump by Using a Double-Inlet-Nozzle. International Journal of Rotating Machinery, 2008: 1-7.

[23] 長原孝英,真鍋明,向井寬,他. Jグルーブを用いた軸流ポンプの不安定性能の抑制. ターボ機械, 2003, 31(10): 614-622.

[24] Jaberg H. Modifying Unstable Headcurves of Swept and Unswept Pump Bladings by Means of Casing Treatment. Proceedings of IMechE, Part A: Journal of Power and Energy, 2012, 226(4): 479-488.

[25] 黒川淳一,松井純,馬場淑郎,他. J-Grooveによる軸流ポンプの不安定性能と吸込み性能の向上. ターボ機械, 2007, 35(12):33-40.

[26] Goltz I, Kosyna G, Delgado A. Eliminating the Head Instability of an Axial-Flow Pump Using Axial Grooves. Proceedings of IMechE, Part A: Journal of Power and Energy, 2013, 227(2): 206-215.

[27] 冯建军,杨寇帆,朱国俊,等.进口管壁面轴向开槽消除轴流泵特性曲线驼峰.农业工程学报,2018,34(13):105-112.

[28] 中村成充,太田徹造,米倉克己. 大型船用二重反転プロペラシステムの開発. 日本舶用機関学会誌, 1991, 26(4):174-180.

[29] Baxter A D, Smith C W R. Contra-Flow Turbo-Compressor Tests. ARC RM-2607, 1942: 1-42.

[30] 金元敏明,木村臣吾,大場慎,他. 相反転方式による軸流ポンプ性能のスマートコントロール：第1報,モータの反トルクを利用する相反転方式の提案と性能の確認. 日本機械学会論文集B編, 2000, 66(651): 2927-2933.

[31] 大嶋政夫,武田和仁. 二段反転軸流ポンプの性能に関する研究. ターボ機械, 2001, 29(8): 482-489.

[32] 古川明徳,曹銀春,大熊九州男,他. 二重反転形軸流ポンプに関する実験的基礎研究. 日本機械学会論文集B編, 2001, 67(657): 1184-1190.

[33] 古川明徳,重光亨,高野倫矢,他. 二重反転形軸流ポンプの気液二相流性能と後段翼車の回転数制御. 日本機械学会論文集B編, 2005, 71(708): 2047-2052.

[34] 古川明徳,高野倫矢,重光亨,他. 二重反転形軸流ポンプのケーシング壁面静圧計測と翼列間干渉. 日本機械学会論文集B編, 2005, 71(711): 2710-2716.

[35] 重光亨,古川明徳,大熊九州男,他. 二重反転形軸流ポンプの後段翼車設計に関する実験的考察. ターボ機械, 2003, 31(2): 84-90.

[36] 宇佐見聡,百崎晋平,渡邉聡,他. 二重反転形軸流ポンプの部分流量域に

おける内部流れと限界流線観察. ターボ機械, 2010, 38(7): 436-443.

[37] 王德军, 周蕙忠, 黄志勇, 等. 对旋式轴流泵全流道三维定常紊流场的数值模拟. 清华大学学报, 2003, 43(10): 1339-1342.

[38] 王德军, 周蕙忠, 黄志勇. 对旋式轴流泵叶轮水力性能的研究. 核动力工程, 2004, 25(1): 59-61.

[39] 王德军, 周蕙忠, 黄志勇, 等. 对旋式轴流泵全流道三维非定常紊流场的数值模拟. 工程力学, 2004, 21(3): 150-154.

[40] 富松重行, 吉野眞, 野村忠充. 減速機搭載型二重反転式立軸軸流ポンプ. 電業社機械, 2005, 29(1): 11-14.

[41] Cao L, Watanabe S, Honda H, et al. Experimental Investigation of Blade-to-Blade Pressure Distribution in Contra-Rotating Axial Flow Pump. International Journal of Fluid Machinery and Systems, 2014, 7(4): 130-141.

[42] 百崎晋平, 宇佐見聡, 渡邉聡, 他. 二重反転形軸流ポンプの回転数制御に関する実験的考察. ターボ機械, 2011, 39(2): 119-125.

附录1　圆弧翼型平面直列叶栅水洞试验资料

目前,孤立翼型或平面直列叶栅风洞试验所使用的翼型大多为航空翼型,有关这方面的试验资料在轴流泵的相关论文、教科书和专著中有很多涉及和介绍,此处不再叙述.

有关航空翼型的水洞试验分别见文献[1-8],如文献[1]的 Clark Y,NACA 23012,Munk 6 和单圆弧翼 Kreisschnitt;文献[2]的带孔 Clark Y 翼型;文献[3]的 4 种厚度比的 Clark Y 翼型;文献[4]的 4 种 Clark Y 翼型的改进翼型 X;文献[5]的 Clark Y,Clark YH,RAF 6 翼型;文献[6]的 NACA4312,4521,6512,23012;文献[7]的 NACA6512;文献[8]的 NACA4412 和 Walchner 7.

有关航空翼型组成的平面直列叶栅的水洞试验分别见文献[9-13],如文献[9]的 Clark Y,Clark YH 和 Ogival;文献[10]的 NK10156,NY0156;文献[11]的 NM0298,NY0198 和 Clark Y8 等翼型分别组成的叶栅.

实践表明:圆弧翼也可以用于轴流泵叶片设计[14-19].尽管圆弧翼的升力稍逊色于现有航空翼型,但因圆弧翼有比较尖的头部,翼型前半部分的流体动力负荷较轻,形状简单,加工方便,故圆弧翼将来有望在轴流泵叶片设计中有较多应用.

目前,圆弧翼型平面直列叶栅的水洞试验研究较少,仅文献[20,21]分别对双圆弧翼型和多圆弧翼型组成的平面直列叶栅进行过系统的水洞试验.试验内容包括测量叶栅上、下游的流体速度分量、静压力和总压,以及空化形态的观察,根据测量结果计算了流体转向角和落后角、总压损失系数、压降系数、叶栅动量损失厚度、叶栅扩散系数和空化消失临界空化数,并画出了最小总压损失系数工况下冲角、落后角与进口角、叶栅稠度之间的关系曲线.试验时,5 个翼型组成一个平面直列叶栅,进口来流方向不动,翼型可以同步绕各自的枢轴转动以调整冲角的大小.进口来流方向与 5 个枢轴中心连线所形成的叶栅列线的夹角也固定不动.试验时,此夹角分别为 15°,20°,30°和 40°,以模拟轮缘到轮毂的安放角的变化.另外,试验时,流动雷诺数为 5×10^5;空化过程中,空气在水中的溶解浓度保持 3×10^{-6}.

试验用双圆弧翼型的吸力面和压力面各自由不同半径的一段圆弧生成,最大翼型厚度 t 与翼弦长度 l 的百分比 t/l 分别为 6% 和 10%,位于 50% 弦长处.翼型骨线也是单圆弧,其转向角(拱角,camber angle)分别为 0°,10°,20°,25°,30°,40°和 45°.前缘和后缘倒圆半径皆为弦长的 0.1%.吸力面和压力面相对于翼弦长度的横、纵坐标 $x/l, y/l$ 分别见表 1 和表 2.

试验用多圆弧翼型的吸力面和压力面各自由不同半径的两段圆弧生成,最大翼型相对厚度为 $t/l=6\%$,位于 60% 弦长处.骨线为 NACA 四位数翼型的抛物线型骨线,最大拱度位于 60% 弦长处,前缘和后缘半径亦皆为弦长的 0.1%.吸力面的前一段圆弧分别切于前缘倒圆和 60% 弦长处的水平线,吸力面的后一段圆弧分别切于后缘倒圆和 60% 弦长处的水平线.压力面的圆弧生成方法类似于吸力面.吸力面和压力面相对于翼弦长度的横、纵坐标 $x/l, y/l$ 见表 3.

表 1 双圆弧翼型吸力面和压力面表面坐标（$t/l=6\%$）

$x/l/\%$	① $y/l, \theta_b=0°$ 吸力面	压力面	② $y/l, \theta_b=10°$ 吸力面	压力面	③ $y/l, \theta_b=20°$ 吸力面	压力面	④ $y/l, \theta_b=25°$ 吸力面	压力面	⑤ $y/l, \theta_b=30°$ 吸力面	压力面	⑥ $y/l, \theta_b=40°$ 吸力面	压力面	⑦ $y/l, \theta_b=45°$ 吸力面	压力面
0.00	0.10	-0.10	0.10	-0.10	0.10	-0.10	0.10	-0.10	0.10	-0.10	0.10	-0.10	0.10	-0.10
8.33	0.93	-0.93	1.62	-0.23	2.29	0.42	2.64	0.79	3.00	1.10	4.48	1.17	4.15	2.15
16.67	1.67	-1.67	2.92	-0.42	4.14	0.76	4.76	1.41	5.41	2.00	7.95	2.12	7.41	3.89
25.00	2.23	-2.23	3.94	-0.58	5.56	1.03	6.40	1.89	7.25	2.69	10.58	2.87	9.87	5.23
33.33	2.67	-2.67	4.65	-0.68	6.57	1.22	7.55	2.20	8.55	3.19	12.40	3.40	11.59	6.19
41.67	2.90	-2.90	5.09	-0.76	7.18	1.33	8.24	2.40	9.33	3.48	13.49	3.72	12.61	6.76
50.00	3.00	-3.00	5.23	-0.77	7.38	1.38	8.47	2.47	9.58	3.58	13.84	3.82	12.95	6.95
58.33	2.90	-2.90	5.09	-0.76	7.18	1.33	8.24	2.40	9.33	3.48	13.49	3.72	12.61	6.76
66.67	2.67	-2.67	4.65	-0.68	6.57	1.22	7.55	2.20	8.55	3.19	12.40	3.40	11.59	6.19
75.00	2.23	-2.23	3.94	-0.58	5.56	1.03	6.40	1.89	7.25	2.69	10.58	2.87	9.87	5.23
83.33	1.67	-1.67	2.92	-0.42	4.14	0.76	4.76	1.41	5.41	2.00	7.95	2.12	7.41	3.89
91.67	0.93	-0.93	1.62	-0.23	2.29	0.42	2.64	0.79	3.00	1.10	4.48	1.17	4.15	2.15
100.00	0.10	-0.10	0.10	-0.10	0.10	-0.10	0.10	-0.10	0.10	-0.10	0.10	-0.10	0.10	-0.10

注：x—横坐标，y—纵坐标，t—翼型最大厚度，l—翼型弦长。

表 2　双圆弧翼型吸力面和压力面表面坐标（$t/l=10\%$）

$x/l/\%$	① y/l, $\theta_b=0°$		② y/l, $\theta_b=10°$		③ y/l, $\theta_b=20°$		④ y/l, $\theta_b=25°$	
	吸力面	压力面	吸力面	压力面	吸力面	压力面	吸力面	压力面
0.00	0.10	−0.10	0.10	−0.10	0.10	−0.10	0.10	−0.10
8.33	1.53	−1.53	2.94	−0.19	3.67	0.48	4.48	1.17
16.67	2.80	−2.80	5.29	−0.35	6.58	0.88	7.95	2.12
25.00	3.77	−3.77	7.09	−0.47	8.80	1.18	10.58	2.87
33.33	4.43	−4.43	8.37	−0.55	10.35	1.40	12.40	3.40
41.67	4.87	−4.87	9.12	−0.61	11.27	1.54	13.49	3.72
50.00	5.00	−5.00	9.38	−0.62	11.58	1.58	13.84	3.82
58.33	4.87	−4.87	9.12	−0.61	11.27	1.54	13.49	3.72
66.67	4.43	−4.43	8.37	−0.55	10.35	1.40	12.40	3.40
75.00	3.77	−3.77	7.09	−0.47	8.80	1.18	10.58	2.87
83.33	2.80	−2.80	5.29	−0.35	6.58	0.88	7.95	2.12
91.67	1.53	−1.53	2.94	−0.19	3.67	0.48	4.48	1.17
100.00	0.10	−0.10	0.10	−0.10	0.10	−0.10	0.10	−0.10

注：x—横坐标，y—纵坐标，t—翼型最大厚度，l—翼型弦长.

不同相对厚度比的双圆弧和多圆弧翼的典型形状以及冲角、骨线转向角和落后角的定义见图 1. 此处有 2 个冲角，一个是进口来流方向与翼弦的夹角 $\Delta\beta_c$，即空气动力学中的机翼冲角（angle of attack），这是表观冲角，不是实际冲角；另一个是实际冲角 $\Delta\beta$，它是进口来流方向与前缘处骨线切线方向的夹角，文献[20,21]称之为入射角（incidence）.

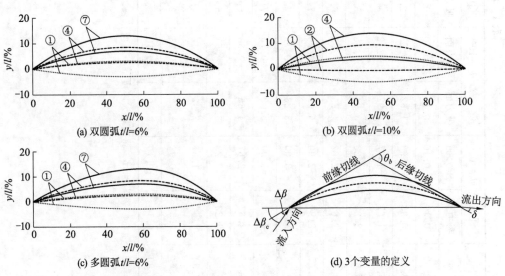

图 1　双圆弧和多圆弧翼的 3 个典型形状以及冲角、骨线转向角和落后角的定义

表 3　多圆弧翼型吸力面和压力面表面坐标（$t/l=6\%$）

$x/l/\%$	① y/l, $\theta_b=0°$		② y/l, $\theta_b=10°$		③ y/l, $\theta_b=20°$		④ y/l, $\theta_b=25°$		⑤ y/l, $\theta_b=30°$		⑥ y/l, $\theta_b=40°$		⑦ y/l, $\theta_b=45°$	
	吸力面	压力面	吸力面	压力面	吸力面	压力面	吸力面	压力面	吸力面	压力面	吸力面	压力面	吸力面	压力面
0.00	0.10	−0.10	0.10	−0.10	0.10	−0.10	0.10	−0.10	0.10	−0.10	0.10	−0.10	0.10	−0.10
6.67	0.71	−0.71	0.97	−0.22	1.63	0.17	1.83	0.40	2.08	0.63	2.58	1.17	2.85	1.38
13.33	1.25	−1.25	2.17	−0.40	2.93	0.40	3.40	0.85	3.82	1.28	4.78	2.30	5.27	2.70
20.00	1.67	−1.67	2.90	−0.53	4.05	0.67	4.67	1.28	5.33	1.88	6.63	3.22	7.33	3.87
26.67	2.08	−2.08	3.57	−0.63	5.07	0.87	5.80	1.60	6.67	2.42	8.23	4.17	9.07	4.83
33.33	2.41	−2.41	4.10	−0.73	5.80	0.97	6.73	1.88	7.67	2.82	9.52	4.67	10.48	5.62
40.00	2.67	−2.67	4.57	−0.80	6.43	1.08	7.45	2.08	8.45	3.10	10.50	5.15	11.60	6.23
46.67	2.85	−2.85	4.87	−0.87	6.92	1.20	7.98	2.26	9.03	3.30	11.23	5.50	12.40	6.67
53.33	2.96	−2.96	5.03	−0.88	7.17	1.22	8.27	2.32	9.38	3.40	11.60	5.70	12.87	6.93
60.00	3.00	−3.00	5.10	−0.90	7.24	1.24	8.34	2.34	9.45	3.45	11.78	5.78	13.01	7.01
66.67	2.92	−2.92	4.95	−0.87	7.05	1.18	8.13	2.28	9.25	3.37	11.42	5.63	12.67	6.82
73.33	2.67	−2.67	4.55	−0.80	6.43	1.10	7.47	2.09	8.55	3.20	10.53	5.13	11.65	6.20
80.00	2.27	−2.27	3.90	−0.70	5.48	0.88	6.37	1.73	7.23	2.63	8.93	4.32	9.93	5.25
86.67	1.71	−1.71	2.92	−0.58	4.13	0.63	4.79	1.25	5.37	1.85	6.73	3.15	7.47	3.87
93.33	1.00	−1.00	1.67	−0.37	2.37	0.30	2.73	0.63	3.00	0.93	3.82	1.67	4.22	2.00
100.00	0.10	−0.10	0.10	−0.10	0.10	−0.10	0.10	−0.10	0.10	−0.10	0.10	−0.10	0.10	−0.10

注：x—横坐标，y—纵坐标，t—翼型最大厚度，l—翼型弦长。

图 2 表示相对厚度 $t/l=6\%$ 条件下,从双圆弧翼型平面直列叶栅试验数据中得到的最小总压损失系数工况无拱度时的实际冲角 $\Delta\beta_0^*$、出口落后角 δ_0^* 以及它们分别对骨线转向角的导数 $\mathrm{d}\Delta\beta^*/\mathrm{d}\theta_b$, $\mathrm{d}\delta^*/\mathrm{d}\theta_b$ 随进口液流角 β_1 的变化曲线[20].

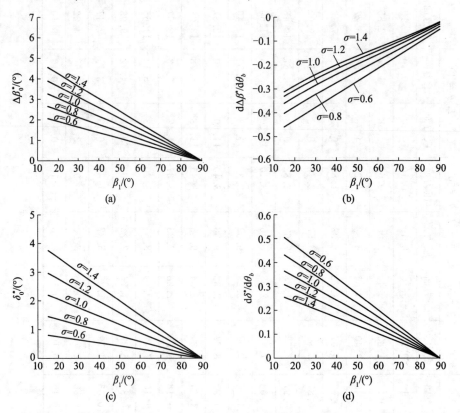

图 2 双圆弧翼型平面直列叶栅最小总压损失系数工况下实际冲角 $\Delta\beta_0^*$、出口落后角 δ_0^* 以及它们分别对骨线转向角的导数 $\mathrm{d}\Delta\beta^*/\mathrm{d}\theta_b$, $\mathrm{d}\delta^*/\mathrm{d}\theta_b$ 随进口液流角 β_1 的变化曲线($t/l=6\%$)

为了便于应用,对这些曲线进行了拟合,有拱度双圆弧翼型平面直列叶栅的最小总压损失系数工况下的实际冲角可表示为

$$\Delta\beta^* = \Delta\beta_0^* + \frac{\mathrm{d}\Delta\beta^*}{\mathrm{d}\theta_b}\theta_b \tag{1}$$

其中 $\Delta\beta_0^*$ 为相同翼型剖面无拱度的最小总压损失系数工况下的冲角,$\Delta\beta_0^*$ 和导数 $\mathrm{d}\Delta\beta^*/\mathrm{d}\theta_b$ 与叶栅稠度 σ 和进口液流角 β_1 有关,拟合后的这 2 个变量的经验公式为

$$\begin{cases} \Delta\beta_0^*(\beta_1,\sigma) = a(\sigma)\beta_1 + b(\sigma) \\ a(\sigma) = -4.177\,4\times 10^{-2}\sigma - 1.929\,2\times 10^{-3} \\ b(\sigma) = 3.759\,79\sigma + 0.173\,62 \end{cases} \tag{2}$$

和

$$\begin{cases} \dfrac{\mathrm{d}\Delta\beta^*}{\mathrm{d}\theta_b}=a(\sigma)\beta_1^3+b(\sigma)\beta_1^2+c(\sigma)\beta_1+d(\sigma) \\ a(\sigma)=7.241\ 7\times10^{-7}\sigma^3-2.779\ 6\times10^{-6}\sigma^2+3.631\ 9\times10^{-6}\sigma-1.333\ 9\times10^{-6} \\ b(\sigma)=1.788\ 5\times10^{-4}\sigma^4-8.651\ 5\times10^{-4}\sigma^3+1.592\ 6\times10^{-3}\sigma^2- \\ \qquad\quad 1.348\ 8\times10^{-3}\sigma+3.996\ 5\times10^{-4} \\ c(\sigma)=7.740\ 6\times10^{-3}\sigma^3-2.651\ 1\times10^{-2}\sigma^2+3.023\ 7\times10^{-2}\sigma-4.822\ 8\times10^{-3} \\ d(\sigma)=-1.278\ 2\times10^{-1}\sigma^2+4.293\ 5\times10^{-1}\sigma-7.529\ 6\times10^{-1} \end{cases} \quad (3)$$

同样地，在最小总压损失系数工况下，有拱度双圆弧翼型平面直列叶栅的落后角也可表示为

$$\delta^*=\delta_0^*+\dfrac{\mathrm{d}\delta^*}{\mathrm{d}\theta_b}\theta_b \tag{4}$$

其中 δ_0^* 为相同翼型剖面无拱度的最小总压损失系数工况下的落后角，δ_0^* 和导数 $\mathrm{d}\delta^*/\mathrm{d}\theta_b$ 与叶栅稠度 σ 和进口液流角 β_1 有关，拟合后的经验公式为

$$\begin{cases} \delta_0^*(\beta_1,\sigma)=a(\sigma)\beta_1+b(\sigma) \\ a(\sigma)=-4.940\ 0\times10^{-2}\sigma+1.964\ 0\times10^{-2} \\ b(\sigma)=4.446\ 0\sigma-1.767\ 6 \end{cases} \quad (5)$$

和

$$\begin{cases} \dfrac{\mathrm{d}\delta^*}{\mathrm{d}\theta_b}=a(\sigma)\beta_1+b(\sigma) \\ a(\sigma)=-1.214\ 5\times10^{-3}\sigma^2+6.577\ 5\times10^{-3}\sigma-1.022\ 8\times10^{-2} \\ b(\sigma)=1.092\ 5\times10^{-1}\sigma^2-5.918\ 7\times10^{-1}\sigma+9.204\ 3\times10^{-1} \end{cases} \quad (6)$$

图 3 表示相对厚度 $t/l=10\%$ 条件下，从双圆弧翼型平面直列叶栅的试验数据中得到的最小总压损失系数工况无拱度时的实际冲角 $\Delta\beta_0^*$、出口落后角 δ_0^* 以及它们分别对骨线转向角的导数 $\mathrm{d}\Delta\beta^*/\mathrm{d}\theta_b$，$\mathrm{d}\delta^*/\mathrm{d}\theta_b$ 随进口液流角 β_1 的变化曲线[20]。采用同样的方法，得到下面计算实际冲角所用的两个拟合经验公式：

$$\begin{cases} \Delta\beta_0^*(\beta_1,\sigma)=a(\sigma)\beta_1+b(\sigma) \\ a(\sigma)=1.983\ 3\times10^{-2}\sigma^3-7.948\ 2\times10^{-2}\sigma^2+3.498\ 1\times10^{-2}\sigma-2.759\ 1\times10^{-2} \\ b(\sigma)=-1.786\ 5\sigma^3+7.157\ 8\sigma^2-3.152\ 5\sigma+2.484\ 4 \end{cases} \quad (7)$$

和

$$\begin{cases} \dfrac{\mathrm{d}\Delta\beta^*}{\mathrm{d}\theta_b}=a(\sigma)\beta_1^3+b(\sigma)\beta_1^2+c(\sigma)\beta_1+d(\sigma) \\ a(\sigma)=-7.049\ 0\times10^{-7}\sigma^3+2.781\ 6\times10^{-6}\sigma^2-4.049\ 3\times10^{-6}\sigma+2.689\ 7\times10^{-6} \\ b(\sigma)=1.205\ 3\times10^{-4}\sigma^3-5.088\ 8\times10^{-4}\sigma^2+7.666\ 4\times10^{-4}\sigma-5.074\ 2\times10^{-4} \\ c(\sigma)=-4.802\ 1\times10^{-3}\sigma^3+2.551\ 3\times10^{-2}\sigma^2-4.475\ 3\times10^{-2}\sigma+3.461\ 4\times10^{-2} \\ d(\sigma)=-3.946\ 4\times10^{-1}\sigma^2+1.168\ 4\sigma-1.253\ 8 \end{cases}$$
$$(8)$$

同样，对于落后角，有下列拟合的经验公式：

$$\begin{cases} \delta_0^*(\beta_1,\sigma)=a(\sigma)\beta_1+b(\sigma) \\ a(\sigma)=-4.115\ 7\times10^{-2}\sigma-1.240\ 5\times10^{-3} \\ b(\sigma)=3.704\ 1\sigma+1.116\ 7\times10^{-1} \end{cases} \quad (9)$$

和

$$\begin{cases} \dfrac{\mathrm{d}\delta^*}{\mathrm{d}\theta_b} = a(\sigma)\beta_1 + b(\sigma) \\ a(\sigma) = 1.949\ 0\times 10^{-3}\sigma^3 - 7.559\ 2\times 10^{-3}\sigma^2 + 1.135\ 7\times 10^{-2}\sigma - 1.071\ 0\times 10^{-2} \\ b(\sigma) = -1.753\ 1\times 10^{-1}\sigma^3 + 6.800\ 4\times 10^{-1}\sigma^2 - 1.021\ 9\sigma + 9.637\ 7\times 10^{-1} \end{cases}$$

(10)

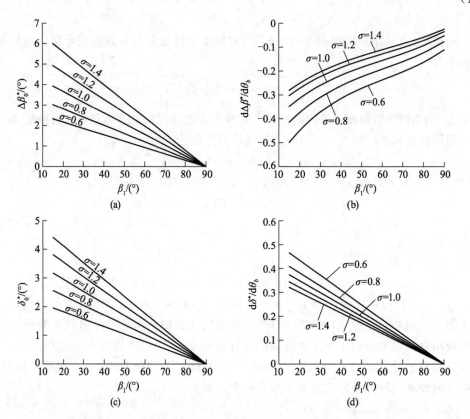

图 3　双圆弧翼型平面直列叶栅最小总压损失系数工况下实际冲角 $\Delta\beta_0^*$、出口落后角 δ_0^* 以及它们分别对骨线转向角的导数 $\mathrm{d}\Delta\beta^*/\mathrm{d}\theta_b$，$\mathrm{d}\delta^*/\mathrm{d}\theta_b$ 随进口液流角 β_1 的变化曲线（$t/l=10\%$）

图 4 表示相对厚度 $t/l=6\%$ 条件下，从多圆弧翼型平面直列叶栅试验数据中得到的最小总压损失系数工况无拱度时的实际冲角 $\Delta\beta_0^*$、出口落后角 δ_0^* 以及它们对骨线转向角的导数 $\mathrm{d}\Delta\beta^*/\mathrm{d}\theta_b$，$\mathrm{d}\delta^*/\mathrm{d}\theta_b$ 随进口液流角 β_1 的变化曲线[21]。采用上述方法，得到下面计算实际冲角所用的两个拟合经验公式：

$$\begin{cases} \Delta\beta_0^*(\beta_1,\sigma) = a(\sigma)\beta_1 + b(\sigma) \\ a(\sigma) = -7.060\ 8\times 10^{-2}\sigma^3 + 1.924\ 4\times 10^{-1}\sigma^2 - 2.165\ 8\times 10^{-1}\sigma + 6.988\ 0\times 10^{-2} \\ b(\sigma) = 6.353\ 3\sigma^3 - 1.731\ 5\times 10^1\sigma^2 + 1.948\ 8\times 10^1\sigma - 6.287\ 9 \end{cases}$$

(11)

和

$$\begin{cases} \dfrac{\mathrm{d}\Delta\beta^*}{\mathrm{d}\theta_b} = a(\sigma)\beta_1 + b(\sigma) \\ a(\sigma) = 5.019\ 6\times10^{-4}\sigma^2 - 2.221\ 4\times10^{-3}\sigma + 3.736\ 6\times10^{-3} \\ b(\sigma) = -3.728\ 6\times10^{-2}\sigma^2 + 2.333\ 1\times10^{-1}\sigma - 4.483\ 0\times10^{-1} \end{cases} \quad (12)$$

拟合的计算落后角所用的经验公式为

$$\begin{cases} \delta_0^*(\beta_1,\sigma) = a(\sigma)\beta_1 + b(\sigma) \\ a(\sigma) = -1.230\ 8\times10^{-2}\sigma - 1.714\ 1\times10^{-3} \\ b(\sigma) = 1.107\ 7\sigma + 1.542\ 8\times10^{-1} \end{cases} \quad (13)$$

和

$$\begin{cases} \dfrac{\mathrm{d}\delta^*}{\mathrm{d}\theta_b} = a(\sigma)\beta_1 + b(\sigma) \\ a(\sigma) = -3.282\ 5\times10^{-3}\sigma^2 + 1.012\ 6\times10^{-2}\sigma - 1.434\ 4\times10^{-2} \\ b(\sigma) = 2.953\ 9\times10^{-1}\sigma^2 - 9.113\ 0\times10^{-1}\sigma + 1.290\ 9 \end{cases} \quad (14)$$

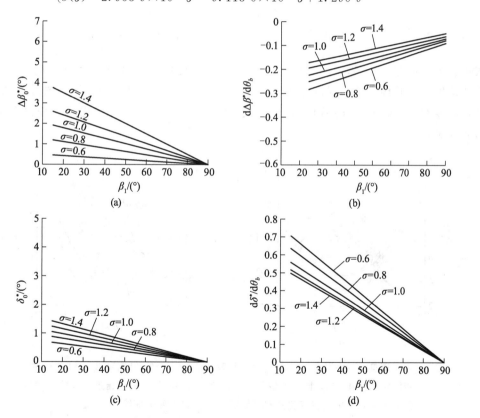

图 4 多双圆弧翼型平面直列叶栅最小总压损失系数工况下实际冲角 $\Delta\beta_0^*$、出口落后角 δ_0^* 以及它们分别对骨线转向角的导数 $\mathrm{d}\Delta\beta^*/\mathrm{d}\theta_b$,$\mathrm{d}\delta^*/\mathrm{d}\theta_b$ 随进口液流角 β_1 的变化曲线($t/l=6\%$)

设计叶栅时,需要根据叶轮设计流量和理论扬程,计算进、出口相对和绝对速度分量,建立进、出口速度三角形,得到进、出口相对液流角 β_1,β_2,然后计算流体转向角 $\theta=\beta_2-\beta_1$。

考虑实际冲角 $\Delta\beta^*$ 和落后角 δ^* 后,由流体转向角 θ 可以计算出骨线转向角 θ_b,即

$$\theta_b = \theta + \Delta\beta^* + \delta^* \quad (15)$$

将式(1)和式(4)代入上式,整理以后,得到计算骨线转向角 θ_b 的表达式:

$$\theta_b = \frac{\theta + \Delta\beta_0^* + \delta_0^*}{1 - \mathrm{d}\Delta\beta^*/\mathrm{d}\theta_b - \mathrm{d}\delta^*/\mathrm{d}\theta_b} \tag{16}$$

选定叶栅相对厚度、给定叶栅稠度 σ、计算出流体转向角 θ 以后, 就可利用式(16)直接计算出骨线转向角 θ_b, 这时叶片进口角为 $\beta_{b1} = \beta_1 + \Delta\beta^*$, 出口角为 $\beta_{b2} = \beta_2 + \delta^*$, 翼弦安放角 $\beta_s = (\beta_{b1} + \beta_{b2})/2$.

空化试验容易受多种因素的影响, 文献[20,21]的空化试验数据不够完整, 所以无法给出关于空化消失临界空化数经验公式. 不过, 可以从中挑选两组考察翼型相对厚度和翼型形状对叶栅水力和空化性能的影响情况. 图 5 表示相对厚度 $t/l = 6\%$ 和 10% 条件下, 骨线转向角 $\theta_b = 20°$、叶栅稠度 $\sigma = 0.75$、进口液流角 $\beta_1 = 40°$ 时, 文献[20]测量的双圆弧翼型平面直列叶栅流动转向角 θ、总压损失系数 ξ、落后角 δ 和空化消失临界空化数 C_{bd} 随实际冲角 $\Delta\beta$ 的变化曲线, 图中的符号表示文献[20]的试验数据. 总压损失系数 ξ 和空化消失临界空化数 C_{bd} 分别定义为

$$\begin{cases} \xi = \Delta p / \left(\frac{1}{2}\rho W_1^2\right) \\ C_{bd} = (p_{1d} - p_V) / \left(\frac{1}{2}\rho W_1^2\right) \end{cases} \tag{17}$$

式中: Δp 为叶栅上、下游流体总压损失; ρ 为流体密度; W_1 为叶栅上游流体速度; p_{1d} 为空化消失时的叶栅上游临界流体静压力; p_V 为试验时液体饱和蒸汽压. 由图可见, 翼型相对厚度对流体转向角、落后角、总压损失系数影响并不大, 但对空化消失临界空化数有较大影响.

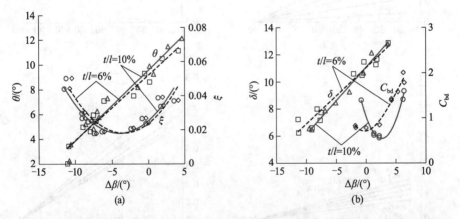

图 5 相对厚度 $t/l = 6\%$ 和 10% 条件下, 骨线转向角 $\theta_b = 20°$、叶栅稠度 $\sigma = 0.75$、进口液流角 $\beta_1 = 40°$ 时, 双圆弧翼型平面直列叶栅流动转向角 θ、总压损失系数 ξ、落后角 δ 和空化消失临界空化数 C_{bd} 随实际冲角 $\Delta\beta$ 的变化曲线

图 6 表示相对厚度 $t/l = 6\%$ 条件下, 骨线转向角 $\theta_b = 30°$、叶栅稠度 $\sigma = 1.0$、进口液流角 $\beta_1 = 30°$ 时, 文献[20,21]测量的双圆弧和多圆弧翼型平面直列叶栅流动转向角 θ、总压损失系数 ξ、落后角 δ 和空化消失临界空化数 C_{bd} 随实际冲角 $\Delta\beta$ 的变化曲线, 图中的符号表示文献[20,21]的试验数据. 由图可见, 与双圆弧翼型平面直列叶栅相比, 多圆弧翼型平面直列叶栅有较好的空化性能, 但水力性能较差, 表现为较低的空化消失临界空化数、较小的流动转向角、较大的落后角和较大的总压损失系数. 多圆弧翼型骨线的最大拱度位于 60% 弦长处, 翼型的前半部分流体动力负荷较轻, 空化性能较好, 后半部

分比较短,转弯比较急,水力损失较大.由此可见,空化性能和水力性能是一对矛盾体.叶轮叶栅水力设计实际为满足泵用户要求而在空化性能和水力性能之间所做的一种折中或偏好.

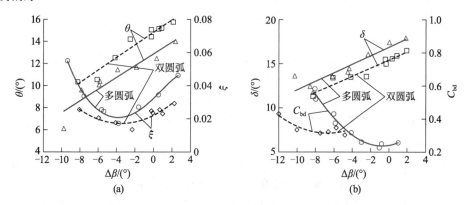

图6 相对厚度 $t/l=6\%$ 条件下,骨线转向角 $\theta_b=30°$、叶栅稠度 $\sigma=1.0$、进口液流角 $\beta_1=30°$ 时,双圆弧和多圆弧翼型平面直列叶栅流动转向角 θ、总压损失系数 ξ、落后角 δ 和空化消失临界空化数 C_{bd} 随实际冲角 $\Delta\beta$ 的变化曲线

翼型或叶栅空化性能也可以用空化初生时的临界空化数来表示,如文献[1-5,9-11]等.此临界空化数大于空化消失时的临界空化数,两者之差反映了空化的发生和消失的滞后效应,即空化发生早消失迟.

参考文献

[1] 沼知福三郎. 翼型 4 箇のキャビテーション性能. 日本機械學會論文集,1941,7(28-3):1-9.

[2] 沼知福三郎. 翼型のキャビテーション性能:第 3 報(スロット翼型). 日本機械學會論文集,1942,8(31-3):4-9.

[3] 沼知福三郎,角田賢治,千田一郎. 厚比の異なるC.Y.系翼型のキャビテーション性能. 日本機械學會論文集,1950,15(51):52-57.

[4] 沼知福三郎,角田賢治,千田一郎. X翼型のキャビテーション性能. 日本機械學會論文集,1950,15(51):58-62.

[5] 沼知福三郎,角田賢治,千田一郎. 既存翼型 6 個のキャビテーション性能. 日本機械學會論文集,1951,17(60):1-5.

[6] 神元五郎,堀江修三,羽田幹夫. 翼面圧力分布測定による翼型キャビテーション性能について. 日本機械學會論文集,1956,22(117):324-330.

[7] 神元五郎,荻野周雄,江崎融利亜. 流路壁面圧力分布の測定による翼型キャビテーション性能の実験方法について. 日本機械學會論文集,1956,22(117):331-337.

[8] Kermeen R W. Water Tunnel Tests of NACA4412 and Walchner Profile 7

Hydrofoils in Noncavitating and Cavitating Flows. Hydrodynamics Laboratory Report No. 47-5, California Institute of Technology, 1956: 1-72.

[9] 沼知福三郎，淵沢定敏. 既存翼型の翼列のキャビテーション性能(第1報). 日本機械学會論文集, 1951, 17(60): 5-9.

[10] 沼知福三郎，菊池寿，横山達郎. 翼列に適する翼型のキャビテーション性能：第1報 理論第2報による翼型の優秀性能. 日本機械学會論文集, 1951, 17(60): 10-16.

[11] 沼知福三郎，横山達郎，村井等. 翼列に適する翼型のキャビテーション性能：第2報 理論第2報補遺による翼型の優秀性能. 日本機械学會論文集, 1951, 17(60): 17-22.

[12] 神元五郎，松岡祥浩，岩田省治，他. 翼列キャビテーション性能の測定法について. 日本機械学會論文集, 1959, 25(153): 369-376.

[13] Wade R B, Acosta A J. Investigation of Cavitating Cascades. ASME Journal of Basic Engineering, 1967, 89(4): 693-702.

[14] Crouse J E, Soltis R F, Montgomery J C. Investigation of Performance of an Axial-Flow Pump Stage Designed by the Blade-Element Theory-Blade-Element Data. NASA TN D-1109, 1961: 1-66.

[15] Miller M J, Crouse J E. Design and Overall Performance of an Axial-Flow Pump Rotor with a Blade-Tip Diffusion Factor of 0.66. NASA TN D-3024, 1965: 1-17.

[16] Miller M J, Sandercock D M. Blade-Element Performance of Axial-Flow Pump Rotor with Blade Tip Diffusion Factor of 0.66. NASA TN D-3602, 1966: 1-33.

[17] Crouse J E, Sandercock D M. Blade-Element Performance of Two-Stage Axial-Flow Pump with Tandem-Row Inlet Stage. NASA TN D-3962, 1967: 1-61.

[18] Urasek D C. Design and Performance of a 0.9 Hub-Tip-Ratio Axial-Flow Pump Rotor with a Blade-Tip Diffusion Factor of 0.63. NASA TM X-2235, 1971: 1-32.

[19] Urasek D C. Design and Performance of an 0.8 Hub-Tip-Ratio Axial-Flow Pump Rotor with a Blade-Tip Diffusion Factor of 0.55. NASA TM X-2485, 1972: 1-26.

[20] Taylor W E, Murrin T A, Colombo R M. Systematic Two-Dimensional Cascade Tests. Volume 1—Double Circular-Arc Hydrofoils. NASA CR-72498, 1969.

[21] Taylor W E, Murrin T A, Colombo R M. Systematic Two-Dimensional Cascade Tests. Volume 2—Multiple Circular-Arc Hydrofoils. NASA CR-72499, 1970.

附录2 二维奇点法正、反问题 MATLAB 程序

```
%
%       A code is used to calculate 2D inviscid flow in the impeller of centrifugal pump
%       by using singularity method
%
%                  W G Li 20/10/2008,25/05/2009
%
%       Design specifications
%
        clc;
        g=9.81;
        pi=3.1415926;
%          pushi=0.05
        pushi=0.154
%          pushiinv=0.2;
        pushiinv=0.154;
%          pushi1=0.05;
        pushi1=0.154;
        n=1750;
        z=4;
        tn=3/1000;
        r1=75/1000;
        r2=150/1000;
        b2=20/1000;
        vthe1=0.0;
        beta2b=-60;
        betab1=beta2b;
        omega=2*pi*n/60;
        u2=omega*r2;
%          su1=tn/sin((betab1+90)*pi/180);
        su1=0.0;
        Q=2*pi*r2*b2*u2*pushi;
        vm1=Q/((2*pi*r1-z*su1)*b2);
        betaflow1=atan(vm1/(omega*r1))*180/pi;
        incidence1d=betab1+90-betaflow1;
```

```
headcoef=0.32;
H=headcoef*u2^2/g;
ns=3.65*n*Q^0.5/H^0.75;
N=61;
thek=zeros(N);
thei=zeros(N-1);
rk=zeros(N);
ri=zeros(N-1);
betak=zeros(N);
spre=zeros(N);
s=zeros(N);
wthek=zeros(N);
wrk=zeros(N);
uthek=zeros(N);
urk=zeros(N);
dthe=zeros(N);
x=zeros(N,z);
y=zeros(N,z);
```
%
%   Generate blade shape
%
```
beta=beta2b*pi/180;
the2=log(r2/r1)*tan(beta);
the1=0.0;
dthe=(the2-the1)/(N-1);
for i=1:N
thek(i)=the1+dthe*(i-1);
rk(i)=r1*exp(1/tan(beta)*thek(i));
end
spre(1)=0.0;
for i=2:N
xs=rk(i-1)*cos(thek(i-1));
ys=rk(i-1)*sin(thek(i-1));
xe=rk(i)*cos(thek(i));
ye=rk(i)*sin(thek(i));
spre(i)=spre(i-1)+((xe-xs)^2+(ye-ys)^2)^0.5;
end
swhole=spre(N);
s(1)=0.0;
for i=2:N
```

```
            s(i)=(i-1)*1/(N-1);
        end
        for i=2:N-1
        for j=1:N-1
        if (s(i)*swhole>=spre(j))&&(s(i)*swhole<spre(j+1))
        rk(i)=rk(j)+(rk(j+1)-rk(j))*(s(i)*swhole-spre(j))/(spre(j+1)-spre(j));
            thek(i)=thek(j)+(thek(j+1)-thek(j))*(s(i)*swhole-spre(j))/(spre(j+1)-spre(j));
            else
            end
            end
            end
            for i=1:N-1
            ds=(s(i+1)-s(i))*swhole;
            dth=thek(i)-thek(i+1);
            delt=atan(rk(i)*sin(dth)/(rk(i+1)-rk(i)*cos(dth)));
            dth2=atan(0.5*ds*sin(delt)/(rk(i+1)-0.5*ds*cos(delt)));
            thei(i)=thek(i+1)+dth2;
            ri(i)=0.5*ds*sin(delt)/sin(dth2);
            end
            for m=1:z
            for i=1:N
            x(i,m)=rk(i)*cos(thek(i)+(m-1)*2*pi/z);
            y(i,m)=rk(i)*sin(thek(i)+(m-1)*2*pi/z);
            end
            end
% figure
% plot(1000*x,1000*y)
% hold on
%
% Calculate flow by singularity method
%
            A=zeros(N-1,N-1);
            B=zeros(N-1);
            den=zeros(N-1);
            for i=2:N
            for j=1:N-1
            ds=(s(j+1)-s(j))*swhole;
```

```
                ff=(ri(j)/rk(i))^z+(ri(j)/rk(i))^(-z)-2*cos(z*(thek(i)-thei(j)));
                Fthej=((ri(j)/rk(i))^z-(ri(j)/rk(i))^(-z))/ff;
                Frj=sin(z*(thek(i)-thei(j)))/ff;
                A(i-1,j)=(-2*Frj*tan(beta)-(1-Fthej))*ds;
                end
                vt=omega*rk(i)-r1*vthe1/rk(i);
                vr=Q/(2*pi*rk(i)-z*tn/cos(beta))/b2;
                B(i-1)=-4*pi*rk(i)*(vt+tan(beta)*vr)/z;
                end
%               A(1:N-1,1:1)
%
%               Apply the Kutta-Joukowski condition
%
                for i=1:N-1
                A(i,N-1)=0;
                end
                for j=1:N-1
                A(N-1,j)=0;
                end
                A(N-1,N-1)=1;
                B(N-1)=0;
%
%               Solve the linear equation
%
                den=A\B;
%               figure
%               plot(ri(1:N-1),den(1:N-1))
%
%               Estimate the flow field in an impeller passage
%
                Nth=11;
                thech=zeros(N,Nth);
                rch=zeros(N,Nth);
                xch=zeros(N,Nth);
                ych=zeros(N,Nth);
                wthch=zeros(N,Nth);
                wrch=zeros(N,Nth);
                wxch=zeros(N,Nth);
                wych=zeros(N,Nth);
```

```
for i=1:N
    for j=1:Nth
        rch(i,j)=rk(i);
        thech(i,j)=thek(i)+(j-1)*2*pi/z/(Nth-1);
    end
end
for i=1:N
    for j=1:Nth
        xch(i,j)=rch(i,j)*cos(thech(i,j));
        ych(i,j)=rch(i,j)*sin(thech(i,j));
    end
end
for m=1:Nth
    for i=1:N
        sum1=0.0;
        sum2=0.0;
        for j=1:N-1
            ds=(s(j+1)-s(j))*swhole;
            ff=(ri(j)/rch(i,m))^z+(ri(j)/rch(i,m))^(-z)-2*cos(z*(thech(i,m)-thei(j)));
            Fthej=((ri(j)/rch(i,m))^z-(ri(j)/rch(i,m))^(-z))/ff;
            Frj=sin(z*(thech(i,m)-thei(j)))/ff;
            sum1=sum1+(z/4/pi/rch(i,m))*den(j)*ds*(1-Fthej);
            sum2=sum2+(-z/2/pi/rch(i,m))*den(j)*ds*Frj;
        end
        wthek(i)=sum1;
        wrk(i)=sum2;
        uthek(i)=omega*rch(i,m)-r1*vthe1/rch(i,m);
        urk(i)=Q/(2*pi*rch(i,m)-z*tn/cos(beta))/b2;
        wthch(i,m)=wthek(i)-uthek(i);
        wrch(i,m)=wrk(i)+urk(i);
    end
end
wthch(1,1)=wthch(1,1)-0.5*den(1)*sin(beta);
wrch(1,1)=wrch(1,1)-0.5*den(1)*cos(beta);
wthch(N,Nth)=wthch(N,Nth)+0.5*den(N-1)*sin(beta);
wrch(N,Nth)=wrch(N,Nth)+0.5*den(N-1)*cos(beta);
for i=2:N-1
    wthch(i,1)=wthch(i,1)-0.25*(den(i)+den(i-1))*sin(beta);
```

```
            wrch(i,1)=wrch(i,1)-0.25*(den(i)+den(i-1))*cos(beta);
            wthch(i,Nth)=wthch(i,Nth)+0.25*(den(i)+den(i-1))*sin(beta);
            wrch(i,Nth)=wrch(i,Nth)+0.25*(den(i)+den(i-1))*cos(beta);
            end
            for m=1:Nth
            for i=1:N
            wxch(i,m)=wrch(i,m)*cos(thech(i,m))-wthch(i,m)*sin(thech(i,m));
            wych(i,m)=wrch(i,m)*sin(thech(i,m))+wthch(i,m)*cos(thech(i,m));
            end
            end
            p=zeros(N,Nth);
            p0=10;
            for m=1:Nth
            for i=1:N
            p(i,m)=p0-(wxch(i,m)^2+wych(i,m)^2)/2/g+(rch(i,m)*omega)^2/g/2;
            end
            end
            figure
            quiver(1000*xch,1000*ych,wxch,wych,1)
%           figure
%           plot(thech(N:N,2:Nth)*180/pi,wthch(N:N,2:Nth))
%           hold on
%           plot(thech(N:N,2:Nth)*180/pi,wrch(N:N,2:Nth))
%           hold off
%           fid1=fopen('D:\2d-impeller-inverse\a-matrix-01.dat','wt');
%           for i=1:N-1
%           for j=1:N-1
%           fprintf(fid1,'%2i %2i %12.8f \n',i,j,A(i,j));
%           end
%           end
%           for i=1:N-1
%           fprintf(fid1,'%2i %12.8f %12.8f\n',i,B(i),den(i));
%           end
%           fclose(fid1);
            fid1=fopen('relative-flow-field-original-02.dat','wt');
            for i=1:Nth
```

```
            for j=1:N
                fprintf(fid1,'%12.8f %12.8f %12.8f %12.8f \n',xch(j,i)*1000,ych(j,i)*1000,wxch(j,i),wych(j,i));
            end
        end
        fclose(fid1);
        fid1=fopen('pressure-field-original-02.dat','wt');
        fprintf(fid1,'VARIABLES=X,Y,p\n');
        fprintf(fid1,'ZONE I=%3i',N);
        fprintf(fid1,' J=%3i',Nth);
        fprintf(fid1,' F=POINT\n');
        for i=1:Nth
            for j=1:N
                if (j==N)
                    fprintf(fid1,'%12.8f    %12.8f    %12.8f\n',xch(j,i)*1000,ych(j,i)*1000,p(j,i));
                else
                    fprintf(fid1,'%12.8f    %12.8f    %12.8f ',xch(j,i)*1000,ych(j,i)*1000,p(j,i));
                end
            end
        end
        fclose(fid1);
%       fid1=fopen('c:\2d-impeller-inverse\velcoity-vector-tip-01.dat','wt');
%       fprintf(fid1,'VARIABLES=Z,Y,Wz,Wy\n');
%       fprintf(fid1,'ZONE I=%3i',nc);
%       fprintf(fid1,' J=%3i',ne);
%       fprintf(fid1,' F=POINT\n');
%       for i=1:ne
%           for j=1:nc
%               if (j==nc)
%                   fprintf(fid1,'%6.3e    %6.3e    %6.3e    %6.3e\n',zch(i,j,m)*1000,ych(i,j,m)*1000,wchz(i,j,m),wchy(i,j,m));
%               else
%                   fprintf(fid1,'%6.3e    %6.3e    %6.3e    %6.3e ',zch(i,j,m)*1000,ych(i,j,m)*1000,wchz(i,j,m),wchy(i,j,m));
%               end
%           end
%       end
```

```
%       end
%       fclose(fid1);
%
%       Calculate the slip factor
%
        wrm=zeros(N);
        wthm=zeros(N);
        betaf=zeros(N);
        betab=zeros(N);
%
%       Estimate the relative velocity on two blade surfaces
%
        ws=zeros(N);
        wp=zeros(N);
        pusis=zeros(N);
        pusip=zeros(N);
        dwwmean=zeros(N-1);
        for i=1:N
        ws(i)=(wthch(i,Nth)^2+wrch(i,Nth)^2)^0.5;
        wp(i)=(wthch(i,1)^2+wrch(i,1)^2)^0.5;
        end
        for i=1:N
        pusis(i)=0.5*((rk(i)/r2)^2-(ws(i)/u2)^2);
        pusip(i)=0.5*((rk(i)/r2)^2-(wp(i)/u2)^2);
        end
        for i=1:N-1
        dwwmean(i)=den(i)/(0.25*(ws(i)+ws(i+1)+wp(i)+wp(i+1)));
        end
        fid1=fopen('blade-sureface-velocity-02.dat','wt');
        for j=1:N
        fprintf(fid1,'%12.8f %12.8f %12.8f \n',rk(j)/r2,ws(j)/u2,wp(j)/u2);
        end
%       figure
%       plot(rk/r2,pusip)
%       hold on
%       plot(rk/r2,pusis,'r-')
%       hold off
%       figure
%       plot(ri/r2,dwwmean)
```

```
            for i=1:N
            sum=0;
            for m=1:Nth-1
            sum=sum+0.5*(wrch(i,m)+wrch(i,m+1))*2*pi/z/(Nth-1);
            end
            wrm(i)=sum/(2*pi/z);
            end
            for i=1:N
            sum=0;
            for m=1:Nth-1
            sum=sum+0.5*(wthch(i,m)*wrch(i,m)+wrch(i,m+1)*wthch(i,m
+1))*2*pi/z/(Nth-1);
            end
            wthm(i)=sum/(2*pi/z)/wrm(i);
            end
%           figure
%           plot(rk,wrm,'r-')
%           hold on
%           plot(rch(1:N,5:5),wrch(1:N,5:5),'g-')
%           plot(rk,wthm,'b-')
%           hold off
            for i=1:N
            betaf(i)=atan(wthm(i)/wrm(i))*180/pi;
            betab(i)=beta2b;
            end
%
%           Calculate VuR profile of the mean flow
%
            vurmean=zeros(N);
            for i=1:N
            vurmean(i)=(wthm(i)+omega*rk(i))*rk(i);
            end
%
%           Calculate vuR profile based on the bounded vortex
%
            vurvortex=zeros(N-1);
            Hthvortex=zeros(N-1);
            vurvortex(1)=den(1)*(s(2)-s(1))*swhole*z/(2*pi);
            Htvortex(1)=vurvortex(1)*omega/9.81;
```

```
            for i=2:N-1
            vurvortex(i)=vurvortex(i-1)+den(i)*(s(i+1)-s(i))*swhole*z/(2
*pi);
            Hthvortex(i)=vurvortex(i)*omega/9.81;
            end
%           figure
%           plot(ri/r2,vurvortex,'r-')
%           hold on
%           plot(rk/r2,vurmean,'g-')
%           hold off
            wthin=urk(N)*tan(beta);
            vu2in=u2+wthin;
            vu2=u2+wthm(N);
            Hth2d=vu2*u2/9.81;
            Hthvor=Hthvortex(N-1);
            slip2d=(vu2in-vu2)/u2;
            stodola=cos(beta)/z*pi;
            wiesner=(cos(beta))^0.5/z^0.7;
            incidence2d=(betab(1,1)-betaf(1,1));
%           incidence=(beta1b-beta1flow)*180/pi;
            fprintf('\nHydraulic parameters of original impeller at flow coef=%5.3f
\n',pushi);
    fprintf('\nTheoretical head(m)(flow field)          =%5.3f',Hth2d);
    fprintf('\nTheoretical head coefficient             =%5.3f',Hth2d*g/u2^2);
    fprintf('\nTheoretical head(m)(vortex intensity)    =%5.3f',Hthvor);
    fprintf('\nSlip factor                              =%5.3f',slip2d);
    fprintf('\nIncidence of flow(deg)(1D)               =%5.3f',incidence1d);
    fprintf('\nIncidence of flow(deg)(2D)               =%5.3f\n',incidence2d);
% figure
% plot(rk,90+betab)
% hold on
% plot(rk,90+betaf,'r-')
% hold off
%
% The following code is used to design blade inversely based on a known
vortex distribution
% N=61;
    maxk=70;
% z=5;
```

```
    thek=zeros(N);
    thei=zeros(N-1);
    rk=zeros(N);
    ri=zeros(N-1);
    gam=zeros(N-1);
    betak=zeros(N);
    betai=zeros(N-1);
    wthek=zeros(N);
    wrk=zeros(N);
    uthek=zeros(N);
    urk=zeros(N);
    dthe=zeros(N);
    uthei=zeros(N-1);
    uri=zeros(N-1);
    betait=zeros(N,maxk);
    theit=zeros(N,maxk);
    sit=zeros(N,maxk);
    rit=zeros(N,maxk);
    betait0=zeros(N,maxk);
    theit0=zeros(N,maxk);
    sit0=zeros(N,maxk);
    rit0=zeros(N,maxk);
    snew=zeros(N);
    theknew=zeros(N);
    betaknew=zeros(N);
    rknew=zeros(N);
    xnew=zeros(N,maxk,z);
    ynew=zeros(N,maxk,z);
%
% Generate an initial blade shape
%
    for i=1:N
    thek(i)=0.0;
    betak(i)=0.0;
    rk(i)=r1+(i-1)*(r2-r1)/(N-1);
    end
    for i=1:N-1
    thei(i)=0.5*(thek(i)+thek(i+1));
    ri(i)=0.5*(rk(i)+rk(i+1));
```

```
        end
%
% Give the vortex distribution
%
% gam=den;
% pushiinv=0.2;
    z=5;
    ar=0.75;
    br=0.975;
% ar=0.5;
% br=0.95; % not used in paper
% ag=1.6;
% bg=3.0;
    ag=1.6;
    bg=4.0;
% beta1b=38.5*pi/180;
    snew(1)=0.0;
    for i=2:N
    xs=rk(i-1)*cos(thek(i-1));
    ys=rk(i-1)*sin(thek(i-1));
    xe=rk(i)*cos(thek(i));
    ye=rk(i)*sin(thek(i));
    snew(i)=snew(i-1)+((xs-xe)^2+(ys-ye)^2)^0.5;
    end
    s2new=snew(N);
    ds=s2new/(N-1);
% su1=tn/sin(beta1b);
    su1=0.0;
    Qinv=2*pi*r2*b2*u2*pushiinv;
    vm1=Qinv/((2*pi*ri(1)-z*su1)*b2);
    beta1flow=atan(vm1/(omega*ri(1)));
% incidenceinv=(beta1b-beta1flow)*180/pi;
    incidenceinv=0.4;
% incidenceinv=0.5;
    beta1b=incidenceinv*pi/180+beta1flow;
    vu1=ri(1)*omega-vm1/tan(beta1b);
    gama1=2*pi*ri(1)*vu1/(z*ds);
    rigiven=[ri(1) r1+ar*(r2-r1) r1+br*(r2-r1) ri(N-1)];
    gamgiven=[gama1 ag*gama1 bg*gama1 0.0];
```

```
for i=1:N-1
t=(ri(i)-ri(1))/(ri(N-1)-ri(1));
gam(i)=(1-t)^3*gamgiven(1)+3*t*(1-t)^2*gamgiven(2)+3*t^2*(1-t)*gamgiven(3)+t^3*gamgiven(4);
end
% gam=spline(rigiven,gamgiven,ri);
for i=1:N
sum1=0.0;
sum2=0.0;
for j=1:N-1
ff=(ri(j)/rk(i))^z+(ri(j)/rk(i))^(-z)-2*cos(z*(thek(i)-thei(j)));
Fthej=((ri(j)/rk(i))^z-(ri(j)/rk(i))^(-z))/ff;
Frj=sin(z*(thek(i)-thei(j)))/ff;
sum1=sum1+(z/4/pi/rk(i))*gam(j)*ds*(1-Fthej);
sum2=sum2+(-z/2/pi/rk(i))*gam(j)*ds*Frj;
end
wthek(i)=sum1;
wrk(i)=sum2;
uthek(i)=omega*rk(i)-r1*vthe1/rk(i);
urk(i)=Qinv/(2*pi*rk(i)-z*tn/cos(betak(i)))/b2;
betak(i)=atan((wthek(i)-uthek(i))/(wrk(i)+urk(i)));
end
betak(1)=2*betak(2)-betak(3);
% betak(1)=-pi/4+beta1b;
betak(N)=2*betak(N-1)-betak(N-2);
for i=1:N
dthe(i)=tan(betak(i))/rk(i);
end
thek(1)=0;
for i=2:N
thek(i)=thek(i-1)+0.5*(dthe(i)+dthe(i-1))*(rk(i)-rk(i-1));
end
for i=1:N
theit0(i,1)=thek(i);
betait0(i,1)=betak(i);
sit0(i,1)=s(i)*s2new;
rit0(i,1)=rk(i);
end
k=2;
```

```
while (k<=maxk)
for i=1:N
rknew(i)=rk(i);
theknew(i)=thek(i);
end
snew(1)=0.0;
for i=2:N
xs=rk(i-1)*cos(thek(i-1));
ys=rk(i-1)*sin(thek(i-1));
xe=rk(i)*cos(thek(i));
ye=rk(i)*sin(thek(i));
snew(i)=snew(i-1)+((xs-xe)^2+(ys-ye)^2)^0.5;
end
s2new=snew(N);
for i=2:N-1
for j=1:N-1
if (s(i)*s2new>=snew(j)) && (s(i)*s2new<snew(j+1))
rk(i)=rknew(j)+(rknew(j+1)-rknew(j))*(s(i)*s2new-snew(j))/(snew(j+1)-snew(j));
thek(i)=theknew(j)+(theknew(j+1)-theknew(j))*(s(i)*s2new-snew(j))/(snew(j+1)-snew(j));
else
end
end
end
% for i=1:N
% thek(i)=theknew(i);
% rk(i)=rknew(i);
% end
for i=1:N-1
ds=s2new/(N-1);
dth=thek(i)-thek(i+1);
delt=atan(rk(i)*sin(dth)/(rk(i+1)-rk(i)*cos(dth)));
dth2=atan(0.5*ds*sin(delt)/(rk(i+1)-0.5*ds*cos(delt)));
thei(i)=thek(i+1)+dth2;
ri(i)=0.5*ds*sin(delt)/sin(dth2);
end
for i=1:N
theit0(i,k)=thek(i);
```

```
        betait0(i,k)=betak(i);
        sit0(i,k)=s(i)*s2new;
        rit0(i,k)=rk(i);
    end
%
% Give the vortex distribution
%
    s2new=snew(N);
    ds=s2new/(N-1);
% su1=tn/sin(beta1b);
    su1=0.0;
    vm1=Qinv/((2*pi*ri(1)-z*su1)*b2);
    beta1flow=atan(vm1/(omega*ri(1)));
% incidenceinv=(beta1b-beta1flow)*180/pi;
% incidenceinv=0.4;
    beta1b=incidenceinv*pi/180+beta1flow;
    vu1=ri(1)*omega-vm1/tan(beta1b);
    gama1=2*pi*ri(1)*vu1/(z*ds);
    rigiven=[ri(1) r1+ar*(r2-r1) r1+br*(r2-r1) ri(N-1)];
    gamgiven=[gama1 ag*gama1 bg*gama1 0.0];
    for i=1:N-1
        t=(ri(i)-ri(1))/(ri(N-1)-ri(1));
        gam(i)=(1-t)^3*gamgiven(1)+3*t*(1-t)^2*gamgiven(2)+3*t^2*(1-t)*gamgiven(3)+t^3*gamgiven(4);
    end
% gam=spline(rigiven,gamgiven,ri);
% gam=den;
    for i=1:N
    sum1=0.0;
    sum2=0.0;
    ds=s2new/(N-1);
    for j=1:N-1
    ff=(ri(j)/rk(i))^z+(ri(j)/rk(i))^(-z)-2*cos(z*(thek(i)-thei(j)));
    Fthej=((ri(j)/rk(i))^z-(ri(j)/rk(i))^(-z))/ff;
    Frj=sin(z*(thek(i)-thei(j)))/ff;
    sum1=sum1+(z/4/pi/rk(i))*gam(j)*ds*(1-Fthej);
    sum2=sum2+(-z/2/pi/rk(i))*gam(j)*ds*Frj;
    end
    wthek(i)=sum1;
```

```
    wrk(i)=sum2;
    uthek(i)=omega*rk(i)-r1*vthe1/rk(i);
    urk(i)=Qinv/(2*pi*rk(i)-z*tn/cos(betak(i)))/b2;
    betak(i)=atan((wthek(i)-uthek(i))/(wrk(i)+urk(i)));
    end
    betak(1)=2*betak(2)-betak(3);
%   betak(1)=-pi/4+beta1b;
    betak(N)=2*betak(N-1)-betak(N-2);
    k=k+1;
    for i=1:N
    dthe(i)=tan(betak(i))/rk(i);
    end
    thek(1)=0;
    for i=2:N
    thek(i)=thek(i-1)+0.5*(dthe(i)+dthe(i-1))*(rk(i)-rk(i-1));
    end
    end
    figure
    plot(sit0(1:N,1:1),betait0(1:N,1:1)*180/pi)
    hold on
    for k=2:maxk
    plot(sit0(1:N,k:k),betait0(1:N,k:k)*180/pi)
    end
    hold off
%
% Compare betab profile between the original and redesigned impellers
%
    figure
    plot(rk/r2,90+betab)
    hold on
    plot(rk/r2,90+betait0(:,maxk:maxk)*180/pi)
    hold off
    for m=1:z
    for k=1:maxk
    for i=1:N
    xnew(i,k,m)=rit0(i,k)*cos(theit0(i,k)+(m-1)*2*pi/z);
    ynew(i,k,m)=rit0(i,k)*sin(theit0(i,k)+(m-1)*2*pi/z);
    end
    end
```

```
      end
% figure
% plot(1000*x(1:N,1:1,1:1),1000*y(1:N,1:1,1:1))
% hold on
% for k=2:maxk
% plot(1000*x(1:N,k:k,1:1),1000*y(1:N,k:k,1:1))
% end
% hold off
% figure
% plot(1000*x,1000*y,'b-')
% hold on
% figure
% plot(1000*xnew(1:N,maxk:maxk,1:1),1000*ynew(1:N,maxk:maxk,1:1),'r-')
% hold on
% for m=2:z
% for k=2:maxk
% plot(1000*xnew(1:N,maxk:maxk,m:m),1000*ynew(1:N,maxk:maxk,m:m),'r-')
% end
% end
% hold off
%
% Calculate vuR profile based on the bounded vortex
%
      vurv=zeros(N-1);
      Hthv=zeros(N-1);
      vur(1)=gam(1)*(s(2)-s(1))*s2new*z/(2*pi);
      Htv(1)=vurv(1)*omega/9.81;
      for i=2:N-1
      vurv(i)=vurv(i-1)+gam(i)*(s(i+1)-s(i))*s2new*z/(2*pi);
      Hthv(i)=vurv(i)*omega/9.81;
      end
% figure
% plot(ri/r2,Hthv)
%
% Estimate performance of the redesigned impeller
%
      thek1=zeros(N);
```

```
    thei1=zeros(N-1);
    rk1=zeros(N);
    ri1=zeros(N-1);
    betak1=zeros(N);
    betai1=zeros(N-1);
    s1=zeros(N);
    wthek1=zeros(N);
    wrk1=zeros(N);
    uthek1=zeros(N);
    urk1=zeros(N);
    dthe1=zeros(N);
    x1=zeros(N,z);
    y1=zeros(N,z);
%
% Generate the blade shape
%
    for i=1:N
    thek1(i)=thek(i);
    rk1(i)=rk(i);
    betak1(i)=betak(i);
    end
    for i=1:N
    thek1(i)=theit0(i,maxk);
    betak1(i)=betait0(i,maxk);
    s1(i)=sit0(i,maxk);
    rk1(i)=rit0(i,maxk);
    end
    for i=1:N-1
    ds1=s1(i+1)-s1(i);
    dth1=thek1(i)-thek1(i+1);
    delt1=atan(rk1(i)*sin(dth1)/(rk1(i+1)-rk1(i)*cos(dth1)));
    dth2=atan(0.5*ds1*sin(delt1)/(rk1(i+1)-0.5*ds1*cos(delt1)));
    thei1(i)=thek1(i+1)+dth2;
    ri1(i)=0.5*ds1*sin(delt1)/sin(dth2);
    end
    for m=1:z
    for i=1:N
    x1(i,m)=rk1(i)*cos(thek1(i)+(m-1)*2*pi/z);
    y1(i,m)=rk1(i)*sin(thek1(i)+(m-1)*2*pi/z);
```

```matlab
        end
    end
    xii=zeros(N-1,z);
    yii=zeros(N-1,z);
    for m=1:z
    for i=1:N-1
    xii(i,m)=ri1(i)*cos(thei1(i)+(m-1)*2*pi/z);
    yii(i,m)=ri1(i)*sin(thei1(i)+(m-1)*2*pi/z);
    end
    end
    figure
    plot(1000*x,1000*y,'b-')
    hold on
%   figure
    plot(1000*x1,1000*y1,'r-')
%   plot(1000*xii,1000*yii,'g-')
    hold off
    fprintf('\nHydraulic parameters of redesigned impeller at flow coef=%5.3f\n',pushiinv);
    fprintf('\nIncidence of flow(deg) (1D)=%5.3f\n',incidenceinv);
%
% Calculate the flow by the singularity method
%
%   pushi1=0.2;
    Q1=2*pi*r2*b2*u2*pushi1;
    A1=zeros(N-1,N-1);
    B1=zeros(N-1);
    den1=zeros(N-1);
    for i=2:N
    for j=1:N-1
    ds1=(s1(j+1)-s1(j));
    ff=(ri1(j)/rk1(i))^z+(ri1(j)/rk1(i))^(-z)-2*cos(z*(thek1(i)-thei1(j)));
    Fthej=((ri1(j)/rk1(i))^z-(ri1(j)/rk1(i))^(-z))/ff;
    Frj=sin(z*(thek1(i)-thei1(j)))/ff;
    A1(i-1,j)=(-2*Frj*tan(betak1(i))-(1-Fthej))*ds1;
    end
    vt=omega*rk1(i)-r1*vthe1/rk1(i);
    vr=Q1/(2*pi*rk1(i)-z*tn/cos(betak1(i)))/b2;
    B1(i-1)=-4*pi*rk1(i)*(vt+tan(betak1(i))*vr)/z;
```

```
    end
% A(1:N-1,1:1)
%
% Apply Kutta-Joukowski condition
%
    for i=1:N-1
    A1(i,N-1)=0;
    end
    for j=1:N-1
    A1(N-1,j)=0;
    end
    A1(N-1,N-1)=1;
    B1(N-1)=0;
%
% Solve linear equation
%
    den1=A1\B1;
%
% Get the blade shape to be output
%
    fid1=fopen('redesign-blade-shape-02.dat','wt');
    for i=1:11
    i1=1+(i-1)*6;
    su1=0.5*tn/cos(betak1(i1))/rk1(i1);
    the1=abs(thek1(i1))+su1;
    the2=abs(thek1(i1))-su1;
    fprintf(fid1,'%12.8f    %12.8f    %12.8f    %12.8f\n',rk1(i1),abs(thek1(i1))*180/pi,the1*180/pi,the2*180/pi);
    end
    fclose(fid1);
%
% Estimate the flow field in an impeller passage
%
    Nth=11;
    thech1=zeros(N,Nth);
    rch1=zeros(N,Nth);
    xch1=zeros(N,Nth);
    ych1=zeros(N,Nth);
    wthch1=zeros(N,Nth);
```

```
wrch1=zeros(N,Nth);
wxch1=zeros(N,Nth);
wych1=zeros(N,Nth);
for i=1:N
for j=1:Nth
rch1(i,j)=rk1(i);
thech1(i,j)=thek1(i)+(j-1)*2*pi/z/(Nth-1);
end
end
for i=1:N
for j=1:Nth
xch1(i,j)=rch1(i,j)*cos(thech1(i,j));
ych1(i,j)=rch1(i,j)*sin(thech1(i,j));
end
end
% den1=gam;
for m=1:Nth
for i=1:N
sum1=0.0;
sum2=0.0;
for j=1:N-1
ds1=(s1(j+1)-s1(j));
ff=(ri1(j)/rch1(i,m))^z+(ri1(j)/rch1(i,m))^(-z)-2*cos(z*(thech1(i,m)-thei1(j)));
Fthej=((ri1(j)/rch1(i,m))^z-(ri1(j)/rch1(i,m))^(-z))/ff;
Frj=sin(z*(thech1(i,m)-thei1(j)))/ff;
sum1=sum1+(z/4/pi/rch1(i,m))*den1(j)*ds1*(1-Fthej);
sum2=sum2+(-z/2/pi/rch1(i,m))*den1(j)*ds1*Frj;
end
wthek1(i)=sum1;
wrk1(i)=sum2;
uthek1(i)=omega*rch1(i,m)-r1*vthe1/rch1(i,m);
urk1(i)=Q1/(2*pi*rch1(i,m)-z*tn/cos(betak1(i)))/b2;
wthch1(i,m)=wthek1(i)-uthek1(i);
wrch1(i,m)=wrk1(i)+urk1(i);
end
end
wthch1(1,1)=wthch1(1,1)-0.5*den1(1)*sin(betak1(1));
wrch1(1,1)=wrch1(1,1)-0.5*den1(1)*cos(betak1(i));
```

```
wthch1(N,Nth)=wthch1(N,Nth)+0.5*den1(N-1)*sin(betak1(N));
wrch1(N,Nth)=wrch1(N,Nth)+0.5*den1(N-1)*cos(betak1(N));
for i=2:N-1
wthch1(i,1)=wthch1(i,1)-0.25*(den1(i)+den1(i-1))*sin(betak1(i));
wrch1(i,1)=wrch1(i,1)-0.25*(den1(i)+den1(i-1))*cos(betak1(i));
wthch1(i,Nth)=wthch1(i,Nth)+0.25*(den1(i)+den1(i-1))*sin(betak1(i));
wrch1(i,Nth)=wrch1(i,Nth)+0.25*(den1(i)+den1(i-1))*cos(betak1(i));
end
for m=1:Nth
for i=1:N
wxch1(i,m)=wrch1(i,m)*cos(thech1(i,m))-wthch1(i,m)*sin(thech1(i,m));
wych1(i,m)=wrch1(i,m)*sin(thech1(i,m))+wthch1(i,m)*cos(thech1(i,m));
end
end
p1=zeros(N,Nth);
p0=10;
for m=1:Nth
for i=1:N
p1(i,m)=p0-(wxch1(i,m)^2+wych1(i,m)^2)/2/g+(rch1(i,m)*omega)^2/g/2;
end
end
figure
quiver(1000*xch1,1000*ych1,wxch1,wych1)
% figure
% plot(thech(N:N,2:Nth)*180/pi,wthch(N:N,2:Nth))
% hold on
% plot(thech(N:N,2:Nth)*180/pi,wrch(N:N,2:Nth))
% hold off
% fid1=fopen('D:\2d-impeller-inverse\a-matrix-01.dat','wt');
% for i=1:N-1
% for j=1:N-1
% fprintf(fid1,'%2i %2i %12.8f \n',i,j,A(i,j));
% end
% end
% for i=1:N-1
```

```
% fprintf(fid1,'%2i %     12.8f      %12.8f\n',i,B(i),den(i));
% end
% fclose(fid1);
  fid1=fopen('relative-flow-field-redesign-02.dat','wt');
  for i=1:Nth
  for j=1:N
  fprintf(fid1,'%12.8f %12.8f %12.8f %12.8f \n',1000*xch1(j,i),1000*ych1(j,i),wxch1(j,i),wych1(j,i));
  end
  end
% for i=1:N-1
% fprintf(fid1,'%2i     %12.8f      %12.8f\n',i,B(i),den(i));
% end
  fclose(fid1);
  fid1=fopen('pressure-field-redesign-02.dat','wt');
  fprintf(fid1,'VARIABLES=X,Y,p\n');
  fprintf(fid1,'ZONE I=%3i',N);
  fprintf(fid1,' J=%3i',Nth);
  fprintf(fid1,' F=POINT\n');
  for i=1:Nth
  for j=1:N
  if (j==N)
  fprintf(fid1,'%12.8f    %12.8f    %12.8f\n',xch1(j,i)*1000,ych1(j,i)*1000,p1(j,i));
  else
  fprintf(fid1,'%12.8f    %12.8f    %12.8f ',xch1(j,i)*1000,ych1(j,i)*1000,p1(j,i));
  end
  end
  end
  fclose(fid1);
%
% Calculate the slip factor
%
  wrm1=zeros(N);
  wthm1=zeros(N);
  betaf1=zeros(N);
  betab1=zeros(N);
%
```

```matlab
% Estimate the relative velocity on two blade surfaces
%
ws1=zeros(N);
wp1=zeros(N);
pusis1=zeros(N);
pusip1=zeros(N);
dwwmean1=zeros(N-1);
for i=1:N
ws1(i)=(wthch1(i,Nth)^2+wrch1(i,Nth)^2)^0.5;
wp1(i)=(wthch1(i,1)^2+wrch1(i,1)^2)^0.5;
end
for i=1:N
pusis1(i)=0.5*((rk1(i)/r2)^2-(ws1(i)/u2)^2);
pusip1(i)=0.5*((rk1(i)/r2)^2-(wp1(i)/u2)^2);
end
for i=1:N-1
dwwmean1(i)=den1(i)/(0.25*(ws1(i)+ws1(i+1)+wp1(i)+wp1(i+1)));
end
figure
plot(rk1/r2,pusip1,'r*')
hold on
plot(rk1/r2,pusis1,'r-')
% hold off
% figure
plot(rk/r2,pusip,'bo')
% hold on
plot(rk/r2,pusis,'b-')
hold off
rr2exp=[0.5111 0.5389 0.5889 0.6333 0.6944 0.7389 0.7944 0.8333 0.8944 0.9278 0.989];
wsexp = [0.784744041 0.744320637 0.751666954 0.775286328 0.803611448 0.820471334 0.838970417 0.822307053 0.820214216 0.778596712 0.772218233];
wpexp = [0.219109311 0.190821487 0.160371101 0.16213849 0.240775497 0.28076483 0.348710324 0.388804437 0.448445326 0.555979505 0.66560601];
figure
plot(rk1/r2,ws1/u2,'r*-')
hold on
plot(rk1/r2,wp1/u2,'r-')
plot(rk/r2,ws/u2,'bo-')
```

```
    plot(rk/r2,wp/u2,'b—')
% hold on
% plot(rr2exp,wsexp,'rs')
% plot(rr2exp,wpexp,'bs')
    hold off
    figure
    plot(ri1/r2,dwwmean1,'r—')
    hold on
    plot(ri/r2,dwwmean,'b—')
    hold off
%
% Compare the bounded vortex intensity density between the original and redesigned impellers
%
    figure
    plot(ri/r2,gam,'g—')
    hold on
    plot(rigiven/r2,gamgiven,'ro')
% plot(ri1/r2,den1,'ro')
    plot(ri(1:N—1)/r2,den(1:N—1),'b—')
    hold off
% error=(abs((den1(:,1:1)/gam(:,1:1)—1))*100
    for i=1:N
    sum=0;
    for m=1:Nth—1
    sum=sum+0.5*(wrch1(i,m)+wrch1(i,m+1))*2*pi/z/(Nth—1);
    end
    wrm1(i)=sum/(2*pi/z);
    end
    for i=1:N
    sum=0;
    for m=1:Nth—1
    sum=sum+0.5*(wthch1(i,m)*wrch1(i,m)+wrch1(i,m+1)*wthch1(i,m+1))*2*pi/z/(Nth—1);
    end
    wthm1(i)=sum/(2*pi/z)/wrm1(i);
    end
% figure
% plot(rk,wrm,'r—')
```

```
% hold on
% plot(rch(1:N,5:5),wrch(1:N,5:5),'g-')
% plot(rk,wthm,'b-')
% hold off
  for i=1:N
  betaf1(i)=atan(wthm1(i)/wrm1(i))*180/pi;
  betab1(i)=betak1(i)*180/pi;
  end
%
% Calculate VuR profile of the mean flow
%
  vurmean1=zeros(N);
  Hthmean1=zeros(N);
  for i=1:N
  vurmean1(i)=(wthm1(i)+omega*rk1(i))*rk1(i);
  Hthmean1(i)=vurmean1(i)*omega/9.81;
  end
%
% Calculate vuR profile based on the bounded vortex
%
  vurvortex1=zeros(N-1);
  Hthvortex1=zeros(N-1);
  vurvortex1(1)=den1(1)*(s1(2)-s1(1))*z/(2*pi);
  Hthvortex1(1)=vurvortex1(1)*omega/9.81;
  for i=2:N-1
  vurvortex1(i)=vurvortex1(i-1)+den1(i)*(s1(i+1)-s1(i))*z/(2*pi);
  Hthvortex1(i)=vurvortex1(i)*omega/9.81;
  end
% figure
% plot(ri1/r2,vurvortex1,'r-')
% hold on
% plot(rk1/r2,vurmean1,'g-')
% hold off
  figure
  plot(ri1/r2,Hthvortex1,'r-')
  hold on
  plot(rk1/r2,Hthmean1,'g-')
  hold off
  su1=tn/cos(betab1(1)*pi/180);
```

```
su1=0.0;
vm1=Q1/((2*pi*r1-z*su1)*b2);
beta1f1d=atan(vm1/(omega*r1))*180/pi-90;
wthin1=urk1(N)*tan(betak1(N));
vu2in1=u2+wthin1;
vu21=u2+wthm1(N);
Hth2d1=vu21*u2/9.81;
Hthvor1=Hthvortex1(N-1);
slip2d1=(vu2in1-vu21)/u2;
stodola1=cos(betak1(N))/z*pi;
wiesner1=(cos(betak1(N)))^0.5/z^0.7;
incidence12d=(betab1(1)-betaf1(1));
incidence11d=(betab1(1)-beta1f1d);
fprintf('\nHydraulic parameters of redesigned impeller at flow coef       =%
5.3f\n',pushi1);
fprintf('\nTheoretical head(m)(flow fiels)                                =%
5.3f',Hth2d1);
fprintf('\nTheoretical head(coefficient                                   =%
5.3f',Hth2d1*g/u2^2);
fprintf('\nTheoretical head(m)(vortex intensity)                          =%
5.3f',Hthvor1);
fprintf('\nSlip factor                                                    =%
5.3f',slip2d1);
fprintf('\nIncidence of flow(deg) (1D)                                    =%
5.3f',incidence11d);
fprintf('\nIncidence of flow(deg) (2D)                                    =%
5.3f',incidence12d);
```

附录3 二维奇点法诱导轮扬程计算 MATLAB 程序

```
% ----------------------------------------------------------
% A singularity method for solving potential flow through an inducer
%
%                                    W G Li, 2009.09.04
%
% ----------------------------------------------------------
%
%       Variables:
%       n—rotating speed, r/min
%       Q—flow rate of duty, L/s
%       H—head of duty, m
%       dt—impeller diameter at tip, mm
%       dh—impeller diameter at hub, mm
%       z—number of blades
%       betat—blade angle at tip, deg
%       lt—blade length at tip, mm
%       tht—blade thickness at tip, mm
%       la—axial length of blade, mm
%       nr—number of flow surfaces
        pi=3.1415926;
        g=9.81;
        clc;
        n=2750;
        dt=124*1e-3;
        dh=32*1e-3;
        zb=2;
        betat1=8.3*pi/180;
        betat2=11.9*pi/180;
        la=100*1e-3;
%       lt=la/sin(betat);
        omega=n*pi/30;
        ut=omega*dt/2;
%       flowcoef=0.02569;
%       flowcoef=0.05137;
%       flowcoef=0.07706;
```

```
%       flowcoef=0.10275;
        flowcoef=0.12843;
%       flowcoef=0.1541;
%
%   At tip
%
        w1z=flowcoef*ut;
        w1=(ut^2+w1z^2)^0.5;
        Q=w1z*pi*(dt^2-dh^2)/4;
%
%   At mean radius
%
        rr=((1+(dh/dt)^2)/2)^0.5;
        um=rr*ut;
        w1m=(um^2+w1z^2)^0.5;
%       flowangle=atan(flowcoef);
%       angleofattack=(betat-flowangle);
        flowanglem=atan(w1z/um);
        banglem=atan(0.5*dt*tan(betat1)/(rr*0.5*dt));
        angleattackm=(banglem-flowanglem);
        if (angleattackm<0)
            angleattackm=0.0;
        else
        end
        fprintf('Flow coeffficient=%6.3e',flowcoef);
        fprintf('\nAngle of attack at mean radius (deg)=%5.3f',angleattackm*180/pi);
        hth=1-flowcoef/tan(betat2);
        fprintf('\nHead coefficient of Euler=%4.2f',hth);
        hckita=rr*(rr-1.3*flowcoef/tan(flowanglem+1.2*angleattackm));
%       fprintf('\nHead coefficient of Kita formula=%6.3f',hckita);
%       nangt=9;
%       angt=[0.0 2.5 5.0 7.5 10.0 12.5 15.0 17.5 20.0]*pi/180;
%       kexi=[0.1429 0.1429 0.1607 0.1786 0.2143 0.25 0.3036 0.3571 0.4643];
%       for i=1:nangt-1
%           if (angleattackm>=angt(i) & angleattackm<angt(i+1))
%               kexi1=kexi(i)+(kexi(i+1)-kexi(i))*(angleattackm-angt(i))/(angt(i+1)-angt(i));
%           else
```

```
%       end
%     end
      x=angleattackm*180/pi;
      kexi1=2.6931E-05*x^3+9.5111E-05*x^2+3.2685E-03*x+1.3929E-01;
      cz2210=5;
      hl=cz2210*0.5*kexi1*w1m^2/g;
      hckita=hckita-hl*g/ut^2/cz2210;
      fprintf('\nHead coefficient of Kita formula with loss=%5.3f',hckita);
%
%     Develop the helix blade of constant lead inducer at the tip into a plane cascade
%
      ne=101;
      nr=5;
      nc=11;
      nt=21;
      nz=2;
      z=zeros(ne,nr);
      y=zeros(ne,nr);
      y1=zeros(ne,nr);
      s=zeros(ne,nr);
      r=zeros(nr);
      t=zeros(nr);
      beta=zeros(ne,nr);
      sigma=zeros(nr);
      x3d=zeros(ne,nr,zb);
      y3d=zeros(ne,nr,zb);
      z3d=zeros(ne,nr,zb);
      xcyl=zeros(nt,nz);
      ycyl=zeros(nt,nz);
      zcyl=zeros(nt,nz);
      r(1)=0.5*dt;
      r(nr)=0.5*dh;
      da=(r(1)^2-r(nr)^2)/(nr-1);
      for i=2:nr-1
      r(i)=(r(i-1)^2-da)^0.5;
      end
      for i=1:nr
```

```
t(i)=2*pi*r(i)/zb;
end
rb=la/(cos(betat1)-cos(betat2));
xb0=rb*cos(betat1);
yb0=rb*sin(betat1);
the1=pi+betat1;
the2=pi+betat2;
dth=(the2-the1)/(ne-1);
theb=zeros(ne);
xb=zeros(ne);
yb=zeros(ne);
slopb=zeros(ne);
bangle=zeros(ne);
for i=1:ne
theb(i)=the1+dth*(i-1);
xb(i)=xb0+rb*cos(theb(i));
yb(i)=yb0+rb*sin(theb(i));
slopb(i)=-cos(theb(i))/sin(theb(i));
bangle(i)=atan(slopb(i))+0.5*pi;
end
bangle(1:100);
for j=1:ne
beta(j,1)=bangle(j);
end
for i=2:nr
for j=1:ne
beta(j,i)=atan(r(1)*tan(beta(j,1))/r(i));
end
end
theta0=zeros(nr);
theta=zeros(ne,nr);
theta0=[0 0 0 0 0];
%       la=lt*sin(betat);
fprintf('\nAxial length of blade(mm)=%4.2f\n',la*1000);
for i=1:nr
    theta(1,i)=theta0(i);
    for j=2:ne
        theta(j,i)=theta(j-1,i)-(xb(j)-xb(j-1))/r(i)/tan(0.5*(beta(j,i)+beta(j-1,i)));
```

```
        end
    end
z0=zeros(nr);
y0=zeros(nr);
z0=[0 0 0 0 0];
y0=[0 0 0 0 0];
for i=1:nr
    for j=1:ne
        z(j,i)=z0(i)+(j-1)*la/(ne-1);
    end
end
for i=1:nr
    y(1,i)=y0(i);
    for j=2:ne
        dy=tan(beta(j,i)-0.5*pi)*(z(j,i)-z(j-1,i));
        y(j,i)=y(j-1,i)+dy;
    end
end
for i=1:nr
    for j=1:ne
        y1(j,i)=y(j,i)+t(i);
    end
end
for i=1:nr
    s(1,i)=0.0;
    for j=2:ne
        s(j,i)=s(j-1,i)+((z(j,i)-z(j-1,i))^2+(y(j,i)-y(j-1,i))^2)^0.5;
    end
end
for i=1:nr
    sigma(i)=s(ne,i)/t(i);
end
for i=1:nr
    for j=1:ne
        z3d(j,i,1)=z(j,i);
        x3d(j,i,1)=r(i)*cos(theta(j,i));
        y3d(j,i,1)=r(i)*sin(theta(j,i));
    end
```

```
        end
%
%   Build a 3D blade and hub shapes
%
        for m=2:zb
        for i=1:nr
            for j=1:ne
                z3d(j,i,m)=z(j,i);
                x3d(j,i,m)=r(i)*cos(theta(j,i)+2*pi*(m-1)/zb);
                y3d(j,i,m)=r(i)*sin(theta(j,i)+2*pi*(m-1)/zb);
            end
        end
        end
        for i=1:nz
            for j=1:nt
                xcyl(j,i)=r(nr)*cos(2*pi*(j-1)/(nt-1));
                ycyl(j,i)=r(nr)*sin(2*pi*(j-1)/(nt-1));
            end
        end
        for j=1:nt
            zcyl(j,1)=-0.25*la;
            zcyl(j,nz)=1.25*la;
        end
        figure
        surf(z3d(:,:,1:1),y3d(:,:,1:1),x3d(:,:,1:1))
        hold on
        for m=2:zb
        surf(z3d(:,:,m:m),y3d(:,:,m:m),x3d(:,:,m:m))
        end
        surf(zcyl,ycyl,xcyl)
        hold off
%       figure
%       plot(z,y)
%       hold on
%       plot(z,y1,'r')
%       hold off
%
%   Estimate the blade circumferential thickness
%
```

```
thut=zeros(ne,nr);
w1z=zeros(ne,nr);
w1zm=zeros(ne,nr-1);
zm=zeros(ne-1,nr);
ym=zeros(ne-1,nr);
a=zeros(ne-1,ne-1);
b=zeros(ne-1);
sm=zeros(ne-1,nr);
vu1=zeros(nr);
w1y=zeros(ne,nr);
gamatemp=zeros(ne-1);
gama=zeros(ne-1,nr);
zch=zeros(ne,nc,nr);
ych=zeros(ne,nc,nr);
wchz=zeros(ne,nc,nr);
wchy=zeros(ne,nc,nr);
gamas=zeros(ne,nr);
ws=zeros(ne,nr);
wp=zeros(ne,nr);
thnt1=0.1*1e-3;
thnt2=1.02*1e-3;
thnh1=0.15*1e-3;
thnh2=1.50*1e-3;
for j=1:ne
s1=0.3*s(ne,1);
    if (s(j,1)<=s1)
        thut(j,1)=thnt1+(thnt2-thnt1)*s(j,1)/s1;
    else
    thut(j,1)=thnt2;
end
    thut(j,1)=2*thut(j,1)/sin(beta(j,1));
end
for j=1:ne
s1=0.3*s(ne,nr);
if (s(j,nr)<=s1)
        thut(j,nr)=thnh1+(thnh2-thnh1)*s(j,nr)/s1;
    else
    thut(j,nr)=thnh2;
end
```

```
            thut(j,nr)=2*thut(j,nr)/sin(beta(j,nr));
        end
        for j=1:ne
            for i=2:nr-1
                thut(j,i)=thut(j,1)+(thut(j,nr)-thut(j,1))*(r(i)-r(1))/(r(nr)-r(1));
            end
        end
        for j=1:ne
        for i=1:nr-1
            da=0.5*(thut(j,i+1)+thut(j,i))*(r(i)-r(i+1));
            w1zm(j,i)=(Q/(nr-1))/(pi*(r(i)^2-r(i+1)^2)-zb*da);
        end
        end
        for j=1:ne
            for i=2:nr-1
                w1z(j,i)=0.5*(w1zm(j,i-1)+w1zm(j,i));
            end
        end
        for j=1:ne
            w1z(j,1)=2*w1zm(j,1)-w1z(j,2);
        end
        for j=1:ne
            w1z(j,nr)=2*w1zm(j,nr-1)-w1z(j,nr-1);
        end
        for m=1:nr
          for j=1:ne
          w1y(j,m)=vu1(m)-omega*r(m);
        end
        end
        for i=1:nr
        for j=1:ne-1
            zm(j,i)=0.5*(z(j,i)+z(j+1,i));
            ym(j,i)=0.5*(y(j,i)+y(j+1,i));
        end
        end
        for i=1:nr
        for j=1:ne-1
            sm(j,i)=s(j,i)+(s(j+1,i)-s(j,i))/2;
```

```
        end
    end
    for m=1:nr
    for i=1:ne-1
    for j=1:ne-1
        tz=2*pi*(z(i+1,m)-zm(j,m))/t(m);
        ty=2*pi*(y(i+1,m)-ym(j,m))/t(m);
        fz=-0.5*sin(ty)/(cosh(tz)-cos(ty))/t(m);
        fy=0.5*(0+sinh(tz)/(cosh(tz)-cos(ty)))/t(m);
        a(i,j)=(fz*tan(-0.5*pi+beta(i+1,m))-fy)*(s(j+1)-s(j));
    end
    end
    vu1=[0 0 0 0 0];
    for j=1:ne-1
    b(j)=-w1z(j+1,m)*tan(-0.5*pi+beta(j+1,m))+w1y(j+1,m);
    end
    for j=1:ne-2
        a(ne-1,j)=0.0;
    end
    for i=1:ne-2
        a(i,ne-1)=0.0;
    end
    a(ne-1,ne-1)=1.0;
    b(ne-1)=0.0;
    gamatemp=inv(a)*b;
    for j=1:ne-1
    gama(j,m)=gamatemp(j);
    end
    end
%   figure
%   plot(sm/s(ne,nr),gama,'r')
%
%   Create mesh in the passage
%
    for m=1:nr
    for i=1:ne
        for j=1:nc
        zch(i,j,m)=z(i,m);
        ych(i,j,m)=y(i,m)+t(m)*(j-1)/(nc-1);
```

```matlab
            end
        end
    end
    for m=1:nr
    for i=1:ne
        for k=1:nc
            sum1=0.0;
            sum2=0.0;
    for j=1:ne-1
            tz=2*pi*(zch(i,k,m)-zm(j,m))/t(m);
            ty=2*pi*(ych(i,k,m)-ym(j,m))/t(m);
            fz=-0.5*sin(ty)/(cosh(tz)-cos(ty))/t(m);
            fy=0.5*(0+sinh(tz)/(cosh(tz)-cos(ty)))/t(m);
            sum1=sum1+fz*gama(j,m)*(s(j+1,m)-s(j,m));
            sum2=sum2+fy*gama(j,m)*(s(j+1,m)-s(j,m));
    end
    wchz(i,k,m)=sum1+w1z(i,m);
    wchy(i,k,m)=sum2+w1y(i,m);
    end
    end
    for i=2:ne-1
        gamas(i,m)=0.5*(gama(i-1,m)+gama(i,m));
    end
    gamas(ne,m)=gama(ne-1,m);
    gamas(1,m)=2*gama(1,m)-gama(2,m);
    for i=1:ne
        wp(i,m)=(wchz(i,1,m)^2+wchy(i,1,m)^2)^0.5-0.5*gamas(i,m);
        ws(i,m)=(wchz(i,nc,m)^2+wchy(i,nc,m)^2)^0.5+0.5*gamas(i,m);
        wchz(i,1,m)=wp(i,m)*cos(-0.5*pi+beta(i,m));
        wchy(i,nc,m)=ws(i,m)*sin(-0.5*pi+beta(i,m));
    end
    end
%   figure
%   plot(z,y)
%   hold on
%   plot(z,y1)
%   quiver(zch(:,:,1:1),ych(:,:,1:1),wchz(:,:,1:1),wchy(:,:,1:1))
%   hold off
```

```
%       figure
%       plot(s/s(ne,1),ws/ut,'r')
%       hold on
%       plot(s/s(ne,1),wp/ut)
%       hold off
%
%       Make a data file for Tecplot
%
        kk=0;
        if kk==1
        m=nr;
        fid1=fopen('c:\2d-impeller-inverse\velcoity-vector-tip-01.dat','wt');
        fprintf(fid1,'VARIABLES=Z,Y,Wz,Wy\n');
        fprintf(fid1,'ZONE I=%3i',nc);
        fprintf(fid1,' J=%3i',ne);
        fprintf(fid1,' F=POINT\n');
            for i=1:ne
            for j=1:nc
            if (j==nc)
    fprintf(fid1,'%6.3e %6.3e %6.3e %6.3e\n',zch(i,j,m)*1000,ych(i,j,m)*1000,wchz(i,j,m),wchy(i,j,m));
            else
    fprintf(fid1,'%6.3e %6.3e %6.3e %6.3e ',zch(i,j,m)*1000,ych(i,j,m)*1000,wchz(i,j,m),wchy(i,j,m));
            end
            end
        end
        fclose(fid1);
        else
        end
%
%       Calculate the mean flow in a flow passage
%
        wm=zeros(ne,nr);
        wu=zeros(ne,nr);
        vu=zeros(ne,nr);
        hi=zeros(ne,nr);
        hicoef=zeros(ne,nr);
```

```
for i=1:ne
    for m=1:nr
        wm(i,m)=0.0;
        for j=1:nc-1
            wm(i,m)=wm(i,m)+0.5*(wchz(i,j,m)+wchz(i,j+1,m))*(ych(i,j+1,m)-ych(i,j,m));
        end
        wm(i,m)=wm(i,m)/t(m);
    end
end
for i=1:ne
    for m=1:nr
        wu(i,m)=0.0;
        for j=1:nc-1
            wu(i,m)=wu(i,m)+0.5*(wchy(i,j,m)*wchz(i,j,m)+wchy(i,j+1,m)*wchz(i,j+1,m))*(ych(i,j+1,m)-ych(i,j,m));
        end
        wu(i,m)=wu(i,m)/t(m)/wm(i,m);
    end
end
for i=1:ne
    for m=1:nr
        vu(i,m)=omega*r(m)+wu(i,m);
        hi(i,m)=omega*r(m)*vu(i,m)/g;
        hicoef(i,m)=g*hi(i,m)/ut^2;
    end
end
hivor=zeros(ne-1,nr);
for m=1:nr
    hivor(1,m)=0.5*(gamas(1,m)+gamas(2))*(s(2,m)-s(1,m))*omega*zb/(2*pi*g)/2;
    for j=2:ne-1
        hivor(j,m)=hivor(j-1,m)+0.5*(gamas(j,m)+gamas(j+1,m))*(s(j+1,m)-s(j,m))*omega*zb/(2*pi*g)/2;
    end
end
vus=zeros(ne,nr);
vup=zeros(ne,nr);
vu=zeros(ne,nr);
```

```
            hivu=zeros(ne,nr);
            for m=1:nr
                for j=1:ne
                    vus(j,m)=r(m)*omega+ws(j,m)*sin(-0.5*pi+beta(j,m));
                    vup(j,m)=r(m)*omega+wp(j,m)*sin(-0.5*pi+beta(j,m));
                    vu(j,m)=0.5*(vus(j,m)+vup(j,m));
                    wu(j,m)=vu(j,m)-r(m)*omega;
                    hivu(j,m)=vu(j,m)*r(m)*omega/g;
                end
            end
            figure
            plot(s(1:ne-1,:)/s(ne:ne,1:1),hivor)
            hold on
            plot(s(1:ne,:)/s(ne:ne,1:1),hivu,'*')
            plot (s/s(ne:ne,1:1),hi,'o')
            hold off
%           plot(s/s(ne,1),gamas)
%               plot(hivu(ne:ne,:),r/r(1))
%               hold on
%           plot(hivor(ne-1:ne-1,:),r/r(1))
%               hold off
%           figure
%           plot(s/s(ne,1),hicoef)
%           figure
%           plot(s/s(ne,1),vu/ut)
%           figure
%           plot(s/s(ne,1),wm/ut)
            fprintf('\nTheoretical head and its coefficient as follow:\n');
            fprintf('r(mm)          Head (m)         Head Coef\n');
            hiav=0.0;
            hicoefav=0.0;
            for m=1:nr
                hiav=hiav+hi(ne,m);
                hicoefav=hicoefav+hicoef(ne,m);
                fprintf('%6.3f    %6.3f     %6.3f\n',r(m)*1000,hi(ne,m),hicoef(ne,m));
            end
            hiav=hiav/nr;
            hicoefav=hicoefav/nr;
```

```matlab
        fprintf('\nAveraged theoretical head(m)=%6.3f',hiav);
        fprintf('\nAveraged theoretical head coefficient=%6.3f\n',hicoefav);

        dbeta1=zeros(nr);
        dbeta2=zeros(nr);
        for m=1:nr
            dbeta1(m)=((-0.5*pi+beta(1,m))-atan(wu(1,m)/wm(1,m)))*180/pi;
        end
        for m=1:nr
            dbeta2(m)=((-0.5*pi+beta(ne,m))-atan(wu(ne,m)/wm(ne,m)))*180/pi;
        end
        fprintf('\nIncidence and deviation angles as follow:\n');
        fprintf('r(mm) Incidence(deg) Deviation(deg)\n');
        for m=1:nr
            fprintf('%6.3f    %6.3f    %6.3f\n',r(m)*1000,dbeta1(m),dbeta2(m));
        end
%
%       Evaluate NPSHr and critical cavitation number
%
        wmax=-10000.0;
        for i=1:ne
            if(wmax<ws(i,1))
                wmax=ws(i,1);
            else
            end
        end
        for i=1:ne
            if(wmax<wp(i,1))
                wmax=wp(i,1);
            else
            end
        end
        w1=(w1z(1,1)^2+w1y(1,1)^2)^0.5;
        v1=(vu1(1)^2+w1z(i,1)^2)^0.5;
        lamda=(wmax/w1)^2-1;
        npshr=0.5*v1^2/g+0.5*lamda*w1^2/g;
```

```
            sigmac=(v1/ut)^2+lamda*(w1/ut)^2;
            fprintf('\nNPSHr of impeller(m)=%6.3f',npshr);
            fprintf('\nCritical cavitation number=%6.3f\n',sigmac);
            hicoefreal=hicoefav-hl/ut^2;
            fprintf('\nHead coefficient with loss=%6.3f',hicoefreal);
%
%     Solve the radial equilibrium equation
%
            vm2=zeros(nr);
            vu2=zeros(nr);
            hree=zeros(nr);
            rt=0.5*dt;
            rh=0.5*dh;
            A=rt*tan(beta(ne,1));
            K=log((rt^2+A^2)/(rh^2+A^2));
            C=A^2+(Q/pi/omega/A-(rt^2-rh^2))/K;
            sum=0.0;
            for i=1:nr
            vm2(i)=A*(r(i)^2+C)*omega/(r(i)^2+A^2);
            vu2(i)=r(i)*omega-vm2(i)/tan(beta(ne,i));
            hree(i)=omega*r(i)*vu2(i)/ut^2;
            sum=sum+hree(i);
            end
            fprintf('\nTheoretical head and its coefficient as follow (REE):\n');
            fprintf('r(mm)         Head (m)        Head Coef\n');
            for m=1:nr
            fprintf('%6.3f        %6.3f           %6.3f\n',r(m)*1000,hree(m)*ut^2/g,
hree(m));
            end
            hreemean=sum/nr;
            fprintf('\nHead coefficient by radial equilibrium eq.=%6.3f',hreemean);
            hlvor=0.25*(1-(dh/dt)^4)-(1+dh/dt)*(1-(dh/dt)^3)/6;
            hlvor=hlvor*(2)/(1-(dh/dt)^2);
            hlvor1=0.5*(1+(dh/dt)^2)-(1+(dh/dt)^2+dh/dt)/3;
            fprintf('\nHead loss due to slip=%8.5f',hlvor);
            fprintf('\nHead coefficient by radial equilibrium eq. with slip=%6.3f',
hreemean-hlvor)
            fprintf('\nHead coefficient by radial equilibrium eq. with loss=%6.3f',
hreemean-hl/ut^2);
```

```
hth=1-flowcoef/tan(betat2);
hth=hth-hlvor;
fprintf('\nHead coefficient of Euler with slip=%8.5f\n',hth);
```

附录4　轴流泵叶轮设计 BASIC 程序

```
Rem
Rem     Design an axial—flow pump rotor with actuator disk theory and simplified radial equilibrium equation
Rem
Rem                              11/03/2007/Li Wenguang
Rem
        Dim vm1(10) As Single
        Dim df(10) As Single
        Dim lamd(10) As Single
        Dim dhh(10) As Single
        Dim npshr(10) As Single
        Dim sigm(10) As Single
        Dim u(10) As Single
        Dim vu1(10) As Single
        Dim vu1ur(10) As Single
        Dim kk(11) As Single
        Dim vm2(10) As Single
        Dim sum(10) As Single
        Dim vu2(10) As Single
        Dim dvu2dr(10) As Single
        Dim sum2(10) As Single
        Dim sum3(10) As Single
        Dim betaflow(10) As Single
        Dim w2(10) As Single
        Dim hth(10) As Single
        Dim etah(10) As Single
        Dim l(10) As Single
        Dim alfa(10) As Single
        Dim delt(10) As Single
        Dim rtrh(8) As Single
        Dim cof(8) As Single
        Dim vzdisk(20, 9) As Single
        Dim vz(20, 9) As Single
        Dim bz1(10) As Single
        Dim bz2(10) As Single
```

```
Dim vz1(10) As Single
Dim vz2(10) As Single
Dim kexi(10) As Single
Dim phi(20, 9) As Single
Dim f0 As Single
Dim f1 As Single
Dim a0 As Single
Dim a1 As Single
Dim a2 As Single
Dim g As Single
Dim omega As Single
Dim ns As Single
Dim eth As Single
Dim k11 As Single
Dim dt As Single
Dim dh As Single
Dim sigmt As Single
Dim sigmh As Single
Dim rt As Single
Dim rh As Single
Dim dr As Single
Dim dsigm As Single
Dim ht As Single
Dim x As Single
Dim s1 As Single
Dim s2 As Single
Dim s3 As Single
Dim r0 As Single
Dim r25 As Single
Dim r50 As Single
Dim df0 As Single
Dim df25 As Single
Dim df50 As Single
Dim etahmean As Single
Dim hthmean As Single
Dim etahv As Single
Dim k As Single
Dim vm2h As Single
Dim maxbeta As Single
```

```
            Dim dff As Single
            Dim expon As Single
            Dim zmin As Single
            Dim zmax As Single
            Dim dz As Single
            Dim rvdisk As Single
            Dim hxdh As Single
            Dim kexi0 As Single
            Dim kexi25 As Single
            Dim kexi50 As Single
            Dim np As Integer
            Dim nstep As Integer
            Dim ncof As Integer
            Dim nz As Integer
Rem
Rem         Provide a VuR function
Rem
            List1.Clear
            pi=4# * Atn(1#)
            g=9.81
'           f0=.75
'           f1=1.42
'           f0=.8
'           f1=1!
'           f0=0.8
            f1=1.1
            a0=f0
            a1=2 * (3-f1-2 * f0)
            a2=-3 * (2-f1-f0)
            np=21
'           Open "d:\axpump\F-kexi01.dat" For Output As #1
'           For i=1 To np
'           kexi1=1 * (i-1)/(np-1)
'           X=kexi1
'           fnvu2r=a2 * X^2+a1 * X+a0
'           Write #1, kexi1, fnvu2r
'           Next i
'           Close #1
            sigmt=0.85
```

```basic
        rt=dt/2
        rh=dh/2
        dtdh=rh/rt
        dr=(rt-rh)/(nr-1)
        dsigm=(sigmt-sigmh)/(nr-1)
        For i=1 To nr
        r(i)=rh+(i-1) * dr
        sigm(i)=sigmh+(i-1) * dsigm
        Next i
'       For i=1 To nr
'       PRINT i, r(i), sigm(i)
'       Next i
        ht=h/eth
Rem
Rem     Calculate K value
Rem
        500 nstep=1
        For i=1 To nr
        vu1(i)=k11/(r(i) * 0.001)
        vm1(i)=(q/3600/type1)/(pi * ((rt * 0.001)^2-(rh * 0.001)^2))
        u(i)=(r(i) * 0.001) * omega
        flowbeta1(i)=Atn(vm1(i)/(u(i)-vu1(i)))
        Next i
        For i=1 To nr
        vm2(i)=vm1(i)
        Next i
100     For i=1 To nr
        sum(i)=2 * pi * k11 * u(i) * vm1(i)
'       Print i, vu1(i), vm1(i), r(i), omega
        Next i
        s1=0
        For i=1 To nr-1
        s1=s1+0.5 * (sum(i)+sum(i+1))
        Next i
        s1=s1 * dr * 0.001
'       PRINT s1
        For i=1 To nr
        x=(r(i)-r(1))/(r(nr)-r(1))
        fnvu2r=a2 * x^2+a1 * x+a0
```

```
            sum(i)=2 * pi * u(i) * vm2(i) * fnvu2r
'           Print i, r(i), sum(i), vm2(i)
            Next i
            s2=0
            For i=1 To nr-1
            s2=s2+0.5 * (sum(i)+sum(i+1))
            Next i
            s2=s2 * dr * 0.001
            k=(g * ht * (q/3600/type1)+s1)/s2
'           Print "k="; k
Rem
Rem         Calculate Vm2h
Rem
            For i=1 To nr
            x=(r(i)-r(1))/(r(nr)-r(1))
            fnvu2r=a2 * x^2+a1 * x+a0
            vu2(i)=k * fnvu2r/((r(i) * 0.001))
'           PRINT i, x, r(i), vu2(i)
            Next i
            For i=1 To nr
            x=(r(i)-r(1))/(r(nr)-r(1))
            dvu2dr(i)=k * (2 * a2 * x+a1)/((r(nr)-r(1)) * 0.001)
'           PRINT i, x, dvu2dr(i)
            sum2(i)=2 * dvu2dr(i) * (omega-vu2(i)/r(i)/0.001)
            Next i
            vm2(1)=0
            s3=0
            For i=2 To nr
            s3=s3+0.5 * (sum2(i-1)+sum2(i))
            vm2(i)=Sqr(s3 * dr * 0.001)
            Next i
            For i=1 To nr
            sum(i)=2 * pi * r(i) * 0.001 * vm2(i)
            Next i
            s3=0
            For i=1 To nr-1
            s3=s3+0.5 * (sum(i)+sum(i+1))
            Next i
            s3=s3 * dr * 0.001
```

```
        vm2h=((q/3600/2)-s3)/(pi * ((rt * 0.001)^2-(rh * 0.001)^2))
        Print vm2h
        For i=1 To nr
        vm2(i)=vm2(i)+vm2h
        Next i
        For i=1 To nr
        PRINT r(i), vm2(i)
        Next i
        nstep=nstep+1
        Print " nstep="; nstep
        If nstep < 6 Then
        GoTo 100
        Else
        End If
Rem
Rem     Calculate the blade angle
Rem
        For i=1 To nr
        betaflow(i)=Atn(vm1(i)/(u(i)-vu1(i)))+Atn(vm2(i)/(u(i)-vu2(i)))
        betaflow(i)=0.5 * betaflow(i) * 180/pi
        PRINT r(i), betaflow(i)
        Next i
        maxbeta=betaflow(1)-betaflow(nr)
        Print "Max twisted angle of flow="; maxbeta
Rem
Rem     Define the blade geometry
Rem
        For i=1 To nr
        beta1(i)=Atn(vm1(i)/(u(i)-vu1(i))) * 180/pi
        beta2(i)=Atn(vm2(i)/(u(i)-vu2(i))) * 180/pi
        Next i
        For i=1 To nr
        alfa(i)=6.5-0.19 * (beta2(i)-beta1(i))/sigm(i)
        Next i
        For i=1 To nr
        beta1(i)=alfa(i)+beta1(i)
        Next i
        For i=1 To nr
        delt(i)=0.26 * (beta2(i)-beta1(i))/Sqr(sigm(i))-0.3 * (beta2(i)-
```

```
            beta1(i)) * Cos(0.5 * (beta1(i)+beta2(i)) * pi/180) * (vm2(i)/vm1(i)-1)/
sigm(i)
            beta2(i)=beta2(i)+delt(i)
'           PRINT r(i), delt(i)
            Next i
            sigm(1)=sigmh
            l(1)=sigmh * 2 * pi * r(1)/zz
            betas(1)=0.5 * (beta1(1)+beta2(1))
'           betas(1)=0.5 * (beta1(1)+10)
'           betas(1)=180 * Atn(1/(1/Tan(beta1(1))+1/Tan(beta2(1))))/pi
            la(1)=l(1) * Sin(pi * betas(1)/180)
            lt(1)=l(1) * Cos(pi * betas(1)/180)
            t(1)=2 * pi * r(1)/zz
            For i=2 To nr
            betas(i)=0.5 * (beta1(i)+beta2(i))
'           betas(i)=0.5 * (beta1(i)+10)
'           betas(i)=180 * Atn(1/(1/Tan(beta1(i))+1/Tan(beta2(i))))/pi
            la(i)=la                                                              (1)
            l(i)=la(1)/Sin(pi * betas(i)/180)
            lt(i)=l(i) * Cos(pi * betas(i)/180)
            t(i)=2 * pi * r(i)/zz
            sigm(i)=l(i)/t(i)
'           PRINT r(i), betas(i), la(i), lt(i), t(i)
            Next i
Rem
Rem         Evaluate the hydraulic loss in the rotor
Rem
            For i=1 To nr
            w1(i)=Sqr((u(i)-vu1(i))^2+vm1(i)^2)
            w2(i)=Sqr((u(i)-vu2(i))^2+vm2(i)^2)
            df(i)=1-w2(i)/w1(i)+(vu2(i)-vu1(i))/(2 * sigm(i) * w1(i))
'           PRINT r(i), w1(i), w2(i), vu2(i)-vu1(i), df(i)
            Next i
            r0=rt-0 * (rt-rh)
            r25=rt-0.25 * (rt-rh)
            r50=rt-0.5 * (rt-rh)
'           PRINT r0, r25, r50
            For i=1 To nr-1
            If r0 > r(i) And r0 <= r(i+1) Then
```

```
df0=(df(i+1)−df(i)) * (r0−r(i))/(r(i+1)−r(i))+df(i)
PRINT r0, df0
Else
End If
Next i
For i=1 To nr−1
If r25＞r(i) And r25 ＜=r(i+1) Then
df25=(df(i+1)−df(i)) * (r25−r(i))/(r(i+1)−r(i))+df(i)
PRINT r25, df25
Else
End If
Next i
For i=1 To nr−1
If r50＞r(i) And r50 ＜=r(i+1) Then
df50=(df(i+1)−df(i)) * (r50−r(i))/(r(i+1)−r(i))+df(i)
PRINT r50, df50
Else
End If
Next i
For i=1 To nr
hxdh=(rt−r(i))/(rt−rh)
If hxdh＞=0.5 Then
kexi(i)=0.0345236 * df50^2−0.00520726 * df50+0.0015017
PRINT r(i), df50, kexi(i)
Else
End If
If hxdh＜0.5 And hxdh＞=0.25 Then
kexi50=0.0345236 * df50^2−0.00520726 * df50+0.0015017
kexi25=0.0874019 * df25^2−0.0118138 * df25+0.00190758
kexi(i)=(kexi25−kexi50) * (hxdh−0.5)/(0.25−0.5)+kexi50
Else
End If
If hxdh＜0.25 Then
kexi0=0.101684 * df0^2−0.0040041 * df0+0.00246479
kexi(i)=(kexi0−kexi25) * (hxdh−0.25)/(0−0.25)+kexi25
Else
End If
PRINT r(i), kexi(i)
Next i
```

```
        For i=1 To nr
        dhh(i)=kexi(i) * 2 * sigm(i) * w1(i)^2/(2 * g)/(Sin(Atn(vm2(i)/(u(i)-vu2(i))))))
'       PRINT r(i), dhh(i)
        Next i
        For i=1 To nr
        hth(i)=u(i) * (vu2(i)-vu1(i))/g
        etah(i)=1-dhh(i)/hth(i)
'       PRINT r(i), dh(i), hth(i), etah(i)
        Next i
        For i=1 To nr
        sum(i)=2 * pi * (r(i) * 0.001) * vm2(i) * etah(i)
        Next i
        s1=0
        For i=1 To nr-1
        s1=s1+0.5 * (sum(i)+sum(i+1))
        Next i
        etahmean=s1 * dr * 0.001/(q/2/3600)
'       Print "Mean hydraulic efficiency (rotor)="; etahmean
        For i=1 To nr
        sum(i)=2 * pi * (r(i) * 0.001) * vm2(i) * hth(i)
        Next i
        s1=0
        For i=1 To nr-1
        s1=s1+0.5 * (sum(i)+sum(i+1))
        Next i
        hthmean=s1 * dr * 0.001/(q/2/3600)
'       Print "Mean theoretical head="; hthmean
        eth=etahmean-etahv
'       Print "Mean hydraulic efficiency(rotor+volute)="; eth
Rem
Rem     Calculate NPSHr
Rem
        For i=1 To nr
        w1(i)=Sqr((u(i)-vu1(i))^2+vm1(i)^2)
        dff=1.12+0.61 * vm1(i) * (hth(i) * g)/sigm(i)/(w1(i)^2 * u(i))
        lamd(i)=dff^2-1
        npshr(i)=(lamd(i) * w1(i)^2+vm1(i)^2+vu1(i)^2)/2/g
'       Print i, r(i), npshr(i)
```

```
Next i
List1.AddItem "Results before Actuator-disc Theory applied"
List1.AddItem "Mean theoretical head=" & CStr(hthmean)
List1.AddItem "Mean hydraulic efficiency (rotor)=" & CStr(etahmean)
List1.AddItem "Mean hydraulic efficiency(rotor+volute)=" & CStr(eth)
List1.AddItem " R Betas Sigma L DF NPSHr Alfa"
For i=1 To nr
List1.AddItem Format(r(i),"##0.00") & Space(10) & Format(betas(i),"#0.00") & Space(10) & Format(sigm(i),"#0.00") & Space(10) & Format(l(i),"#0.00") & Space(10) & Format(df(i),"#0.00") & Space(10) & Format(npshr(i),"#0.00") & Space(10) & Format(alfa(i),"##00.00")
Next i
Open "d:\axpump\ang01.dat" For Output As #1
For j=1 To nr
Write #1,(r(j)-rh)/(rt-rh),betas(j)
Next j
Close #1
Rem
Rem   Modify the axial flow profile with the actuator disk theory
Rem
ncof=6
rtrh(1)=0.3: cof(1)=3.2935
rtrh(2)=0.4: cof(2)=3.233
rtrh(3)=0.5: cof(3)=3.1967
rtrh(4)=0.6: cof(4)=3.1731
rtrh(5)=0.7: cof(5)=3.1567
rtrh(6)=0.8: cof(6)=3.148
For i=1 To ncof-1
If dtdh>=rtrh(i) And dtdh<rtrh(i+1) Then
GoTo 200
Else
End If
Next i
200 expon=cof(i)+(cof(i+1)-cof(i)) * (dtdh-rtrh(i))/(rtrh(i+1)-rtrh(i))
' PRINT expon
zmin=-2 * (rt-rh)
zmax=2 * (rt-rh)
nz=20
```

```
            dz=(zmax-zmin)/(nz-1)
            For i=1 To nz
            z(i)=zmin+dz * (i-1)
            Next i
Rem
Rem     Generate a new axial flow profile
Rem
            For i=1 To nz
            If z(i)<=0 Then
            rvdisk=0.5 * Exp(expon * z(i)/(rt-rh))
            Else
            rvdisk=1-0.5 * Exp(-expon * z(i)/(rt-rh))
            End If
            For j=1 To nr
            vz(i, j)=vm1(j)+(vm2(j)-vm1(j)) * rvdisk
'           PRINT vm1(j), vm2(j), z(i), r(j), vz(i, j)
            Next j
            Next i
'           a1$="d:\axpump\vz01.dat"
'           OPEN "O", #1, a1$
'           WRITE #1, "variables=z,r,vz,vr"
'           WRITE #1, "zone i=", nz, "j=", nr, "f=point"
'           FOR j=1 TO nr
'           FOR i=1 TO nz
'           WRITE #1, z(i), r(j), vz(i, j), 0!
'           NEXT i
'           NEXT j
'           CLOSE #1
Rem
Rem     Calculate the stream function
Rem
            For i=1 To nz
            phi(i, 1)=0
            phi(i, nr)=1
            For j=2 To nr-1
            phi(i, j)=phi(i, j-1)+2 * pi * 0.5 * (vz(i, j-1) * 0.001 * r(j-1)+ vz(i, j) * 0.001 * r(j)) * dr * 0.001/(q/3600/2)
'           PRINT i, j, phi(i, j)
'           PRINT r(j), q
```

```
        Next j
        Next i
        a1$ = "d:\axpump\phi01.dat"
        Open "d:\axpump\phi03.dat" For Output As #1
        Write #1, "variables=z,r,phi"
        Write #1, "zone i=", nz, "j=", nr, "f=point"
        For j=1 To nr
        For i=1 To nz
        Write #1, z(i), r(j), phi(i, j)
        Next i
        Next j
        Close #1
Rem
Rem     Blade effects
Rem
        con=0
        2000 For j=1 To nr
        bz1(j)=-0.5 * la(j)
        bz2(j)=0.5 * la(j)
        Next j
        For j=1 To nr
        rvdisk=0.5 * Exp(expon * bz1(j)/(rt-rh))
        vz1(j)=vm1(j)+(vm2(j)-vm1(j)) * rvdisk
        Next j
        For j=1 To nr
        rvdisk=1-0.5 * Exp(-expon * bz2(j)/(rt-rh))
        vz2(j)=vm1(j)+(vm2(j)-vm1(j)) * rvdisk
        Next j
Rem
Rem     Calculate the blade angle
Rem
        For i=1 To nr
        betaflow(i)=Atn(vz1(i)/(u(i)-vu1(i)))+Atn(vz2(i)/(u(i)-vu2(i)))
        betaflow(i)=0.5 * betaflow(i) * 180/pi
        PRINT r(i), betaflow(i)
        Next i
        maxbeta=betaflow(1)-betaflow(nr)
        Print "Max twisted angle of flow="; maxbeta
Rem
```

```
Rem     Define the blade geometry
Rem
        For i=1 To nr
        beta1(i)=Atn(vz1(i)/(u(i)-vu1(i))) * 180/pi
        beta2(i)=Atn(vz2(i)/(u(i)-vu2(i))) * 180/pi
        Next i
        For i=1 To nr
        alfa(i)=6.5-0.19 * (beta2(i)-beta1(i))/sigm(i)
        Next i
        For i=1 To nr
        delt(i)=0.26 * (beta2(i)-beta1(i))/Sqr(sigm(i))-0.3 * (beta2(i)-
beta1(i)) * Cos(0.5 * (beta1(i)+beta2(i)) * pi/180) * (vm2(i)/vm1(i)-1)/
sigm(i)
        beta2(i)=beta2(i)+delt(i)
'       PRINT r(i), delt(i)
        Next i
        sigm(1)=sigmh
        l(1)=sigmh * 2 * pi * r(1)/zz
        betas(1)=0.5 * (beta1(1)+beta2(1))
'       betas(1)=0.5 * (beta1(1)+10)
'       betas(1)=180 * Atn(1/(1/Tan(beta1(1))+1/Tan(beta2(1))))/pi
        la(1)=l(1) * Sin(pi * betas(1)/180)
        lt(1)=l(1) * Cos(pi * betas(1)/180)
        t(1)=2 * pi * r(1)/zz
        For i=2 To nr
        betas(i)=0.5 * (beta1(i)+beta2(i))
'       betas(i)=0.5 * (beta1(i)+10)
'       betas(i)=180 * Atn(1/(1/Tan(beta1(i))+1/Tan(beta2(i))))/pi
        la(i)=la                                                    (1)
        l(i)=la(1)/Sin(pi * betas(i)/180)
        lt(i)=l(i) * Cos(pi * betas(i)/180)
        t(i)=2 * pi * r(i)/zz
        sigm(i)=l(i)/t(i)
'       PRINT r(i), betas(i), la(i), lt(i), t(i)
        Next i
Rem
Rem     Evaluate the hydraulic loss in the rotor
Rem
        For i=1 To nr
```

```
w1(i)=Sqr((u(i)−vu1(i))^2+vz1(i)^2)
w2(i)=Sqr((u(i)−vu2(i))^2+vz2(i)^2)
df(i)=1−w2(i)/w1(i)+(vu2(i)−vu1(i))/(2 * sigm(i) * w1(i))
PRINT r(i), w1(i), w2(i), vu2(i)−vu1(i), df(i)
Next i
r0=rt−0 * (rt−rh)
r25=rt−0.25 * (rt−rh)
r50=rt−0.5 * (rt−rh)
PRINT r0, r25, r50
For i=1 To nr−1
If r0> r(i) And r0 <=r(i+1) Then
df0=(df(i+1)−df(i)) * (r0−r(i))/(r(i+1)−r(i))+df(i)
PRINT r0, df0
Else
End If
Next i
For i=1 To nr−1
If r25> r(i) And r25 <=r(i+1) Then
df25=(df(i+1)−df(i)) * (r25−r(i))/(r(i+1)−r(i))+df(i)
PRINT r25, df25
Else
End If
Next i
For i=1 To nr−1
If r50> r(i) And r50 <=r(i+1) Then
df50=(df(i+1)−df(i)) * (r50−r(i))/(r(i+1)−r(i))+df(i)
PRINT r50, df50
Else
End If
Next i
For i=1 To nr
hxdh=(rt−r(i))/(rt−rh)
If hxdh>=0.5 Then
kexi(i)=0.0345236 * df50^2−0.00520726 * df50+0.0015017
PRINT r(i), df50, kexi(i)
Else
End If
If hxdh< 0.5 And hxdh>=0.25 Then
kexi50=0.0345236 * df50^2−0.00520726 * df50+0.0015017
```

```
kexi25=0.0874019 * df25^2-0.0118138 * df25+0.00190758
kexi(i)=(kexi25-kexi50) * (hxdh-0.5)/(0.25-0.5)+kexi50
Else
End If
If hxdh < 0.25 Then
kexi0=0.101684 * df0^2-0.0040041 * df0+0.00246479
kexi(i)=(kexi0-kexi25) * (hxdh-0.25)/(0-0.25)+kexi25
Else
End If
'       PRINT r(i), kexi(i)
Next i
For i=1 To nr
dhh(i)=kexi(i) * 2 * sigm(i) * w1(i)^2/(2 * g)/(Sin(Atn(vm2(i)/(u(i)-vu2(i))))))
'       PRINT r(i), dhh(i)
Next i
For i=1 To nr
hth(i)=u(i) * (vu2(i)-vu1(i))/g
etah(i)=1-dhh(i)/hth(i)
'       PRINT r(i), dhh(i), hth(i), etah(i)
Next i
For i=1 To nr
sum(i)=2 * pi * (r(i) * 0.001) * vm2(i) * etah(i)
Next i
s1=0
For i=1 To nr-1
s1=s1+0.5 * (sum(i)+sum(i+1))
Next i
etahmean=s1 * dr * 0.001/(q/2/3600)
Print "Mean hydraulic efficiency (rotor)="; etahmean
For i=1 To nr
sum(i)=2 * pi * (r(i) * 0.001) * vm2(i) * hth(i)
Next i
s1=0
For i=1 To nr-1
s1=s1+0.5 * (sum(i)+sum(i+1))
Next i
hthmean=s1 * dr * 0.001/(q/2/3600)
'       Print "Mean theoretical head="; hthmean
```

```
            eth=etahmean-etahv
            Print "Mean hydraulic efficiency(rotor+volute)="; eth
Rem
Rem     Calculate NPSHr
Rem
            For i=1 To nr
            w1(i)=Sqr((u(i)-vu1(i))^2+vz1(i)^2)
            dff=1.12+0.61 * vz1(i) * (hth(i) * g)/sigm(i)/(w1(i)^2 * u(i))
            lamd(i)=dff^2-1
            npshr(i)=(lamd(i) * w1(i)^2+vz1(i)^2+vu1(i)^2)/2/g
            PRINT i, r(i), npshr(i)
            Next i
            con=con+1
            If con < 4 Then
            GoTo 2000
            Else
            End If
            List1.AddItem "Results after Actuator-disc Theory applied"
            List1.AddItem "Mean theoretical head=" & CStr(hthmean)
            List1.AddItem "Mean hydraulic efficiency (rotor)=" & CStr(etahmean)
            List1.AddItem "Mean hydraulic efficiency(rotor+volute)=" & CStr(eth)
            List1.AddItem " R Betas Sigma L DF NPSHr Alfa"
            For i=1 To nr
            List1.AddItem Format(r(i), "##0.00") & Space(10) & Format(betas(i),
"#0.00") & Space(10) & Format(sigm(i), "#0.00") & Space(10) & Format(l
(i), "#0.00") & Space(10) & Format(df(i), "#0.00") & Space(10) & Format
(npshr(i), "#0.00") & Space(10) & Format(alfa(i), "##00.00")
            Next i
            Open "d:\axpump\blade03.dat" For Output As #1
            Write #1, "zone"
            For i=1 To nr
            Write #1, bz1(i), r(i)
            Next i
            Write #1, "zone"
            For i=1 To nr
            Write #1, bz2(i), r(i)
            Next i
            Write #1, "zone"
            Write #1, z(1), r(1)
```

```
        Write #1, z(nz), r(1)
        Write #1, "zone"
        Write #1, z(1), r(nr)
        Write #1, z(nz), r(nr)
        Close #1
        Open "d:\axpump\ang02.dat" For Output As #1
        For j=1 To nr
        Write #1, (r(j)-rh)/(rt-rh), betas(j)
        Next j
        Close #1
'       INPUT "Make data files"; x$
'       IF x$="Y" OR x$="y" THEN
Rem
Rem     Make data files
Rem
'       OPEN "o", #1, a1$
'       WRITE #1, nr, 2
'       FOR i=1 TO nr
'       WRITE #1, vm2(i), (r(i)-rh)/(rt-rh)
'       NEXT i
'       CLOSE #1
'       OPEN "o", #1, a2$
'       WRITE #1, nr, 2
'       FOR i=1 TO nr
'       WRITE #1, vu2(i), (r(i)-rh)/(rt-rh)
'       NEXT i
'       CLOSE #1
'       OPEN "o", #1, a3$
'       WRITE #1, nr, 2
'       FOR i=1 TO nr
'       WRITE #1, hth(i), (r(i)-r(1))/(rt-rh)
'       NEXT i
'       CLOSE #1
'       OPEN "o", #1, a4$
'       WRITE #1, nr, 2
'       FOR i=1 TO nr
'       WRITE #1, df(i), (r(i)-r(1))/(rt-rh)
'       NEXT i
'       CLOSE #1
```

```
'       OPEN "o", #1, a5$
'       WRITE #1, nr, 2
'       FOR i=1 TO nr
'       WRITE #1, etah(i), (r(i)-r(1))/(rt-rh)
'       NEXT i
'       CLOSE #1
'       OPEN "o", #1, a6$
'       WRITE #1, nr, 2
'       FOR i=1 TO nr
'       WRITE #1, betaflow(i), (r(i)-r(1))/(rt-rh)
'       NEXT i
'       CLOSE #1
'       OPEN "o", #1, a7$
'       WRITE #1, nr, 2
'       FOR i=1 TO nr
'       WRITE #1, npshr(i), (r(i)-r(1))/(rt-rh)
'       NEXT i
'       CLOSE #1
'     ELSE
'     END IF
Rem
Rem     Superimpose a blade thickness contour on the camber
Rem
Rem                   14/04/2007 Li Wenguang
Rem
        Dim xl(30), yl(30) As Single
        Dim a(10), b(10), c(10) As Single
        Dim Y(11), z(11) As Single
        Dim s(10, 101) As Single
        Dim zs(10, 101) As Single
        Dim zc(10, 30) As Single
        Dim yc(10, 30) As Single
        Dim sc(10, 30) As Single
        Dim zgc(10) As Single
        Dim ygc(10) As Single
        Dim tmaxgiven(10) As Single
        Dim thick(10, 30) As Single
'       Dim zbsuc(10, 30) As Single
'       Dim ybsuc(10, 30) As Single
```

```
        Dim zbpre(10, 30) As Single
        Dim ybpre(10, 30) As Single
        Dim cbeta1 As Single
        Dim cbeta2 As Single
        Dim cbeta3 As Single
        Dim f1 As Single
        Dim f2 As Single
        Dim dz As Single
        Dim beta As Single
        Dim ttipmax As Single
        Dim thubmax As Single
        Dim nz As Integer
        Dim nite As Integer
Rem
        pi=4# * Atn(1#)
Rem
Rem     for the thickness contour of NACA 66-010 airfoil
Rem
        If Option1.Value=True Then
        npoint=26
        xl(1)=0#
        xl(2)=0.5
        xl(3)=0.75
        xl(4)=1.25
        xl(5)=2.5
        xl(6)=5#
        xl(7)=7.5
        xl(8)=10#
        xl(9)=15#
        xl(10)=20#
        xl(11)=25#
        xl(12)=30#
        xl(13)=35#
        xl(14)=40#
        xl(15)=45#
        xl(16)=50#
        xl(17)=55#
        xl(18)=60#
        xl(19)=65#
```

```
            xl(20)=70#
            xl(21)=75#
            xl(22)=80#
            xl(23)=85#
            xl(24)=90#
            xl(25)=95#
            xl(26)=100#
            yl(1)=0#
            yl(2)=0.759
            yl(3)=0.913
            yl(4)=1.141
            yl(5)=1.516
            yl(6)=2.087
            yl(7)=2.536
            yl(8)=2.917
            yl(9)=3.53
            yl(10)=4.001
            yl(11)=4.363
            yl(12)=4.636
            yl(13)=4.823
            yl(14)=4.953
            yl(15)=5#
            yl(16)=4.971
            yl(17)=4.865
            yl(18)=4.665
            yl(19)=4.302
            yl(20)=3.787
            yl(21)=3.176
            yl(22)=2.549
            yl(23)=1.773
            yl(24)=1.054
            yl(25)=0.508
            yl(26)=0#
            tmax=yl(15)
         Else
         End If
Rem
Rem      For the thickness contour of NACA 0012
Rem
```

```
If Option2.Value=True Then
npoint=18
xl(1)=0 #
xl(2)=1.25
xl(3)=2.5
xl(4)=5
xl(5)=7.5
xl(6)=10
xl(7)=15
xl(8)=20
xl(9)=25
xl(10)=30
xl(11)=40
xl(12)=50
xl(13)=60
xl(14)=70
xl(15)=80
xl(16)=90
xl(17)=95
xl(18)=100
yl(1)=0
yl(2)=1.894
yl(3)=2.615
yl(4)=3.555
yl(5)=4.2
yl(6)=4.683
yl(7)=5.345
yl(8)=5.737
yl(9)=5.941
yl(10)=6.002
yl(11)=5.803
yl(12)=5.294
yl(13)=4.563
yl(14)=3.664
yl(15)=2.623
yl(16)=1.448
yl(17)=0.807
yl(18)=0
tmax=yl
```
(10)

```
            Else
            End If
Rem
Rem     Calculate to the dimensionless thickness of airfoils
Rem
            For i=1 To npoint
            xl(i)=xl(i)/xl(npoint)
            yl(i)=yl(i)/tmax
'           Print i, xl(i), yl(i)
            Next i
'           Open "d:\axpump\dimensionless-thicknesang-naca66010.dat" For Output As #1
'           For i=1 To npoint
'           Write #1, xl(i), yl(i)
'           Next i
'           Close #1
Rem
Rem     Construct the camber of blades
Rem
            For i=1 To nr
            List1.AddItem Format(r(i), "##0.00") & Space(10) & Format(beta1(i), "#0.00") & Space(10) & Format(beta2(i), "#0.00") & Space(10) & Format(betas(i), "#0.00") & Space(10) & Format(la(i), "#0.00") & Space(10) & Format(lt(i), "#0.00")
            Next i
            For i=1 To nr
            cbeta1=Tan(pi * (90-beta1(i))/180)
            cbeta2=Tan(pi * (90-beta2(i))/180)
            cbetas=Tan(pi * (90-betas(i))/180)
'           cbeta1=Tan(pi * (beta1(i))/180)
'           cbeta2=Tan(pi * (beta2(i))/180)
            cbetas=lt(i)/la(i)
            c(i)=cbeta1
            b(i)=(-2 * cbeta1+3 * cbetas-cbeta2)/la(i)
            a(i)=(cbeta1-2 * cbetas+cbeta2)/la(i)^2
            List1.AddItem Format(a(i), "##0.00000") & Space(10) & Format(b(i), "#0.00000") & Space(10) & Format(c(i), "#0.00000")
            Next i
            nz=11
```

```
'       Open "d:\axpump\camber-01.dat" For Output As #1
'       For i=1 To nr
'       Write #1, "zone"
'       For j=1 To nz
'       z(j)=(j-1) * la(i)/(nz-1)
'       y(j)=a(i) * z(j)^3+b(i) * z(j)^2+c(i) * z(j)
'       Write #1, z(j), y(j)
'       Next j
'       Next i
'       Close #1
Rem
Rem     Generate blade profiles
Rem
        nite=101
        For i=1 To nr
        s(i, 1)=0
        dz=la(i)/(nite-1)
        For j=2 To nite
        zs(i, j)=(j-1) * dz
        f1=(1+(3 * a(i-1) * zs(i, j)^2+2 * b(i-1) * zs(i, j)+c(i-1))^2)^0.5
        f2=(1+(3 * a(i) * zs(i, j)^2+2 * b(i) * zs(i, j)+c(i))^2)^0.5
        s(i, j)=s(i, j-1)+0.5 * (f1+f2) * dz
        List1.AddItem Format(i, "###") & Space(10) & Format(j, "###") & Space(10) & Format(s(i, j), "###0.00")
        Next j
        Next i
        For i=1 To nr
        For j=1 To npoint
        sc(i, j)=xl(j) * s(i, nite)
        Next j
        Next i
        For i=1 To nr
        zc(i, 1)=0#
        zc(i, npoint)=la(i)
        For j=2 To npoint-1
        For k=1 To nite-1
        If (sc(i, j)>=s(i, k-1) And sc(i, j)<s(i, k)) Then
        zc(i, j)=zs(i, k-1)+(zs(i, k)-zs(i, k-1)) * (sc(i, j)-s(i, k-1))/(s
```

```
            (i, k) - s(i, k-1))
      Else
      End If
    Next k
    List1.AddItem Format(i, "###") & Space(10) & Format(j, "###") & Space(10) & Format(zc(i, j), "###0.00")
  Next j
Next i
For i=1 To nr
  For j=1 To npoint
    yc(i, j) = a(i) * zc(i, j) ^ 3 + b(i) * zc(i, j) ^ 2 + c(i) * zc(i, j)
  Next j
Next i
```
Rem
Rem Set the geometrical center of airfoil section
Rem
```
For i=1 To nr
  zgc(i) = 0.5 * zc(i, npoint)
  ygc(i) = a(i) * zgc(i) ^ 3 + b(i) * zgc(i) ^ 2 + c(i) * zgc(i)
Next i
```
Rem
Rem Superimpose the thickness profile on the airfoil camber
Rem
```
'     ttipmax = 4
'     thubmax = 12
      ttipmax = Val(Text2)
      thubmax = Val(Text1)
      For i=1 To nr
        tmaxgiven(i) = thubmax + (i-1) * (ttipmax - thubmax) / (nr - 1)
'       List1.AddItem Format(i, "###") & Space(10) & Format(tmaxgiven(i), "###0.00")
      Next i
      For i=1 To nr
        For j=1 To npoint
          thick(i, j) = 0.5 * tmaxgiven(i) * yl(j)
'         List1.AddItem Format(i, "###") & Space(10) & Format(j, "###") & Space(10) & Format(thick(i, j), "###0.00")
        Next j
      Next i
```

```
For i=1 To nr
For j=1 To npoint
beta=3 * a(i) * zc(i, j)^2+2 * b(i) * zc(i, j)+c(i)
beta=Atn(beta)
List1.AddItem Format(i, "###") & Space(10) & Format(j, "###") & Space(10) & Format(beta * 180/pi, "###0.00")
zbsuc(i, j)=zc(i, j)−thick(i, j) * Sin(beta)
ybsuc(i, j)=yc(i, j)+thick(i, j) * Cos(beta)
zbpre(i, j)=zc(i, j)+thick(i, j) * Sin(beta)
ybpre(i, j)=yc(i, j)−thick(i, j) * Cos(beta)
Next j
Next i
For i=1 To nr
For j=1 To npoint
zbsuc(i, j)=zbsuc(i, j)−zgc(i)
ybsuc(i, j)=ybsuc(i, j)−ygc(i)
zbpre(i, j)=zbpre(i, j)−zgc(i)
ybpre(i, j)=ybpre(i, j)−ygc(i)
Next j
Next i
Rem
Rem    Generate blade surface coordinates for flow analysis
Rem
For i=1 To nr
For j=1 To npoint
bladex(i, j)=zbsuc(i, j)
bladey(i, j)=ybsuc(i, j)
Next j
Next i
For i=1 To nr
For j=2 To npoint
bladex(i, npoint+j−1)=zbpre(i, npoint−j+1)
bladey(i, npoint+j−1)=ybpre(i, npoint−j+1)
Next j
Next i
GoTo 1000
Open "d:\axpump\profiles−01.dat" For Output As #1
For i=1 To nr Step 2
Write #1, "zone"
```

```
        For j=1 To npoint
            Write #1, zbsuc(i, j), ybsuc(i, j)
        Next j
        For j=2 To npoint
            Write #1, zbpre(i, npoint-j+1), ybpre(i, npoint-j+1)
        Next j
    Next i
    Close #1
    GoTo 1000
Rem
Rem Output a data file for GAMBIT
Rem
    Open "d:\axpump\blade-for-GAMBIT-01.dat" For Output As #1
    i=1
    Write #1, 2 * npoint, 5
    For j=1 To npoint
        Write #1, zbsuc(i, j), r(i), ybsuc(i, j)
    Next j
    For j=1 To npoint
        Write #1, zbpre(i, j), r(i), ybpre(i, j)
    Next j
    i=3
    For j=1 To npoint
        Write #1, zbsuc(i, j), r(i), ybsuc(i, j)
    Next j
    For j=1 To npoint
        Write #1, zbpre(i, j), r(i), ybpre(i, j)
    Next j
    i=5
    For j=1 To npoint
        Write #1, zbsuc(i, j), r(i), ybsuc(i, j)
    Next j
    For j=1 To npoint
        Write #1, zbpre(i, j), r(i), ybpre(i, j)
    Next j
    i=7
    For j=1 To npoint
        Write #1, zbsuc(i, j), r(i), ybsuc(i, j)
    Next j
```

```
            For j=1 To npoint
            Write #1, zbpre(i, j), r(i), ybpre(i, j)
            Next j
            i=9
            For j=1 To npoint
            Write #1, zbsuc(i, j), r(i), ybsuc(i, j)
            Next j
            For j=1 To npoint
            Write #1, zbpre(i, j), r(i), ybpre(i, j)
            Next j
'           Write #1, "Four control points"
'           Write #1, zbsuc(i, 1), ybsuc(i, 1)-t(i)/2
'           Write #1, zbsuc(i, npoint), ybsuc(i, npoint)-t(i)/2
'           Write #1, zbsuc(i, 1), ybsuc(i, 1)+t(i)/2
'           Write #1, zbsuc(i, npoint), ybsuc(i, npoint)+t(i)/2
            Close #1
            '1000 Print
Rem
Rem         A program for calculating the potential flow through a plane cascade
Rem
Rem                           08/04/2007 Li Wenguang
Rem
            Dim xdata(60) As Single
            Dim ydata(60) As Single
            Dim xm(60) As Single
            Dim ym(60) As Single
            Dim ds(60) As Single
            Dim sine(60) As Single
            Dim cosine(60) As Single
            Dim slope(60) As Single
            Dim coup(60, 60) As Single
            Dim rhs1(60) As Single
            Dim rhs2(60) As Single
            Dim pivot(60) As Single
            Dim ans1(60) As Single
            Dim ans2(60) As Single
            Dim cp(10, 60) As Single
            Dim lamda1(10) As Single
            Dim npshr(10) As Single
```

```
Dim dloc(10) As Single
Dim slpcontrol(10, 30) As Single
Dim slscontrol(10, 30) As Single
Dim slpnode(10, 30) As Single
Dim slsnode(10, 30) As Single
Dim cppnode(10, 30) As Single
Dim cpsnode(10, 30) As Single
Dim chord As Single
Dim pitch As Single
Dim k As Single
Dim x1 As Single
Dim y1 As Single
Dim x2 As Single
Dim y2 As Single
Dim rx As Single
Dim u As Single
Dim v As Single
Dim a As Single
Dim b As Single
Dim e As Single
Dim sinh As Single
Dim cosh As Single
Dim sum As Single
Dim gamma1 As Single
Dim gamma2 As Single
Dim k1 As Single
Dim k2 As Single
Dim betain As Single
Dim betaout As Single
Dim betainf As Single
Dim winf As Single
Dim uinf As Single
Dim vinf As Single
Dim ans As Single
Dim gamma As Single
Dim cl As Single
Dim tt As Single
Dim wu1 As Single
Dim u1 As Single
```

```
        Dim m As Integer
        Dim m1 As Integer
        Dim m2 As Integer
        Dim te As Integer
        Dim i As Integer
        Dim ii As Integer
        Dim I As Integer
        Dim npoint As Integer
        pi=4# * Atn(1#)
        twopi=2 * pi
        g=9.81
Rem
Rem     Read in airfoil geometrical data
Rem
        m=2 * npoint-1
        For i=1 To nr
        For j=1 To m
        List1.AddItem Format(i,"##") & Space(10) & Format(j,"##") &
Space(10) & Format(bladex(i,j),"#0.00") & Space(10) & Format(bladey(i,
j),"#0.00")
        Next j
        Next i
        List1.AddItem "i t 90-betas W1 90-flowbeta1 Wx Wy"
        For i=1 To nr
        wx=w1(i) * Sin(flowbeta1(i))
        wy=w1(i) * Cos(flowbeta1(i))
        List1.AddItem Format(i,"##") & Space(10) & Format(t(i),"#0.00") &
Space(10) & Format(90-betas(i),"#0.00") & Space(10) & Format(w1(i),"#
0.00") & Space(10) & Format(90-flowbeta1(i) * 180/pi,"#0.00") & Space
(10) & Format(wx,"#0.0000") & Space(10) & Format(wy,"#0.0000")
        Next i
        m1=m-1
        m2=m-2
        te=m1/2
        npoint=(m+1)/2
        List1.AddItem " i Cp"
        For ii=1 To nr
        stagger=0#
        betain=0.5 * pi-flowbeta1(ii)
```

```
        For j=1 To m
        xdata(j)=bladex(ii, j) * 0.001
        ydata(j)=bladey(ii, j) * 0.001
'       List1.AddItem Format(j, "##") & Space(10) & Format(xdata(j) * 1000,
"#0.0000") & Space(10) & Format(ydata(j) * 1000, "#0.0000")
        Next j
        chord=((xdata(te+1)-xdata(1))^2+(ydata(te+1)-ydata(1))^2)
^0.5
        pitch=t(ii) * 0.001
'       If ii=3 Then
'       Open "d:\axpump\blade-no3.dat" For Output As #1
'       Write #1, m
'       For j=1 To m
'       Write #1, xdata(j), ydata(j)
'       Next j
'       Write #1, w1(ii), betain * 180/pi, pitch, stagger * 180/pi
'       Close #1
'       Else
'       End If
Rem
Rem     Calculate the streamline/contour length at nodes
Rem
        slpnode(ii, 1)=0#
        slsnode(ii, 1)=0#
        For j=2 To npoint
        slpnode(ii, j)=slpnode(ii, j-1)+((zbpre(ii, j)-zbpre(ii, j-1))^2+
(ybpre(ii, j)-ybpre(ii, j-1))^2)^0.5
        slsnode(ii, j)=slsnode(ii, j-1)+((zbsuc(ii, j)-zbsuc(ii, j-1))^2+
(ybsuc(ii, j)-ybsuc(ii, j-1))^2)^0.5
        Next j
Rem
Rem     Profile data preparation
Rem
        For i=1 To m1
        ds(i)=0#
        sine(i)=0#
        cosine(i)=0#
        slope(i)=0#
        Next i
```

```
ex=0.000001
x1=xdata(1)
y1=ydata(1)
For i=1 To m1
x2=xdata(i+1)
y2=ydata(i+1)
ds(i)=((x2-x1)^2+(y2-y1)^2)^0.5
sine(i)=(y2-y1)/ds(i)
cosine(i)=(x2-x1)/ds(i)
If Abs(cosine(i)) < ex Then
slope(i)=sine(i)/Abs(sine(i)) * pi/2 #
Else
tt=Atn(sine(i)/cosine(i))
End If
If i < te+1 Then
If (sine(i) > 0) And (cosine(i) < 0) Then
slope(i)=tt+pi
ElseIf (sine(i) < 0) And (cosine(i) < 0) Then
slope(i)=tt-pi
Else
slope(i)=tt
End If
Else
End If
If i > te Then
If (cosine(i) < 0) Then
slope(i)=tt-pi
ElseIf (cosine(i) > 0) And (sine(i) > 0) Then
slope(i)=twopi-tt
Else
slope(i)=tt
End If
Else
End If
abscos=Abs(cosine(i))
If abscos > ex Then
tt=Atn(sine(i)/cosine(i))
Else
End If
```

```
'       If abscos <= ex Then
'       slope(i) = sine(i)/Abs(sine(i)) * pi/2#
'       Else
'       End If
'       If cosine(i) > ex Then
'       slope(i) = tt
'       Else
'       End If
'       If cosine(i) < (-ex) Then
'       slope(i) = tt - pi
'       Else
'       End If
        xm(i) = (x1 + x2) * 0.5
        ym(i) = (y1 + y2) * 0.5
        x1 = x2
        y1 = y2
"       tt = tt * 180/pi
'       List1.AddItem Format(i, "##") & Space(10) & Format(xdata(i), "##0.0000") & Space(10) & Format(ydata(i), "##0.0000") & Space(10) & Format(tt, "##0.0000")
        Next i
Rem
Rem     Calculate the streamline/contour length at control points
Rem
'       slpcontrol(ii, 1) = 0#
'       slscontrol(ii, 1) = 0#
'       For j = 2 To npoint
'       If j = 2 Then
'       slpcontrol(ii, j) = slpcontrol(ii, j-1) + ((1000 * xm(m1-j+2) - zbpre(ii, j-1))^2 + (1000 * ym(m1-j+2) - ybpre(ii, j-1))^2)^0.5
'       slscontrol(ii, j) = slscontrol(ii, j-1) + ((1000 * xm(j-1) - zbsuc(ii, j-1))^2 + (1000 * ym(j-1) - ybsuc(ii, j-1))^2)^0.5
'       Else
'       slpcontrol(ii, j) = slpcontrol(ii, j-1) + 1000 * ((xm(m1-j+2) - xm(m1-j+3))^2 + (ym(m1-j+2) - ym(m1-j+3))^2)^0.5
'       slscontrol(ii, j) = slsnode(ii, j-1) + 1000 * ((xm(j-1) - xm(j-2))^2 + 1000 * (ym(j-1) - ym(j-2))^2)^0.5
'       End If
'       List1.AddItem Format(ii, "##") & Space(10) & Format(j, "##") &
```

```
            Space(10) & Format(slpcontrol(ii, j), "##0.0000") & Space(10) & Format(slp-
            node(ii, j), "##0.0000")
        Next j
Rem
Rem     Calculate the coupling coefficients
Rem
        For i=1 To m1
        For j=1 To m1
        coup(i, j)=0#
        Next j
        Next i
        For i=1 To m1
        sine(i)=Sin(stagger+slope(i))
        cosine(i)=Cos(stagger+slope(i))
        Next i
        coup(1, 1)=-0.5-(slope(2)-slope(m1)-twopi)/(8# * pi)
        coup(m1, m1)=-0.5-(slope(1)-slope(m1-1)-twopi)/(8# * pi)
        For i=2 To m1-1
        coup(i, i)=-0.5-(slope(i+1)-slope(i-1))/(8# * pi)
        Next i
        For i=1 To m1
        For j=i To m1
        If j <> i Then
        If (pitch/chord)> 30# Then
        rx=(xm(j)-xm(i))^2+(ym(j)-ym(i))^2
        u=(ym(j)-ym(i))/(rx * twopi)
        v=-(xm(j)-xm(i))/(rx * twopi)
        coup(j, i)=(u * cosine(j)+v * sine(j)) * ds(i)
        coup(i, j)=-(u * cosine(i)+v * sine(i)) * ds(j)
        Else
        a=((xm(i)-xm(j)) * Cos(stagger)-(ym(i)-ym(j)) * Sin(stagger))
 * twopi/pitch
        b=((xm(i)-xm(j)) * Sin(stagger)+(ym(i)-ym(j)) * Cos(stagger))
 * twopi/pitch
        e=Exp(a)
        sinh=0.5 * (e-1#/e)
        cosh=0.5 * (e+1#/e)
        k=0.5/pitch/(cosh-Cos(b))
        coup(j, i)=(sinh * sine(j)-Sin(b) * cosine(j)) * k * ds(i)
```

```
            coup(i, j)=(-sinh * sine(i)+Sin(b) * cosine(i)) * k * ds(j)
            End If
         Else
         End If
         Next j
      Next i
Rem
Rem   Calculate right hand side vector element values
Rem
      For i=1 To m1
         rhs1(i)=-cosine(i)
         rhs2(i)=-sine(i)
      Next i
Rem
Rem   Carry out back diagonal correction
Rem
      For i=1 To m1
         sum=0#
         For j=1 To m1
            If j<>(m1-i+1) Then
            sum=sum-coup(j, i) * ds(j)
            coup((m1-i+1), i)=sum/ds(m1-i+1)
         Else
         End If
         Next j
      Next i
Rem
Rem   Apply Kutta-Joukowski condition at trailing edge
Rem
      For j=te To m1
         For i=1 To m1
            If j>te Then
            coup(i, j)=coup(i, j+1)
         Else
            coup(i, j)=coup(i, j)-coup(i, j+1)
         End If
         Next i
      Next j
      For i=te To m1
```

```
          For j=1 To m1
          If i> te Then
          coup(i, j)=coup(i+1, j)
          Else
          coup(i, j)=coup(i, j)-coup(i+1, j)
          End If
          Next j
          Next i
          For i=te+1 To m1
          If i> te+1 Then
          rhs1(i-1)=rhs1(i)
          Else
          rhs1(i-1)=rhs1(i-1)-rhs1(i)
          End If
          If i> te+1 Then
          rhs2(i-1)=rhs2(i)
          Else
          rhs2(i-1)=rhs2(i-1)-rhs2(i)
          End If
          Next i
          m2=m1-1
Rem
Rem     Generate matrix inversion
Rem
          For i=1 To m2
          a=coup(i, i)
          coup(i, i)=1#
          For j=1 To m2
          pivot(j)=coup(j, i)/a
          coup(j, i)=pivot(j)
          Next j
          For j=1 To m2
          If i <> j Then
          b=coup(i, j)
          coup(i, j)=0#
          For l=1 To m2
          coup(l, j)=coup(l, j)-b * pivot(l)
          Next l
          Else
```

```
          End If
        Next j
      Next i
Rem
Rem   Get three unit solutions
Rem
      For i=1 To m2
      ans1(i)=0#
      ans2(i)=0#
        For j=1 To m2
        ans1(i)=ans1(i)+coup(i, j) * rhs1(j)
        ans2(i)=ans2(i)+coup(i, j) * rhs2(j)
        Next j
      Next i
      m=m+1
      For i=te To m1-2
      ans1(m1-i+te)=ans1(m1-i+te-1)
      ans2(m1-i+te)=ans2(m1-i+te-1)
      Next i
      ans1(te+1)=-ans1(te)
      ans2(te+1)=-ans2(te)
      ans1(te)=0.48 * (ans1(te-1)+Abs(ans1(te+2)))
      ans2(te)=0.48 * (ans2(te-1)+Abs(ans2(te+2)))
      ans1(te+1)=-ans1(te)
      ans2(te+1)=-ans2(te)
      gamma1=0#
      gamma2=0#
      For i=1 To m1
      gamma1=gamma1+ans1(i) * ds(i)
      Next i
      For i=1 To m1
      gamma2=gamma2+ans2(i) * ds(i)
      Next i
      k1=(1#-gamma2/2#/pitch)/(1#+gamma2/2#/pitch)
      k2=gamma1/pitch/(1#+gamma2/2#/pitch)
Rem
Rem   Obtain the final solution
Rem
      betaout=Atn(k1 * Tan(betain)-k2)
```

```
betainf=Atn(0.5 * (Tan(betain)+Tan(betaout)))
winf=w1(ii) * Cos(betain)/Cos(betainf)
uinf=winf * Cos(betainf)
vinf=winf * Sin(betainf)
For i=1 To m1
ans=uinf * ans1(i)+vinf * ans2(i)
List1. AddItem Format(i,"##") & Space(5) & Format(ans,"##0.000")
cp(ii, i)=1#-(ans/w1(ii))^2
List1. AddItem Format(i,"##") & Space(5) & Format(cp(ii,i),"##0.000")
Next i
gamma=uinf * gamma1+vinf * gamma2
cl=(2# * gamma)/(winf * chord)
betaout=betaout * 180/pi
List1. AddItem Format("Prediced circulation=") & Space(5) & Format(gamma,"##0.000")
List1. AddItem Format("Prediced Lift coefficient=") & Space(5) & Format(cl,"##0.000")
List1. AddItem Format("Prediced flow angle at trailing edge=") & Space(5) & Format(betaout * 180/pi,"##0.000")
Next ii
For i=1 To nr
lamda1(i)=cp(i,1)
For j=2 To m1
If lamda1(i)>cp(i,j) Then
lamda1(i)=cp(i,j)
Else
End If
Next j
u1=omega * r(i) * 0.001
wm1=w1(i) * Sin(flowbeta1(i))
wu1=w1(i) * Cos(flowbeta1(i))
v1=u1-wu1
npshr(i)=-0.5 * lamda1(i) * w1(i)^2/g+0.5 * v1^2/g
dloc(i)=1-w2(i)/w1(i)/(1-lamda1(i))^0.5
List1. AddItem Format(i,"##") & Space(5) & Format(-lamda1(i),"##0.000") & Space(5) & Format(npshr(i),"##0.000") & Space(5) & Format(dloc(i),"##0.000")
Next i
```

```
Rem
Rem    Interpolate the Cp for pressure and suction sides
Rem
       For i=1 To nr
       cpsnode(i, 1)=0.5 * (cp(i, 1)+cp(i, m1))
       cppnode(i, 1)=cpsnode(i, 1)
       For j=2 To npoint-1
       cpsnode(i, j)=0.5 * (cp(i, j-1)+cp(i, j))
       cppnode(i, j)=0.5 * (cp(i, m1-j+2)+cp(i, m1-j+1))
       Next j
       cpsnode(i, npoint)=0.5 * (cp(i, te)+cp(i, te+1))
       cppnode(i, npoint)=cpsnode(i, npoint)
       Next i
       GoTo 2000
Rem
Rem    Make data files
Rem
       Open "d:\axpump\3d-blade-profiles-02.dat" For Output As #1
       Write #1, "variables=z,y,r,c"
       Write #1, "zone i=", npoint, "j=", 2, "k=", nr, "f=point"
       For i=1 To nr
       For j=1 To npoint
       Write #1, zbpre(i, j), ybpre(i, j), r(i), 0,
       Next j
       For j=1 To npoint
       If j=npoint Then
       Write #1, zbsuc(i, j), ybsuc(i, j), r(i), 0
       Else
       Write #1, zbsuc(i, j), ybsuc(i, j), r(i), 0,
       End If
       Next j
       Next i
       Close #1
       GoTo 2000
       Open "d:\axpump\blade-cp-02.dat" For Output As #1
       For i=1 To nr Step 2
       Write #1, "zone"
       For j=1 To npoint
       Write #1, slpnode(i, j)/slpnode(i, npoint), cppnode(i, j)
```

```
            List1. AddItem Format(xdata(i)/chord,"##0.000") & Space(15) & For-
mat(cp(i),"##0.000")
        Next j
        Write #1, "zone"
        For j=1 To npoint
        Write #1, slsnode(i, j)/slsnode(i, npoint), cpsnode(i, j)
        Next j
        Next i
        Close #1
        Open "d:\axpump\3d-cp-on-blade-contour-02.dat" For Output As
#1
        Write #1, "variables=z,y,r,cp"
        Write #1, "zone i=", npoint, "j=", 2, "k=", nr, "f=point"
        For i=1 To nr
        For j=1 To npoint
        Write #1, zbpre(i, j), ybpre(i, j), r(i), cppnode(i, j),
        Next j
        For j=1 To npoint
        If j=npoint Then
        Write #1, zbsuc(i, j), ybsuc(i, j), r(i), cpsnode(i, j)
        Else
        Write #1, zbsuc(i, j), ybsuc(i, j), r(i), cpsnode(i, j),
        End If
        Next j
        Next i
        Close #1
        Open "d:\axpump\npshr-cfd-r-02.dat" For Output As #1
        For i=1 To nr
        Write #1, r(i), npshr(i)
        Next i
        Close #1
        Open "d:\axpump\dlocal-cfd-r-02.dat" For Output As #1
        For i=1 To nr
        Write #1, r(i), dloc(i)
        Next i
        Close #1
2000    Print
```